LE
MONDE DE LA MER

PAR

ALFRED FRÉDOL

ILLUSTRÉ

DE 21 PLANCHES SUR ACIER TIRÉES EN COULEUR

ET DE 200 VIGNETTES SUR BOIS DESSINÉES PAR P. LACKERBAUER

PARIS
LIBRAIRIE DE L. HACHETTE ET Cie
BOULEVARD SAINT-GERMAIN, 77

1865

LE

MONDE DE LA MER

Paris. — Imprimerie de E. MARTINET, rue Mignon, 2.

PRÉFACE

Le *Monde de la mer* est l'œuvre posthume et de prédilection d'un savant dont la carrière a été consacrée aux plus sérieuses spéculations de la science.

L'auteur s'est proposé, comme délassement à ses travaux, d'initier le plus grand nombre à la science qu'il cultivait avec amour et qui fut la grande passion de sa vie. Il a rassemblé, dans une histoire naturelle sans nomenclature barbare, sans prétention scientifique, sans anatomie repoussante, un nombre considérable de faits intéressants et d'aperçus nouveaux.

Frappé d'admiration à la vue du tableau grandiose des océans, touché du magique spectacle de la vie des eaux, l'auteur peint le monde de la mer dans son luxe et dans ses agitations.

Il décrit les êtres avec originalité et poésie; il expose leurs développements et leurs métamorphoses, leurs ruses et leurs industries, leurs combats et leurs amours; il insiste sur les produits de la mer, sur l'abondance de ses fruits, sur l'utilité de sa culture; parfois il descend dans la description des organismes, et fait « admirer à la fois, et la magnificence de l'Œuvre, et la simplicité du dessin ».

La mort a surpris l'auteur alors que ce livre était presque achevé. Sa famille s'est fait un pieux devoir de le publier tel qu'il l'a laissé, et de respecter, à tous égards, ses dernières volontés. Le *Monde de la mer* paraît sous le nom de A. FRÉDOL, l'auteur du *Noyer de Maguelonne*, des *Jujubes de Montpellier*, etc.

Des savants distingués, des amis, ont obligeamment coopéré au *Monde de la mer*. MM. C. Vogt, de Genève; Is. Geoffroy Saint-Hilaire, Coste, de Quatrefages, E. Blanchard, Deshayes, Lacaze-Duthiers; P. H. Gosse, d'Angleterre; S. Berthelot, des îles Canaries; Aug. Duméril, Gerbe, Lespés, Auzias-Turenne....., ont communiqué des notes curieuses ou importantes, et des dessins inédits d'animaux parfois inconnus.

M. Gudin et M. Biard ont bien voulu permettre la reproduction de leurs tableaux de la mer calme et de la mer agitée, et de la chasse aux Morses.

Que ces savants et ces artistes reçoivent l'expression d'une gratitude que l'auteur eût été heureux de leur témoigner lui-même.

Paris, novembre 1864.

CHAPITRE PREMIER

CONSIDÉRATIONS GÉNÉRALES.

« Il nomma aussi l'amas des eaux, *mers*;
et Dieu vit que cela étoit bon. »

(*Genèse.*)

Ἄριστον μὲν ὕδωρ.

(PINDARE.)

I

Tout le monde sait que la mer couvre à peu près les deux tiers de la surface de la terre. Voici le calcul exact donné par les savants. La surface de la terre est évaluée à 5 098 857 myriamètres carrés. La partie occupée par les eaux est de 3 832 558 myriamètres carrés environ, et celle qui compose les continents, et les îles de 1 266 299. D'où il suit que la surface baignée est à la surface non baignée comme 3,8 est à 1,2. Par conséquent, l'eau recouvre un peu plus des sept dixièmes ou un peu moins des trois quarts de la surface entière.

A la surface du globe, l'eau est la généralité, la terre est l'exception. (Michelet.)

Ce volume d'eau est divisé par les géographes en cinq grands océans : le *Glacial arctique*, l'*Atlantique*, l'*Indien*, le *Pacifique* et le *Glacial antarctique*.

L'océan Glacial arctique s'étend depuis le pôle jusqu'au

1

cercle polaire; il est situé entre l'Asie, l'Europe et l'Amérique.

L'océan Atlantique commence au cercle polaire arctique et arrive jusqu'au cap Horn. Il est situé entre l'Amérique, l'Europe et l'Afrique. Il présente une longueur d'environ 9000 milles, sur une largeur moyenne de 2700. Il couvre une surface de 25 millions de milles carrés. Il est situé entre l'ancien et le nouveau monde. Au delà du cap des Tempêtes, il n'est plus séparé que par une ligne imaginaire des vastes mers du Sud, immenses plaines où prennent naissance les ondes qui sont la principale source des marées, et qui se propagent en grandes vagues à travers l'Atlantique. (Maury.)

L'océan Indien est borné au nord par l'Asie, à l'ouest par l'Afrique, et à l'est par la presqu'île de Malacca, les îles de la Sonde et l'Australie.

L'océan Pacifique, ou grand Océan, s'étend du nord au sud, depuis le cercle polaire arctique jusqu'au cercle polaire antarctique. Il est borné d'un côté par l'Asie, les îles de la Sonde et l'Australie, et de l'autre par l'Amérique. Cet océan contraste d'une manière frappante avec l'Atlantique. L'un a sa plus grande dimension nord et sud; l'autre, est et ouest. Les courants du premier sont larges et lents; ceux du second, étroits et rapides. Les marées de celui-ci sont très-basses; celles de celui-là, très-hautes. Si l'on représente le volume des eaux pluviales qui tombent dans le Pacifique par 1, celui que reçoit l'Atlantique sera représenté par un cinquième. L'océan Pacifique est la plus tranquille des mers; l'océan Atlantique est la plus orageuse.

L'océan Glacial antarctique s'étend depuis le cercle polaire antarctique jusqu'au pôle austral.

Il est remarquable qu'une moitié du globe soit entièrement couverte d'eau, tandis que l'autre contient moins d'eau

MER CALME

que de terre. De plus, la distribution des mers et des terres est encore très-inégale, si, en faisant abstraction de la forme des bassins océaniques, on compare les hémisphères séparés par l'équateur, et les moitiés boréale et australe du globe.

Les océans communiquent avec les continents et les îles par des *côtes*, lesquelles sont dites *escarpées*, quand un sol

MER CALME.

de roche s'étend et arrive brusquement jusqu'aux rivages, comme en Bretagne, en Norvége et en Écosse. Dans ce dernier genre de côtes, certaines sont dentelées, c'est-à-dire ceintes de rochers, soit au-dessus, soit au-dessous de l'eau, formant souvent des labyrinthes d'îles. D'autres s'enfoncent tout d'un coup, laissent la mer libre et produisent des *falaises:* telles sont les côtes de la Manche. Les côtes sont dites *basses*, quand elles sont formées par des terrains argileux et mous

qui s'abaissent en pentes douces. On en distingue de deux
sortes, celles par collines et celles par dunes.

II

Quelle est la profondeur de la mer? Il est bien difficile
de répondre exactement à cette question, à cause des grandes
difficultés qu'on rencontre dans les sondages, déterminées
par les déviations des courants sous-marins.

Laplace a trouvé, par des considérations astronomiques,
que la profondeur moyenne de l'Océan ne peut pas dépasser
3000 mètres. Humboldt admet le même chiffre. Le docteur
Young attribue à l'océan Atlantique une profondeur moyenne
d'environ 1000 mètres, et à l'océan Pacifique une profondeur
de 4000.

Dupetit-Thouars, pendant son voyage scientifique sur la
frégate *la Vénus*, a exécuté deux sondages très-remarquables.
L'un, dans le grand Océan méridional, n'a pas donné
de fond à 2411 brasses, c'est-à-dire à un peu moins de
4000 mètres; le second, dans le grand Océan équinoxial,
a indiqué un fond à 3790.

Dans la dernière expédition à la recherche d'un passage
au pôle nord-ouest, le capitaine Ross n'a pu, par 76° et
77° de latitude nord, rencontrer le fond à une profondeur
de 9143 mètres.

Le lieutenant américain Walsh a trouvé, non loin des
côtes des États-Unis, une profondeur de 10 424 mètres : c'est
la plus grande que l'on connaisse; elle est supérieure à la
hauteur des sommets les plus élevés de l'Inde et de l'Amérique.

La profondeur de la Méditerranée n'est pas considérable.
Entre Gibraltar et Ceuta, le capitaine Smith a compté
1740 mètres, et seulement de 915 à 293 dans les parties

les plus resserrées du détroit. Près de Nice, Saussure a rencontré le fond à 990 mètres. On dit que ce fond est moins bas dans la mer Adriatique, et qu'il n'arrive qu'à 44 mètres entre les côtes de la Dalmatie et l'embouchure du Pô.

La mer Baltique est une des mers les moins profondes du globe. Son maximum ne dépasse pas 200 mètres.

Le fond de la mer paraît avoir des inégalités semblables à celles qu'on observe à la surface des continents. Il y a des montagnes et des vallées, des collines et des plaines.

III

Quelques auteurs ont calculé que toutes les eaux de la mer réunies formeraient une sphère de 50 à 60 lieues de diamètre, et, en supposant la surface du globe parfaitement unie, ces eaux la submergeraient d'environ 200 mètres.

En admettant que la profondeur moyenne de la mer soit de 4000 mètres, on a calculé que l'Océan doit contenir à peu près deux milliards deux cent cinquante millions de milles cubes d'eau. On croit que si la mer était mise à sec, tous les fleuves de la terre devraient verser leurs eaux pendant 40 000 ans pour en combler de nouveau le bassin.

IV

Si nous imaginons le globe entier divisé en 1786 parties égales en poids, nous trouverons approximativement que le poids total des eaux de l'Océan est équivalent à une de ces parties. (J. Herschel.)

Le poids spécifique de l'eau de la mer est un peu au-dessus de celui de l'eau douce. Tandis que celle-ci pèse un kilogramme par litre, ou 1000 kilogrammes par mètre cube, l'eau de la mer pèse 1027.

La mer Morte, ne recevant pas assez d'eau douce pour se maintenir au niveau des mers voisines, acquiert un degré de salure plus considérable, et pèse 1228 kilogrammes, au lieu de 1027.

Le poids spécifique de l'eau de la mer est à peu près celui du lait de femme.

V

A une grande distance du rivage, l'Océan paraît bleu et le plus souvent d'une belle couleur d'azur (*cæruleum mare*). Cette teinte s'adoucit insensiblement jusqu'à ce qu'elle se confonde avec le ciel. Tout près de la côte, elle devient d'un vert plus ou moins glauque et plus ou moins brillant. Il y a des jours où l'Océan se montre un peu livide, et d'autres jours où il est d'un vert assez pur. Mise dans un vase, l'eau de la mer paraît transparente et sans couleur. D'après Scoresby, les régions polaires sont d'une teinte bleu d'outre-mer. Suivant Costaz, la Méditerranée est bleu céleste. Suivant Tuckey, l'Atlantique équinoxial est d'un bleu vif.

Plusieurs causes locales influent sur la couleur des eaux marines. L'eau semble blanche dans le golfe de Guinée, jaunâtre près du Japon, verdâtre à l'ouest des Canaries, et noire autour des îles Maldives. La Méditerranée, vers l'Archipel, devient quelquefois plus ou moins rouge. La mer *Vermeille*, près de la Californie, présente une teinte analogue.

Les noms de mer *Blanche* et de mer *Noire* paraissent provenir seulement des glaces de la première de ces deux mers et des tempêtes de la seconde.

Près des côtes où de fortes marées agitent un fond vaseux ou sablonneux, la teinte de la mer devient plus ou moins grisâtre; mais, quand dans les eaux les plus pures et les plus calmes, la couleur jaunâtre du fond se laisse voir à travers l'azur du liquide, il en résulte une teinte verte que les rayons du soleil nuancent quelquefois de reflets brillants, comme les feux de l'émeraude et du saphir.

Quand on descend dans l'Océan, on voit s'évanouir peu à peu les teintes azurées. A l'éclat du jour succède une lumière douce et uniforme; bientôt, on entre dans un crépuscule rougeâtre et terne; les couleurs se fondent, s'assombrissent; et l'on arrive par degrés à une nuit profonde.

VI

La mer présente une salure particulière, légèrement âcre, mêlée à une amertume un peu nauséabonde. Elle a une odeur *sui generis*. Elle est faiblement visqueuse.

On sait que l'eau pure est le produit de la combinaison de 1 volume d'oxygène et de 2 volumes d'hydrogène. Ce qui fait, en poids, 100 oxygène et 12,50 hydrogène. L'eau de la mer est composée de même; mais on y trouve, en sus, d'autres éléments dont les chimistes nous ont révélé la présence. Sur 1000 grammes d'eau de l'océan Atlantique, l'analyse a montré :

	Grammes.
– Eau..........................	96,470
Chlorure de sodium.............	2,700
Chlorure de magnésium..........	0,360
Chlorure de potassium..........	0,070
Bromure de magnésium...........	0,002
Sulfate de magnésie............	0,230
Sulfate de chaux...............	0,140
Carbonate de chaux.............	0,003
Résidu........................	0,025

Outre ces substances, on a découvert encore, dans l'eau de la mer, en quantité minime il est vrai, de l'iode, du soufre, de la silice, de l'ammoniaque, du fer et du cuivre.

En examinant, à Valparaiso, des feuilles de cuivre retirées de la carène d'un bâtiment depuis longtemps submergé, on y a constaté des traces d'argent déposées par la mer.

Enfin, on trouve encore, en dissolution dans les eaux de l'Océan, une mucosité particulière, qui semble de nature végéto-animale, matière organique provenant de la décomposition successive des innombrables générations qui ont paru et disparu depuis l'origine du monde vivant. Cette matière a été parfaitement décrite par le comte Marsilli, qui la désigne tantôt sous le nom de *glu*, tantôt sous celui d'*onctuosité*.

Les sels nombreux qui existent dans l'Océan ne peuvent ni se déposer dans son lit, ni être enlevés par les vapeurs pour être restitués au sol par les pluies. Des agents particuliers les retiennent, les transforment et les empêchent de s'accumuler. De cette manière, les eaux possèdent toujours le même degré de salure et d'amertume, et l'Océan d'aujourd'hui présente les mêmes caractères chimiques ou physiques que l'Océan d'autrefois.

D'après les calculs du professeur Schafhautl, de Munich, le total des sels contenus en dissolution dans la mer donnerait une masse de 4 millions et demi de lieues cubes. Le sel commun en compose à lui seul, dans cette masse, 3 051 342, ce qui fait un corps d'un tiers plus petit que l'Himalaya et cinq fois aussi considérable que les Alpes.

La salure de la Méditerranée est plus forte que celle de l'Océan, probablement parce que cette mer perd, par l'évaporation, plus d'eau qu'elle n'en reçoit de ses fleuves. Par une raison contraire, la mer Noire et la mer Caspienne sont moins chargées de sel. La mer Morte renferme une quantité de sel si considérable, qu'un homme reste en suspension à sa surface comme un morceau de liége sur l'eau douce.

La salure de la mer semble en général moindre vers les

pôles que sous l'équateur. Cependant il y a des exceptions pour certains pays.

Dans la mer d'Irlande, près du Cumberland, l'eau contient, en sel, le 40° de son poids; sur les côtes de la France, le 32°; dans la mer Baltique, le 30°; sur les côtes de Ténériffe, le 28°; et sur celles de l'Espagne, le 16°.

En plusieurs endroits la mer est moins salée à la superficie qu'au fond.

Dans le détroit de Constantinople, la proportion est de 72 à 62; dans la Méditerranée, de 32 à 29. On prétend qu'en augmentant de salure, à une certaine profondeur, la mer diminue d'amertume. A l'embouchure des grands fleuves, il est à peine besoin de le dire, la mer est toujours moins salée que sur les côtes qui ne reçoivent aucun cours d'eau douce.

VII

L'Océan est sans cesse agité. Son immense surface se soulève et s'abaisse, comme si elle était douée d'une douce respiration (Schleiden). Ses mouvements, faibles ou puissants, lents ou brusques, sont déterminés d'abord par des différences de température.

La chaleur change le volume, et par suite le poids de l'eau, qui se dilate ou se resserre.

A mesure qu'il se refroidit, le liquide devient plus lourd et descend dans les profondeurs, jusqu'à ce qu'il soit arrivé à 4°,25, température qu'il conserve sous toutes les latitudes, à 1000 mètres de profondeur. (D'Urville.)

Si l'eau continue à se refroidir et si elle arrive à zéro, elle devient plus légère qu'elle n'était à 4°,25, et elle remonte; de sorte que la congélation, par suite d'une admirable prévoyance de la nature, ne peut avoir lieu qu'à la surface.

Tant que la température est au-dessus de 4°,25, l'eau chaude et légère se transporte à la surface, et l'eau froide descend dans le fond. A partir de 4°,25 et au-dessous, l'opposé a lieu : Les couches froides montent, et les chaudes descendent à leur tour. Le premier phénomène se passe surtout sous les tropiques, et le second près des pôles; d'où résultent, d'une part, le refroidissement, et, de l'autre, la persistance d'une température moins basse dans les profondeurs des mers les plus chaudes ou les plus froides.

De l'élévation des couches chaudes provient l'évaporation qui forme les nuages, et les pertes que les mers éprouvent, par cela même, sont sans cesse compensées par les courants d'eau froide venus des pôles.

D'un autre côté, les pluies produites par les nuages condensés sont plus chaudes ou plus froides que les couches supérieures de la mer. Dans le premier cas, l'eau tombée reste à leur surface ; dans le second, elle descend.

Les eaux des fleuves agissent aussi par leur température, par leur légèreté spécifique et par leur impulsion.

Les mouvements de l'air, les vents et les ouragans exercent encore une influence manifeste sur les agitations de l'eau.

Enfin, les attractions combinées de la lune et du soleil entraînent, chaque jour, autour du globe, deux ondes immenses qui, vers les nouvelles et les pleines lunes, s'élèvent à leur plus grande hauteur, et baignent les parties du rivage ordinairement découvertes. Ces grands mouvements sont désignés sous le nom de *marées*. Durant une moitié de l'année, les plus hautes marées ont lieu pendant le jour, et durant l'autre moitié, pendant la nuit.

Les marées, en plein Océan, ne s'élèvent qu'à une hauteur de 65 centimètres à un mètre. Mais, à la rencontre des continents, qui leur font obstacle, elles envahissent le

MER AGITÉE

littoral avec la vitesse d'un torrent, et montent à une
hauteur qui varie depuis 3 mètres jusqu'à 20. Ces courants
quotidiens balayent et purifient nos rivages, nos rades, nos
ports, les embouchures de nos fleuves, répandent partout
une fraîcheur vivifiante et salutaire. Soumis aux influences
des corps célestes que des millions de lieues séparent de
nous, ils n'en ont pas moins, dans leurs retours périodiques,
toute la régularité mathématique du mouvement de ces

MER AGITÉE.

corps. L'énorme volume d'eau qu'ils soulèvent, et qui ren-
verserait les plus formidables barrières, s'arrête doucement
au moment prévu, sans dépasser la limite qui lui est tracée.
(Maury.)

Parmi les beaux spectacles de la mer, il faut placer les
vagues, avec leur marche incessante et régulière, leur mu-
gissement continu et monotone, et leur écume impatiente et
fugitive, qui monte, descend, remonte, et vient mourir sur

le rivage. Quelquefois la lame est lancée dans les falaises; mais, à la marée basse, elle retourne dans son lit, en formant mille cascades, mille ruisseaux, mille petites veines sinueuses.

Le volume et la puissance des vagues augmentent avec l'épaisseur de l'eau. On peut même, connaissant leur grandeur et leur vitesse, dans une région donnée, en déduire jusqu'à un certain point la profondeur de l'eau dans cette région. (Airy.)

La hauteur des vagues ordinaires peut aller jusqu'à 11 mètres. Leur force vient à bout des roches les plus dures; elle use leurs débris et finit par les arrondir; elle ballotte les galets, les froisse, les polit, les atténue, et les réduit en sable fin, qui s'accumule dans les abîmes de la mer ou se dépose sur ses rives.

Les vagues les plus fortes heurtent les escarpements sous-marins et tendent à s'élancer en fusées; mais, arrêtés et déviés par les couches d'eau qui les couvrent, ces courants ascendants se changent en *flots de fond*, lesquels se meuvent avec une effrayante vitesse et déferlent contre la plage avec une puissance irrésistible. Pendant la tempête de 1822, dans la baie de Biscaye, les vagues, parties des rochers d'Arta, avaient jusqu'à 400 mètres d'amplitude, et par conséquent parcouraient 20 mètres par seconde. Elles marchaient donc deux fois plus vite qu'une locomotive faisant dix lieues à l'heure. (Quatrefages.)

D'après le colonel Emy, les flots de fond agissent par une profondeur de 130 mètres, et peuvent élever, au-dessus du niveau de la mer, des colonnes d'eau de plus de 50 mètres de hauteur, de 2 à 3000 mètres cubes de volume, et pesant de 2 à 3 millions de kilogrammes. Ces flots de fond jouent un rôle considérable dans la plupart des phénomènes de l'Océan. On les rencontre dans toutes les mers. Ce sont eux, et non les ondulations de la surface, qui poussent jusqu'au rivage les galets, les sables, les débris des coquillages et tous les objets submergés. Ce sont eux encore qui, sur les bancs sous-marins, produisent ces *brisants* si redoutés des matelots, qui rendent quelquefois impraticables, même par les temps les plus calmes, la passe de certaines baies. (Emy.)

C'est par les flots de fond qu'on a expliqué le singulier phénomène qui a lieu à l'embouchure des grands fleuves, appelé la *barre* par les mariniers de la Seine, *mascaret* par ceux de la Dordogne, et *pororoca* par les riverains de l'Amazone.

A la terminaison de ce dernier fleuve, lors des grandes marées, des pleines et des nouvelles lunes, la mer, au lieu d'employer six heures à monter, atteint sa plus grande hauteur en deux ou trois minutes. Un flot de 4 à 5 mètres d'élévation s'étend sur toute la largeur du fleuve. Il est bientôt suivi de deux ou trois autres semblables, et tous remontent le courant avec un bruit effroyable et une rapidité telle, qu'ils brisent tout ce qui résiste, déracinent les arbres et emportent de vastes étendues de terrain. Le pororoca se fait sentir jusqu'à 200 lieues dans l'intérieur des terres. (Adalbert.)

Un autre terrible tourbillon de la mer a été désigné sous le nom de *maestrom* ou *maelstrom* : c'est une espèce de trombe permanente et éternelle qui se fait remarquer dans les mers du Nord, particulièrement dans le district de Lofoden, en Norvége. Qu'on se représente de grandes vagues, hautes comme des collines, accourant de tous les points de l'horizon, et se précipitant les unes sur les autres avec une fureur inouïe, pour disparaître comme englouties dans un abîme. Le maestrom attire les vaisseaux à une grande distance, et dès qu'on sent l'in-

fluence de son courant, on est irrévocablement perdu. Il
était très-redouté des anciens, qui le nommaient *nombril
de la mer*.

Les tremblements de terre donnent quelquefois naissance
à des vagues gigantesques. Le 23 décembre 1854, à neuf
heures quarante-cinq minutes du matin, la frégate russe
Diana, qui était à l'ancre dans la baie de Simoda, près de
Yédo (Japon), ressentit les premières atteintes d'un trem-
blement de terre. Quelques minutes après, une vague immense pénétra dans la baie, le niveau de l'eau s'éleva subi-
tement, et la ville parut engloutie. Une seconde vague
suivit la première, et quand toutes deux se furent retirées,
il ne restait plus une maison debout. La frégate elle-même,
qui avait talonné plusieurs fois, finit par s'échouer sur le
rivage. Or, le même jour, quelques heures plus tard, sur la
côte de Californie, à plus de 8000 kilomètres du Japon, les
échelles de marée conservèrent les marques de plusieurs
vagues d'une hauteur excessive. Il est à croire que c'étaient
les mêmes vagues qui avaient causé l'échouage de la *Diana*,
lesquelles (on en a fait le calcul) devaient avoir une largeur de 412 kilomètres et une vitesse de 700 kilomètres
à l'heure. (Maury.)

Il existe dans les mers trois grands courants, qui prennent
naissance, l'un dans le grand Océan, l'autre dans l'océan
Atlantique, et le troisième dans la mer des Indes. Ces courants sont des espèces de fleuves marins immenses, qui
déterminent des différences très-notables dans la température de beaucoup de régions.

Le premier a reçu le nom de *courant de Humboldt*. Parti
du pôle sud, il longe les côtes du Chili et du Pérou. Ce
courant est froid.

Le courant de l'océan Atlantique atteint l'extrémité australe de l'Afrique, où il se partage en deux. La partie méri-

dionale se détache de la côte et la contourne à distance. La branche nord suit la côte occidentale de l'Afrique, du sud au nord. Dans la région équatoriale, elle change de direction, traverse l'océan Atlantique dans sa plus grande largeur, de l'est à l'ouest, et remonte la côte du Brésil, où elle se partage en deux. Ce courant est appelé *courant équinoxial*. Le courant nord suit les côtes du Brésil, de la Guyane, entre dans la mer des Antilles, se dirige vers la baie de Honduras, traverse le golfe du Mexique, et prend alors le nom de *Gulf-stream*. Il sort par le canal de Bahama, et court, en s'élargissant et avec une grande rapidité, au nord-est. Sa vitesse est plus grande que celle du Mississippi ou de l'Amazone. On dit qu'il fait cinq milles à l'heure. Il n'existe pas sur la terre un cours d'eau plus majestueux. Le Gulf-stream se jette dans l'océan Arctique. Ses dernières branches vont se perdre sur les côtes occidentales du Spitzberg. Ce courant est chaud. En longeant adroitement, avec sa barque, le bord de ce fleuve marin, un matelot pourrait tremper en même temps l'une de ses mains dans l'eau chaude et l'autre dans l'eau froide.

On a vu le Gulf-stream amener jusque sur les côtes de l'Écosse les débris d'un vaisseau de guerre anglais, le *Tilbury*, qui fut détruit par un incendie dans le voisinage de la Jamaïque. (Schleiden.)

Le courant de la mer des Indes se dirige à l'est, et rencontre la côte occidentale de la Nouvelle-Hollande. Une partie de ses eaux longe le sud de ce continent, et retombe dans le courant circulaire du grand Océan. L'autre partie remonte au nord, suit l'équateur, de l'est à l'ouest, descend au sud, en passant entre l'Afrique et Madagascar, contourne la pointe sud de l'Afrique, et va se jeter dans le courant de l'océan Atlantique.

« L'eau, dans son mouvement, n'est pas seulement le

principal, mais aussi le plus fort et le plus terrible des éléments. » (Pindare.)

VIII

La mer se congèle vers les pôles, et revêt alors un caractère tout particulier. Ce phénomène semble naître à mesure que la salure diminue et que le mouvement de rotation devient moins rapide. On rencontre déjà, vers le 40ᵉ degré de latitude, de gros morceaux de glace flottant sur la mer. Ces morceaux ont été détachés de quelque région plus septentrionale et entraînés par les courants qui vont du pôle à l'équateur. A 50°, il est assez ordinaire de voir les bords de la mer se couvrir de glace. A 60°, les golfes et les mers intérieures se gèlent souvent sur toute leur surface. A 70°, les glaçons flottants deviennent très-nombreux et très-gros. Ils forment quelquefois de véritables îles, lesquelles peuvent offrir jusqu'à une demi-lieue de diamètre. Enfin, vers le 80° degré, on trouve généralement des glaces fixes, c'est-à-dire accumulées, arrêtées et soudées.

Les glaces polaires sont teintes des couleurs les plus vives : on dirait des blocs de pierres précieuses. On y trouve l'éclat du diamant et les nuances éblouissantes du saphir et de l'émeraude. Ces amas d'eau solide forment tantôt de vastes champs, tantôt des montagnes élevées.

Les champs de glace composent souvent des bancs immenses. Ces champs sont quelquefois parfaitement unis, sans fissure, ni creux, ni monticules. Scoresby en a vu un flottant, sur lequel une voiture aurait pu parcourir trente-cinq lieues en ligne droite, sans le moindre empêchement. Cook en a trouvé un autre, étroit, qui joignait l'Asie à l'Amérique septentrionale.

Lorsque ces masses immenses viennent à se rencontrer,

il en résulte des chocs épouvantables dont le fracas est semblable à celui du tonnerre.

Les montagnes de glace sont produites par les îles. Ces dernières, glissant les unes sur les autres, finissent par for-

ASPECT DES GLACES AU PÔLE.

mer des accumulations gigantesques qui s'élèvent jusqu'à 40 mètres. Ces masses flottantes, sans cesse minées par la mer, changent de figure, pour ainsi dire, à chaque instant. Elles se heurtent, se poussent, se brisent ou se soudent. Les

montagnes de glace ont communément une surface carrée
taillée à pic du côté de l'Océan. De loin, elles représentent
de gigantesques découpures blanches qui entament la voûte
bleue du ciel. Vues de près, elles offrent une surface unie
ou hérissée de mamelons. On dirait des pyramides de cristal
ou de diamant, des colonnes élancées, des aiguilles pointues, ou bien des édifices bizarres et majestueux, avec des
arcades, des frontons, des chapiteaux. Mais bientôt ces
pyramides se fendent et s'écroulent, une colonne s'affaisse
et s'arrondit, une aiguille se transforme en escalier, un
édifice se change en champignon..... Spectacle toujours
imposant, où l'inconstance des formes rivalise avec leur
variété, et la grandeur des blocs avec leur bizarrerie.

Scoresby s'est souvent amusé à plonger ses matelots dans
la stupéfaction, en allumant sa pipe avec un glaçon taillé. Il
dégrossissait le morceau à la hache, le raclait avec un couteau, et le polissait avec la chaleur de la main, en le soute-
nant avec un gant de laine. Un jour, il se procura de la
sorte une lentille merveilleusement transparente, de 35 centimètres de diamètre.

CHAPITRE II

LA VIE DANS LA MER.

« Que les eaux produisent en toute abondance des animaux qui aient vie et qui se
meuvent! »   (*Genèse.*)

I

A l'aspect de la haute mer, libre de tout rivage, celui qui
aime à créer en lui-même un monde à part où puisse s'exer-
cer librement l'activité spontanée de son âme, celui-là se
sent rempli de l'idée sublime de l'infini. Son regard cherche surtout l'horizon lointain. Il y voit le ciel et l'eau qui
s'unissent en un contour vaporeux où les astres montent et
descendent, paraissent et disparaissent tour à tour. Mais
bientôt cette éternelle vicissitude de la nature réveille en
lui le vague sentiment de tristesse qui est au fond de toutes
les joies de notre cœur. (Humboldt.)

Des émotions d'un autre genre, et tout aussi sérieuses,
sont produites par la contemplation et par l'étude des
innombrables êtres organisés qui peuplent l'Océan.

En effet, cette immense masse d'eau qu'on appelle la *mer*
n'est pas un vaste désert liquide. La vie habite dans son
sein, comme elle habite sur la terre. Elle y règne en souveraine, avec ses épanouissements, son luxe et ses agitations.

La vie plaît à Dieu. C'est la plus belle, la plus brillante, la plus noble et la plus incompréhensible de ses manifestations.

On l'a dit il y a bien longtemps, la vie est partout, et le monde n'est rien que par la vie. Les êtres qui en jouissent la transmettent fidèlement à d'autres êtres, leurs enfants et leurs successeurs, qui en seront comme eux les dépositaires ou les usufruitiers. Le merveilleux héritage traverse ainsi les années et les siècles, sans être dénaturé ni amoindri, et le globe possède toujours la même quantité de vie qui lui a été si libéralement distribuée.

On sait ce que produit la vie, mais on ignore ce qu'elle est (Lamartine), et cette ignorance est peut-être l'aiguillon puissant qui excite notre curiosité et provoque nos études.

Au sein de toute chose animée, il se livre un combat incessant et muet, entre la vie qui assimile et la mort qui désagrége. La première est d'abord la plus puissante; elle maîtrise la matière. Cependant son règne est limité; elle s'affaiblit graduellement avec l'âge, et finit par s'éteindre avec le temps; alors les lois physiques et chimiques reprennent le dessus et détruisent l'organisation. Mais les éléments de cette dernière, d'abord inertes, sont bientôt ressaisis et remis en œuvre par une nouvelle vie. Ainsi, chaque plante, chaque animal se lie avec le passé et se confond avec l'avenir; car toute génération qui surgit n'est que le corollaire de celle qui expire et le prélude d'une autre qui va naître. La vie est le séminaire de la mort. La mort est la nourrice de la vie.

II

La vie ne s'est pas manifestée sur le globe au moment même où il a été formé. Elle a paru tard; elle n'est venue qu'après les autres phénomènes naturels. Pour la recevoir, il fallait un sol convenablement préparé et un ensemble déterminé de conditions physiques et chimiques.

L'apparition et la diffusion des êtres vivants n'ont pas marché au hasard, elles ont suivi un ordre rigoureux. La connaissance des débris fossiles a jeté le plus grand jour sur ce développement régulier et progressif de l'organisation. L'évolution des êtres vivants a commencé par les plus rudimentaires. Les couches très-anciennes de la terre ne recèlent rien qui ait vécu; les traces des corps organisés n'existent que dans des terrains de formation relativement récente. Les végétaux se montrent les premiers, et parmi ces végétaux, ce sont d'abord les plus inférieurs. Paraissent ensuite les animaux, et, en première ligne, ceux qui se rapprochent le plus du règne végétal, et qui appartiennent, par conséquent, aux tribus les moins parfaites. Ainsi, les combinaisons de la vie, d'abord simples, sont devenues de plus en plus compliquées, jusqu'au moment de la création de l'homme, cet admirable chef-d'œuvre de l'organisation.

Si l'on met au printemps, dans une soucoupe, exposée à l'air et à la lumière, une certaine quantité d'eau pure, on voit bientôt se produire des nuages légèrement jaunâtres ou verdâtres. Ces nuages, examinés au microscope, présentent des milliers de végétaux agglomérés. Bientôt naissent des animalcules qui nagent au milieu de ces nuages vivants et se nourrissent de leur substance; puis se forment d'autres animalcules qui poursuivent et dévorent les premiers.

En résumé, la vie transforme la matière brute en matière organisée. Les végétaux apparaissent tout d'abord; puis viennent les animaux herbivores, puis les animaux carnassiers. La vie entretient la vie. La mort des uns alimente le développement des autres. Car tout s'enchaîne, tout s'entr'aide, tout se métamorphose dans le monde organisé comme dans le monde minéral, et il en résulte une harmonie générale toujours profonde, toujours la même et toujours digne de notre admiration. Dieu seul est permanent, tout le reste est transition.

III

Les eaux ont beaucoup plus d'habitants que les parties solides de la terre [1]. Sur une surface moins variée que celle des continents, la mer renferme dans son sein une exubérance de vie dont aucune autre région du globe ne pourrait donner l'idée. (Humboldt.)

La vie s'épanouit au nord comme au midi, à l'est comme à l'ouest. Partout les mers sont peuplées; partout, au sein de l'abîme, s'agitent et s'ébattent des créatures qui se correspondent et s'harmonisent; partout le naturaliste trouve à s'instruire et le philosophe à méditer; et ces changements mêmes ne font qu'imprimer davantage dans notre âme un sentiment de reconnaissance pour l'Auteur de l'univers. (J. Franklin.)

Oui, les rives de l'Océan et ses profondeurs, ses plaines et ses montagnes, ses vallées et ses précipices, même ses ruines, sont animés et embellis par d'innombrables êtres organisés. Ce sont d'abord des plantes solitaires ou sociales, dressées ou pendantes, étalées en prairies, groupées en oasis ou rassemblées en immenses forêts. Ces plantes protégent et nourrissent des millions d'animaux qui rampent, qui courent, qui nagent, qui volent, qui s'enfoncent dans le sable, s'attachent à des rochers, se logent dans des crevasses

---

[1] La vie est partout sur nos plages;
La vie est partout dans nos lits.
(Autran.)

ou se construisent des abris; qui se recherchent ou se fuient, se poursuivent ou se battent, se caressent avec amour ou se dévorent sans pitié.

Charles Darwin remarque, avec raison, que nos forêts terrestres n'entretiennent pas, à beaucoup près, autant d'animaux que celles de la mer.

L'Océan, qui est pour l'homme l'*élément de l'asphyxie et de la mort*, est, pour des milliards d'animaux, un élément de vie et de santé. *Il y a de la joie dans ses flots; il y a du bonheur sur ses rives; il y a du bleu partout!*

IV

La mer influe sur ses nombreux habitants, végétaux ou animaux, par sa température, par sa densité, par sa salure, par son amertume, par l'agitation de ses flots et par la rapidité de ses courants.

On a vu, dans le chapitre qui précède, que les eaux marines ne se congèlent qu'à la surface, et qu'à 1000 mètres de profondeur, il existe une température permanente, la même sous toutes les latitudes. D'un autre côté, on a reconnu que l'effet des agitations les plus puissantes et celui des ouragans les plus forts s'étendent tout au plus à 25 mètres de profondeur (Bergmann). D'où il résulte que les végétaux et les animaux, en descendant plus ou moins, suivant le froid ou les mouvements qui les dérangent, peuvent toujours avoir un milieu qui leur convienne.

Les hôtes de la mer se distinguent par une mollesse particulière. Certaines plantes pélagiques ne présentent qu'une faible, une très-faible consistance; un grand nombre se transforment, par l'ébullition dans l'eau, en une sorte de gelée. Les animaux marins offrent une chair plus ou moins

flasque; beaucoup semblent n'être composés que d'un muci-
lage diaphane. Le squelette des espèces les plus parfaites est
plus ou moins flexible et plus ou moins cartilagineux; il
ressemble rarement, quant au poids et à la consistance, aux
os des vertébrés terrestres. Cependant les coquilles et les
coraux sont remarquables par leur solidité pierreuse. Parmi
les corps organisés marins, se trouvent donc à la fois, et les
plus mous, et les plus durs!

La répartition des êtres organisés nourris par l'Océan est
soumise à des lois fixes. On ne trouve pas, sur les côtes, les
mêmes espèces qu'on rencontre éloignées des continents, ni
à la surface celles qui se cachent dans les profondeurs.

Quelle immense variété de tailles, de formes et de couleurs, depuis la végétation presque invisible qui sert de nourriture aux petits coquillages, jusqu'aux algues élancées,
longues de 50 mètres, depuis l'infusoire microscopique
jusqu'à la baleine gigantesque!

On trouve dans la mer animée de l'unité et de la diversité,
qui constituent le beau; de la grandeur et de la simplicité,
qui forment le sublime; de la puissance et de l'immensité,
qui commandent le respect. (Lacépède.)

On a décrit et figuré bien des plantes et bien des animaux. Mais combien en reste-t-il encore à figurer et à
décrire? Depuis plus de deux mille ans que les recherches
se multiplient et se succèdent sans interruption, combien
la science ne laisse-t-elle pas encore à désirer, même pour
amener les connaissances déjà acquises au degré de perfection dont elles sont susceptibles! (Lamarck.)

V

Lorsque la marée se retire des bords de l'Océan, la mer
abandonne sur la plage quelques-uns des êtres si nombreux

qu'elle abrite dans son sein. Le naturaliste et l'amateur peuvent, dans les premiers moments, recueillir une foule de végétaux et d'animaux avec tous leurs caractères, toutes leurs couleurs et toutes leurs propriétés.

Les populations riveraines y trouvent les éléments de leur nourriture, de leur commerce ou de leur industrie. Aussi s'empressent-elles d'accourir à la marée basse. Les villages et les hameaux les plus rapprochés y envoient tout leur contingent. Hommes et femmes, vieux et jeunes, chacun est

FILETS DE PÊCHE.

propre à la récolte, suivant ses forces et son activité. On s'arme de bâtons, de perches et de pioches; on apporte des corbeilles, des paniers, des sacs, même des filets. On amène des brouettes et des chariots.

Des pêcheurs ramassent les *Zostères* rubanées, les *Ulves* membraneuses, les *Fucus* rembrunis, et en font des chargements considérables. D'autres recueillent les petits coquillages disséminés sur la grève. Les jeunes garçons enlèvent adroitement sur les rochers, des *Rans* ou *Buccins*, des *Vignettes* ou *Turbos*, et des *Oreilles de mer* ou *Ormiers*. Ils détachent aussi des *Bénicles* ou *Patelles*. Les jeunes filles font la chasse aux *Mactres*, aux *Cythérées* et aux *Bucardes*. Des femmes entrent dans l'eau jusqu'à mi-jambes, et vont arracher des quantités considérables de *Modioles* et de *Moules*.

On retourne les pierres, ou bien on sonde les crevasses avec un crochet attaché au bout d'une latte. On y surprend des *Poulpes*, des *Sèches* et des *Calmars*, quelquefois même des *Anguilles de mer* ou *Congres* qui s'y sont réfugiés.

On explore les petites mares que la mer a formées en se retirant. On y plonge une pochette longuement emmanchée; on y promène un filet à mailles très-petites, et l'on s'empare ainsi des animaux qui s'y sont attardés, mollusques, crustacés ou poissons.

Des hommes creusent le sable, et mettent à nu des *Oursins*, des *Donaces* et des *Manches de couteau*.

VI

Dans la Méditerranée et dans les petites mers, la marée est nulle ou presque nulle, au grand détriment des populations du voisinage. Il existe, d'ailleurs, un grand nombre de végétaux et d'animaux, appartenant à la haute mer, que les flots ou les courants n'amènent presque jamais sur la plage. Il en est d'autres tellement fugaces ou si fortement collés à leurs rochers, qu'on ne peut bien les étudier que dans les endroits mêmes qu'ils habitent. Il faut aller les surprendre flottant à la surface des eaux ou retirés dans leurs mystérieux asiles. Voilà pourquoi les naturalistes sérieux doivent étudier beaucoup de productions vivantes de l'eau salée au sein même de la mer, et non sur les rivages.

La plupart des explorateurs emploient dans ce but la

drague, la sonde et d'autres engins propres à racler et à briser les rochers les plus durs.

Dans son voyage sur les côtes de la Sicile, M. Milne Edwards a eu l'excellente idée de se servir de l'appareil inventé par le colonel Paulin, ancien commandant des pompiers de Paris. Cet appareil consiste dans un casque métallique pourvu d'une visière de verre, et par conséquent transparente, qui se fixe au cou à l'aide d'un tablier de

DRAGUEURS.

cuir maintenu par un collier rembourré. Ce casque est une véritable cloche à plongeur en miniature. Il communique avec une pompe foulante au moyen d'un tube flexible. Quatre hommes sont employés au service de cette pompe : deux la mettent en exercice, pendant que les deux autres se reposent. D'autres hommes tiennent l'extrémité d'une corde (qui passe dans une poulie attachée à une certaine élévation), laquelle permet de hisser rapidement le plongeur. Un observateur vigilant tient dans la main le

petit cordon destiné aux signaux. L'immersion du plongeur
est facilitée par de lourdes semelles de plomb, lesquelles
favorisent en même temps la station verticale au fond de la
mer. Il faut près de deux minutes pour retirer un homme
de l'eau et pour le débarrasser de son casque. M. Milne
Edwards se faisait descendre, avec cet appareil, jusqu'à
8 ou 9 mètres de profondeur. Ses recherches ont été cou-
ronnées du succès le plus complet. Dans ses excursions
sous-marines, ce savant naturaliste a pu étudier sur place,
dans leurs retraites les plus cachées et en apparence les
moins accessibles, des animaux rayonnés, des mollusques,
des crustacés, des annélides, surtout des larves et des œufs,
et a contribué puissamment à faire connaître les développements, les fonctions et les mœurs d'un certain nombre
d'habitants de la mer, que leur séjour et leur manière de
vivre semblaient soustraire pour toujours à nos investi-
gations.

On a proposé, dans ces derniers temps, pour tous les
travaux qui exigent un séjour plus ou moins long au sein
des eaux, le bateau plongeur de MM. Lamiral et Payerne.
Ce bateau est un réservoir d'air atmosphérique comprimé,
qu'on descend à différentes profondeurs. Il fournit les éléments de la respiration, sans communication extérieure ; il
favorise le contact direct avec les objets submergés, et permet facilement la locomotion sous l'eau.

VII

On peut encore étudier les êtres vivants abrités par la
mer, en les conservant dans des vases convenables. C'est à
M. Charles des Moulins (de Bordeaux) qu'on doit la possibilité de ces éducations à domicile. (1830).

Quand on place dans un bocal rempli d'eau douce, des mollusques, des crustacés ou des poissons, on voit, au bout de quelques jours, le liquide perdre sa transparence et sa pureté et se corrompre peu à peu. Il faut nécessairement changer ce dernier de temps à autre, changement qui dérange, fait souffrir et même périr les animaux. L'eau nouvelle, d'ailleurs, n'offre pas toujours la même composition, ni la même aération, ni la même température que l'eau remplacée. M. Charles des Moulins a proposé de mettre dans le vase un certain nombre de plantes aquatiques, flottantes ou submergées, par exemple des lentilles d'eau, des volants d'eau, des potamogets. Ces plantes agissent sur le liquide en sens inverse des animaux qui l'habitent. On sait que les végétaux assimilent le carbone, en décomposant l'acide carbonique, produit de la respiration des animaux, et dégagent l'oxygène indispensable à ces derniers. De cette manière, on n'a plus besoin de changer le liquide, ni même de l'agiter, et l'on ne trouble pas ses habitants.

M. Dujardin, en 1838, M. Thysme, en 1846, et M. Warrington, en 1849, ont eu l'excellente idée de faire pour l'eau salée ce que M. Ch. des Moulins avait conseillé pour l'eau douce. Il va sans dire que les plantes dont ils se servent sont des ulves et des fucus. Enfin, M. Philippe Henri Gosse et M. Bowerbank ont imaginé des réservoirs sur une plus grande échelle, espèces de bassins transparents auxquels ils ont donné le nom d'*aquariums*.

Les aquariums sont pour les populations aquatiques ce que les volières sont pour les oiseaux. Seulement, au lieu de cages de fer, ce sont des cages de verre, et au lieu d'air, c'est de l'eau. (Millet.)

Les aquariums de cabinet affectent généralement une forme rectangulaire. Qu'on se représente des bassins dont le fond est une table d'ardoise ou une lame de zinc. Quatre

colonnettes de fonte ou de fer soutiennent quatre glaces verticales, surmontées par un encadrement de métal. Ce sont
des maisons de verre qui dévoilent, avec tous leurs secrets,
les mouvements, les mœurs, les habitudes du monde
aquatique.

AQUARIUM.

Afin d'élever un plus grand nombre d'animaux, et pour
imiter jusqu'à un certain point l'agitation des eaux et leur
incessante aération, on a imaginé de renouveler le liquide,
petit à petit et d'une manière continue, à l'aide d'un appareil spécial. On fait arriver l'eau, soit en un filet plus ou
moins grêle, soit seulement goutte à goutte. Le liquide
s'échappe par un trop-plein.

On a soin de placer, dans le réservoir, des pierres creuses,
des tuyaux, pour offrir des abris aux animaux qui fuient la
lumière. On peut aussi former des écrans, soit avec une
planche ou une lame de carton, soit avec une pièce d'étoffe
ou un verre dépoli. On ménage sur l'écran quelques petites

ouvertures qui permettent d'observer sans être vu. De cette manière on ne dérange en aucune façon les fonctions des animaux, et l'on saisit tous les détails de leur vie intérieure. C'est en réalité la maison de verre des sages de l'antiquité. (Millet.)

Il est bon d'appliquer un couvercle sur l'aquarium pour arrêter les animaux qui pourraient en sortir, soit en sautant, soit en rampant, et pour empêcher la poussière de tomber sur l'eau, de s'y accumuler et de pénétrer dans sa masse.

En 1853, M. Mitchell, secrétaire de la Société zoologique de Londres, construisit dans le jardin de Regent's Park un aquarium avec des dimensions qu'on n'avait pas encore employées. Le succès de ce petit musée vivant de la mer excita en Angleterre de véritables transports d'admiration. (Rufz de Lavison.)

Le plus grand, le plus beau et le plus complet des aquariums établis jusqu'à ce jour, est celui du Jardin zoologique du bois de Boulogne, à Paris, inauguré le 3 octobre 1861.

Qu'on se figure un bâtiment, solidement construit en pierre, de 40 mètres de long sur 10 de large, offrant une rangée de quatorze réservoirs, d'ardoise d'Angers, alignés du côté du nord. Ces réservoirs sont à peu près cubiques, et offrent des devants de forte glace de Saint-Gobain, qui permettent de voir l'intérieur. Ils sont éclairés par le haut : il en résulte un demi-jour verdâtre, uniforme, mystérieux, qui donne une idée exacte des faibles clartés sous-marines. Chaque réservoir contient environ 900 litres d'eau; il est garni de rochers disposés un peu en amphithéâtre et d'une manière pittoresque. Sur ces rochers s'étalent ou s'élèvent diverses espèces de plantes aquatiques. Les réservoirs ont dans le fond une couche de galets, de graviers et de sable, pour donner à certains animaux des retraites suffisantes.

Dix de ces réservoirs sont destinés aux animaux marins.

La quantité d'eau employée est d'environ 22 700 litres. Cette eau n'est jamais changée, mais elle est sans cesse en mouvement, elle circule. Ce mouvement est produit de la manière suivante. On profite d'un courant d'eau amené par le grand tuyau de la concession qui alimente le bois de Boulogne. Cette eau, soumise à une forte pression, comprime une certaine masse d'air. Cet air, dès qu'on lui permet d'agir sur une partie de l'eau de mer contenue dans un cylindre fermé qui se trouve au-dessous du niveau de l'aquarium, la fait monter et entrer avec une grande force dans chaque réservoir, où elle s'introduit par un petit jet. L'eau de mer, pressée, absorbe beaucoup d'air, qu'elle entraîne avec elle dans les réservoirs. Un tuyau placé dans un coin de ces derniers reçoit le trop-plein du liquide, et le conduit dans un filtre de charbon très-serré, d'où il passe dans un grand réservoir souterrain, de fonte, doublé de gutta-percha. De là l'eau revient au cylindre fermé, y subit encore la pression de l'air, et remonte de nouveau dans l'aquarium. Les cylindres étant sous terre, on y maintient facilement une température égale de 16 degrés centigrades environ : ce qui est à peu près la température uniforme de l'eau dans l'Océan. Pendant l'hiver, le bâtiment de l'aquarium est chauffé artificiellement. (Lloyd.)

A l'aide d'une disposition très-simple, on peut, dans chaque réservoir, diminuer la quantité de l'eau, et imiter le flux et le reflux de la mer. On peut même, en baissant considérablement le liquide, exposer périodiquement certains animaux à l'air atmosphérique.

Dans cette circulation et cette agitation de l'eau, sa masse tend à diminuer par l'évaporation. Les matières qu'elle contient restant dans le liquide, ce dernier finirait par devenir trop salé. Pour remédier à cet inconvénient, on y ajoute de l'eau pure. A l'aide d'un appareil spécial, on fait entrer de temps en temps, dans le grand réservoir, une certaine quantité d'eau pluviale qui vient du toit du bâtiment. Un hydromètre indique le moment où cette addition d'eau douce est devenue nécessaire.

« *La lengua no basta para decir, ni la mano para escribir todas las maravillas del mar!* » (Christophe Colomb.)

CHAPITRE III

LES PLANTES DE LA MER.

Plasén jardi, plus qu'autre jos lo cél.
(A. Crusa, 1471.)

I

La flore de l'Océan mérite sous tous les rapports l'attention du botaniste, du philosophe et de l'artiste ; car il existe, au milieu des eaux comme sur la terre, dans l'eau salée comme dans l'eau douce, des plantes curieuses, utiles et pittoresques.

Ces plantes offrent une diversité de formes telle, qu'un paysage au fond de la mer n'est ni moins intéressant, ni moins varié que celui d'une contrée à laquelle le soleil a imprimé le cachet de la végétation si riche des tropiques. (Schleiden.)

Cependant, disons-le tout d'abord, la vie végétale est moins largement représentée dans les mers que sur les continents (Humboldt). La masse des végétaux terrestres est incomparablement plus grande que celle des végétaux marins. Mais la nature a compensé cette différence au sein de l'Océan, ainsi que nous le montrerons ailleurs, en créant des *Polypiers*, c'est-à-dire des animalcules réunis en sociétés nombreuses plus ou moins arborisées, qui composent une flore d'un autre genre, plus compliquée, plus animée, plus étonnante : ce sont, pour ainsi dire, des animaux dans des plantes et des minéraux dans des animaux.

La flore océanique appartient presque exclusivement à une seule classe de végétaux, celle des *Algues*.

'Linné n'a signalé qu'une cinquantaine de ces plantes; on en connaît aujourd'hui plus de 2000. Dans les eaux de l'Angleterre seulement, on compte 105 genres et 370 espèces!

La flore marine est assez nombreuse et assez brillante dans la zone tempérée; elle diminue graduellement de richesse vers l'équateur et vers les pôles. (Schleiden.)

II

Les plantes de la mer ont souvent une taille tout à fait microscopique. Freycinet et Turrel, à bord de la corvette la *Créole*, ont observé, dans le voisinage de Tajo (île de Luçon), une étendue d'eau de 60 millions de mètres carrés colorée en rouge écarlate. Cette teinte provenait de la présence d'une chétive plantule, dont il faut 40 000 individus pour occuper l'espace d'un millimètre carré! Comme cette coloration s'étendait à une profondeur assez considérable, il serait impossible d'évaluer, même d'une manière approximative, le nombre de tous ces êtres vivants. (Schleiden.)

La mer Rouge présente aussi, dans certaines circonstances, une coloration analogue qui lui a valu son nom. Cette coloration est due également à une Algue microscopique. « Le 10 décembre, dit M. Ehrenberg, je vis à Tor, près du mont Sinaï, toute la baie qui forme le port de cette ville, rouge de sang. La haute mer, en dehors de l'enceinte des coraux, conservait sa couleur ordinaire. De courtes vagues apportaient sur le rivage, pendant la chaleur du jour, une matière mucilagineuse pourpre, et la déposaient sur le sable; en sorte que, dans l'espace d'une demi-heure, toute la baie, à marée basse, fut entourée d'une ceinture

FLORE DE LA MER.

rouge..... Je puisai de l'eau avec des verres que j'emportai dans ma tente. Il fut facile de reconnaître que cette coloration était due à de petits flocons à peine visibles, souvent verdâtres, quelquefois d'un vert intense, mais pour la plupart d'un rouge foncé. Toutefois l'eau dans laquelle ils nageaient était parfaitement incolore. J'observai cette matière au microscope. Les flocons étaient formés de faisceaux de filaments. Ces faisceaux avaient rarement plus de 2 millimètres de longueur; ils étaient fusiformes et contenus dans une sorte de gaîne mucilagineuse. Durant le jour ils se maintenaient à la surface de l'eau, mais pendant la nuit ils gagnaient le fond du verre; quelque temps après, ils remontaient. » Cette Algue a été désignée sous le nom de *Trichodesmie rouge* [1].

M. Évenot Dupont, avocat distingué de l'île Maurice, raconte, de son côté, que le 15 juillet 1843, il vit la même mer teinte en rouge aussi loin que l'œil pouvait s'étendre. Sa surface était partout couverte d'une matière fine d'un rouge de brique un peu orangé. La sciure du bois d'acajou produirait à peu près le même effet. M. Dupont fit recueillir à l'aide d'un seau attaché au bout d'une corde une certaine quantité de cette substance; puis, avec une cuiller, il en remplit un flacon. Le lendemain, elle était devenue d'un violet foncé, et l'eau avait pris une jolie teinte rose. Le contenu fut vidé sur un linge de coton; l'eau passa au travers, et la substance adhéra au tissu : en se séchant, elle devint verte.

M. Montagne a étudié cette matière, et constaté que c'était une petite Algue du même genre que la précédente. Il l'a nommée *Trichodesmie d'Ehrenberg* [2]. Cette Algue est com-

---

[1] *Trichodesmium erythræum* Ehrenberg.

[2] *Trichodesmium Ehrenbergii* Montagne. Il en existe encore une autre espèce, appelée par les savants *Trichodesmium Hindsii*.

posée de filaments articulés et juxtaposés, variant entre un dixième et un vingtième de millimètre. Le microscope y fait découvrir des cellules régulièrement soudées bout à bout, fortement pressées et un peu quadrilatères.

D'autres plantes marines présentent au contraire une taille gigantesque. Humboldt a vu pêcher un Fucus qui avait plus de 500 mètres de longueur !

III

Les plantes de l'Océan ne ressemblent pas beaucoup à celles qui ornent nos bois et nos vallons. D'abord elles n'ont pas de racines.

Celles qui flottent sont globuleuses ou ovoïdes; tubulées ou membraneuses, sans apparence aucune de corps radiculaire.

Celles qui adhèrent sont fixées par une sorte d'empatement superficiel plus ou moins lobé ou divisé. La terre n'est pour rien dans leur développement, car leur point d'origine est toujours extérieur. Tout se passe dans l'eau; tout vient d'elle, et tout retourne à elle. (Quatrefages).

LAURENCIE PINNATIFIDE
(*Laurencia pinnatifida* Lamouroux).

Les plantes terrestres choisissent tel ou tel terrain; elles ne prospèrent bien que dans un sol déterminé. Les plantes marines sont indifférentes au rocher qui les supporte. Qu'il soit calcaire ou granitique, elles n'en profitent pas; aussi croissent-elles indistinctement partout, même sur des coraux où des coquilles.

Ces hydrophytes ne possèdent ni vraies tiges, ni vraies feuilles; elles se dilatent souvent en lames ou lamelles

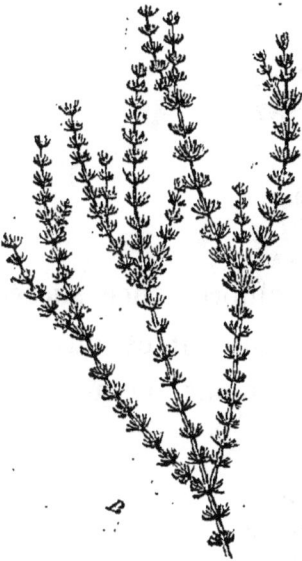

CLADOSTÈPHE VERTICILLÉE
(*Cladostephus verticillatus* Hooker).

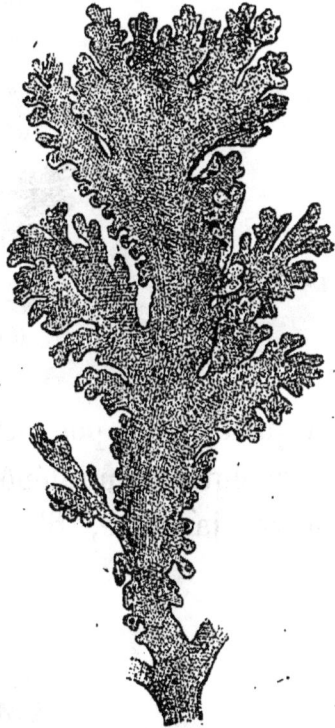

RHODHYMÉNIE PALMÉE
(*Rhodhymenia palmata* Agardh).

larges ou étroites, d'une seule ou de plusieurs pièces, qui tiennent lieu de ces organes. Elles ressemblent tantôt à des lanières onduleuses, tantôt à des filaments crispés; celles-ci épaisses et coriaces, celles-là minces et membraneuses. Il y en a qu'on prendrait pour de petits ballons transparents, pour des étoffes régulièrement gaufrées, pour des lambeaux de gelée tremblante, pour des rubans de corne blonde, pour des baudriers de peau tannée, ou pour des éventails de papier vert! Leur surface est tantôt lisse, polie, même luisante, tantôt couverte de papilles, de verrues ou de véritables poils. On y trouve un enduit

PADINE PAON
(*Padina pavonia* Lamouroux).

visqueux, une poussière saline, une efflorescence sucrée, et quelquefois un dépôt crétacé. Leur couleur est olivâtre, fauve, jaunâtre, d'un brun plus ou moins obscur, d'un

DELESSÉRIE ROUGE
(*Delesseria sanguinea* Lamouroux).

vert plus ou moins gai, d'un rose plus ou moins tendre, ou d'un carmin plus ou moins vif.

Quelques auteurs les ont divisées d'après leurs teintes dominantes en trois grandes sections : les brunes ou noires (*Mélanospermées*), les vertes (*Chlorospermées*), et les rouges

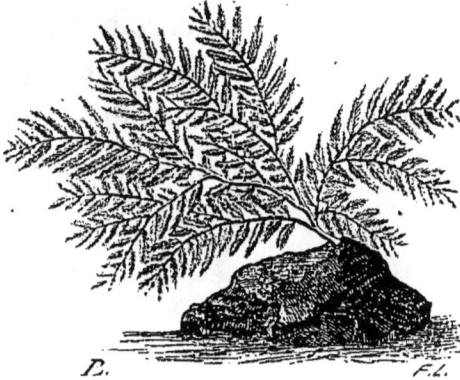

PLOCAMIE PLUMEUSE.
(*Plocamium plumosum* Lamouroux).

(*Rhodospermées*). Les premières sont de beaucoup les plus nombreuses. Elles s'enfoncent plus ou moins, et semblent occuper dans l'Océan trois régions plus ou moins distinctes ; elles constituent la plus grande partie des forêts sous-marines. Les vertes sont superficielles et souvent flottantes. Les rouges se rencontrent habituellement à de faibles profondeurs et sur les rochers peu éloignés des rivages.

IV

Si du fond de la mer un volcan soulève tout à coup au-dessus des flots un rocher inerte couvert de scories, la force organique est prête à faire naître la vie à sa surface (Humboldt). A peine l'air a-t-il touché la pierre nue, qu'il s'y forme de toutes petites plantes adhérentes qui la rongent et la détruisent peu à peu. Ce sont d'abord des taches jaunâtres ou grisâtres, puis bleuâtres ou verdâtres, simples ou doubles, bordées par des lignes saillantes ou traversées par des sillons entrecroisés. A mesure que ces taches vieillissent, leur couleur devient un peu plus foncée, et leur épaisseur un peu plus grande. Au bout d'un certain temps elles se transforment en filets de velours. Mais bientôt ceux-ci se décomposent, et, du milieu de leurs dépouilles, surgissent d'autres plantules à taille un peu plus haute, à végétation moins chétive et à caractères plus tranchés.

V

Les plantes de l'Océan qui végètent à sa surface sans adhérence, s'entrelacent souvent et forment des îles herbacées, lesquelles sont poussées par les courants et vont échouer vers quelque plage inconnue, ou bien sont dispersées par les orages.

Au sud-est de Terre-Neuve, non loin des Açores, on rencontre un immense banc de plantes pélagiennes, composé du *Varec nageur* ou *porte-baies*[1], l'un des plus répandus parmi les Fucus de l'Océan. On appelle ce banc, la *mer des Sargasses (mar de Sargasso)*. C'est cette masse gigantesque qui frappa si vivement l'imagination de Christophe Colomb, et qui est nommée par Oviédo, la *prairie des Varecs (praderias de Yerva)*. (Humboldt.)

Ces lits d'herbes flottantes se rassemblent quelquefois autour des vaisseaux d'une manière très-serrée. Les premiers navigateurs les regardaient comme la limite de l'Océan navigable. On assure que Colomb employa

---

[1] *Sargassum bacciferum* Agardh.

trois mortelles semaines à franchir la prairie des Sargasses.

Beaucoup d'autres Algues flottent aussi à la surface de la
mer, tantôt réunies, comme le Varec nageur, en aggloméra-
rations considérables, tantôt en petit nombre et composant
d'étroites plates-bandes ou de petites oasis. Parmi ces
plantes, nous devons citer surtout les *Laitues de mer*
(*Ulves*), avec leur ample et mince feuillage, d'un vert
tendre ou d'un violet obscur. Une espèce ressemble à
un long tube comprimé; une autre, à un fil mince tor-
tueux.

A ces Algues viennent s'entremêler différentes herbes
marines, qui s'étaient développées dans les bas-fonds,
que les vagues ont détachées, et dont les rameaux déliés
ont été soulevés jusqu'à la surface par leurs cellules
gonflées d'air (Humboldt). M. de Martius croit que beaucoup de ces Algues flottantes ont été arrachées par les
baleines.

Une fois arrivés à la surface de la mer, les Fucus
poussent des branches et des lobes dans toutes les directions, qui s'enlacent et s'entortillent de toutes les
manières [1].

Un des caractères des prairies de Varecs, c'est la simplicité de leur composition. Dans une prairie terrestre, on
observe un assez grand nombre d'espèces végétales; dans
une prairie marine, on n'en compte que deux ou trois, et
souvent même qu'une seule.

---

[1] Ces plantes de la surface de la mer ont une exubérance de végétation si
fougueuse, si l'on peut parler ainsi, qu'elle dépasse le développement de l'*Anacharis du Canada* (*Anacharis canadensis* G. Planchon). Cette plante d'eau douce,
transportée accidentellement, il y a quelques années, dans les eaux de la Tamise,
menace aujourd'hui d'encombrer ce fleuve et d'arrêter la navigation!

Mais les prairies flottantes sont bien moins nombreuses et moins remarquables que les prairies sous-marines.

On voit au fond de l'Océan de riches pelouses étalées sur le sol, à plantes serrées et comme confondues, semblables à des tapis de moquette.

On y découvre des buissons et des bosquets, des jardins et des bois. Il existe un petit nombre de forêts vierges sur la terre; on en rencontre presque partout sous les ondes, car la végétation des mers est mieux défendue et mieux respectée que la végétation des continents. L'homme mutile, exploite, arrache, incendie les bois de l'Amérique, mais il n'aborde que très-timidement, avec beaucoup de précautions, et seulement pour quelques minutes, les bois de l'Océan.

Les hydrophytes submergées confondent leurs feuillages d'une manière très-lâche ou très-compacte, et composent des berceaux arrondis, des galeries mystérieuses, ou des fourrés impénétrables... Il y a dans les harmonies végétales de la mer comme une splendide répétition des magnificences de la terre.

Quelques-unes de ces plantes sous-marines sont à peine couvertes d'eau, d'autres se cachent plus ou moins profondément.

Dans les parages des îles Canaries, Humboldt et Bonpland ont retiré d'une profondeur de 67 mètres une *Caulerpe à feuilles de vigne.* Elle offrait une admirable couleur verte.

Entre l'île de France et les îles Mascareignes, Bory de Saint-Vincent a recueilli une touffe de *Varec turbiné* [1] à une profondeur d'environ 200 mètres.

Les *Céramies* se font remarquer, entre toutes les plantes

---

[1] *Surgassum turbinatum* Agardh.

de la mer, par la merveilleuse délicatesse de leur organisation, par l'élégance de leur branchage et par leurs belles teintes écarlates ou violettes.

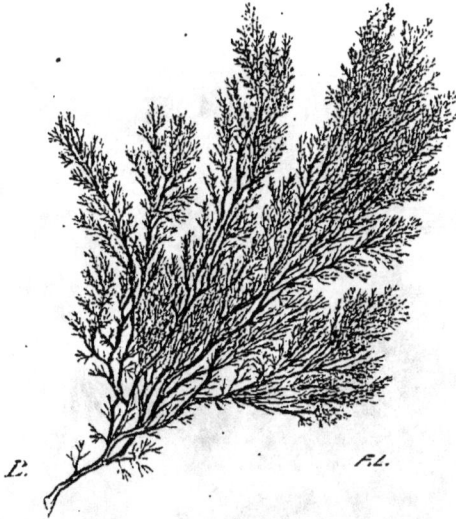

CALLITHAMNE GRANIFÈRE
(*Callithamnion graniferum* Meneghini).

Les *Laminaires* s'allongent comme d'immenses courroies, souvent frangées et plissées, qui flottent au gré des courants et se tordent aux vents des tempêtes.

Les *Agares* étalent leurs languettes onduleuses ou leurs larges éventails à bords crispés ou découpés.

Les *Alariées* s'élancent dans le liquide avec leur support grêle et roide, surmonté d'une délicieuse collerette de rubans étroits et sinueux, du milieu de laquelle s'élève une lanière longue de plus de 15 mètres, d'abord étroite, puis égale, puis graduellement rétrécie.

Le *Varec porte-poire* [1] de la Terre de Feu composé de larges buissons ramifiés, dont chaque branche est terminée par un renflement creux, espèce de vessie natatoire

---

[1] *Macrocystis pyrifera* Agardh.

gonflée d'air, qu'on serait tenté de prendre pour un fruit.
Ce Fucus peut atteindre jusqu'à une hauteur de 300 mètres
(Cook, G. Forster); il dépasse par conséquent celle de nos
arbres verts les plus élevés.

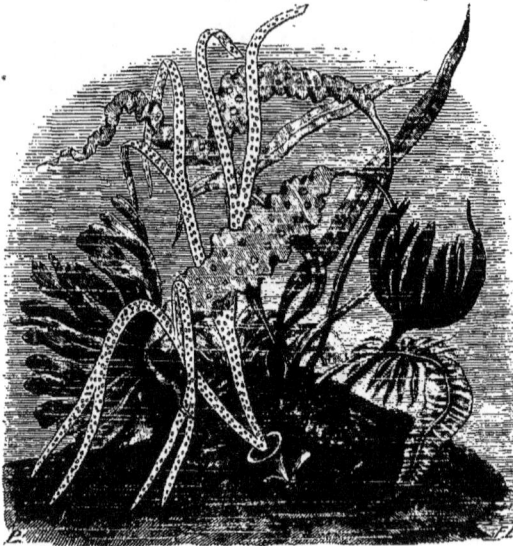

LAMINAIRES.

Les *Néréocystés* ont une fausse tige filiforme, flexueuse,
haute de 20 à 30 mètres, grossissant légèrement vers l'extrémité, où elle se dilate brusquement en une petite poire,
de l'œil de laquelle s'échappe une touffe d'appendices dicho-
tomes longs de 10 à 12 mètres, étroits et flexueux, composant un immense bouquet.

N'oublions pas de mentionner les *Acétabules*, organi-
sations gracieuses, longtemps mal connues, regardées par
Tournefort comme des Algues [1], et par Linné comme des
Polypiers [2].

---

[1] C'est aussi l'opinion de Donati, de Cavolini, d'Agardh, de Delile, de Link,
de Kützing, de Zanardini, de Nægeli, de Wozonine.

[2] C'était aussi l'opinion de Cuvier, de Lamarck, de Blainville.

Ce sont de petits plateaux orbiculaires, minces, en forme de parasols très-déprimés, striés en rayons, et plus ou moins semblables au chapeau de certains champignons, par exemple celui de l'*Agaric androsacé* [1].

Au centre de l'ombelle, en dessous, se voit une tige très-grêle, longue et fistuleuse, qui sert de support. Les rayons sont creux, et leur tube communique avec la grande cavité du chapeau. Le végétal tout entier ne forme qu'*une seule cellule* (Nægeli).

La peau de la plante contient de la chaux carbonatée, grenue, disposée par couches concentriques.

ACÉTABULE MARINE
(*Acetabulum mediterraneum* Lamarck).

Delile a laissé parmi ses papiers une monographie inédite de ce bizarre végétal. M. Wozonine vient de publier une excellente étude sur son organisation.

« Les tiges grandissent par le sommet, et produisent plusieurs verticilles successifs de rameaux confervoïdes. Les inférieurs périssent, étant caducs, et leurs points d'attache s'oblitèrent. De nouveaux verticilles supérieurs continuent de croître. Il arrive un degré auquel il semble qu'une soudure de tubes verticillés forme un bouton circulaire, véritable disque ou plateau celluleux à compartiments rayonnants. Ce plateau, d'abord demi-transparent, s'élargit

[1] *Agaricus androsaceus* Linné.

jusqu'à maturité. Les verticilles confervoïdes inférieurs subsistent quelquefois par fragments, ou laissent des traces annulaires, tandis qu'une houppe de ramifications flottantes s'allonge au milieu du plateau. » (Delile.)

Quelquefois on rencontre deux chapeaux l'un au-dessus de l'autre. (Wozonine.)

VI

Les plantes pélagiennes ne produisent ni calice, ni corolle; elles n'ont ni vraies étamines, ni vrais pistils : mais, par une merveilleuse compensation, ainsi qu'on le verra dans les chapitres suivants, beaucoup d'animaux de la mer sont organisés et quelquefois groupés comme de véritables fleurs !..... Bizarre élément, où le règne animal *fleurit*, et où le règne végétal *ne fleurit pas* !

Pendant longtemps les botanistes ont ignoré le mode générateur des végétaux de l'Océan. Ils les rangeaient parmi les plantes *à noces cachées (Cryptogames)*. On sait aujourd'hui que les Algues se reproduisent par le moyen de corpuscules, les uns mâles, les autres femelles, tous doués d'une mobilité singulière. Si les animaux marins ont emprunté aux végétaux terrestres la forme de leurs fleurs, les végétaux marins, à leur tour, ont pris aux animaux une partie de leur locomotion !

En 1793, Girod-Chantrans signala, le premier, mais sans bien s'en rendre compte, une *sorte de mouvement spontané* dans la matière granuleuse verte de certaines Algues. Il considérait mal à propos cette matière comme une *agglomération d'animalcules* analogues à ceux des Polypiers [1]. En 1817, Bory de Saint-Vincent découvrit d'une manière

[1] Voyez le chapitre VII.

certaine, et démontra de la façon la plus évidente, la *faculté locomotile* des granulations dont il s'agit. Ses observations furent confirmées par Gaillon, à Paris, et par Agardh, à Stockholm. Les études plus récentes de MM. Derbès et Solier, et surtout de M. Thuret et de M. Pringsheim, ont jeté le plus grand jour sur la propagation des végétaux marins.

Les Algues ont des sexes réunis (*hermaphrodites*) ou séparés (*dioïques*).

Les mâles, ou *anthérozoïdes*, sont excessivement petits (environ un deux-centième de millimètre), hyalins, et pour-

ANTHÉROZOÏDES.

vus d'une sorte de proéminence antérieure qu'on a désignée sous le nom de *rostre*. Ils contiennent un granule rouge orangé ou grisâtre, qui ressemble à un gros œil. Ils offrent deux cils (*tentacules*) vibratiles, inégaux, dirigés obliquement, l'un en avant, l'autre en arrière. Quelques anthérozoïdes ont la forme d'une petite bouteille à corps tourné en avant, portant le cil le plus court, et traînant le second cil par derrière. D'autres sont ovoïdes ou sphériques, avec leurs deux cils insérés sur le granule rouge, le plus court dirigé en avant et mobile, le plus long s'étendant en arrière et immobile. Quelques Algues n'ont ni point oculiforme, ni cils.

Tous sont doués d'un mouvement très-vif qui dure plusieurs heures.

Les femelles, ou *zoospores*, ressemblent à des animalcules infusoires [1]. Elles sont plus grosses que les mâles,

---

[1] Voyez le chapitre IV.

rostrées et tentaculées ; tantôt turbinées, avec un rostre aigu
et deux ou quatre tentacules, tantôt ovoïdes, avec un rostre
obtus et une couronne de cils (Thuret). Certaines n'offrent
pas de rostre apparent et sont couvertes partout de petites
papilles ciliaires (Unger).

ZOOSPORES.

Les zoospores se meuvent avec une vitesse extrême.
Leurs courses vagabondes durent une heure ou deux.

A un moment donné, les anthérozoïdes s'agglomèrent
autour des zoospores; rampent en quelque sorte à leur surface et les font tourner sur elles-mêmes. Le spectacle que
présentent alors ces espèces d'ovules hérissés de petits
mâles, et roulant dans tous les sens, au milieu des mouvements de ces derniers, est bien certainement un des phénomènes les plus curieux que puisse offrir la flore de la mer.
(Thuret.)

On a bien raison de dire qu'il n'y a pas de vie sans mouvement !

Le contact des anthérozoïdes et des zoospores détermine
la fécondation de celles-ci ; elles deviennent de véritables
graines. On assure avoir vu, dans certaines Algues, un
anthérozoïde se diriger vers l'ovule, le quitter à plusieurs
reprises brusquement, y revenir presque aussitôt, *y entrer
enfin et s'y incorporer.* (Pringsheim.)

Quelques auteurs ont regardé ces zoospores fécondées et
encore mobiles comme des *larves végétales.*

Ces petites graines se fixent bientôt à un corps étranger. Quand leur mouvement s'arrête, leur germination commence, germination qui est aussi un mouvement vital, à la vérité moins apparent, mais tout aussi admirable et tout aussi mystérieux !

VII

Chaque marée, et surtout chaque ouragan accumule sur les côtes occidentales de l'Europe d'énormes monceaux de Varecs ou *Goëmons*. On les recueille et on les transporte dans les champs pour y servir d'en-grais. Les pauvres gens les font sécher, c'est là leur combustible. D'autres fois on prépare avec ces plantes marines la *soude de Varec*, ou *soude naturelle*. Les Goëmons couvrent la plage et les rochers submergés. Ils forment sur le sable de longues traî-nées flexueuses indiquant la limite atteinte par la vague. Les principaux sont le *Vraigin* ou *Varec à nœuds* [1], renflé d'espace en espace de vésicules pleines d'air; le *Craquet* ou *Varec vésiculeux*, caractérisé aussi par de petites outres semblables à des pois;

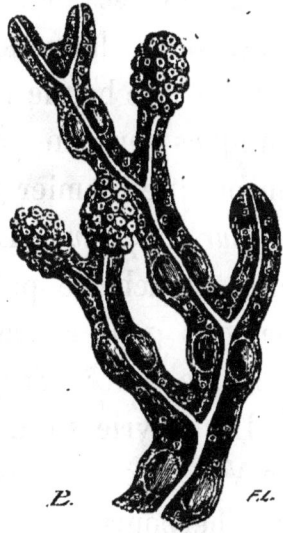

VAREC VÉSICULEUX
(*Fucus vesiculosus* Linné).

et le *Vraiplat* ou *Varec dentelé* [2], dont les lanières ont les bords découpés en scie et la surface parsemée de petits enfoncements. On exploite aussi le *Varec à siliques* [3], qui

[1] *Fucus nodosus* Linné.
[2] *Fucus serratus* Linné.
[3] *Fucus siliquosus* Linné.

porte des capsules allongées et comprimées, marquées de cloisons transversales, comme les fruits des choux et des navets.

Dans certaines baies il y a jusqu'à 30 000 personnes qui accourent sur la grève pour ramasser les Goëmons que la mer a jetés, ou pour couper ceux qui végètent sur les rochers. Comme dans cette sorte de récolte..... ou de pillage, les plus riches, qui disposent de nombreux attelages et de beaucoup de bras, seraient toujours les mieux partagés, les prêtres catholiques du moyen âge avaient établi une coutume aussi ingénieuse que noble. C'était de n'admettre le premier jour, à la récolte du Varec, que les habitants peu aisés de la paroisse. Ceux-ci empruntaient à leurs voisins des charrettes et des chevaux, et parvenaient ainsi à faire une bonne récolte. Dans le Finistère, où les mœurs antiques sont en partie conservées, cet usage se retrouve encore : le premier jour de la coupe du Goëmon s'y appelle le *jour du pauvre*. Le prêtre vient à la grève dès le matin, et si un riche se présente pour récolter : — « Laissez les pauvres gens ramasser leur pain », dit le recteur. Et le riche se retire. (*Mag. pittor.*)

Les ouvriers qui se livrent à la fabrication de la soude de Varec sont appelés *barilleurs,* aux environs de Brest et de Cherbourg.

Les barilleurs se rendent dans les lieux les plus favorables par groupes de six hommes, et construisent au centre de l'espace qu'ils veulent exploiter une sorte de cabane dans laquelle ils se retirent pour passer la nuit. Quand la mer est basse, les ouvriers se dispersent sur les rochers, arrachent les Varecs et en forment de grands tas. Ils transportent ceux-ci vers un endroit déterminé du rivage, soit en les faisant flotter, soit tout simplement sur leur dos. Ils les étalent sur la grève, au soleil. Quand la dessiccation est suffisante, ils les empilent et y mettent le feu. La combustion s'opère lentement en répandant une fumée abondante des plus désagréables. Les cendres sont placées ensuite dans un petit fourneau où elles se prennent en masse : c'est cette matière qui constitue la soude de Varec.

Cette industrie a beaucoup déchu depuis la fabrication de la soude artificielle.

Anciennement, dans les seules îles Orkneys, 20 000 hommes étaient occupés toute l'année à ramasser des Fucus et à les brûler. Aujourd'hui, dans ces mêmes îles, l'industrie de la soude a été remplacée par celle de l'iode, laquelle est bien loin de donner les mêmes avantages. (L. Wræxall.)

Un autre produit de la mer, exploité sur les bords de l'Océan, c'est la *Zostère marine*[1], plante remarquable par ses longues feuilles rubanées, d'un vert sombre. Cette plante n'est pas une Algue ; elle appartient à la famille des *Zostéracées*. Elle a des racines très-grêles qui l'attachent aux sables mouvants ; elle possède de véritables fleurs, à la vérité bien petites et bien modestes. La Zostère est employée, dans beaucoup d'endroits, pour les matelas, les coussins, et surtout pour les emballages. En Hollande, à l'entrée du Zuyderzée, on s'en sert, sous le nom de *Wier*, pour la construction des digues. (De Candolle.)

On est vraiment saisi d'admiration, quand on réfléchit sur les énormes masses de végétaux marins que chaque marée ou chaque tempête rejette et accumule sur les plages tous les ans, tous les mois, même tous les jours, sans que jamais leur quantité paraisse s'amoindrir.

---

[1] *Zostera marina* Linné.

CHAPITRE IV

LES ANIMAUX INFUSOIRES.

« *Natura nusquàm magis quàm in minimis
tota est.* »   (PLINE.)

I

La Providence a distribué avec une grande profusion
les espèces et les individus inférieurs de l'animalité. Dieu
semble avoir voulu consoler (et même égayer) les abîmes
de la mer en y répandant par millions et par milliards les
représentants les plus mobiles de la vie.

L'Océan est donc peuplé de légions innombrables d'infiniment petits... Ces infiniment petits échapperaient encore

MICROSCOPE.

à nos regards, si nous ne possédions pas le *microscope*,
ce sixième sens de l'homme, comme l'appelle M. Michelet.

Le microscope! merveilleux instrument qui a fait pour l'organisation ce que le télescope a fait pour les étoiles[1]!

La connaissance des Infusoires est, sans contredit, une des plus belles conquêtes de l'optique. C'est un monde entièrement nouveau que nous a révélé la précieuse lunette, et l'une des sources les plus fécondes de notre admiration pour la puissance créatrice.

« Il n'y a chose, en ce monde, tant soit elle estimée » petite et lesgière, qui ne nous soit tesmoignage de la » grandeur de nostre supernaturel et plus que nonpareil » Ouvrier. » (Belon.)

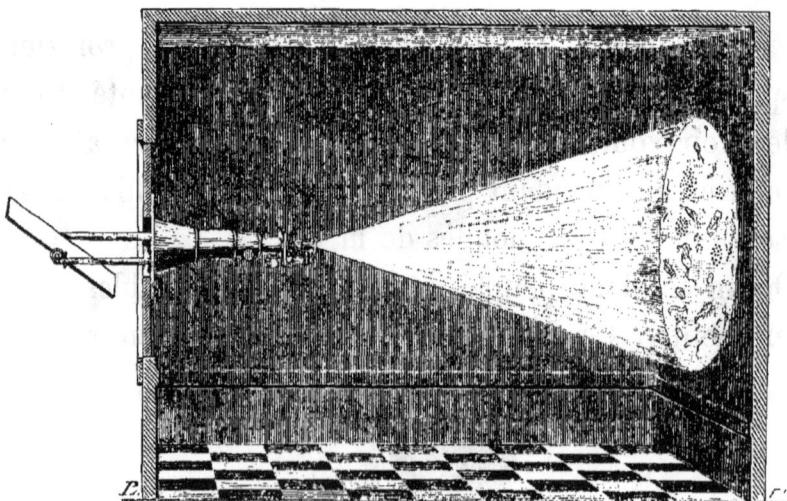

MICROSCOPE SOLAIRE.

Les animalcules infusoires sont tellement petits, qu'une gouttelette de liquide en contient plusieurs millions.

Toutes les eaux en présentent, les douces comme les salées, les froides comme les chaudes. Les grands fleuves en charrient constamment des quantités énormes dans la mer.

---

[1] « Le microscope précise les caractères des infiniment petits, comme le téles- cope rapproche les infiniment grands. » (Leibnitz).

Le Gange en transporte, dans l'espace d'une année, une masse égale à six ou huit fois le volume de la plus grande pyramide d'Égypte. Parmi ces animalcules, on a compté soixante et onze espèces différentes. (Ehrenberg.)

L'eau et la vase recueillies entre les îles Philippines et les îles Mariannes, à une profondeur de 6600 mètres, en ont donné cent seize espèces.

Près des deux pôles, là où de grands organismes ne pourraient pas exister, on rencontre encore des myriades d'Infusoires. Ceux qu'on a observés dans les mers du pôle austral, pendant le voyage du capitaine James Ross, offraient une richesse toute particulière d'organisations inconnues jusqu'ici et souvent d'une élégance remarquable. Dans les résidus de la fonte des glaces qui flottent en blocs arrondis, par 78° 10' de latitude, on a trouvé près de cinquante espèces différentes. Plusieurs d'entre elles portaient des ovaires encore verts; ce qui prouvait qu'elles avaient vécu et lutté avec succès contre les rigueurs d'un froid arrivé jusqu'à l'extrême. (Ehrenberg.)

A des profondeurs de la mer qui dépassent les hauteurs des plus puissantes montagnes, chaque couche d'eau est animée par des phalanges innombrables d'imperceptibles habitants. (Humboldt.)

Les Infusoires sont donc à la fois les animaux les plus petits et les plus nombreux de la nature. Ces êtres microscopiques constituent, aussi bien que l'espèce humaine, un des rouages de la machine si compliquée de notre globe. Ils sont à leur rang et à leur échelon : ainsi l'a voulu la grande Pensée première! Supprimez ces microscopiques bestiolettes, et le monde sera incomplet! On l'a dit il y a longtemps, il n'est rien de si petit à la vue qui ne devienne grand par la réflexion!

II

Les *Monades* [1], ces petits des petits, semblent n'être que des molécules de substance absorbante, des atomes agités, des points qui se meuvent. Ces délicates créatures n'ont environ qu'un trois-millième de millimètre de grand diamètre!...

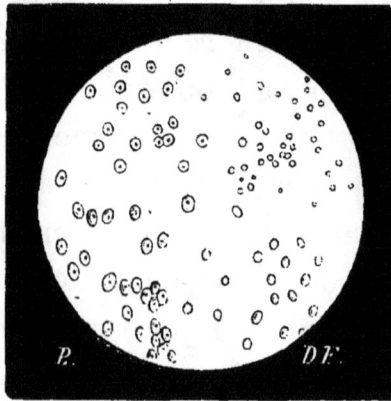

MONADES.

D'autres Infusoires peuvent être regardés comme des animaux non encore asservis à un plan d'organisation nettement déterminé. Ce sont des masses microscopiques informes, mais susceptibles d'expansion et de contraction. Nous citerons les *Amibes* [2] comme exemple. Imaginez-vous une gouttelette de matière demi-solide, demi-transparente, demi-gélatineuse, homogène, douée de mouvement volontaire. Elle s'agite dans divers sens, se dilate ou se resserre, adopte les figures les plus irrégulières et les plus inattendues. Quand on place l'animalcule sur le porte-objet d'un microscope, il glisse comme une gouttelette d'huile, se

---

[1] *Monas termo* Müller.
[2] *Amiba divergens* Bory de Saint-Vincent.

déforme et se reforme. Véritable protée, il est, suivant les moments, circulaire, oblong, échancré, sinueux, lobé, étoilé et même tout à fait rameux.

Les Infusoires sont tous plus ou moins translucides. Ils n'ont pas assez de substance pour arriver à l'opacité !

Les espèces qui jouissent d'une forme parfaitement arrêtée présentent un corps plus ou moins globuleux ou ovoïde, quelquefois façonné en navette ou courbé en croissant, enflé comme une ampoule, aplati comme un disque, aminci comme une feuille..... Certains ressemblent à un têtard, à un dé, à une clochette, à un sabot, à un bouton de rose, à une fleur, à une graine.....

Un grand nombre possèdent une carapace solide, un petit rochet ou un large paletot..... Leur cuirasse est calcaire ou siliceuse, mais plus souvent siliceuse. On a puisé avec la sonde, dans le golfe de l'Erebus, depuis 403 jusqu'à 526 mètres de profondeur, soixante-neuf espèces, parmi lesquelles soixante-huit avaient une armure siliceuse; une seule en offrait une calcaire (Ehrenberg). Des échantillons d'eau et de vase recueillis entre la Californie et les îles Sandwich, à 5200 mètres de profondeur, ont montré cent trente-cinq espèces différentes, parmi lesquelles cent vingt-deux à carapace siliceuse, onze à carapace calcaire, et deux sans carapace. On sait aujourd'hui que la pierre siliceuse, le tripoli qui use les métaux, n'est autre chose qu'un amas de carapaces d'Infusoires d'une terrible petitesse devenues fossiles. Il en faut 8 millions pour peser un centigramme. (Ehrenberg.)

III

On a regardé d'abord les Infusoires comme privés de toute espèce d'organisation. On a cru qu'ils se nourrissaient par absorption, uniquement par absorption. Mais on a fini

par découvrir que certaines espèces étaient assez compliquées. Il en est (*polygastriques*) qui n'ont pas moins de
quatre estomacs (*vacuoles*) bien distincts. Les mammifères
ruminants n'en présentent pas davantage. M. Ehrenberg
assure avoir vu des Infusoires pourvus de deux cents estomacs?... L'appétit de ces animaux est-il en rapport avec
ce luxe stomacal?

Pour étudier les organes de ces imperceptibles vies, il
faut colorer avec du carmin ou de l'indigo le liquide dans

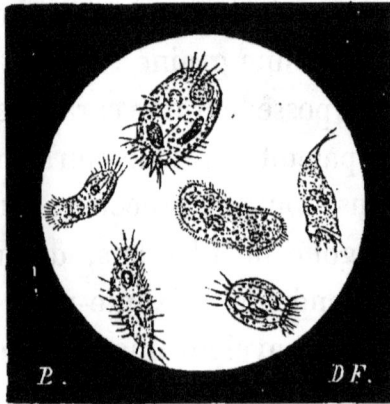

INFUSOIRES DIVERS.

lequel elles s'agitent. Puis, plaçant une goutte de cette
liqueur colorée sur un morceau de verre auprès d'une
goutte d'eau pure, on fait communiquer les deux gouttes
par un point, avec une aiguille. Les animalcules arrivent
de la goutte colorée dans la goutte incolore, et viennent
s'offrir à l'observateur avec les estomacs et le canal alimentaire remplis de carmin ou d'indigo.

Les difficultés que présente l'examen des Infusoires et
l'imagination des observateurs ont été pendant longtemps
des obstacles sérieux à la connaissance de ces infiniment
petits. Leuwenhoeck, si habile à se servir des microscopes
qu'il fabriquait lui-même, apporta dans leur étude une

préoccupation qui lui fit toujours supposer des faits au delà de ceux qu'il voyait réellement. Il s'extasiait devant la complexité et la perfection de ces êtres microscopiques, et voulait admettre, jusque dans leur filament caudal, des vaisseaux, des muscles et des nerfs (Dujardin). Joblot allait plus loin : il voyait, parmi eux, des cornemuses vivantes, des poules huppées, des poissons d'or et d'argent !... On sait aujourd'hui que les Infusoires ne sont, ni aussi compli-

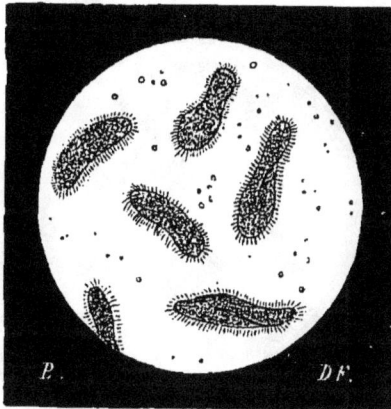

PARAMÉCIES.

qués que l'ont écrit certains auteurs, ni aussi simples que l'ont voulu plusieurs autres. C'est au savant professeur Ehrenberg, et plus tard à MM. de Siebold, Claparède Lachmann, Lieberkühn et Balbiani, que nous devons les travaux les plus complets et les plus intéressants que possède la science sur ces jolis petits nains de l'animalité.

Les Infusoires sont pourvus, en avant ou tout autour du corps, d'un certain nombre de cils plus ou moins fins, égaux ou inégaux, toujours en mouvement, lesquels produisent des tourbillons et des courants qui attirent dans la bouche de la plus petite bête (quand elle en a une) les parcelles organiques qui doivent la nourrir. Les cils dont il s'agit, servent non-seulement à l'alimentation de l'animal-cule, mais encore à sa respiration et à ses mouvements.

Les Infusoires ne possèdent pas de membres proprement dits. Quelques-uns ont une queue plus ou moins longue.

Ces miniatures animales nagent comme des poissons, rampent comme des serpents, ou se tortillent comme des lombrics. Les *Volvoces* [1] roulent et tournoient constamment sur eux-mêmes, semblables à des boules abandonnées sur un plan incliné.

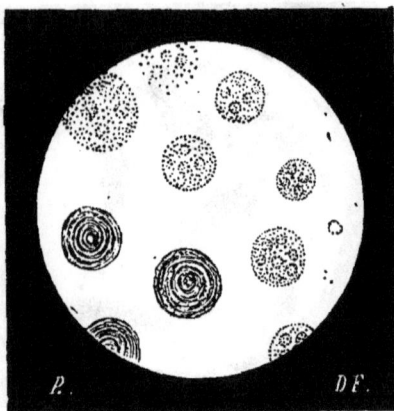

VOLVOCES.

La plus petite bête qui remue, comme la plus petite fleur qui éclôt, éveille dans notre cœur un sentiment profond qui nous surprend et nous réjouit, nous émeut et nous fait rêver!...

IV

Les Infusoires se propagent de diverses manières. D'abord par division spontanée (*scissiparité*) : ils se par-tagent en deux parties égales qui deviennent chacune exactement semblables à l'individu primitif; de telle sorte

[1] *Volvox globator* Linné.

que, littéralement, le fils est la moitié de sa mère, et le petit-fils le quart de son aïeule. D'autres se perpétuent par émission de bourgeons (*gemmiparité*). Comme on le pense bien, ces sortes d'œufs doivent être d'une excessive petitesse.

Dans l'espace de quelques jours, on voit naître, dans un verre d'eau de mer, soit par division, soit par germes, plusieurs millions d'individus.

Tout récemment on a découvert, chez plusieurs espèces, des individus mâles et des individus femelles[1]. Il peut donc y avoir de l'amour et des caresses dans une goutte d'eau! O Jéhovah!

V

La vie est répandue dans la nature avec une telle abondance, que de très-petits Infusoires s'établissent en parasites sur d'autres Infusoires *un peu plus grands*, et servent à leur tour de demeure et de pâture à d'autres animalcules *encore plus petits*. (Humboldt.)

Les parasites de la *Paramécie Aurélie*[2] sont tantôt sous la forme de massettes cylindriques, pourvues de quelques suçoirs assez courts et revêtues de cils natatoires; tantôt sphériques et dépouillées de leur revêtement ciliaire, mais conservant leurs suçoirs. Les premiers nagent librement dans l'eau et vont à la chasse des Paramécies. Les seconds attendent dans une immobilité complète qu'un Infusoire vienne les effleurer en passant. Ils sont à l'affût : ils s'attachent à leur victime et se laissent emporter par elle. Bientôt ils s'enfoncent dans sa chair, où ils se multiplient avec une

---

[1] D'après M. Balbiani, les Infusoires seraient des *hermaphrodites complets* dans le genre des Limaçons (voy. le chapitre XXIII).

[2] *Paramecium Aurelia* Müller.

telle rapidité, qu'il y en a quelquefois jusqu'à cinquante dans un seul individu.

VI

Un des phénomènes les plus surprenants qu'on rencontre dans l'étude des Infusoires, c'est leur désorganisation par *diffluence*. Cette décomposition arrive entièrement ou partiellement. Müller a vu une *Kolpode pintade*[1] se résoudre en molécules jusqu'à la sixième partie du corps ; puis, le reste se mettre à nager, *comme si de rien n'était !*

Les Infusoires offrent encore un autre genre de décomposition. Si l'on approche de la goutte d'eau dans laquelle ils nagent une barbe de plume trempée dans de l'ammoniaque, l'animalcule s'arrête, mais continue à mouvoir rapidement ses cils. Tout à coup, sur un point de son contour, il se fait une échancrure qui s'agrandit peu à peu, jusqu'à ce que l'animal entier soit *dissous*. Si l'on ajoute une goutte d'eau pure, la décomposition est brusquement enrayée, et *ce qui reste* de l'animalcule recommence à se mouvoir et à nager (Dujardin), toujours *comme si de rien n'était !*

---

[1] *Kolpoda meleagris* Müller.

CHAPITRE V

LA PHOSPHORESCENCE DE LA MER.

Lumière sans feu, mais pas sans vie.

I

Les Infusoires sont une des principales causes de ce beau phénomène que présente la mer dans les pays chauds, surtout pendant l'été; nous voulons parler de la *phosphorescence*.

Dès que le soleil a disparu de l'horizon, des essaims innombrables d'animalcules lumineux sont attirés à la surface du liquide par certaines circonstances météorologiques (Humboldt). Une nouvelle clarté surgit du sein des flots. On dirait que l'Océan essaye de rendre pendant la nuit les torrents de lumière qu'il a reçus pendant le jour. Mais cette lumière étrange n'éclaire pas uniformément le milieu dans lequel elle se produit; elle naît çà et là par une foule de points qui tout à coup s'allument et scintillent.

Quand la mer est bien tranquille, on croit voir à sa surface des millions de vives étincelles qui flottent et se balancent, et, au milieu d'elles, de capricieux feux follets qui se poursuivent et se croisent. Ces soudaines apparitions se réunissent, se séparent, se rejoignent, et finissent par former une vaste nappe de phosphorescence bleuâtre ou

5

blanchâtre, pâle et vacillante, au sein de laquelle se font distinguer encore, d'espace en espace, de petits soléils éblouissants qui conservent leur éclat.

Quand la mer est très-agitée, les flots semblent s'embraser. Ils s'élèvent, roulent, bouillonnent, et se brisent en flocons d'écume qui brillent et disparaissent comme les bluettes d'un immense foyer. En déferlant sur les rochers du rivage, les vagues les ceignent d'une bordure lumineuse. Le moindre écueil a son cercle de feu. (Quatrefages.)

Rien n'est gracieux comme une troupe de Dauphins qui se jouent au milieu de la nuit, frappant, divisant, éparpillant, pulvérisant cette onde merveilleuse. (Humboldt.)

Chaque coup de rame fait jaillir de l'Océan des jets de lumière; ici, faibles, peu mobiles et presque contigus; là, resplendissants, vagabonds et dispersés comme un semis de perles chatoyantes.

Les roues des bateaux à vapeur agitent, soulèvent et précipitent des gerbes enflammées. Quand un vaisseau fend les ondes, il pousse devant lui deux vagues de phosphore liquide; il trace en même temps, derrière sa poupe, un long sillon de feu qui s'efface avec lenteur, comme la queue d'une comète!

Quel beau sujet d'études pour les savants, et quelle admirable source d'inspirations pour les poëtes!

Lorsque la *Vénus* mit à l'ancre à Simon's-town, la mer exhalait une phosphorescence si abondante, que la chambre des naturalistes de l'expédition semblait éclairée par une torche.

L'eau brillante, puisée dans un seau, présente en coulant l'aspect du plomb fondu (Quatrefages). Quand on y plonge la main, on la retire couverte de corpuscules lumineux et dégouttante de diamants vivants.

Certains animalcules, doués d'une phosphorescence peu

marquée, peuvent, lorsqu'ils sont très-nombreux, rendre les eaux tout à fait blanches. Ce phénomène est désigné par les marins hollandais sous le nom de *mer de lait* ou *mer de neige*. Les bestioles dont il s'agit, offrent à peine un ou deux dixièmes de millimètre de longueur et l'épaisseur d'un cheveu. Ce sont des géants parmi les Infusoires ! Elles adhèrent les unes aux autres par les extrémités, et forment de longues files quelquefois extrêmement nombreuses.

En 1854, dans le golfe du Bengale, le capitaine Kingmann naviqua pendant trente milles au milieu d'une énorme tache blanche : c'était une mer de lait.

Dans la nuit du 20 au 21 août 1860, M. Trebuchet, commandant la frégate *la Capricieuse*, en rade d'Amboine, fut témoin d'un magnifique spectacle du même genre, qui dura jusqu'au lever du jour. L'Océan ressemblait à certaines plaines de terrain crayeux fortement éclairées par la lune.

II

La *Noctiluque miliaire* est un des Infusoires pélagiens

NOCTILUQUE MILIAIRE
(*Noctiluca miliaris* Lamarck).

qui contribuent le plus à la phosphorescence de la mer (Rigaut, Suriray). Cet animalcule, oublié par Cuvier dans son *Règne animal*, a été rapproché par les naturalistes,

tantôt des Anémones[1], et tantôt des Méduses[2] et des Foraminifères[3]. Dans 30 centimètres cubes d'eau, il peut en
existor 25 000!...

La Noctiluque paraît, au premier abord, comme un globule de gelée transparente[4]. Avec un grossissement un peu
fort, on distingue sa forme sphérique plus ou moins régulière, un peu déprimée et légèrement ombiliquée en dessous. Au centre de l'ombilic se trouve la bouche, qui communique avec un œsophage en forme d'entonnoir. Il en
sort un tentacule filiforme, très-grêle, mobile, qui naît dans
cet endroit, comme la queue dans une pomme. Ce tentacule
semble tubuleux. Blainville suppose qu'il est terminé par
un suçoir : ce serait alors une espèce de trompe.

Dans certaines contractions, le corps devient réniforme ;
dans d'autres, il perd son tentacule.

La Noctiluque offre çà et là, dans son intérieur, des
granules, probablement des germes, et des points lumineux. Ceux-ci paraissent et disparaissent avec rapidité : la
moindre agitation détermine leur éclat. Ces points forment
tout au plus la vingt-cinquième ou la trentième partie du
grand diamètre du globule. Les Noctiluques émaillent la
surface de l'eau comme de petites constellations tombées
du firmament.

III

Les Infusoires, on le sait aujourd'hui, ne sont pas les
seuls animaux producteurs de la phosphorescence. Cet état
brillant de la mer est encore déterminé par des Méduses,

---

[1] Voyez le chapitre XII.
[2] Voyez le chapitre XIII.
[3] Voyez le chapitre VI.
[4] Ce globule présente de 1/5ᵉ à 1/3 de millimètre de diamètre.

des Astéries, des Mollusques, des Néréides, des Crustacés
et même des Poissons [1]..... Ces animaux engendrent la
lumière comme la Torpille engendre l'électricité. Ils multiplient et diversifient les effets du phénomène. La lumière
qu'ils produisent passe tantôt au verdâtre, tantôt au rougeâtre. A certains moments, on croit voir, dans le sombre
royaume, des disques rayonnants, des plumets étoilés, des
franges flamboyantes. Plusieurs animaux paraissent de loin
comme des masses métalliques rougies à blanc, ou comme
des bouquets de feu lançant des étincelles. Il y a des festons
de verres de couleur comparables aux guirlandes de nos
illuminations publiques, et des météores incandescents,
allongés ou globuleux, qui se poursuivent à travers les
vagues, montent, descendent, s'atteignent, se groupent, se
confondent, se disjoignent, décrivent mille courbes capri-
cieuses, et s'éteignent pour se rallumer et se poursuivre
de nouveau.

IV

Spallanzani a fait un grand nombre d'expériences sur
la lumière des Méduses [2], particulièrement sur celle de
l'*Aurélie phosphorique* [3]. Il a reconnu que cette remarquable
propriété réside dans les grands bras ou tentacules, dans
la zone musculaire du corps et dans la cavité de l'estomac.
Le reste de l'animal ne brille que par réverbération. La
source de la phosphorescence est due à la sécrétion d'un
liquide visqueux qui suinte à la surface des organes. Si
l'on mêle cette humeur à d'autres liquides, ceux-ci devien-

[1] Viviani a trouvé (seulement dans les parages de Gênes) quatorze espèces
d'animaux phosphoriques. MM. Van Beneden et de Quatrefages en signalent une
soixantaine.
[2] Voyez le chapitre XIII.
[3] *Aurelia phosphorica* Péron et Lesueur.

nent plus ou moins lumineux. Une seule Aurélie, pressée dans 850 grammes de lait de vache, rendit ce lait si brillant, qu'on put lire une lettre à un mètre de distance.

Pline savait que les *Pholades dattes*[1], petits mollusques à deux valves dont nous parlerons bientôt, présentent aussi une clarté phosphorescente, qui se répand sur les lèvres des personnes qui mangent ces pauvres bêtes. Il nous apprend que cette même lueur brille sur les habits, lorsqu'ils sont mouillés par quelques gouttes du fluide phosphorescent échappé de l'animal.

Réaumur, après avoir manié quelque temps une Pholade, se lava les mains dans un vase d'eau. Ayant porté cette eau dans l'obscurité, elle répandit une lueur d'un blanc bleuâtre.

M. Milne Edwards ayant mis dans l'alcool des Pholades vivantes, la matière lumineuse qui suinta du corps de ces mollusques descendit, à cause de son poids, à travers le liquide, s'étendit dans le fond du bocal, et y forma une couche d'un éclat aussi vif qu'au contact de l'air.

V

La plupart des animaux lumineux paraissent maîtres de leur phosphorescence, comme les Vers luisants de leur petit fanal ; car plusieurs d'entre eux en augmentent ou en diminuent l'intensité, suivant les circonstances, et peuvent même l'éteindre tout à fait. C'est principalement à l'époque de la reproduction..... ou des amours, que la merveilleuse clarté se manifeste avec toute sa splendeur et toute son animation, triomphe impatient d'une vie exubérante et généreuse qui veut s'épandre et se donner.

---

[1] *Pholas dactylus* Linné.

VI

Les plantes contribuent aussi au resplendissant météore de la mer. Meyen a décrit une *Oscillatoire* qui donne des lueurs assez éclatantes.

Tous les marins savent que, pendant les fortes chaleurs, quand on retire certaines Algues du sein de l'eau, qu'on les

PHOSPHORESCENCE.

agite ou qu'on les frotte, elles deviennent plus ou moins phosphorescentes.

Beaucoup de naturalistes et de physiciens admettent que ce magnifique phénomène peut résulter encore de diverses matières animales ou végétales tenues en suspension dans la mer, et surtout de la décomposition de ces matières.

Les anciens l'attribuaient faussement à la salure de l'Océan ou à l'*Esprit salé*.

CHAPITRE VI

LES FORAMINIFÈRES.

Siès pichoto, ségur, maï qué dé souveni!
(Aubanel.)

I

Lorsqu'on examine au microscope le sable de la mer, on y distingue un grand nombre de corpuscules solides, réguliers, souvent géométriques.

Beccaria paraît être le premier qui ait fait attention à ces petits grains, à peine visibles à cause de leur taille; il les découvrit dans le sable de Ravenne. On crut mal à propos, pendant longtemps, que ces productions microscopiques n'existaient que sur les bords de la mer Adriatique. On en recueillit plus tard en France, en Angleterre, en Allemagne, et enfin sur les rivages de toutes les mers.

Des recherches d'une patience infinie, entreprises par Bianchi, Soldani, Walker, Fichtel et Moll, et surtout par Alcide d'Orbigny, ont fait connaître un grand nombre de ces petits corps.

Ces granulations ne sont autre chose que la charpente solide ou la coquille d'une foule d'animalcules marins, lesquels constituent un ordre tout entier des plus curieux parmi les habitants de l'eau salée. La grève en est tellement remplie, dans certains endroits, qu'elles forment presque la moitié de sa composition. Bianchi en a trouvé 6000 dans 30 grammes de sable de la mer Adriatique. D'Orbigny en a compté 3 millions 840 000 dans une quantité semblable recueillie dans les Antilles. Par conséquent, un mètre cube de ce dernier sable en renferme un nombre qui dépasse tout ce qu'on peut imaginer !

Ces petites coquilles varient beaucoup dans leurs figures. Les micrographes y ont constaté plus de deux mille organisations différentes, symétriques ou non symétriques, souvent remarquables par leur bizarrerie et presque toujours par leur élégance. Il y en a de globulaires, de discoïdes, d'étoilées, de festonnées, de contournées en limaçon, d'allongées en massue, de façonnées en amphore..... Les unes ont une ouverture très-élargie, les autres un orifice très-étroit.

Elles sont divisées généralement en plusieurs chambrettes (*polythalames*), lesquelles communiquent entre elles par de petits trous ; elles offrent aussi des pores qui s'ouvrent à l'extérieur. De là le nom de *Foraminifères,* c'est-à-dire *porte-trous,* donné par d'Orbigny aux animalcules auxquels appartiennent ces dépouilles.

On a mis à profit la forme générale de ces coquilles, le nombre et la disposition de leurs chambrettes, pour les grouper en familles. La classification de d'Orbigny est assez heureuse et méritait d'être adoptée, quoique ses dénominations ne brillent pas par l'euphonie. Ce savant naturaliste (qui peut être regardé comme le grand historiographe de ces infiniment petits) distingue cinq familles de Foraminifères, lesquelles comprennent environ soixante genres.

Les cellules sont quelquefois simples et comme enfilées

sur un axe droit ou peu courbé (*Stichostègues*), ou bien dis-

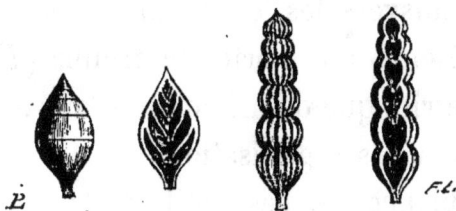

STICHOSTÈGUES.

posées en deux séries alternatives (*Énallostègues*), ou bien encore rassemblées en petit nombre et ramassées comme en peloton (*Agathistègues*).

ÉNALLOSTÈGUES.   AGATHISTÈGUES.

D'autres fois elles sont groupées en spirale (*Hélicostègues*), et dans ce cas les tours de la spire s'enveloppent ou ne se

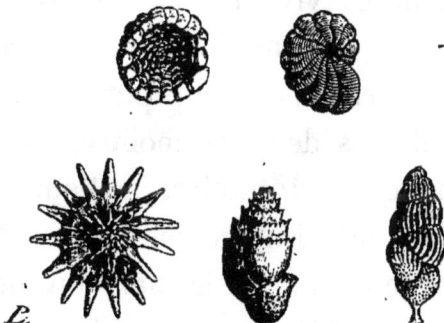

HÉLICOSTÈGUES.

recouvrent pas, où bien s'élèvent les uns au-dessus des autres.

Dans certaines espèces, les cavités ne sont plus simples comme dans les familles précédentes, mais subdivisées par des cloisons transversales, de manière que la coupe de la coquille représente une sorte de treillis (*Entomostègues*). Que de géométrie, que de mécanique, que d'harmonie dans les plus chétives des organisations !

La ressemblance de ces petits tests avec les coquilles polythalames des Nautiles fit croire d'abord qu'ils étaient produits par des animaux semblables ou analogues à ces derniers, mais extrêmement petits. C'est pourquoi les natu-

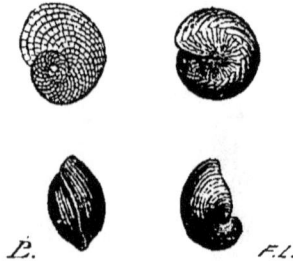

ENTOMOSTÈGUES.

ralistes proposèrent de rapprocher les Foraminifères des Mollusques céphalopodes[1]. Ils les regardèrent comme des Nautiles microscopiques et dégradés. Mais la découverte de quelques espèces vivantes et un examen attentif de leurs caractères apprirent bientôt que ces animalcules constituaient une tribu beaucoup plus simple en organisation que celle de ces derniers mollusques. Dujardin les a considérés comme des Infusoires[2]. D'autres ont conseillé de les placer dans le voisinage des Méduses[3].

Cuvier se borne à dire, sur les habitants de ces coquilles, qu'ils ont le corps oblong, couronné par des tentacules

---

[1] Voyez le chapitre XXV.
[2] Voyez le chapitre IV.
[3] Voyez le chapitre XIII.

nombreux et rouges..... Les observateurs modernes ont reconnu qu'ils sont formés d'une gelée transparente qui remplit les chambrettes dont nous avons parlé, et que les différentes parties de la petite bête communiquent entre elles par les pores des cloisons. Les trous extérieurs de la coquille laissent sortir des filaments capillaires (*pseudopodies*), très-longs, flexueux, de forme indéterminée, incessamment variables, transparents, semblables à du verre filé, lesquels s'étendent en rayonnant autour de l'animal. Dans certaines espèces, on en compte seulement huit ou dix ; dans d'autres, il y en a un plus grand nombre. Ces

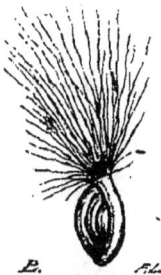

DISCORBINE.

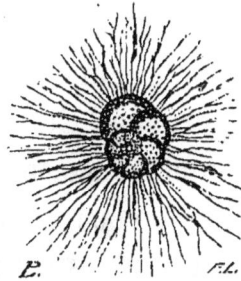

MILIOLE.

filaments se meuvent en divers sens et avec assez de vivacité. Ce sont à la fois des pieds et des bras, mais d'une ténuité excessive. L'animal s'en sert pour ramper et pour saisir sa proie. Ces fils paraissent avoir quelque chose de venimeux. Le docteur Schultze (de Greifswald) a remarqué à plusieurs reprises que des Infusoires vivants étaient privés tout à coup et tout à fait de leurs mouvements par le simple contact de ces bras. C'est probablement ainsi que le Foraminifère réussit à pêcher ses petits aliments?.....

N'est-il pas digne de remarque que des êtres si petits soient, malgré leur taille exiguë, des *carnassiers impitoyables !* Ainsi, avec une dose homœopathique de venin, la bestiole la plus faible et la plus microscopique peut devenir un redoutable destructeur !

La présence des filaments dont il s'agit paraît un caractère important chez les Foraminifères. Comme ces organes ressemblent au chevelu des racines, on a cru (assez inutilement, selon nous) devoir changer le nom de nos animalcules en celui de *Rhizopodes* (pieds-racines).

Dujardin a constaté dans les *Milioles*, que lorsqu'un individu veut grimper sur les parois d'un vase, il compose à l'instant, aux dépens de sa substance, une sorte de pied *provisoire* qui s'allonge et qui fonctionne comme un membre permanent. Puis, le besoin satisfait, ce pied temporaire *rentre dans la masse commune et se confond avec le corps.*

La volonté d'une fonction à remplir a donc le pouvoir de créer un organe ? Et dire que l'homme, malgré la perfection de son intelligence, n'a pas le privilège de faire naître un tout petit cheveu ! Comme c'est humiliant !

Il paraît que les filaments de toutes les espèces peuvent aussi se rétracter complétement et se confondre avec le reste de la substance. O nature ! que tes combinaisons sont admirables !

M. Haerskel vient d'adresser à l'Institut une monographie très-remarquable sur cette curieuse classe d'animaux.

Les Foraminifères n'ont pas d'estomac proprement dit, mais la nature leur a donné ce tissu particulier, glaireux et contractile, essentiellement assimilateur (*sarcode*), que Dujardin a découvert chez les animalcules infusoires.

11

Les recherches de d'Orbigny, relativement à ces organisations microscopiques, tendent à prouver que les débris

des Foraminifères constituent en grande partie les bancs
sous-marins qui, par leur accumulation, avec les Polypiers[1],
interrompent les courses des navigateurs, comblent les
ports, ferment les baies et les détroits, et donnent naissance
à ces récifs et à ces îles qui s'élèvent dans les régions
chaudes de l'océan Pacifique.

Ces créatures, en apparence si frêles et si imparfaites,
se retrouvent sous toutes les latitudes et à toutes les profondeurs. Que sont en comparaison les nécropoles des
Éléphants et des Baleines? Ne semble-t-il pas que plus
l'animalcule est petit, plus sa dépouille occupe de place
dans l'univers? (Blerzy.)

III

Les coquilles des Foraminifères se rencontrent très-souvent, et plus souvent qu'on ne le pense, à l'état fossile.
Elles forment à elles seules des chaînes entières de collines
élevées et des bancs immenses de pierre à bâtir.

Le calcaire grossier des environs de Paris est dans certains endroits tellement rempli de ces dépouilles, qu'un
centimètre cube des carrières de Gentilly, carrières par
couches d'une grande épaisseur, en renferme au moins
20 000; ce qui fait, par mètre cube, le chiffre énorme de
20 000 000 000.

Quand nous passons près d'une maison en démolition ou
d'un édifice que l'on construit, et que nous sommes enve-
loppés par un nuage de poussière qui pénètre dans notre
gosier, nous avalons souvent, sans nous en douter, des centaines de ces infiniment petits.

Comme tous les édifices de Paris et une grande partie
des maisons des départements voisins sont bâtis avec des

---

[1] Voyez le chapitre VIII.

pierres extraites des carrières des environs, il est évident que, sans exagération, la capitale de la France, et beaucoup de villages et de villes tout autour, sont construits avec des carcasses de Foraminifères.

La pierre dite de Laon est formée, assure-t-on, d'un amas considérable de *Camérines*, charmante espèce de forme lenticulaire, à cellules très-nombreuses disposées en spirale. Mais cette espèce n'est pas microscopique.

Les pyramides d'Égypte sont construites avec des pierres analogues et fondées sur des rochers du même genre.

Les Foraminifères ont donc sécrété une partie du sol sur lequel nous marchons, des maisons qui nous abritent et des édifices que nous léguons à la postérité. Chaque animalcule a fourni son grain solide, chaque race a déposé sa couche imperceptible, et Dieu, qui préside à ce mystérieux travail, a rassemblé ces grains et ces couches dans la durée des siècles, et en a composé des masses imposantes !

Les espèces qui vivent aujourd'hui préparent en silence, au sein de l'Océan, des pierres de taille pour les constructions des générations futures !

« C'est sans raison que l'on mépriserait ces animaux, dont le grand Ouvrier de la nature a pris soin de relever la petitesse en les douant d'industrie et de force. Il a montré par là que la grandeur pouvait se trouver dans les petites choses aussi bien que la force dans la faiblesse. Apprenons donc à respecter le Créateur jusque dans les ouvrages qui nous paraissent les plus vils. » (Tertullien.)

CHAPITRE VII

LES POLYPES.

Diviser, c'est donc multiplier!

I

Les Polypes sont déjà de grands personnages, si nous les comparons aux très-petits animalcules dont il a été question dans le chapitre précédent. Plusieurs peùvent atteindre jusqu'à un centimètre de hauteur!

POLYPES.

Ces animaux ne sont pas rares. Les savants ont beaucoup écrit sur leur organisation et sur leurs mœurs. On en parle très-souvent; ils sont presque populaires!... Tóutes les fois que, dans une conversation (ou dans un livre), on veut comparer un animal bien simple à notre propre espèce, le nom du Polype se présente aussitôt. Dans combien de circonstances n'avons-nous pas répété ce membre de phrase devenu presque banal : *Depuis le Polype jusqu'à l'homme?*...

Eh bien! demandez à une personne quelconque ce que c'est qu'un Polype, si c'est un animal marin ou fluviatile ; s'il est écailleux ou velu, s'il a une tête ou une queue? Vous verrez ce que l'on vous répondra... La quasi-popularité de notre curieux animal se réduit le plus habituellement à la connaissance de son nom.

Rien n'est plus commun que le nom.....

C'est pourquoi nous allons consacrer un chapitre spécial à l'étude du Polype.

II

Le Polype par excellence est le *Polype d'eau douce* ou *Hydre verte* [1]. Qu'on se représente un petit sac étroit, tubuleux, diaphane, vert ou verdâtre, ouvert à une seule extrémité, façonné comme un cornet de trictrac ou comme un tube sinueux, et portant autour de l'ouverture six appendices (rarement huit ou dix) grêles, filiformes, flexueux, disposés en couronne. Voilà tout l'animal : le sac est son corps, l'ouverture sa bouche, et la cavité son estomac ; les appendices sont ses bras.

Si l'on compare cette modeste organisation, nous ne dirons pas à l'homme, mais à un quadrupède quelconque, on la regardera comme *imparfaite*. Et l'on aura bien tort! car un animal qui possède toutes les parties dont il a besoin pour subsister, est, en réalité, un animal *parfait* dans son genre. La privation des organes qui sont absolument nécessaires à un autre, n'est point en lui une imperfection. En effet, la perfection d'un composé ne consiste pas dans

---

[1] *Hydra viridis* Linné.

l'abondance de ses parties, mais uniquement dans leur proportion et dans leur aptitude à faire les fonctions auxquelles elles sont destinées (Lessep). Chaque Polype est donc aussi parfait, dans son espèce, qu'un quadrupède dans la sienne ; et il serait aussi absurde de lui contester cette qualité qu'il y aurait d'extravagance à soutenir qu'il n'y a point d'éléphant achevé sans ailes et point de cheval accompli sans nageoires.

En histoire naturelle, les savants emploient souvent l'adjectif *imparfait*, mais seulement comme terme relatif,

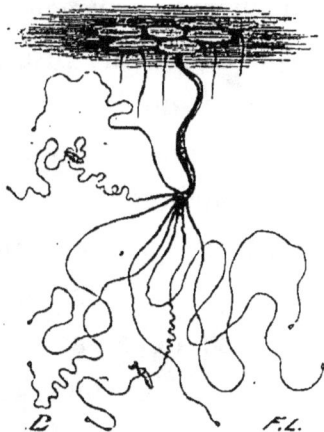

POLYPE ISOLÉ.

et pour dire d'un seul mot, que telle espèce présente une organisation beaucoup moins compliquée que telle autre. Nous suivrons l'exemple des savants.

Le Polype recherche la lumière ; il est sensible au moindre bruit. Il s'attache aux plantes aquatiques, et aux autres corps solides submergés, par l'extrémité aveugle de son sac. Il s'y amarre comme à une rive. Trembley a vu une longue planche qui en était si exactement bordée, qu'elle paraissait comme garnie d'une frange toujours en mouvement. Presque tous les Limaçons fluviatiles en portent quelques-uns sur leur coquille. Le mollusque leur sert de voiture, et quoiqu'il nage ou marche avec lenteur, il leur fait parcourir cependant, en quelques minutes, plus de chemin qu'ils n'en pourraient faire seuls dans tout un jour. D'autres Polypes vont encore plus vite : ce sont ceux qui s'établissent sur les fourreaux des Friganes, jolies larves aquatiques, légères et très-vives, qui s'agitent et serpentent dans les lits des bassins et des ruisseaux. (Trembley.)

Les Polypes se balancent mollement et gracieusement sur leur point d'appui, étendant leurs membres capillaires dans tous les sens. Ces organes sont aussi longs ou plus longs que le corps lui-même, et recouverts de cils vibratiles microscopiques qui exécutent jusqu'à trois cent cinquante mouvements par minute !

Quand une malheureuse bestiole aquatique vient à passer près du Polype et à toucher un de ses bras, celui-ci la saisit et l'entraîne dans sa bouche ; aussitôt le ravisseur rapproche ses tentacules, contracte son sac, et digère en repos. Quand il a fini, il se débarrasse du *caput mortuum* de son repas, par une sorte de vomissement. Il en est de même, du reste, de tous les animaux chez lesquels la nature, dans la constitution du tube digestif, a voulu économiser une ouverture.

Lorsque beaucoup de Polypes sont agglomérés dans un endroit, si l'on jette un ver au milieu d'eux, il est enlacé, garrotté en peu de temps, et de mille manières, par un nombre prodigieux de bras. Quelque mêlés que soient ces derniers, ils se séparent ensuite sans confusion, et cette multitude de fils déliés qui se touchaient presque, s'allongent, se raccourcissent et se tordent sans aucune espèce d'embarras. (Trembley.)

Un Polype avale quelquefois un volume d'aliments trois ou quatre fois plus considérable que son corps. Il peut enfermer dans son long estomac jusqu'à une douzaine de pucerons à la file les uns des autres. Son corps tubuleux offre alors autant de renflements qu'il y a d'insectes avalés.

Quand un Polype a trop mangé, il se laisse tomber au fond de l'eau. Il n'en peut plus. Parfois il vomit une partie de son trop-plein : excellente détermination qui lui permet de digérer le reste ! La voracité des Polypes fait voir, pour le noter en passant, que saint François de Sales a été un peu trop loin, lorsque, voulant présenter aux hommes les vertus des bêtes comme exemples à suivre, il dit qu'*elles sont sobres, tempérantes, et ne mangent jamais au delà de leur appétit !...*

On a prétendu que les animaux dont les dents sont *molles* ont les mœurs douces. Les Polypes, qui ne possèdent pas de dents ni même de mâchoires, et dont tout le corps est assez mou, devraient être des types de douceur ! Fiez-vous donc aux apparences !

Les petits vers avalés par les Polypes cherchent souvent à s'échapper, ce qui est fort naturel. Le ravisseur les retient alors avec un de ses bras *plongé dans sa cavité digestive*. Chose admirable ! cette cavité digère les vers et respecte le bras.

Quand on coupe la partie postérieure d'un Polype, et qu'on ouvre ainsi le fond de son estomac, le petit ogre ne discontinue pas de saisir des animalcules et de les avaler ; il mange, mange toujours... Mais ces animalcules, entrés par la bouche, sortent immédiatement par l'ouverture qu'on a faite. Le Polype devient alors *insatiable*. C'est le tonneau des Danaïdes ; c'est le cheval de M. de Crac !...

La nourriture des Polypes influe momentanément sur la couleur de leur corps. Les naïs les rendent rouges, les pucerons verts, et les têtards noirs. Figurez-vous un homme

qui deviendrait rouge après avoir mangé des cerises, ou
vert après avoir mangé des petits pois!

A la surface extérieure du sac digestif, on voit bour-
geonner de temps en temps des tubercules (*gemmes*), qui
grossissent, s'allongent, se creusent et se transforment en
miniatures de Polypes, en *Polypules*, lesquels se séparent
et s'en vont dès qu'ils sont en état de pourvoir à leurs
besoins.

Les bourgeons qui naissent en automne se détachent,
sans se développer, comme des œufs; ils tombent et se
conservent dans l'eau pendant l'hiver.

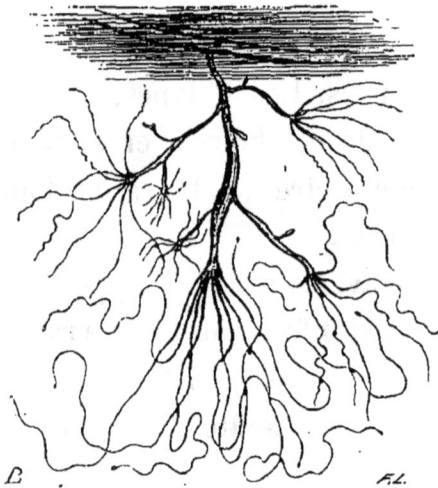

ARBRE GÉNÉALOGIQUE VIVANT.

Pendant qu'un jeune Polype est encore adhérent à sa
mère, il pousse souvent, sur son propre corps, un nouveau
petit, qui lui-même en donne un troisième, et ce dernier un
quatrième; de telle sorte que la maman porte à la fois son
fils, son petit-fils et son arrière-petit-fils! Le Polype, ainsi
chargé de sa postérité, compose avec elle une sorte d'*arbre
généalogique vivant*, suivant l'heureuse expression de Charles
Bonnet.

III

Si l'on divise un Polype en sept ou huit fragments, au bout de deux jours chaque fragment deviendra un Polype tout entier.

Rœsel assure avoir vu des bras coupés par petits morceaux donner naissance à des Polypes complets! Un seul individu pourrait donc se créer toute une famille *avec un bras!*

Et notez bien que, après l'opération, *il lui repousserait un autre bras!!*

Si l'on hache un de ces animaux, chaque parcelle formera bientôt un individu pareil à l'individu haché (Trembley). Un armée de Polypes *taillée en pièces* serait loin d'être anéantie!...

Autre singularité : on peut retourner un Polype comme on retourne un doigt de gant. L'animal continue de vivre (Trembley); mais alors sa peau intérieure respire et sa peau extérieure digère. Respiration et digestion *à l'envers.*

Un Polype qu'on retourne porte souvent des petits naissants à la surface de son corps. Après l'opération, ces petits se trouvent enfermés dans l'estomac. Ceux qui ont déjà pris assez d'accroissement, se développent et grandissent dans la cavité digestive ; ils sortent ensuite par la bouche : ils sont vomis. Ceux, au contraire, qui sont peu avancés, *se retournent d'eux-mêmes* et surgissent à l'extérieur du sac maternel, à la surface duquel ils achèvent de pousser. (Trembley.)

Un Polype retourné plusieurs fois ne cesse point de s'acquitter de toutes ses fonctions. Il y a plus, le même individu peut être successivement coupé, retourné, recoupé et *reretourné*, sans que son économie en paraisse bien malade. (Trembley.)

Il faut avouer cependant que cette pauvre bête n'*aime pas* à demeurer retournée. (Ce doit être un singulier *malaise* que celui d'avoir ses organes à l'envers!) Le Polype s'efforce de se remettre dans son premier état; il se *détourne* en tout ou en partie. On l'empêche d'y réussir en le transperçant près de la bouché avec une soie de sanglier. Cette espèce de transpercement, naturellement peu agréable, ne porte en définitive aucun obstacle bien sérieux aux fonctions de l'animal.

Les premières expériences sur les Polypes surprirent grandement tous les naturalistes. Ils ne connaissaient rien d'analogue dans le règne animal. « Nous ne jugeons des choses que par comparaison, disait Charles Bonnet; nous avions pris nos idées d'animalité chez les grands animaux, et un animal qu'on coupe, qu'on retourne, qu'on recoupe, et qui se *porte bien*, nous choque singulièrement. Combien de faits, encore ignorés et qui viendront un jour déranger nos idées sur des sujets que nous croyons connaître! Nous en savons au moins assez pour que nous ne devions être surpris de rien. La surprise sied peu à un philosophe; ce qui lui sied est d'observer, de se souvenir de son ignorance et de s'attendre à tout. »

IV

Il y a vraiment de quoi être confondu, quand on réfléchit sur tout ce que présente l'histoire des Polypes! Personne ne regarde ce qui est à ses pieds[1], et bien souvent il

---

[1] « *Quod est ante pedes nemo spectat.* » (CICÉRON.)

s'y passe de curieux phénomènes qui renferment de grands enseignements !

Les Polypes, on l'a vu plus haut, n'ont ni cœur, ni poumon, ni foie, ni intestin. Ils manquent de tête et de cerveau. Six filaments très-grêles et très-simples remplissent les fonctions de pieds, de bras, de lèvres et de tous les organes des sens... Et cependant ces animaux guettent une proie, l'*aperçoivent*, la saisissent, la dévorent... Ils ne se trompent jamais sur sa nature et sur sa taille, et manquent rarement leur coup. Ils se battent entre eux, se repoussent ou se recherchent. Ils savent se sauver et se mettre à l'abri, quand un danger les menace. Ils élèvent leurs petits (à leur manière)... Comment peuvent-ils accomplir tous ces actes variés ? La Providence leur a donné une impulsion vitale particulière, appelée *instinct*, impulsion indépendante de la prévoyance, de l'expérience, de l'éducation et peut-être même de la réflexion, qui leur tient lieu d'intelligence. Le mot *instinct* vient du verbe latin *instinguere*, qui veut dire *pousser*, *exciter*... L'instinct et l'intelligence sont deux facultés qui se compensent, et dont l'une supplée à l'autre, comme, à d'autres égards, la fécondité supplée à la force ou à la longévité (Cuvier). L'instinct est l'intelligence des animaux inférieurs.

V

Les Polypes de la mer ressemblent beaucoup aux Polypes des eaux douces. L'animal est toujours composé d'un corps, d'une ouverture, d'une poche et de plusieurs bras. Le corps peut être long ou court, quelquefois étroit comme un tuyau de plume, d'autres fois arrondi comme une bourse, plus rarement façonné en entonnoir. L'ouverture est plus ou moins large, et sert toujours à l'entrée de l'aliment et à la sortie de l'excrément. La poche tend à se compliquer ; elle offre souvent un tube distinct, entouré de canaux verticaux où viennent aboutir des organes bizarres en forme d'intestins. Les bras sont en nombre variable. On en trouve quelquefois jusqu'à douze ; mais généralement il y en a huit. Ils ressemblent à des cils, à des vrilles, à des rubans, à des pétales. Leurs bords sont souvent granuleux ou barbelés.

Avec cette organisation de l'Hydre verte et avec des modifications très-légères, mais très-variées, la nature a composé la plus grande partie des animaux dits *imparfaits* qui peuplent l'Océan.....

ANTHOZOANTHE PARASITE

CHAPITRE VIII

LES POLYPIERS.

« Le travail en commun centuple le produit. »
(Un saint-simonien.)

I

Les Polypes ne vivent pas toujours à l'état d'isolement.

Ceux des eaux douces sont tantôt solitaires et tantôt agrégés. Les premiers sont les *Hydres*, dont nous avons parlé dans le chapitre précédent ; les seconds sont les *Alcyonelles*, les *Plumatelles*, les *Cristatelles*..... L'arbre généalogique temporaire est devenu permanent ! La famille a reçu le nom de *Polypier*.

Les Polypes de la mer aussi sont tantôt solitaires et tantôt agrégés, mais plus souvent agrégés. Leurs colonies marines sont les Polypiers par excellence.

Linné appelle ces associations *animaux composés* (*animalia composita*).

Ces habitants d'une même agrégation vivent dans une harmonie parfaite. Ils constituent un peuple de frères unis physiquement d'une manière très-intime. Ils occupent la même maison ; chacun y tient une cellule, mais il lui est défendu d'en sortir tout à fait, et par conséquent de visiter, de déranger ou de tourmenter son voisin. Attachés à leur chambrette, ces demi-reclus attendent du hasard, ou, pour mieux dire, de la Providence, des aliments qui ne manquent jamais; et ce qui est mangé par chaque bouche profite à la communauté. Poussés par un admirable instinct, les Polypes travaillent ensemble au même ouvrage : *isolés, ils seraient faibles; réunis, ils deviennent forts*. Ils éprouvent en famille les mêmes rayons du soleil, les mêmes caresses

MADRÉPORES.

de la vague et les mêmes coups de la tempête!... Ils ont une vie d'ensemble et des vies particulières. Mêmes besoins, mêmes goûts, mêmes idées (et Dieu sait quelles idées!). Ils partagent leurs peines et leurs jouissances, quelque bornées et quelque confuses qu'elles soient; et s'il est vrai que les chagrins s'adoucissent quand ils sont épanchés et que les plaisirs augmentent quand ils sont goûtés en commun, les Polypes doivent être des animalcules fort heureux !

On peut distinguer deux principales tribus parmi les Polypiers : 1º les *Polypiers à tuyaux*, où les animalcules sont logés dans des tubes de substance calcaire, ouverts soit au sommet, soit sur les côtés ; 2º les *Polypiers corticaux*, où les animalcules se tiennent tous par une substance spongieuse, épaisse, dans les cavités de laquelle ils sont reçus, et qui enveloppe un axe, soit calcaire, soit corné.

II

Parmi les Polypiers à tuyaux, se trouve le *Corail musique*, de l'archipel des Indes, caractérisé par ses tubes pierreux, simples, nombreux, rapprochés, droits ou flexueux, paral-

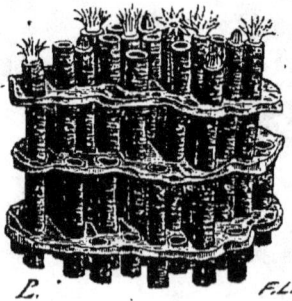

CORAIL MUSIQUE
(*Tubipora musica* Linné).

lèles et un peu rayonnants, d'un beau rouge pourpre, unis ensemble de distance en distance par des lames transversales. On a comparé leur ensemble à un amas de tuyaux d'orgue.

Ses Polypes sont d'un vert d'herbe brillant (Péron) ; ils ont des tentacules garnis de chaque côté de deux ou trois rangées de papilles granuleuses charnues, au nombre de soixante à quatre-vingts (Lesson).

On y remarque encore la *Tubulaire chalumeau*, dont les

tiges nombreuses sont cornées, jaunes, et marquées d'espace en espace de nœuds inégaux. Ces tiges ressemblent à des brins de paille. Leur partie inférieure est tortueuse et très-adhérente aux corps étrangers; la partie supérieure est à peu près droite, ou mieux légèrement flexueuse. L'ensemble représente un végétal fleuri, sans feuilles ni rameaux.

Au sommet de chaque tige se développe une double corolle écarlate de quinze à trente-cinq pétales par rangée, les extérieurs étalés, les intérieurs relevés en houppe. Un

TUBULAIRE CHALUMEAU
(*Tubularia indivisa* Lamouroux).

peu au-dessous paraissent les ovaires, qui pendent, quand ils sont mûrs, comme des grappes orangées. Au bout d'un certain temps, les corolles se flétrissent, tombent et meurent. Un bouton les remplace, lequel produit un nouveau Polype, et ainsi de suite. Cette succession détermine l'allongement des tiges, chaque prétendue fleur élevant un peu le tube qu'elle termine, et chaque addition ajoutant un nœud de plus à l'axe qu'elle allonge.

Voici un autre joli Polypier du même groupe, la *Tibiane*

[1] *Tibiana fasciculata* Lamouroux.

fasciculée [1], dont les tubes sont en zigzag et donnent de chaque angle une petite branche qui en naît presque à angle droit.

Les *Campanulaires* diffèrent davantage. Les bouts de leurs branches par où sortent les Polypes sont élargis en forme de clochettes. L'espèce appelée *dichotome* [1] est une des plus délicates et des plus élégantes. Elle offre une tige mince comme un fil de soie, résistante, élastique et brune. Ses Polypes sont assez nombreux. Sur une arborisation haute de 20 centimètres, il en existe peut-être douze cents.

Les petits ressemblent à des champignons microscopiques. Au bout d'un certain temps, ils se retournent de dedans en dehors. Leur chapeau se change en campanule, et leur pédicule se transforme en tige.

Les *Sertulaires* sont encore des Polypiers à tuyaux. Ceux-ci ont une tige cornée, tantôt simple, tantôt rameuse : on les prendrait pour de petites plantes. Leur nom est dérivé du latin *sertum* (bouquet). On peut les comparer à des arbustes en miniature, à branches flexibles, demi-transparentes et jaunâtres.

Dans chaque Sertulaire il y a sept, huit, douze, vingt petits panaches, contenant chacun cinq cents animalcules, ce qui fait jusqu'à 10 000 Polypes par association. On assure que dans un pied de *Sertulaire argentée* [2], il existe au moins 100 000 individus.

Les petites cellules qui logent les Polypes ne sont pas toujours distribuées de la même manière. Il y en a tantôt des deux côtés, tantôt d'un seul. Quelquefois elles se groupent comme de petits tuyaux d'orgue. D'autres fois elles s'enroulent en spirale autour de la tige, ou forment çà et là des anneaux horizontaux.

---

[1] *Campanularia dichotoma* Lamarck.
[2] *Sertularia argentea* Linné.

III

Dans les Polypiers corticaux on a formé deux familles, les *Cératophytes*, dont l'axe intérieur est corné, et les *Lithophytes*, dont l'axe intérieur est pierreux.

Au premier groupe appartiennent les *Antipathes*, revêtus d'une écorce si molle, qu'elle se détruit après la mort; et les *Gorgones*, couvertes d'une écorce tellement pénétrée de grains calcaires, qu'elle forme une croûte en se desséchant. Cette croûte conserve souvent les couleurs plus ou moins brillantes qui la caractérisent.

L'*Éventail marin* [1] est une espèce d'Antipathe. Ce gracieux Polypier offre une tige comprimée, avec des rameaux et des ramuscules presque plans, étalés, formant un réseau à mailles inégales et serrées, comme certaines dentelles ou guipures.

Les Gorgones ont des cellules creusées, tantôt dans une surface plane, tantôt dans des mamelons saillants; ceux-ci lisses, hérissés ou écailleux, quelquefois pendants les uns sur les autres.

Le *Corail noir* [2] fait partie du genre Gorgone.

C'est à côté des Gorgones que vient se placer le beau Polypier pêché par M. Deshayes aux environs de la Calle, l'*Anthozoanthe parasite* [3]. Qu'on imagine un arbrisseau redressé et non pendant, avec des axes d'un brun foncé, une écorce d'un rose vif et des Polypes d'un jaune d'or.

Au second groupe appartiennent le *Corail rouge*, dont nous parlerons dans le chapitre suivant, et les *Madrépores*, associations bizarres des plus variées et des plus intéressantes.

---

[1] *Antipathes flabellum* Lamouroux.

[2] *Gorgonia Antipathes* Esper.

[3] *Anthozoanthus parasiticus* Deshayes (voy. la planche IV).

Qu'on se rappelle un gâteau de cire sorti d'une ruche, avec des larves d'abeilles dans chaque cellule; qu'on suppose ce gâteau de pierre et non de cire, et chaque larve remplacée par un Polype, et l'on aura le Madrépore désigné sous le nom d'*Astrée*: c'est un des plus connus.

Les *Méandrines* diffèrent des Astrées par une surface creusée de lignes allongées et tortueuses, sillonnées en travers. Leurs cellules sont placées régulièrement dans les vallons.

Les *Caryophyllies* se distinguent des Astrées par des cellules tubuleuses, en partie isolées les unes des autres, ce qui donne à la masse un aspect comme rameux. Chaque branche est occupée par un Polype.

CARYOPHYLLIE DE SMITH
(*Caryophyllia Smithii* Stokes et W. P. Broderip).

Admirez cette ravissante espèce [1] avec sa robe jaunâtre, plus pâle à la base et au sommet, ornée de lignes longitudinales d'un blanc léger ! Son disque, d'abord brun, devient blanc et puis vert ; ses tentacules, à peu près triangulaires, sont presque transparents. Ils ressemblent à des festons de dentelle finement bordés d'un ourlet blanchâtre et terminés chacun par un pois blanc.

---

[1] *Caryophyllia Smithii* Stokes et W. P. Broderip (voy. pl. VI, fig. 1).

IV

Les Polypiers sont fixés aux corps solides. Quelquefois ils s'attachent les uns aux autres, se greffent dans tous les sens ou s'enlacent dans toutes les directions.

Il y en a de blanchâtres, de tout à fait blancs, de jaunâtres, de vert-pomme. Leurs nuances passent du brun olivâtre au bleu foncé, du vermillon au violet, et du jaune pâle au gris perle.

Chaque tuyau ou cellule contient un individu. Les loges sont plus ou moins profondes, suivant les espèces. Les animalcules sont composés généralement d'une partie cachée plus ou moins tubuleuse, et d'une partie étoilée plus ou moins apparente. Cette dernière présente de huit à douze barbillons lisses ou granuleux, susceptibles de s'épanouir comme les pétales d'une fleur. Quand ces appendices sont étalés, ils atteignent souvent le double de la hauteur du corps; ils sont alors presque transparents, excepté vers l'extrémité.

Les Polypes étendent ou resserrent leurs barbillons, dilatent ou contractent leur bouche suivant les besoins; mais leur tube digestif est soudé à leur cellule, et les axes qui portent les cellules sont condamnés à l'immobilité. Singulière combinaison! Des arbustes moitié animés et croissant au fond de l'eau, des animalcules moitié emprisonnés et rivés à leur prison, des estomacs dans une écorce, des bras sur une branche, et le mouvement sur le repos!

Les animalcules des Polypiers se reproduisent par de petits œufs vomis par l'animal, et par des bourgeons développés sur leur écorce.

V

On regarde comme intermédiaires entre les Polypiers et les *Anémones de mer*, dont nous traiterons plus loin[1], des Zoophytes élégants, désignés sous le nom de *Zoanthes*. Ces animaux sont réunis en nombre souvent considérable sur une base commune. Cette base est tantôt dilatée en large surface, tantôt vermiculée comme une racine rampante.

Le *Zoanthe des Moluques* compose de larges touffes

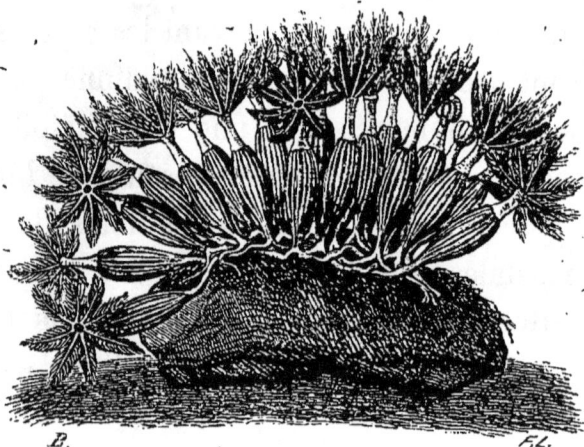

ZOANTHE DES MOLUQUES
(*Zoantha thalassanthos* Lesson).

gazonnantes sur les rochers de Corail. Ses animalcules sont assez rapprochés, et imitent, à faire illusion, un amas de fleurs épanouies; ils sont portés par de fausses racines d'un blanc pur enlacées les unes dans les autres. Leur corps est fusiforme, rétréci et comme pédiculé à la base, tronqué au sommet, d'un rouge brun marqué de stries longitudinales plus colorées; sa consistance est ferme et parche-

[1] Voyez le chapitre XII.

minée. De ce corps sort un tube étroit, musculaire, contractile, rougeâtre, terminé par huit bras allongés, d'un jaune pur au sommet et traversés par une nervure de la même couleur. Sur les côtés de ces bras naissent des pinnules fines, parallèles, d'une couleur marron clair, semblables aux barbes d'une plume.

Les bras de ce Zoanthe sont sans cesse en mouvement; ils forment dans l'eau divers petits courants, dans l'oscillation desquels sont précipités, comme dans un torrent, les animalcules dont le Polype se nourrit. Au moindre mouvement, le Zoophyte replie ses bras. (Lesson.)

VI.

Les Polypes sont de petits ouvriers silencieux, actifs, infatigables, qui sécrètent et organisent les gâteaux ou les axes qui les portent et les logent. Éclatante industrie qui sera sans cesse un objet d'admiration! Population modeste, digne des plus grands éloges, réservée dans ce qu'elle consomme, magnifique dans ce qu'elle produit!

Les Polypes aiment les régions chaudes de l'Océan et prospèrent mal dans les pays froids.

Les uns forment des pelouses de vie sous-marines qui tapissent les rochers; les autres composent des stalactites animées, de grands arbrisseaux, de petits arbres où d'immenses forêts. Le câble électrique qui relie la Sardaigne au fort Génois était incrusté d'un si grand nombre de Polypiers et de *Bryozoaires* [1], que certaines parties retirées de l'eau avaient le volume d'un baril. (Lacaze - Duthiers.)

Les Polypiers occupent quelquefois des espaces immenses

[1] Voyez le chapitre XVII.

qui grandissent sous les flots, s'élèvent en récifs, entourent les îles, les joignent entre elles, les unissent aux continents et comblent ainsi la profondeur des mers.

En 1702, un voyageur anglais, Strachan, observa que les Polypiers étaient capables de former de grandes masses de rochers. En 1780, Forster, savant compagnon du capitaine Cook, établit d'une manière positive que la plupart des îles de la mer du Sud devaient leur existence à la multiplication excessive et à l'agglomération compacte des Polypiers. Cette manière de voir a été confirmée par un grand nombre de marins, de zoologistes et de géologues.

Ces Zoophytes sont réunis au fond de l'eau par masses innombrables. Ils absorbent les sels calcaires contenus dans l'Océan, et en composent leurs cellules et leurs axes; ils produisent ainsi des associations souvent colossales.

Leurs germes tombent autour d'eux et donnent naissance à de nouveaux gâteaux. Les derniers venus s'élancent tout autour des premiers et au-dessus d'eux, et les étouffent; ceux-ci laissent après leur mort leurs cellules de pierre greffées les unes sur les autres. Ces couches de matière devenue inerte servent de fondement à de nouvelles générations qui se superposent régulièrement comme les assises dans une maçonnerie. Il résulte de ces agglomérations gigantesques des rochers immenses qui atteignent jusqu'à deux ou trois cents lieues de longueur!

Ces rochers s'élèvent peu à peu du fond de la mer, sans trouble, sans effort, sans réaction. Au bout d'un certain temps, ils composent des îles; ces îles forment de vastes terres. Il faut des siècles, il est vrai, pour que ce travail s'accomplisse, mais le temps ne manque jamais à la nature!

Les auteurs de ces constructions séculaires sont des animalcules gélatineux, fragiles, chétifs, presque toujours microscopiques...; mais ils sont extrêmement nombreux, il y en 'a des milliards. Ils peuvent donc produire, par l'entassement de leurs squelettes, des maçonneries dont le genre humain tout entier, travaillât-il cent mille ans, n'enfanterait qu'une bien faible partie !

Une fois arrivés à la surface de l'eau, les Polypiers cessent de croître, parce que leurs animalcules sont des êtres essentiellement aquatiques. Enfants de la mer, ils doivent vivre dans la mer; ils meurent à l'air et au soleil. Voilà pourquoi les couches les plus élevées de ces gigantesques édifices sont toujours privées de vie.

Les vagues qui se brisent contre ces îles ou ces rochers en détachent des quartiers, les roulent, les ballottent et les réduisent en poussière. Il en résulte d'abord un gravier blanchâtre parsemé de quelques blocs arrondis, puis un sable plus ou moins fin et plus ou moins grisâtre. Les flots apportent des restes de végétaux, de mollusques, de crustacés, de poissons..... Ces restes se décomposent et se mêlent aux débris madréporiques : la terre végétale commence à se former. C'est ainsi que la Providence a fait surgir de l'Océan des espaces de terrain considérables.

Le massif monté au niveau de la mer est bientôt envahi par la végétation et embelli par l'animalité. Les vagues y abandonnent quelques graines; celles-ci se développent. Les végétaux prennent pied dans le terrain, et l'île est bientôt couverte de verdure. Des troncs d'arbres arrachés par la mer, sur les côtes voisines et poussés par les courants, abordent sur sa plage. Des vers, des coquillages, des insectes et d'autres petits animaux apportés avec ces troncs se hâtent de gagner la terre; ils y pullulent et en constituent la première population. Les tortues de mer accourent vers l'île naissante et viennent y déposer leurs œufs. Les oiseaux, attirés de loin par la verdure, arrivent pour s'y reposer et pour y construire leurs nids. Enfin, les habitants des îles voisines, chassés par quelque coup de vent ou séduits par la beauté du site et par l'abondance de ses fruits, s'y rendent avec leurs pirogues, y bâtissent des cabanes, y fondent une tribu; et l'industrie de l'homme complète et vivifie l'industrie des Polypiers!

Les actions si puissantes des animalcules les plus petits et les plus faibles sont empreintes, dans la nature, d'un charme et d'une philosophie que ne donneront jamais dans nos musées les formes les plus élégantes de leurs cadavres soigneusement conservés et savamment classés.

Les Infusoires, les Foraminifères et les Polypes existent dans la mer par milliards de milliards. C'est l'infini vivant!

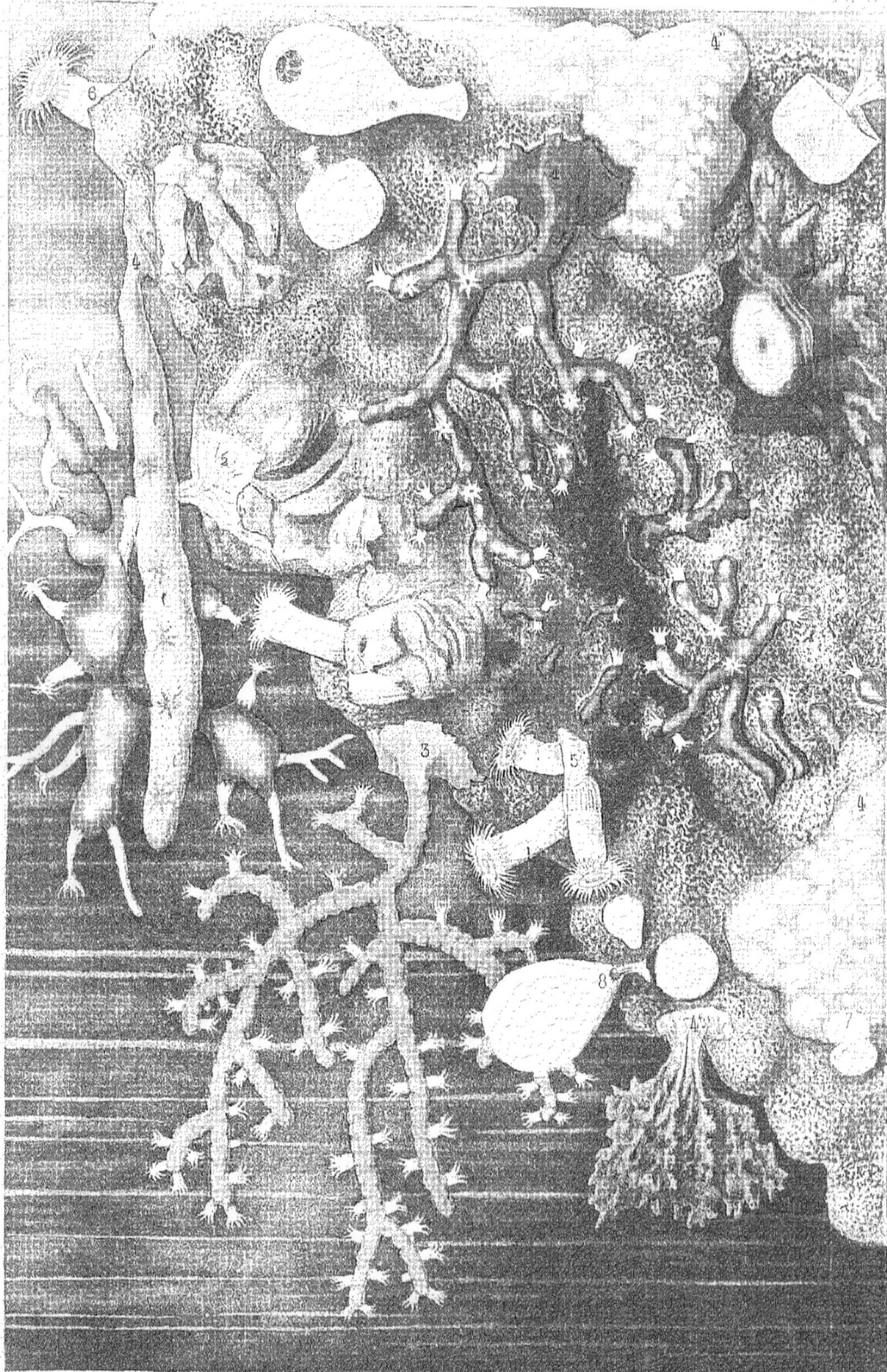

CORAIL

CHAPITRE IX

LE CORAIL.

« CURALIUM *decus liquidi.* »
(PRISCIEN.)

I

Dans certaines régions de la mer, au milieu des rochers les plus accidentés, s'étendent de petites forêts purpurines. Ces forêts aquatiques sont composées par le *Corail rouge*, l'un des plus brillants et des plus célèbres parmi les Polypiers. *Curalium decus liquidi !*

Pendant longtemps, le Corail a été pris pour une plante marine. Les anciens Grecs appelaient cette prétendue plante *fille de la mer*[1]. Le comte Marsigli lui-même considère cette curieuse production comme faisant partie du règne végétal.

Peyssonnel, chirurgien de la marine, reconnut le premier la véritable nature de l'arbrisseau Corail. Il fit part de sa découverte au célèbre Réaumur, qui hésita quelque temps à la transmettre à l'Académie royale des sciences. Ce ne fut qu'en 1827 qu'il se décida à la communiquer à l'illustre compagnie, mais sans l'adopter encore lui-même.

Les observations de Peyssonnel furent contestées jus-

---

[1] Κοράλλιον, de κόρη, fille, ἁλός, de la mer, d'où les Latins ont fait *curalium*, puis *corallium* ou *coralium*.

qu'au moment où Trembley (de Genève) eût publié ses belles expériences sur le Polype d'eau douce, et que les savants eussent constaté la grande ressemblance qui existe entre la nature de ce curieux invertébré et les animalcules du Corail[1].

Guettard (d'Étampes) et Bernard de Jussieu firent exprès le voyage de nos côtes pour vérifier les assertions de Peyssonnel.

Aujourd'hui, pour tous les naturalistes, le Corail est une famille de Polypes vivant ensemble et composant un *Polypier*.

Ce Polypier habite surtout dans la Méditerranée et dans la mer Rouge. Il se trouve à diverses profondeurs. Cependant il n'est jamais à moins de 3 mètres, ni à plus de 300.

Observé sur place, le Corail est mêlé avec d'autres Polypiers et avec d'autres animaux marins. Il en résulte un assemblage lâche ou compacte, quelquefois inextricable, qui a reçu le nom de *macciotta*[2].

Chaque pied de Corail ressemble à un joli sous-arbrisseau rouge, sans feuilles, portant de délicates petites fleurs étoilées à rayons blancs.

Les axes de ce sous-arbrisseau sont les parties communes à l'association ; les fleurettes sont les Polypes.

Les arborisations dont il s'agit se dirigent ordinairement de haut en bas, et non de bas en haut, comme celles des plantes. Elles forment des buissons, des taillis, et, comme nous l'avons dit plus haut, de véritables forêts. Ces axes offrent une écorce molle, comme réticulée, pénétrée d'un suc laiteux, et creusée de petites cavités, qui sont les loges

---

[1] Voyez le chapitre VII.

[2] La planche V représente une portion de *macciotta* retirée de 80 brasses de profondeur, dans les eaux de la Calle, dessinée et coloriée par M. Lacaze-Duthiers (juillet 1862).

des Polypes. Au-dessous de l'écorce, se trouve le Corail
proprement dit, qui égale le marbre en dureté, et qui est
remarquable par sa surface striée, par sa belle couleur
rouge, par son extrême dureté et par le poli brillant dont

CORAIL ROUGE
(*Corallium rubrum* Lamarck).

il est susceptible. Les anciens croyaient que sa substance
était molle dans l'eau, et ne prenait de la consistance qu'au
contact de l'air [1].

Les Polypes sont composés, comme ceux de la plupart
des Polypiers, d'une partie sacciforme enfermée dans la
loge corticale, et d'une partie extérieure cylindrique,
entourée de huit petits barbillons qui divergent comme les
pétales d'un œillet. Ces barbillons sont aplatis, larges, pointus et garnis sur les bords de barbules courtes et creuses.

---

[1]   Sic et coralium, quo primum contigit auras
          Tempore, durescit.....
                         (OVIDE).

Quand ils sont épanouis, l'ensemble représente une charmante fleurette blanchâtre et diaphane, à huit pétales
découpés, placés sur un mamelon rose, renflé parfois en
forme d'urne. Le comte Marsigli avait très-bien vu les
Polypes du Corail. « *Ce sont des fleurs, dit-il, qui rentrent
dans leurs tubules dès que la plante est retirée de l'eau. Ces
fleurs adoptent en mourant une teinte jaune safranée.* »

UN POLYPE DU CORAIL ROUGE.

Le Corail est donc, comme on l'a dit avec justesse, animal (ou animaux) en dehors et rocher en dedans.

M. Lacaze-Duthiers a étudié tout récemment la reproduction du Corail. Il est arrivé à des résultats extrêmement
intéressants. Suivant ce savant zoologiste, les individus de
la colonie sont tantôt mâles, tantôt femelles, tantôt hermaphrodites. Ordinairement les Polypes d'un sexe l'emportent
en nombre, dans une même branche, sur ceux d'un autre
sexe. Ainsi, tel rameau présente presque exclusivement
des mâles, et tel autre des femelles. Quant aux hermaphrodites, ils semblent les moins nombreux.

On trouve dans le règne végétal des plantes dites *poly-
games*, qui offrent dans la distribution de leurs fleurs
mâles, femelles ou hermaphrodites, un arrangement analogue : l'*Épinard d'Espagne* est dans ce cas. Qui aurait pu

soupçonner un rapport physiologique quelconque entre le Corail et l'Épinard?

Les œufs du Corail ont des pédicules longs et grêles; ils font saillie à l'extérieur des lames minces qui se trouvent dans le sac digestif. Ils sont sphériques, opaques et d'un blanc de lait. Ils se détachent par la rupture de leur support, et tombent dans la cavité générale, cavité qui sert tout à la fois d'estomac et de poche incubatrice, dans l'intérieur de laquelle deux matières bien différentes peuvent, à côté l'une de l'autre, la première se dissoudre et servir à l'entretien de l'animal, la seconde se développer et produire un être nouveau! (Lacaze-Duthiers.)

Les œufs s'allongent et se revêtent de cils vibratiles. Dès qu'ils sont pondus (ou, pour mieux dire, vomis), ils se creusent d'une cavité qui s'ouvre au dehors par un pore destiné à devenir la bouche. Alors ils prennent la forme d'un petit ver blanchâtre et demi-transparent; ces larves nagent en tous sens avec une assez grande agilité, en se détournant quand elles se rencontrent. Elles montent et descendent dans les vases qui les contiennent, portant toujours en avant leur grosse extrémité ou leur base, tandis que leur bouche est en arrière. De là vient, lorsqu'elles trouvent des obstacles, qu'elles se buttent contre eux. Elles ont une tendance à s'accoler, puis à adhérer, et cela d'autant plus, que leur genre de progression favorise leur contact en les poussant contre les objets. Ainsi, ce sont les mouvements mêmes qui semblent destinés à faire cesser cette période de liberté en facilitant l'adhérence de la partie du corps qui répondra plus tard à la base du Polype. (Lacaze-Duthiers.)

Arrive bientôt le moment où les larves vont se fixer. L'animal abandonne sa forme de ver; il s'étale, pour ainsi dire, et perd en hauteur ce qu'il gagne en largeur : il se

raccourcit et devient comme discoïde. L'extrémité la plus
effilée, celle qui porte la bouche, rentre dans le tissu, et,
en s'enfonçant au milieu du disque, elle s'entoure d'un
bourrelet circulaire (Lacaze-Duthiers). Sur ce bourrelet,
naissent les rudiments des huit tentacules qui se couvrent
bientôt de festons latéraux.

Ce premier Polype fixé devient le fondateur d'une
grande colonie arborisée. Des gemmes ou bourgeons se forment sur ses axes, et produisent en se développant tout un
petit peuple de Coraux.

Chez les animaux adhérents, les larves sont mobiles. C'est
une loi générale ! Les jeunes Polypes, au sortir de l'œuf,
diffèrent presque en tout de leurs parents. Ils doivent subir
des métamorphoses pour arriver à l'état parfait, mais des
métamorphoses inverses, à certains égards, de celles des
Insectes. Chez ces derniers, la chrysalide, qui est immobile,
se change en papillon qui vole. Chez les Coraux, la larve,
qui nage, se transforme en Polype qui adhère !... Il n'y a
peut-être pas dans la nature une loi qui, renversée, ne
devienne une autre loi.

II

On a distingué des vrais Coraux, les *Mélites* et les *Isis*,
dont les ramifications sont articulées, et dont les Polypes
possèdent six tentacules au lieu de huit; ces tentacules sont
entiers et non frangés.

Dans le premier genre, les axes sont noueux d'espace en
espace, et recouverts d'un encroûtement adhérent et per-
sistant; dans le second, ils sont étranglés et revêtus d'un
encroûtement libre et caduc.

Le tissu des Mélites est pierreux et homogène, celui des
Isis est composé de deux substances distinctes; leurs étran-

glements sont cornés et noirâtres, leurs articulations sont calcaires et striées.

Chaque Corail, vrai ou faux, est un atelier distinct de petits travailleurs, habiles, toujours nombreux, toujours actifs; atelier merveilleux où se fabriquent à la fois la

QUEUE-DE-CHEVAL.
(*Isis Hippuris* Linné).

matière première, corne ou marbre, qui lui est indispensable, et les ouvrages élégants, tiges ou branches, qui lui sont particuliers.

III

D'après ce que l'on vient de voir sur la nature des Coraux, on peut en conclure que ces Polypiers ressemblent plus à des plantes qu'à des animaux. C'est à cause de cela qu'on les a souvent désignés sous le nom de *Zoophytes*, c'est-à-dire *animaux-plantes*, dénomination appliquée plus tard, par extension, à un grand nombre d'invertébrés marins.

Cette structure remarquable établit entre les deux règnes organiques les rapports les plus curieux. Nous trouvons dans ces animaux, comme dans les végétaux, une tige, des branches et des rameaux recouverts d'une véritable écorce. Leurs axes sont cornés ou calcaires; dans les végétaux, ils sont herbacés ou ligneux. Des deux côtés, le tissu est plus ou moins solide, strié, cannelé, tordu et composé de couches concentriques. De plus, l'écorce animale est spongieuse et plus ou moins tendre, comme l'écorce végétale.

Les gemmes représentent les bourgeons; les Polypes représentent les fleurs. Les barbillons s'étalent en rosettes comme des pétales; ils forment une corolle animée qui s'épanouit et se ferme alternativement.

Dans le Polypier, de même que dans le végétal, les individus élémentaires sont aux extrémités des axes ou sur les côtés, ou bien tout à la fois terminaux et latéraux.

Enfin une dernière ressemblance se rencontre dans leur reproduction. Le Corail et le végétal donnent des individus isolés, œufs ou graines, qui se détachent de la collection, se développent et produisent une colonie dont les membres demeurent adhérents, et par suite d'autres Coraux et d'autres végétaux, c'est-à-dire d'autres êtres collectifs. C'est la synthèse qui engendre l'analyse, et l'analyse qui reconstitue la synthèse !

Tout en *s'arborisant,* le Polype *se minéralise.* Ne dirait-on pas que le règne animal, le règne par excellence, abandonne sa suprématie, et cherche à se confondre avec les autres règnes ?

IV

On fait la pêche du Corail principalement à l'entrée de la mer Adriatique, aux environs de Bone et de la Calle, et dans le détroit de Bonifacio. Cette pêche donne naissance à une industrie considérable, qu'il serait important d'encourager et de régulariser.

Sur les côtes de la Sicile, la pêche est extrêmement simple. Trois ou quatre pêcheurs, placés sur une barque, plongent dans la mer une sorte de croix de bois horizontale, à branches égales, portant à chaque extrémité un filet de forme conoïde tissé avec de l'étoupe. Au centre de l'appareil est ajustée en dessous une grosse pierre, qui l'entraîne rapidement au fond de l'eau. La croix est attachée à une corde; on la descend à une profondeur de 60 à 100 mètres. Un pêcheur élève et abaisse alternativement cet appareil; en même temps les autres rament lentement, de manière à balayer la surface d'un certain nombre de rochers. Les mailles lâches des quatre filets promenés sur les Coraux accrochent leurs branches, les cassent, ou arrachent les Polypiers tout entiers. Quand on suppose que la prise est suffisante, on retire l'appareil; on détache la récolte, et on la dépose dans le bateau.

A la place de l'instrument que nous venons de décrire, on emploie quelquefois un autre engin, composé d'un cercle de fer de 50 centimètres de diamètre, qui forme l'ouverture d'une petite poche destinée à recevoir les branches qu'on brise. A droite et à gauche sont suspendus deux filets. Le cercle est situé à l'extrémité d'une grande poutre, quelquefois plus longue que la barque. Cette poutre est portée par deux cordes, et, tout près du cercle de fer, on a fixé une pierre. On introduit cet instrument dans des cavités où le premier n'a pas pu pénétrer.

Dans d'autres localités, on se sert de bâtons garnis d'étoupes, que l'on traîne au fond de la mer avec un boulet. Derrière se trouve un filet à larges mailles, où tombe le Corail à mesure qu'il est détaché.

Le Corail ainsi obtenu est toujours mêlé à d'autres Polypiers, à divers animaux, et même à des plantes marines.

Anciennement, on pêchait ce Zoophyte avec de grandes cloches dans lesquelles un homme était placé. Par ce moyen, on obtenait le Corail pur et non brisé.

En 1857, M. Focillon a fait ressortir la possibilité d'appliquer le *bateau plongeur* de MM. Lamiral et Payerne à la récolte du Corail, et les avantages qu'offrirait cette application.

Dans certains pays, les pêcheurs plongent à des profondeurs plus ou moins considérables, et récoltent le Corail à la main.

Malgré les efforts du gouvernement français, et malgré les bénéfices de l'industrie coraillère, nos pêcheries dans le détroit de Bonifacio et sur le littoral africain ne sont guère fréquentées que par des marins étrangers.

En 1852, les corailleurs qui exploitèrent le détroit de Bonifacio étaient tous des Italiens. Le produit de la campagne ne donna qu'une quarantaine de mille francs.

En 1853, sur 211 bateaux pêcheurs, qui se rendirent sur les côtes de l'Afrique, il n'y en avait que 19 français ; la plupart étaient napolitains. La même chose a lieu presque tous les ans.

D'après les documents publiés par le ministère de la guerre, les côtes de Bone et de la Calle ont fourni, en 1853, 35 800 kilogrammes de Corail, lesquels, vendus en majeure partie aux fabricants de Naples, à raison de 60 francs le kilogramme, ont représenté une valeur brute de 2 148 000 francs. Beaucoup de bateaux, la plupart napolitains, dont les frais ne dépassaient pas au maximum 8000 francs, ont emporté 4 à 500 kilogrammes de Corail, et ont eu par conséquent un bénéfice de 16 à 22 000 francs.

Sur la côte ouest, la pêche a été exploitée, la même année, par des corailleurs espagnols, qui avaient pris leurs patentes dans les ports de Mers-el-Kébir, Tenez et Arzew. Chaque embarcation a recueilli en moyenne de 350 à 400 kilogrammes de Corail.

V

Les anciens regardaient le Corail comme une matière d'un grand prix, et lui attribuaient des vertus merveilleuses. Les Gaulois en décoraient leurs casques, leurs boucliers et leurs autres instruments de guerre. Les Romains en portaient des fragments ou des grains comme amulettes et comme ornements agréables aux dieux. Ils en fabriquaient des colliers pour préserver leurs nouveau-nés des maladies contagieuses. Dans beaucoup de circonstances, ils croyaient les préparations de Corail excellentes pour conjurer les malheurs.

Il n'y a pas longtemps que les médecins français considéraient le Corail comme une des ressources de la thérapeutique. Lémery le croyait propre à *réjouir le cœur*. Ce qui n'est pas aussi certain que sa vertu pour nettoyer les dents, bien que cette dernière se réduise à une simple action physique.

Le Corail est plus estimé aujourd'hui comme ornement que comme remède. On fabrique des bijoux recherchés non-seulement en Europe, mais aussi en Afrique et en Asie, surtout au Japon.

Le Corail des côtes de France, mieux choisi peut-être que celui des autres pays, passe pour avoir la couleur la plus vive et la plus éclatante. Celui d'Italie rivalise en beauté avec le nôtre; celui de Barbarie est le plus gros et le moins brillant.

Dans le commerce; on distingue cinq variétés de Corail, auxquelles on donne des noms assez bizarres : 1° l'*écume de sang*, 2° la *fleur de sang*, 3° le *premier sang*, 4° le *second sang*.

Le Corail *rose* est très-rare et très-cher. Le Corail travaillé par les Napolitains donne des bijoux quelquefois un peu grossiers. Celui de Marseille, façonné par d'habiles artistes, produit des résultats supérieurs. On a vu, à l'exposition de 1830, des ornements dont la taille, le poli et le bon goût étaient à l'abri de toute critique. On y remarquait particulièrement un jeu d'échecs, représentant l'armée des Sarrasins et celle des croisés, qui valait 10 000 francs.

CHAPITRE X

LES ÉPONGES.

Heureux qui satisfait de son humble fortune
Vit dans l'état obscur où les dieux l'ont placé.

(RACINE.)

I

Le sein de l'Océan est rempli de mystères. Parmi les associations animales qu'il renferme et qu'il nourrit, une des moins connues est peut-être le Polypier désigné sous le nom d'*Éponge*.

Ce Polypier apparaît comme une masse de tissu léger, résistant, élastique, lacuneux, de forme très-variée, et d'un fauve brun ou blond tirant un peu sur le rougeâtre.

Les opinions les plus diverses ont régné tour à tour dans la science sur la nature des Éponges. Parmi les anciens, les uns les regardaient comme des plantes, les autres comme des animaux; certains faisaient du juste-milieu, ils les prenaient pour une espèce de nid feutré de nature végétale, servant d'habitation à des Polypes. Ces animalcules n'étaient pas attachés à leurs petites loges, ils pouvaient en sortir et y rentrer à volonté. Les Polypes du Corail ne sont pas aussi heureux !...

Pline, Dioscoride et leurs commentateurs ont prétendu que les Éponges étaient sensibles, qu'elles adhéraient aux rochers par une *force particulière*, et qu'elles fuyaient la main qui voulait les saisir... Ils les ont même distinguées en mâles et en femelles.

Les premiers naturalistes, pour le rappeler en passant, voyaient des mâles et des femelles partout. L'homme a toujours voulu trouver quelque chose à sa ressemblance, même dans les corps organisés les plus obscurs.

Érasme, critiquant les assertions de Pline, conclut qu'il faut *passer l'éponge* sur tout ce qu'il a écrit à ce sujet.

Nieremberg, et plus tard Peyssonnel et Trembley, ont soutenu avec raison l'animalité des Éponges. Leur manière de voir a été adoptée par Linné, par Guettard, par Donati, par Ellis et par Lamouroux.....

Les Éponges habitent dans presque toutes les mers, principalement dans la Méditerranée, dans la mer Rouge et dans le golfe du Mexique. Elles aiment les eaux chaudes ou tempérées, et les lieux les moins exposés aux vagues et aux courants.

Ces Polypiers vivent dans les fonds marins de cinq à vingt-cinq brasses, parmi les excavations et les anfractuosités des rochers. Ils sont toujours adhérents. Ils se développent non-seulement sur les corps inorganiques, mais encore sur les végétaux et sur les animaux.

Ils sont étalés, dressés ou pendants, suivant les endroits où ils croissent, suivant les corps qui les supportent et suivant leur propre forme.

C'est un caractère bien singulier que la fixation de certaines espèces animales. Les personnes du monde s'imaginent que tous les animaux jouissent de la faculté de se transporter d'un endroit dans un autre; en un mot, qu'ils sont *locomotiles*, pour nous servir d'un mot consacré par la science. Cependant il n'en est pas ainsi ; il existe des tribus entières et nombreuses qui sont adhérentes, qui vivent et meurent attachées au même point. Tels sont les Polypiers, telles sont les Éponges.....

Il résulte de l'adhérence des corps organisés, qu'ils sont plus soumis à la puissance des agents extérieurs et plus influencés par eux que les animaux locomotiles, lesquels ne manquent pas de se soustraire à ces mêmes agents par leurs fréquents changements de place, quelquefois même par des migrations périodiques. De là de grandes différences dans les fonctions, dans les mœurs, dans les caractères, entre les animaux fixés et les animaux non fixés.

II

On connaît plus de trois cents espèces d'Éponges. Il y en a de pédiculées et de non pédiculées, de foliacées, de globuleuses, de concaves, de fistuleuses, de digitées. Cette variété de formes nous explique les noms plus ou moins singuliers qui leur ont été donnés par les marins : la *Plume*, l'*Éventail*, la *Cloche*, la *Corbeille*, le *Calice*, la *Lyre*, la *Trompette*, la *Quenouille*, la *Corne d'élan*, le *Pied de lion*, la *Patte d'oie*, la *Queue de paon*, le *Gant de Neptune*.....

La nature a mis autant de soin à organiser les plus humbles habitants des eaux que les êtres qui appartiennent aux ordres les plus élevés de la création.

L'*Éponge usuelle*[1] est une masse irrégulièrement arrondie, souvent un peu concave en dessus. Quand on examine à la loupe son tissu, on le trouve composé de fibres fines, flexibles, entrelacées, formant un grand nombre de pores

---

[1] *Spongia usitatissima* Lamarck.

(*oscules*), et de conduits irréguliers s'abouchant les uns dans les autres.

A l'état vivant, cette masse est recouverte d'une couche muqueuse, qui coule gluante quand on retire le Polypier de l'eau.

Les habitants de l'Éponge sont des espèces de tubes géla-tineux, transparents, fugaces, susceptibles de s'étendre et de se contracter. On dirait des Polypes jeunes, sans consis-tance et sans barbillons, ou des Polypes *commencés*, orga-nisation modeste et pourtant suffisante! Le Polype d'eau douce est un estomac avec des bras; l'animalcule de l'Éponge est un estomac sans bras, un estomac très-simple, très-élé-mentaire, un *estomac-animal!*

Dans ces animalcules, on observe des corps durs, ap-pelés *spicules*, calcaires ou siliceux, effilés comme des navettes étroites, simples ou divisées en deux ou trois bran-ches.

GANT DE NEPTUNE.

Pendant la vie de l'Éponge, on voit sortir de chaque cellule ou de chaque Polype un torrent d'eau impétueux, sorte de fontaine vivante qui semble ne s'arrêter jamais. Pauvres petites bêtes qui reçoivent leur nourriture du flot qui les baigne, qui aspirent et expirent l'onde amère toute leur vie, et qui ne savent pas ce qui se passe à 2 millimè-tres de leur bouche!

Dans les mois d'avril et de mai, ces animalcules engendrent des germes arrondis jaunâtres ou blanchâtres, d'où
naissent des embryons ovoïdes, granuleux, munis vers le

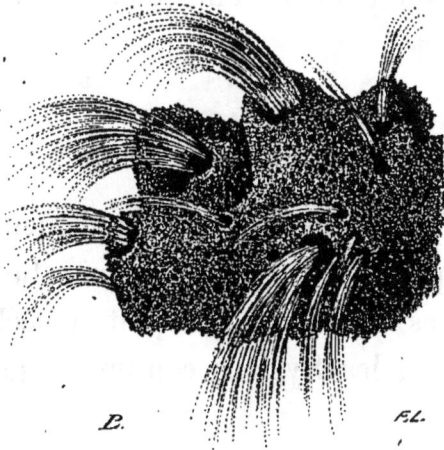

FRAGMENT D'ÉPONGE USUELLE, TRÈS-GROSSI.

gros bout de petits cils vibratiles. Ces embryons sont rejetés
par le courant qui sort de l'estomac, et forment des essaims
de larves autour du Polypier. Ces larves nagent, la partie
la plus dilatée en avant, comme les larves du Corail, par des
mouvements doux et réguliers qui ressemblent à un glisse-

LARVES D'ÉPONGE USUELLE.

ment onduleux. Quand elles sont restées quelque temps
dans l'eau, elles viennent ordinairement à la surface, mais
elles sont souvent entraînées par les courants. Pendant
deux ou trois jours, elles semblent chercher un endroit
convenable pour se fixer.

Dans leur intérieur s'organisent des cellules contractiles et puis des spicules.

On ne sait pas exactement combien de temps mettent les Éponges à se développer. On pense que, dès la troisième année, on peut revenir dans les lieux précédemment épuisés.

III

La pêche des Éponges est principalement exploitée par les Grecs et par les Syriens, depuis Beyrouth jusqu'à Alexandrie. Les Grecs commencent à pêcher en mai et finissent en août; les Syriens continuent jusqu'à la fin de septembre.

Les embarcations portent quatre ou cinq hommes.

Chaque plongeur est armé d'un couteau à forte lame, ou bien d'un trident à branches tranchantes, recourbées et garnies d'une poche en filet.

Les bateaux arrivent sur les côtes rocheuses habitées par les Éponges. Lorsque la mer est très-calme, on aperçoit assez distinctement ces Polypiers, et l'on commence à plonger ou à draguer.

Ce dernier genre de récolte offre l'inconvénient de déchirer le tissu; aussi les Éponges obtenues de cette manière se vendent-elles 30 pour 100 de moins que les Éponges dites *plongées*. (Lamiral.)

Dans le golfe du Mexique, où ces Polypiers croissent à de faibles profondeurs, les marins enfoncent dans l'eau une longue perche amarrée près du bateau, se laissent glisser sur les Éponges et les arrachent avec facilité. (Lamiral.)

Après la pêche, on nettoie les Éponges, on les débarrasse de la matière animale, des spicules et des corps étrangers qu'elles contiennent.

Une fois préparé, le tissu prend une teinte roussâtre plus ou moins dorée. Son élasticité, sa perméabilité et sa résistance à la macération sont connues de tout le monde. Certaines espèces, habituellement très-colorées, perdent leurs nuances en se séchant, et deviennent plus ou moins blanches.

M. Lamiral a publié un excellent mémoire sur les moyens d'acclimater et de multiplier les Éponges dans les eaux françaises de la Méditerranée, et sur la nécessité de réglementer leur pêche. Il insiste sur l'introduction, dans nos parages, de l'Éponge fine de Syrie, appelée *chimousse*. La Société zoologique d'acclimatation a résolu d'essayer cette introduction ; elle a donné (avril 1862) une mission spéciale à M. Lamiral pour aller chercher dans l'Orient des Éponges *pleines d'œufs*. Le succès n'a pas couronné cette première expérience.

CHAPITRE XI

LA PLUME DE MER.

> Quantes fois, lorsque sur les ondes
> Ce nouveau miracle flottait.....
>
> (MALHERBE.)

I

La contemplation des animaux qui habitent dans un milieu différent du nôtre, et qui cependant accomplissent sans gêne les diverses phases de la vie avec des mœurs particulières, avec leurs joies et leurs souffrances, n'est-elle pas faite pour nous plonger dans une sorte de ravissement!

Tous les Zoophytes marins, sans exception, peuvent être le sujet de nos études et de notre enthousiasme. Mais parmi ces animaux, un des plus merveilleux est bien certainement la *Plume de mer* ou *Pennatule*.

Ce Polypier habite loin des rivages, il aime la haute mer; aussi n'est-il pas adhérent, mais libre. Son organisation complexe ressemble grossièrement à une plume.

Cette agglomération animale offre un axe ou partie commune, et des espèces de barbes sur lesquelles sont établis des Polypes.

L'axe est composé de deux parties, une antérieure, qui

porte les barbes, et une postérieure, qui est nue. La première
est plus ou moins étroite et déprimée ; la seconde ressemble
à un cœur allongé. Son extrémité est obtuse et percée d'un
trou aveugle, que certains naturalistes ont pris mal à propos pour une bouche.

Dans l'intérieur de l'axe, au milieu d'un tissu charnu et
contractile, se trouve une baguette dure, aplatie, grisâtre,

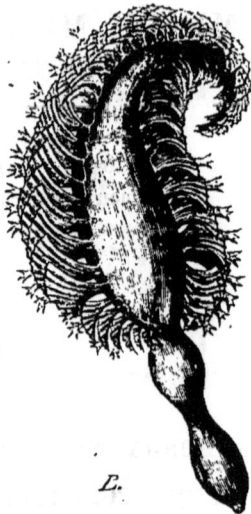

PLUME DE MER ÉPINEUSE
(*Pennatula spinosa* Deshayes).

de nature calcaire. Cette baguette offre en dessus et en
dessous deux rainures, une à droite et l'autre à gauche.
Elle est enfermée dans une membrane très-mince.

On observe encore, dans l'épaisseur de la Plume, trois
cavités, dont une moyenne et supérieure et deux latérales.
La cavité moyenne, qui est assez grande, diminue vers
l'extrémité antérieure, où l'on voit un véritable orifice. Des
deux côtés de cette même cavité se trouvent des brides formant des loges celluleuses qui semblent communiquer avec
les barbes.

A certains moments, l'agrégation aspire de l'eau et se
gonfle, puis elle rejette le liquide et s'amoindrit.

Les barbes sont plus grandes au milieu de la tige qu'à l'extrémité. Leur ensemble forme des espèces d'ailerons aux deux côtés de l'axe. Leur bord postérieur est subdivisé en lames qui présentent inférieurement de petites aiguilles calcaires, dures, blanches et cassantes. Ces lames soutiennent les Polypes.

POLYPES DE LA PLUME DE MER ÉPINEUSE.

Ceux-ci sont rapprochés et alignés, implantés obliquement et répartis avec inégalité. Ils ont la forme d'une bourse divisée en deux portions : une de ces dernières offre la bouche bordée de huit tentacules ; l'autre comprend les organes de la digestion et les sacs des œufs.

En définitive, ces Polypes, comme la plupart des animaux inférieurs, ressemblent toujours plus ou moins à des fleurs vivantes, mais à des fleurs vivantes qui frémissent d'une sensibilité encore bien incomplète et qui jouissent d'une volonté encore bien limitée !

Les Plumes de mer sont épineuses. On en connaît une d'un rouge cannelle [1], et une autre d'un gris sale [2]. Le soir, la première devient phosphorescente, et balance mollement ses lueurs à la surface de la mer.

Ces Polypiers peuvent contracter la partie postérieure et renflée de leur axe, de même que leurs ailerons. Ces der-

---

[1] *Pennatula phosphorea* Linné.

[2] *Pennatula grisea* Esper.

niers semblent leur servir de nageoires ou de rames. Mais
les Pennatules ne réussissent qu'à produire des mouvements
très-imparfaits. Les eaux les poussent dans un sens ou dans
un autre, et les courants ne tardent pas à les entraîner.

Flottant sans volonté, du moins apparente, au gré des
vagues et des vents, elles vont partout, et partout elles
rencontrent ce qu'il faut pour leur nourriture, ce qui
convient à leur bien-être et ce qui est nécessaire à leur
reproduction !

D'après les observations récentes de M. Lacaze-Duthiers,

ces Polypes des Pennatules sont tous mâles ou tous
femelles, exclusivement ; de manière que chaque communauté ne présente qu'un seul sexe. On sait qu'il existe des
végétaux organisés d'une manière analogue, c'est-à-dire à
fleurs mâles et à fleurs femelles séparées sur des pieds différents (dioïques) : par exemple, les Pistachiers, les Dat-
tiers, les Épinards.....

II

Lamarck appelle *Virgulaires*, des Zoophytes qui diffèrent des Pennatules par leurs ailes beaucoup plus courtes, et par l'absence des épines.

La *Virgulaire admirable* est un des plus beaux Polypiers de l'Océan.

Deux séries d'ailes en demi-lune, obliquement horizontales, sont placées avec symétrie autour d'un axe étroit et léger, qu'elles embrassent alternativement. On dirait deux larges rubans enroulés en sens inverse, de manière à produire deux rampes opposées. Ces ailes sont un peu onduleuses, découpées et frangées sur le bord libre, et d'un jaune assez brillant. Les dentelures de leurs franges servent de logement à de jolis petits Polypes, qui montrent de temps en temps leur bouche béante et leurs barbillons étalés. Ces Polypes sont blanchâtres et demi-transparents. Quand ils épanouissent leurs rayons, ils ajoutent à la marge de chaque aile une bordure d'étoiles argentées.

VIRGULAIRE ADMIRABLE
(*Virgularia mirabilis*
Lamarck).

III

Chez la plupart des Polypiers, les individus élémentaires, malgré leur adhérence entre eux, possèdent une activité vitale propre, et, à certains égards, indépendante. Ils ont des volontés *particulaires* qu'il leur serait difficile de

réunir, de confondre en une volonté générale. C'est probablement à cause de cette difficulté insurmontable, que la
nature a rendu ces corporations fixées et sédentaires. Elle
a empêché leurs Polypes de prendre aucune détermination
collective, et de mouvoir leur ensemble comme un seul
individu.

Il n'en est pas ainsi chez les Plumes de mer; leur association constitue un Polypier non adhérent. Ce Polypier se
remue, obscurément à la vérité, mais enfin il se remue. A
quoi cela tient-il? A ce que les parties communes qu'il présente, au lieu d'être cornées ou calcaires, c'est-à-dire complétement inertes, sont charnues et contractiles, c'est-à-dire
manifestement animées. Par conséquent, les Polypes d'une
Plume de mer sont moins indépendants les uns des autres
que les Polypes d'un Corail. Ils ont un organe central irri-
table, peut-être même sensible, qui appartient à tous, qui
les relie plus intimement les uns aux autres, et qui donne
plus d'unité à leur ensemble. Le Corail n'a pas de volonté,
la Plume de mer en a une.

Les Polypiers fluviatiles (ou *Polypes à panache* de Trembley), véritables miniatures des Polypiers marins, ne sont
pas tous fixés. Il en existe aussi de libres, tels que les *Cristatelles*. L'Auteur de la nature a placé çà et là, dans les bassins et les ruisseaux, de petites créatures imperceptibles,
analogues aux grands Zoophytes vagabonds que les ondes
nourrissent et ballottent dans l'immensité de l'Océan!...

CHAPITRE XII

LES ANÉMONES DE MER.

..... Living flowers,
Which like a bud comparted,
Their purple lips contracted ;
And now in open blossoms spread,
Stretched like green anthers many a seeking head.

(SOUTHEY.)

I

Qu'on suppose un Polype bien grand et bien trapu, possédant, au lieu de six modestes barbillons, un grand nombre de brillants appendices disposés comme une riche collerette, et l'on aura une *Anémone de mer*.

Le Polype d'eau douce semble l'ébauche de l'Anémone de mer.

Ce nom d'*Anémone* est admirablement choisi; car ce Polype perfectionné ressemble beaucoup plus à une fleur qu'à une bête. On dirait, en effet, une gracieuse Anémone ou une jolie corolle de Cactus.

Les poëtes ont regardé ces fleurs vivantes comme les *Roses du monde des Zoophytes*.

On a donné encore à ces charmantes créatures le nom d'*Actinies* (Brown), pour indiquer leur conformation radiée ou étoilée.

Les Anémones de mer sont des animaux charnus, plus ou moins coriaces, ordinairement fixés par la *base*, offrant un corps ou *colonne* en forme de bourse, avec un aplatissement terminal ou *disque* bordé de *tentacules*, au centre duquel est percée la *bouche*.

ANÉMONES DE MER.

La *base* des Anémones est, en général, une surface plane, au moyen de laquelle l'animal adhère aux corps solides sous-marins (rochers ou plantes). Dans quelques espèces, elle se dilate plus ou moins, et peut même produire comme deux ailerons demi-circulaires; dans d'autres, au contraire, elle se rétrécit considérablement, au point de ne plus pouvoir remplir sa fonction. L'animal n'adhère plus.

La *colonne* est raccourcie le plus souvent; mais, dans certains cas, elle devient cylindrique et allongée comme une tige. Celle-ci est lisse, verruqueuse ou sillonnée.

ANÉMONES DE MER

Le *disque* varie en étendue.

Les *tentacules* sont des cônes creux disposés circulairement sur un ou plusieurs rangs horizontaux .et concentriques. Ils sont très-longs ou très-courts, filiformes ou pétaloïdes, renflés ou aplatis, souvent pointus, quelquefois ciliés ou frangés, d'autres fois ramifiés. Il y en a qui .ressemblent' à de gros vers cylindriques, demi-transparents et demi-laiteux.

ANÉMONE DE COUCH
(*Aiptasia Couchii* Gosse).

ANÉMONE OEILLET
(*Actinoloba dianthus* Blainville). .

Charles Bonnet a compté dans une espèce cent cinquante tentacules, alignés sur trois rangs. De ces jolis appendices s'élançaient de temps en temps de petits jets d'eau.

La *bouche* est presque toujours très-large. Elle présente une lèvre circulaire généralement épaisse, tantôt déprimée, tantôt élevée sur une sorte de saillie.

Linné n'a mentionné que cinq espèces d'Actinies. Rapp en a caractérisé vingt-trois, et Lamarck vingt-cinq. Aujourd'hui on en connaît plus de cent.

Ces brillants Zoophytes sont blancs, gris, roses, rouges, pourpres, fauves, jaunes, nankins, orangés, lilas, azurés, verts....

Regardez cette charmante espèce à barbillons violets finement pointillés de blanc, et cette autre à tentacules rouges légèrement maculés de gris. Examinez celle-ci qui les étale verts, terminés par une pointe d'un blanc mat, et celle-là qui les agite d'un blanc de lait, avec une belle écharpe rose !...

Le corps, le disque et les tentacules n'ont pas toujours la même couleur ; ce qui contribue puissamment à varier la parure de ces corolles animées. Voici une Anémone à corps fauve et à disque couleur d'abricot, entouré de tentacules d'un blanc mat. En voilà une seconde dont le centre est rouge, avec des tentacules gris, et une troisième où il est vert, avec des tentacules fauves.

Comme la nature est féconde et diversifiée dans ses nombreuses créations ! Que de variations et de surprises avec le même thème !

II

Les Anémones de mer se tiennent parmi les rochers, souvent dans des crevasses ou des fentes. Il y en a qui logent leur corps dans quelque vieille coquille abandonnée, épanouissant leur collerette autour de son ouverture.

Les individus laissés à découvert par les flots rapprochent leurs tentacules et se dessèchent. Quand la mer revient, ils se gonflent, s'ouvrent et rayonnent de nouveau.

Quoique ces animaux soient très-adhérents, ils peuvent cependant se mouvoir, mais ils le font avec lenteur, par des contractions et des relâchements successifs. Quand ils changent de place, ils étendent par une action imperceptible un des bords de leur base, et retirent le bord opposé. Ils se traînent quelquefois à l'aide de leurs tentacules, qui leur servent alors comme de pieds.

Le professeur Forbes avait une Actinie qui se promenait sur les parois d'un bocal, adhérant alternativement par sa base et par son disque, à la manière des Sangsues (Rymer Jones). Il y a donc, dans la nature, des *fleurs qui se promènent!*

A l'approche de l'hiver, les Anémones de nos côtes détachent leur bourse, se laissent emporter par les flots, et vont chercher une température plus douce dans des eaux plus profondes. L'instinct de ces délicieuses bêtes, si différentes des animaux terrestres, est plus assuré, dans ses inspirations, que ne le sont souvent, dans leurs conséquences, les *raisonnements* suivis des vertébrés supérieurs. La connaissance de l'instinct chez les animaux est bien certainement une des plus grandes et des plus nobles parties de l'histoire naturelle. Cette partie devrait être étudiée beaucoup plus qu'on ne le fait habituellement.

Lorsqu'une vive lumière éclaire une Anémone, elle épanouit ses tentacules comme un capitule de Pâquerette qui étale ses demi-fleurons. Ces organes s'allongent et se raccourcissent, vont et viennent, se balancent et se tordent autour de sa bouche dilatée. Touchez l'animal avec le bout d'une baguette, ou bien agitez l'eau qui l'environne, et soudain tout se rapproche, se ferme, se contracte et s'amoindrit.

Pendant que l'Anémone étale sa brillante collerette, si un petit ver, un jeune crustacé, un poisson nouvellement éclos, viennent s'y heurter étourdiment, aussitôt, par un brusque mouvement, l'animal vorace pousse l'imprudente victime vers sa gueule béante, et la précipite dans sa bourse, c'est-à-dire dans son estomac... *et consummatum est!* La vie des Anémones est un affût continuel!

Les tentacules filamenteux de certaines espèces semblent être de véritables armes offensives. M. Gosse a surpris un de ces filaments au moment où il s'attachait à un petit poisson. La pauvre bête fit quelques efforts pour fuir, et ne tarda pas à succomber. M. Hollard a vu de jeunes Maquereaux se coucher sur le flanc, et mourir au simple contact d'une Actinie.

Quand on touche ces tentacules, dit M. Rymer Jones, ils occasionnent une cuisson assez vive. Pendant plus d'une heure, la main demeure rouge, enflammée et douloureuse. Si l'on mord un de ces organes, et qu'on applique la langue sur la partie mordue, on éprouve une sensation brûlante et corrosive.

La propriété toxique des tentacules réside dans de petits organes qui s'étendent sur toute leur peau, et consistent en des capsules innombrables, visibles seulement au microscope, lesquelles contiennent un gros fil entortillé. Au moindre contact, ces capsules semblent se crever et lancer leur fil au dehors. Celui-ci s'attache aux corps étrangers, comme certains fruits épineux (Rymer Jones). Ce fil est ordinairement entouré d'une ou de plusieurs bandes en spirale, dont chacune porte une série de petites barbes. L'appareil tout entier sert à l'émission d'un fluide très-venimeux (Gosse).

Les Anémones sont voraces et vigoureuses. Rien ne peut échapper à leur gloutonnerie : tous les animaux qui s'approchent sont saisis, précipités et dévorés.

Malgré la puissance de leur bouche, ces estomacs insatiables ne retiennent pas toujours la proie qu'ils ont avalée. Dans certaines circonstances, celle-ci réussit à s'échapper; dans d'autres, elle est adroitement enlevée par quelque maraudeur du voisinage, plus rusé et plus actif que l'Anémone.

On voit quelquefois, dans les aquariums, des Crevettes, qui ont senti de loin la proie mangée, se précipiter sur le ravisseur, lui prendre audacieusement sa nourriture et la dévorer à sa place, au grand désappointement de celui-ci. Bien plus, lorsque le morceau savoureux a été complétement englouti, la Crevette, redoublant d'efforts, réussit à s'en emparer au milieu même de l'estomac. Elle fond en plein sur le disque étendu de l'Anémone; avec ses petits pieds, elle l'empêche de rapprocher ses tentacules; elle introduit en même temps ses pinces dans la cavité digestive, et saisit l'aliment. L'Anémone essaye en vain de contracter ses barbillons et de fermer sa bouche... Parfois le conflit devient très-grave entre le Zoophyte sédentaire et le Crustacé vagabond... Quand le premier est un peu robuste, l'agression est repoussée, et la Crevette court le risque de former un supplément au repas de l'Anémone...

Pendant leur digestion, les Actinies semblent dormir; elles entrent en torpeur. Elles tiennent alors leurs tentacules appliqués les uns contre les autres, formant un dôme pointu au-dessus de leur bouche. Ainsi resserrées, elles figurent assez bien un bouton de plante radiée, par exemple celui d'une Marguerite ou d'un Souci.

La cavité viscérale de ces animaux paraît grande et régulièrement divisée en loges rayonnantes.

Il est remarquable que les papiers réactifs plongés dans cet organe, soit chez l'animal à jeun, soit pendant sa digestion, ne donnent aucun signe, ni d'acidité, ni d'alcalinité. (Hollard.)

Comme les Polypes d'eau douce, les Anémones prennent souvent une quantité de nourriture hors de proportion avec leur cavité stomacale. En moins d'une heure elles peuvent vider la coquille d'une Moule ou réduire un Crabe à ses parties dures, qu'elles ne tardent pas à rejeter, en renversant leur poche digestive. (Hollard.)

Le docteur Johnson rapporte qu'il trouva une *Anémone crassicorne* [1] qui avait avalé une valve de Pèlerine géante, laquelle était entrée en travers et divisait l'estomac en deux compartiments, l'un supérieur et l'autre inférieur. Ce dernier ne communiquait plus avec la bouche ; le corps, fortement distendu, était devenu d'une minceur extrême. Une nouvelle bouche, pourvue de deux rangées de tentacules, s'était formée du côté de la base et desservait l'estomac inférieur. L'animal mangeait ainsi par en haut et par en bas !... Un accident qui aurait été funeste à un animal vertébré, avait *doublé les jouissances de l'Anémone crassicorne !...*

Les Actinies supportent des jeûnes prolongés. Cela devait être chez des organismes adhérents, qui sont forcés d'attendre patiemment la nourriture, et, par conséquent, exposés à ce qu'elle n'arrive pas toujours à point nommé. Quand nos bêtes ne mangent pas, leur corps diminue graduellement de volume ; il s'atrophie, et peut se réduire au dixième de sa masse. Mais quand l'abondance revient, il *regrossit* avec rapidité, et reprend bientôt son premier embonpoint. On assure qu'une Anémone peut vivre deux ans, même trois, sans nourriture.

Quand on irrite l'*Anémone rousse* [2], elle lance avec force l'eau contenue dans sa bourse stomacale. Cette singulière habitude, bien connue des pêcheurs provençaux, lui a fait donner le sobriquet peu honnête de *pissuso*.

Les Anémones ont les sens très-obtus. Elles ne paraissent

[1] *Tealia crassicornis* Gosse.
[2] *Actinia mesembrianthemum* Ellis.

pas se douter du voisinage de leurs proies ; elles ne les sentent pas à la plus faible distance ; elles ne font rien non plus pour éloigner d'elles un danger. Chose étrange ! si l'eau qui les baigne s'évapore, elles n'ont jamais l'*idée* de s'approcher d'une flaque voisine, quand bien même leurs tentacules pourraient y atteindre sans changer de place (Rymer Jones). Cependant on a vu plus haut que dans certaines circonstances, conseillées par leur instinct, elles savent à propos se détacher de leur rocher et se laisser emporter par le flot.

L'abbé Dicquemare croit avoir reconnu qu'elles sentent les moindres variations atmosphériques. Est-il vrai qu'elles montent et descendent dans les bocaux, suivant le vent qui domine ? (Hollard.)

Les Actinies vivent longtemps en domesticité. Une Anémone rousse a été conservée chez sir John Dalyell l'espace de vingt ans ; elle devait avoir au moins dix ans lorsqu'elle fut prise dans la mer. Une autre est restée chez le même observateur treize ou quatorze ans. Ces deux patriarches étaient pleins de vigueur à l'époque où l'on a parlé de leur longévité, et semblaient devoir vivre encore de longues années.

III

A certaines époques, on remarque dans les tentacules des Anémones des germes et des embryons ; les premiers en repos, les autres en mouvement. Le meilleur moyen pour étudier ces corps, c'est de couper les tentacules avec un instrument tranchant.

Sir J. Dalyell, ayant opéré vers la fin d'octobre sur une Anémone rousse, il tomba de la blessure deux corpuscules. Le premier resta immobile ; mais le second déploya une sorte de double mouvement rotatoire, tournant sur lui-même avec beaucoup d'activité. L'un était un œuf, et l'autre une larve.

Ces animaux portent donc leurs œufs et leurs petits, non pas sur leurs bras, mais *dans leurs bras?*

Généralement, les larves passent des tentacules dans la cavité stomacale, et sont ensuite rejetées par la bouche, en même temps que le résidu de l'alimentation. Voilà une bouche qui cumule, en dehors de ses fonctions habituelles, deux emplois bien singuliers !

Les *Anémones pâquerettes*[1] du Jardin zoologique de Paris ont vomi plusieurs fois de jolis petits embryons, lesquels se sont éparpillés et fixés dans divers endroits de l'aquarium, et ont produit des miniatures d'Anémones exactement semblables à leur mère.

Une Actinie qui avait pris un repas trop copieux, rendit, au bout de vingt-quatre heures, une portion de ses aliments, au milieu de laquelle se trouvèrent trente-huit jeunes individus (Dalyell). C'était un accouchement dans une indigestion !

Les animaux des classes inférieures ont en général, comme fondement de leur organisation, *un sac avec une seule ouverture.* Cette ouverture remplit (ainsi qu'on l'a vu) des usages très-divers ; elle reçoit et rejette, elle avale et vomit. Le *vomissement,* devenu nécessaire, habituel, normal, ne doit plus être douloureux... Peut-être même s'exécute-t-il avec quelque plaisir; car ce n'est plus une maladie, c'est une fonction, et même une fonction multiple. Chez les Anémones, il expulse l'excrément et pond les œufs; chez d'autres, il sert encore à la respiration. Nos animaux-fleurs jouissent donc d'un vomissement perfectionné et régularisé.

---

[1] *Sagartia bellis* Gosse.

Chez quelques espèces, les petits se forment et naissent à la base de la bourse, en dehors. Par exemple, dans l'*Anémone déchirée*[1], la partie inférieure du corps devient rugueuse, surtout pendant les mois d'août et de septembre. On aperçoit bientôt, aux bords de cette base, des espèces de bourgeons ou gemmes, lesquels se transforment en embryons, et se séparent de la mère pour constituer autant de nouvelles Actinies. (Dalyell.)

M. Rymer Jones a vu une Anémone déchirée donner vingt petites larves dans un mois, et soixante et dix dans une année.

Parlons maintenant d'un autre mode reproducteur, bien plus extraordinaire. Une *Anémone œillet*[2], de l'aquarium de M. J. Hogg, adhérait si fortement à la paroi du réservoir, qu'au lieu de se détacher sous l'influence d'efforts très-violents, elle se déchira inférieurement, et laissa contre le verre six petits fragments du bord extérieur de sa base. Ces morceaux, solidement collés, ne servirent, pendant plusieurs jours, qu'à indiquer l'endroit où l'Anémone avait vécu. Au bout d'une semaine, M. Hogg, essayant de les enlever avec une baguette, découvrit, à sa grande surprise, que lesdits fragments se contractaient lorsqu'ils étaient touchés. Peu de jours après, il distingua une rangée de tentacules poussant sur la partie supérieure de chacun d'eux. Bientôt il y eut autant d'Anémones parfaitement formées qu'il y avait de petits morceaux !...

De son côté, la mère s'était guérie de sa perte de substance, et se trouvait aussi complète, aussi bien portante qu'avant la déchirure. (Rymer Jones.)

---

[1] *Sagartia viduata* Gosse (voy. pl. VI, fig. 6).
[2] *Actinoloba dianthus* Blainville (voy. pl. VI, fig. 12).

IV

Les Anémones jouissent, comme les Polypes d'eau douce, de l'admirable faculté de reproduire les morceaux qu'on leur enlève. Si on leur ampute les tentacules, ces organes repoussent avec rapidité, et l'on peut répéter l'expérience, pour ainsi dire, à l'infini......

Si l'on coupe la bête transversalement par le milieu, la moitié inférieure du corps produit une couronne de tentacules et se complète. Quant à la moitié supérieure, elle continue à saisir des proies et à les engloutir comme par le passé, sans faire attention que la nourriture sort immédiatement par l'ouverture inférieure. Mais bientôt l'Anémone se ravise, et apprend à retenir son repas; et voici ce qui arrive. Tantôt cette seconde ouverture se resserre, se ferme, et il s'organise une nouvelle base; tantôt il naît des tentacules à son pourtour, et il se forme une seconde bouche, opposée à la première; en sorte que l'animal saisit des proies et les avale par en haut et par en bas. Plus tard, il s'opère un étranglement vers le milieu du corps, d'abord faible et graduellement plus fort. Il en résulte deux Anémones attachées base à base ou dos à dos : *Ritta-Christina-Anémone*! A cet étranglement succède une rupture, et l'on a des animaux parfaitement indépendants. Ritta et Christina se sont émancipées.

Si l'on divise un de ces Zoophytes dans le sens vertical, de manière à partager sa bourse en deux parties égales, en peu de jours les bords se soudent dans chaque demi-bête, et l'on obtient deux Anémones complètes, mais un peu plus étroites que dans l'état habituel.

Trembley a rendu célèbres les Polypes d'eau douce; l'abbé Dicquemare a illustré les Anémones. Il a fait de nombreuses expériences sur ces curieux animaux, plus remarquables encore par leur ténacité à la vie que par la vivacité de leurs couleurs. Il les a mutilés de toutes les manières; il a toujours vu les fragments isolés supporter vaillamment les douleurs de la vivisection, et sortir tout à fait triomphants de cette rude épreuve.

« On m'accusera peut-être de cruauté, dit cet excellent homme; mais je crois que, vu le résultat de mes expériences, ces animaux auraient plutôt lieu de *se féliciter* d'en avoir été l'objet. Car, non-seulement j'augmentais la durée de leur vie, mais encore je les *rajeunissais.* »

V

Les Anémones sont bonnes à manger.

En Provence, on recherche la *rousse* et l'*Anthée.* Du temps de Rondelet, la *crassicorne* se vendait à Bordeaux à un bon prix. L'abbé Dicquemare regarde cette dernière comme la meilleure pour la table. Lorsqu'elle a bouilli dans l'eau de mer, elle devient ferme et très-appétissante; elle a l'odeur de l'Écrevisse. Le même auteur assure que l'*OEillet* est aussi très-estimé. Plancus a conseillé de l'apprêter à la manière des huîtres.

VI

Les *Lucernaires*, très-voisines des Anémones, en diffèrent par un tissu plus mou et par leur partie supérieure dilatée comme un parasol renversé. Leur corps est porté par un pédicule. Leurs tentacules sont réunis en faisceaux; ils entourent quatre espèces de cornes qui partent de la cavité digestive, et contiennent une matière grenue de couleur rouge.

Elles s'attachent aux Varecs et aux autres corps marins.

La *Campanule* est probablement la plus jolie espèce du genre. Son nom de fleur lui convient à merveille. Figurez-vous une corolle en forme de cloche, haute d'environ 25 millimètres, d'un brun foncé uniforme, attachée par un pédicule mince et court. Sa gorge est fermée par une lame

DEUX LUCERNAIRES CAMPANULES SUR UNE ALGUE
(*Lucernaria octoradiata* Lamarck).

transversale un peu concave, au milieu de laquelle s'ouvre une petite bouche carrée, placée sur un mamelon. Les bords de la corolle sont régulièrement découpés en huit lobes, portant chacun un bouquet de tentacules microscopiques terminés par un bouton glandulaire d'un rose vif. Quand on regarde cette charmante bestiole de côté, les huit touffes de tentacules ressemblent aux étamines polyadelphes de certaines Myrtacées (*Mélaleuques*).

Nous aurions bien des choses à dire encore sur les Anémones et sur les animaux qui leur ressemblent, et cependant, malgré la belle monographie de M. P. H. Gosse, ces

zoophytes sont encore très-mal connus. « L'histoire naturelle est un vaste pays dont nous connaissons à peine les
frontières, et cependant nous voulons en dresser la carte ! »
(Ch. Bonnet.) L'homme est toujours pressé, il ne sait pas
attendre. Ératosthène et Hipparque ont rédigé la géographie du globe avant Christophe Colomb et Vasco de
Gama.

CHAPITRE XIII

LES MÉDUSES.

« Le Polypier fit la Méduse ; la Méduse fait
le Polypier. »   (MICHELET.)

I

Voyez ces cloches demi-transparentes qui flottent gracieusement dans la mer ! Ce sont des *Méduses*, organisa-

MÉDUSE CROISÉE
(*Rhizostoma cruciata* Lesson).

tions extraordinaires qui constituent une grande classe
d'animaux fragiles et vagabonds, désignés par Cuvier

sous le nom d'*Acalèphes*. Nous dirons plus loin pourquoi ce nom.

Les Méduses ressemblent à des calottes, à des ombrelles, ou mieux peut-être à des champignons élégants et délicats, dont le pédicule serait remplacé par un corps également central, mais profondément divisé en lobes divergents. Ces

MÉDUSE DE GAUDICHAUD
(*Chrysaora Gaudichaudii* Lesson).

lobes sont sinueux, tordus, crispés, frangés..... Au premier abord, on serait tenté de les prendre pour des espèces de racines.

Les bords de l'ombrelle sont entiers ou denticulés, quelquefois découpés, souvent ciliés, ou bien pourvus de longs appendices filiformes qui descendent verticalement dans l'eau.

Tantôt l'animal est incolore et d'une limpidité presque égale à celle du cristal; tantôt il paraît légèrement opalin, d'un bleu tendre ou d'un rose affaibli. D'autres fois il présente les teintes les plus vives et les reflets les plus brillants.

Dans certaines espèces, les parties centrales seulement

MÉDUSE AUX BEAUX CHEVEUX
(*Cyanœa euplocamia* Lesson).

sont colorées; elles se montrent rouges ou jaunes, bleues ou violettes. Le reste est sans couleur.

Dans d'autres, la masse centrale semble vêtue d'un voile extrêmement mince, diaphane et irisé, semblable à la lame légère et fugace d'une bulle de savon, ou bien à la cloche transparente qui recouvre un bouquet de fleurs artificielles.

Les Acalèphes sont des animaux sans consistance, pénétrés de beaucoup d'eau. On a de la peine à comprendre comment leur trame délicate peut résister à l'agitation des flots et à la force des courants. La vague les balance sans les meurtrir; la tempête les disperse sans les tuer. Quand on retire de la mer ces favoris de la nature et qu'on les jette sur la plage, leur substance se dissout; l'animal se décompose, il se réduit à presque rien. Si le soleil est bien ardent, cette désorganisation s'opère en un clin d'œil.

Les vagues, en se retirant, déposent souvent sur la grève des amas de pauvres Méduses, qui s'y fondent comme des glaçons.

On dit que certaines espèces très-grandes, du poids de cinq à six kilogrammes, ne contiennent que dix à douze grammes de matière solide.

M. Telfair vit en 1819, sur le rivage de Bombay, une Méduse énorme abandonnée; elle pesait plusieurs tonneaux. Trois jours après, l'animal commençait à se putréfier. M. Telfair fit surveiller cette décomposition par les pêcheurs du voisinage, afin de recueillir les *os* ou les *cartilages* de cette grosse bête, si par hasard elle en avait. Mais elle se pourrit tout entière et ne laissa aucun reste. Il fallut pourtant neuf mois pour qu'elle disparût complétement.

Les Acalèphes de nos côtes sont loin d'avoir une taille aussi monstrueuse; beaucoup peuvent passer pour de petits animaux. Un des plus délicats est la *Turris négligée*[1], qu'on a décrite comme une clochette de verre rouge ornée de quatre raies transversales et de quatre appendices blancs disposés en croix. Aux bords de la clochette règne une frange neigeuse du plus joli effet.

Les Acalèphes sont quelquefois réunis en nombre con-

---

[1] *Turris neglecta* Lesson.

sidérable. Les barques qui traversent l'étang de Thau rencontrent, à certaines époques de l'année, des colonies nombreuses d'une espèce de la taille d'un petit melon, presque transparente, blanchâtre comme de l'eau troublée par un nuage d'anisette. On serait tenté de prendre ces animaux pour une collection flottante de bonnets grecs de mousseline.

Sur les côtes du Groenland, on remarque souvent de grands espaces colorés en brun foncé par la jolie *Méduse brune tachetée.* Un centimètre cube d'eau en contient, dit-on, plus de 3000, et un de leurs bancs, qui présente une étendue insignifiante par rapport à l'Océan, se compose au moins de 1600 milliards de ces animalcules (Schleiden). Quelle source de réflexions philosophiques et de poétiques rêveries !

Les Méduses étant flottantes et légères, les courants et les autres mouvements de la mer les entraînent souvent à de très-grandes distances de leur pays natal. Les myriades d'individus que mangent les Baleines sont transportés des côtes du Mexique jusqu'aux îles Hébrides, l'une des principales stations de ces énormes Cétacés[1].

II

Pendant longtemps, les Acalèphes ont été négligés par les naturalistes, qui les prenaient, comme l'avait fait Réaumur, pour des *masses de gelée* ou pour une *eau gélatinée.* On ignorait que c'étaient de véritables animaux. Constant Duméril eut l'idée d'injecter leurs cavités avec du lait. Il vit ce liquide se distribuer dans des canaux

[1] Voyez le chapitre XI.

nombreux, d'une grande régularité. On découvrit bientôt les organes de la digestion et ceux de la circulation..... M. Ehrenberg montra, dans une espèce d'*Aurélie*, une complication des plus inattendues. Enfin, la science réussit à pénétrer tout à fait dans les mystères de leur structure intérieure.....

Quoi qu'il en soit de ces études de plus en plus merveilleuses, les gélatines vivantes dont il s'agit sont toujours des ébauches de la vie, et, comme on l'a dit très-justement, elles fondent et refondent des millions de fois avant que la nature élabore avec leur substance une portion quelconque d'un animal solidement constitué !

III

Les Méduses se nourrissent de petits animaux marins, principalement de vers et de mollusques. Leur bouche est placée au milieu de leur pédicule; quelques-unes possèdent plusieurs bouches.

Ces singulières bêtes sont très-gloutonnes et avalent leur proie sans la mâcher, voire même sans la diviser. Quand celle-ci résiste, l'Acalèphe tient bon, jusqu'à ce que la malheureuse victime soit épuisée de fatigue. On a vu une Méduse ne pas lâcher un animal qu'elle avait saisi par la tête, quoique celui-ci, par ses efforts énergiques, lui eût *complétement tourné l'estomac à l'envers.*

Des Méduses emprisonnées dans un vase avec des crustacés ou des poissons de petite taille les dévorent fréquemment. Et cependant ces derniers, plus compliqués en organisation, sont doués d'une intelligence plus que suffisante pour apercevoir le danger. Apparemment, dit M. Forbes, les Méduses trouvent des jouissances *toutes démocratiques* dans la destruction des animaux des *classes élevées!* O rivalité des castes et des conditions! Il y a donc partout de la démocratie et de l'aristocratie !

IV

Le corps des Méduses se dilate et se contracte alternativement. Ce double mouvement est un des principaux éléments de leur progression. Il avait été observé par les anciens, et comparé par eux à ceux de la poitrine humaine pendant la respiration. C'est pourquoi ils appelaient nos animaux, *poumons de mer.*

Quand les Méduses voyagent, leur partie convexe est toujours en avant, de manière que la petite calotte devient un peu oblique. Si, pendant qu'elles naviguent, on les touche, même légèrement, elles replient leurs tentacules; contractent leur ombrelle et s'enfoncent dans la mer.

Une étude attentive des parties marginales des Acalèphes a fait découvrir, chez un certain nombre, des organes visuels et auditifs. M. Kölliker avait constaté l'existence des premiers dans une *Océanie.* M. Gegenbauer les a retrouvés dans plusieurs autres genres (*Rhizostomes, Pélagies*); il a reconnu en même temps la présence des seconds. Les yeux consistent en de petites masses hémisphériques, celluleuses, colorées, dans lesquelles sont enfoncés à moitié de petits cristallins globuleux, dont la partie libre est parfaitement à nu.

Les appareils auditifs se trouvent accolés à ces organes; ce sont de petites vésicules remplies de liquide. Il existe donc des yeux sans paupières et sans cornée, et des oreilles sans ouverture et sans pavillon!...

V

Mais c'est la reproduction de ces êtres fugitifs, parfaitement étudiée de nos jours, qui a présenté de merveilleux phénomènes.

A une époque de l'année, les Méduses sont chargées d'œufs ornés des couleurs les plus vives, suspendus en larges festons à leurs corps flottants. Ces œufs sont très-petits.

Les larves qu'ils produisent ne ressemblent nullement

LARVES DE MÉDUSES.

à leur mère. Elles sont allongées, vermiformes, un peu élargies à leur extrémité : on dirait des Sangsues microscopiques. Elles possèdent des cils vibratiles à peine perceptibles, qui exécutent des mouvements assez vifs. Au bout d'un certain temps, elles se transforment en Polypes pourvus de huit tentacules.

Cette sorte d'animal préparatoire, créature vraiment surprenante, jouit de la faculté de se reproduire par des tubercules ou bourgeons, qui naissent à la surface de son corps, et aussi par des filaments qui en surgissent çà et là. Un seul individu peut devenir ainsi la source d'une nombreuse colonie.

Ce Polype subit une transformation des plus remarquables. Sa structure se complique; son corps s'articule, et paraît composé d'une douzaine de disques empilés les uns sur les autres, comme les rondelles d'une pile de Volta.

Le disque supérieur est bombé; il se sépare de la colonne après des efforts convulsifs : il devient libre. Il en résulte une Méduse excessivement petite, assez semblable à une étoile.

Tous les disques, c'est-à-dire tous les individus, s'isolent les uns après les autres et de la même manière.

Ainsi, des Zoophytes sexués se propagent suivant les lois ordinaires; mais ils engendrent des enfants qui ne leur ressemblent pas, et qui sont neutres, c'est-à-dire non sexués (*agames*). Ceux-ci produisent, par bourgeonnement et par fissiparité, des individus semblables à eux. Ils peuvent donner aussi des individus sexués; mais avant l'apparition de ceux-ci, l'animal, qui était simple, se transforme en animal composé, et c'est de la désagrégation des éléments de ce dernier que naissent des individus pourvus de sexe, c'est-à-dire les animaux les plus complets.

Ces deux modes de propagation si différents (la *sexuelle* et la *non sexuelle*) se succèdent d'une manière régulière. Ils constituent ainsi une combinaison qui a reçu le nom de *génération alternante*, génération dans laquelle, ainsi que nous venons de le dire, les enfants ne ressemblent jamais à leur mère, mais bien à leur grand'mère.

On appelle *nourrices* (dénomination assez mal choisie) les individus neutres qui produisent les individus sexués.

Ces transformations successives qui ont lieu dans le même animal paraissent au premier abord bien extraordinaires. Cependant il se passe autour de nous, et chaque jour, des phénomènes analogues auxquels nous n'accordons qu'une assez mince attention, probablement parce qu'ils

sont très-communs et que nous y sommes très-habitués.
Par exemple, les Papillons les plus brillants et les plus
vagabonds pondent des œufs immobiles, arrondis et sans
aucune espèce d'élégance. Ces œufs produisent des chenilles destinées à ramper avec peine, vêtues le plus souvent
avec simplicité. Ces chenilles, à leur tour, se changent en
chrysalides condamnées à un repos léthargique, ovoïdes,
couleur de corne, et ressemblant à des momies. Enfin,
celles-ci se transforment en riches, légers et pétulants
Papillons. Supposons ces insectes excessivement rares et
cachés dans les profondeurs de l'Océan, n'est-il pas vrai
qu'il aurait fallu beaucoup de temps pour reconnaître que
l'œuf, la chenille, la chrysalide et le Papillon ne sont
qu'un même animal? Si cet insecte avait une organisation
moins compliquée, il est probable que sa chenille ou sa
chrysalide (et peut-être même son œuf!) pourraient se
reproduire gemmiparement ou fissiparement, c'est-à-dire
par bourgeons et par scissions, et nous aurions des phénomènes exactement semblables à ceux qui se présentent
dans l'évolution d'une Méduse.

Tous les médecins savent aujourd'hui que les *Ténias*,
vers parasites rubanés et articulés, ont des larves (*cysti-
cerques*) très-différentes de l'état parfait, qui possèdent la
faculté de produire d'autres larves. Chose étonnante! ces
curieux animaux sont simples à une époque de leur vie,
composés à une seconde époque, et redeviennent simples
à une troisième.

Nous ne saurions trop le répéter, tout change et rechange
dans la nature. Dieu seul ne change pas!

Ce qui est digne de remarque chez les Papillons, c'est
cette alternance de vitalité exaltée et de vitalité latente,
de mouvement et de repos, qu'on observe dans la succession de leurs métamorphoses. L'œuf est immobile, la che-

nille rampe, la chrysalide dort, et le Papillon s'élance dans les airs. Chaque temps d'évolution est précédé par un temps d'arrêt. C'est là une des grandes lois de la physiologie. Voyez le modeste Ver à soie : toutes les fois qu'il se dispose à changer de vêtement, il demeure quelque temps dans une sorte de torpeur. Il se prépare, par un simulacre de la mort, aux mouvements d'une nouvelle vie.

« La tendance aux métamorphoses, dans le règne animal, considérée dans son ensemble, devient de plus en plus prononcée, à mesure qu'on s'éloigne davantage des types les plus élevés de l'organisation. » (Quatrefages.)

VI

Quelques Méduses donnent naissance, quand on les touche, à une sensation brûlante qui rappelle celle des orties. De là les noms d'*Orties de mer* et d'*Acalèphes* sous lesquels on a désigné ces animaux.

Une des plus redoutables, parmi ces espèces remarquables, c'est la *Méduse chevelue* [1], la terreur des baigneurs et des baigneuses. L'animal représente une jolie ombrelle brune, découpée et festonnée, avec un gros pédicule et des bras nombreux, longs et rubanés, qui forment après elle une chevelure flottante, d'autant plus dangereuse qu'elle est presque diaphane. Quand on s'embarrasse imprudemment au milieu de ces filaments empoisonnés, on sent bientôt des douleurs aiguës insupportables. La Méduse, en fuyant, abandonne souvent ses cheveux, qui se détachent. Ces derniers, quoique isolés, agissent toujours, comme si l'animal était présent et comme s'il voulait se venger de leur séparation.

---

[1] *Cyanœa capillata* Eschscholtz.

Les organes *urticants* des Méduses sont des coques très-petites disséminées dans leur peau, sur laquelle elles forment des saillies plus ou moins tuberculeuses. On les observe surtout à l'extrémité ou le long des tentacules. Ces coques sont dures, diaphanes et doublées d'une membrane mince et flexible. Au fond de leur cavité se trouve un fil long et ténu, enroulé sur lui-même pendant le repos. Ce fil peut sortir de la bourse, et l'on voit alors à sa base une ou plusieurs pointes aiguës en forme de dards. Ces poignards microscopiques, probablement creusés d'un petit canal, sont portés par une glande qui sécrète une sorte de venin. C'est avec ces petits appareils que les Méduses, dont le tissu est si faible, si délicat, et l'intelligence si obtuse, si bornée, peuvent se défendre et même attaquer. La sensation brûlante qu'elles déterminent, quand on a l'imprudence de les toucher, est si forte, qu'elle peut produire l'effet d'un vésicatoire et donner naissance à une affection qui dure quelques jours.

La *Méduse d'Aldrovande*[1], qui vit dans la Méditerranée, et la *Méduse de Cuvier*[2], qui se trouve dans la Manche, sécrètent une bave qui offre des propriétés assez irritantes. On assure qu'une seule goutte suffit pour déterminer une inflammation de la conjonctive et même des paupières. Cette bave fait naître sur la main de très-petites élevures, accompagnées d'une vive démangeaison.

VII

C'est dans la classe des Acalèphes que les naturalistes ont placé les *Béroés* et les *Vélelles*.

---

[1] *Rhizostoma Aldrovandi* Péron.
[2] *Rhizostoma Cuvierii* Péron.

Les Béroés ont un corps ovoïde ou globuleux, garni de côtes plus ou moins saillantes ornées de dentelles et hérissées de filaments. Ces côtes forment quelquefois des sortes d'ailes. Certains Béroés ressemblent à de petits barils sans fond ; leurs couleurs sont éclatantes, on dirait des émaux vivants.

L'espèce des côtes de l'Irlande, appelée *pomiforme* [1], est une petite sphère du plus pur cristal, nuancée des couleurs de l'iris. Quand elle mange, on distingue sa proie à tra-

BÉROÉ GLOBULEUX
(*Beroe pileus* Gmelin).

vers son tissu. Ses côtes sont frangées ; on y remarque des cils diaphanes très-mobiles, à l'aide desquels le délicieux ballon glisse et avance dans les eaux, comme un petit météore. Les mouvements des cils ont lieu avec alternance, c'est-à-dire que ceux d'une rangée s'agitent avec vivacité pendant que ceux de la rangée voisine se reposent, et que ces derniers, à leur tour, se mettent en mouvement quand les premiers sont en repos. Ce Béroé semble capricieux dans ses évolutions : quelquefois il monte

[1] *Cydippe pomiformia* Patterson.

à la surface de la mer, lentement, comme une bulle qui
s'élève, et redescend avec la même lenteur ; d'autres fois
il opère une ascension d'une excessive rapidité et une descente comme la chute d'une pierre. D'autres fois encore,
sans s'élever ni descendre, il pirouette sur son axe vertical,
et décrit une suite de cercles transversaux, comme un
gracieux valseur. (Rymer Jones.)

Cette jolie espèce possède deux tentacules six fois plus
longs que son corps, très-fins, très-délicats, composés d'un
axe capillaire flexueux, donnant des branches latérales
courtes et arborisées. Ces tentacules descendent en diver-
geant de la partie inférieure du corps ; ils sont très-ondu-
leux et ressemblent à des fils d'Araignée. On assure que
leur surface est couverte de vésicules microscopiques
étroites et piquantes, qui servent probablement à étourdir
ou à tuer la proie (Strethill Wright). L'organe le plus faible
a toujours quelque moyen de perfection ; il peut même
devenir, comme on voit, un instrument très-dangereux.

On connaît un Béroé phosphorescent [1]. Quand il tourbil-
lonne, il produit l'effet d'un petit corps lumineux en forme
de colonne torse, qui change constamment de place en
tournant sur lui-même.

Les *Vélelles* ont un cartilage intérieur, ovale et transparent, qui soutient la substance gélatineuse de leur corps.
Celui-ci est une ombrelle d'un bleu foncé, garnie en dessous de nombreux suçoirs. Une crête verticale, en forme
de voile, est implantée sur son cartilage et croise obliquement son dos.

Les Vélelles flottent souvent en grand nombre à la sur-

[1] On a signalé plusieurs autres Acalèphes avec une propriété analogue, par
exemple la *Diancea cyanella* de Lamarck, et l'*Oceania phosphorica* de Péron et
Lesueur.

face des vagues, maintenues à fleur d'eau par l'air qui les leste et poussées par le zéphyr qui frappe sur leur voile.

VIII

On a nommé *Hydrostatiques* ou *Hydroméduses*, les animaux de la même classe, essentiellement nageurs, qui possèdent une ou plusieurs vessies ordinairement remplies d'air, ou bien des cloches natatoires de forme variée. Ces élégants animaux flottent souvent sur les ondes, au milieu des plus grandes agitations de la mer, comme de faibles nacelles surprises par la tempête; mais ils sont insubmersibles, et, quoi qu'il arrive, ils restent toujours à la surface.

Ces autres Acalèphes présentent généralement des tentacules grêles ou *fils pêcheurs*, plus ou moins longs, souvent nombreux et de la plus grande délicatesse.

Leurs vessies ou leurs cloches les soutiennent dans la mer; leurs tentacules les dirigent dans leur marche; et leurs fils pêcheurs leur servent à la fois d'organes de défense, d'organes de préhension et d'organes de succion.

Les Hydroméduses sont des animaux *composés*. Leurs colonies forment des franges, des guirlandes, des grappes d'une légèreté remarquable. Ces colonies peuvent offrir trois sortes d'animalcules élémentaires : des individus nourriciers stériles, des individus prolifères sans bouche, et des individus à la fois nourriciers et fertiles. Les premiers ne manquent à aucun genre; les seconds et les troisièmes n'existent pas toujours. On rencontre encore, chez les Hydroméduses, des bourgeons reproducteurs, soit isolés, soit agglomérés. (C. Vogt.)

Ces curieux animaux présentent, ou bien une grande ampoule qui domine toute leur organisation, ou bien des

cloches natatoires égales ou inégales, simplement rapprochées ou diversement emboîtées.

Les organes natatoires sont passifs dans les *Physalies*.

Voyez, sur la mer calme, cette grande vessie oblongue,
relevée en dessus d'une crête saillante, oblique et ridée,

PHYSALIE DE L'OCÉAN ATLANTIQUE AUSTRAL
(*Physalia antarctica* Lesson).

qui ressemble à une petite voile de pourpre et d'azur tendue sur une nacelle de nacre. Ce brillant Zoophyte est
désigné par les marins sous les noms de *Vessie de mer*,
de *petite Galère*, de *Vaisseau de guerre portugais*..... Les
savants l'appellent *Physalie pélagique*[1]. En dessous de la
vessie, naissent un grand nombre de tentacules charnus,
cylindriques, tordus, rayés, qui descendent perpendiculai-

---

[1] *Physalia pelagica* Lamarck.

rement comme des sondes de soie bleue. Ceux du milieu
portent des groupes de petits filaments ; les latéraux se
divisent en deux branches grêles, souvent très-inégales. Ces
longs filaments sont semés de gouttelettes chatoyantes ou de
perles étoilées couleur indigo, qui dessinent des bordures,
des zigzags ou des spirales d'une élégance peu commune.

« Les Galères, dit Lesson, cheminent parées des plus
riches couleurs. La partie vésiculeuse et la crête, remplies
d'air, sont d'un blanc nacré argentin, auquel s'unissent les
teintes les mieux fondues de bleu, de violet et de pourpre.
Un carmin vif colore les *bouillonnements* du biseau de la
crête, et le bleu d'outre-mer le plus suave teint les divers
tentacules. »

Gardez-vous de toucher à ce petit vaisseau vivant : une
cuisson plus brûlante que celle de la piqûre des orties
punirait la main téméraire qui oserait le saisir. Cette sensation est produite par un liquide corrosif bleu, de consistance légèrement sirupeuse (Lesson). Le mal dure assez
longtemps. Il entraîne quelquefois une tendance syncopale
(Dutertre, Leblond). Mais, en général, il ne s'étend pas au
delà de la main.

« La Vessie de mer, dit le père Feuillée, m'occasionna,
en la touchant, des douleurs si vives, que j'en eus des
convulsions. »

Le père Dutertre, étant aux Antilles, dans une petite
embarcation, vit un jour une Galère ; il essaya de la saisir :
« Je ne l'eus pas plutôt prise, que toutes ses fibres m'en-
gluèrent la main, et à peine en eus-je senti la fraîcheur
(car elles sont froides au toucher), qu'il me sembla avoir
plongé mon bras, jusqu'à l'épaule, dans une chaudière
d'huile bouillante, et cela avec de si estranges douleurs,
que quelque violence que je pusse faire pour me contenir,
de peur qu'on ne se moquast de moy, je ne pus m'em-

pescher de crier par plusieurs fois à pleine teste : Miséri-
corde, mon Dieu! je brusle ! je brusle!... »

Leblond, dans son *Voyage aux Antilles*, donne une figure
de la Physalie pélagique, et dit : « Un jour, je me baignais
avec quelques amis dans une grande anse; devant mon
habitation. Pendant qu'on pêchait de la sardine pour le
déjeuner, je m'amusais à plonger à la manière des Caraïbes,
dans la lame près de se déployer... Cette prouesse faillit me
coûter la vie. Une Galère (il y en avait plusieurs d'échouées
sur le sable) se fixa sur mon épaule gauche, au moment où
la mer me rapportait à terre ; je la détachai promptement,
mais plusieurs de ses filaments restèrent collés à ma peau,
jusqu'au bras. Bientôt je sentis à l'aisselle une douleur si
vive, que, près de m'évanouir, je saisis un flacon d'huile qui
était là, et j'en avalai la moitié pendant qu'on me frottait
avec l'autre; mais la douleur s'étendant au cœur, j'eus un
évanouissement. Revenu à moi, je me sentis assez bien
pour retourner à la maison, où deux heures de repos me
rétablirent, à la cuisson près, qui se dissipa dans la nuit. »

Meyen, pendant le premier voyage de la *Princesse-*
Louise autour du monde, remarqua une magnifique Physalie qui passait près du navire. Un jeune matelot, hardi
et courageux, sauta nu dans la mer pour s'emparer de
l'animal, nagea vers lui et le saisit. Celui-ci entoura son
ravisseur avec ses nombreux filaments (ils avaient près
d'un mètre de longueur); le jeune homme, épouvanté et
sentant une douleur brûlante, cria au secours... Il eut à
peine la force d'atteindre le vaisseau et de se faire hisser à
bord; mais la douleur et l'inflammation furent si violentes,
qu'une fièvre cérébrale se déclara, et l'on fut très-inquiet
sur sa santé.

Les organes natatoires sont actifs dans les *Diphyes* de
Cuvier, les *Physophores* de Forskäl, les *Apolémies* de Lesson.

Chez les Diphyes, deux cloches inégales ou deux individus différents sont toujours ensemble, mais bien autrement unis que Philémon et Baucis. Un des individus s'emboîte dans une cavité de l'autre. L'emboîtant produit une sorte de chapelet qui traverse un demi-canal de l'emboîté!

DIPHYE.

Ces animaux sont gélatineux, pyramidaux, ovoïdes, quelquefois en forme de campanule ou de sabot. On peut les séparer sans mutilation, et les conserver vivants. Mais quand un individu est isolé, on reconnaît sans peine qu'il s'ennuie, qu'il souffre, qu'il dépérit..... Il lui manque quelque chose!

Quelques auteurs regardent chaque paire d'individus comme un mâle et une femelle, comme deux époux étroi-

tement unis. Singulière destinée qu'une vie d'embrassements continus, sans trêve ni repos! L'amour n'est qu'un épisode dans la vie des trois quarts des animaux; c'est la vie entière dans les Diphyes!

Si l'on fait naître entre les deux cloches d'une Diphye un long filament capillaire, plus ou moins transparent, avec de nombreuses branches unilatérales parallèles, descendant verticalement dans l'eau et portant de petits corps piriformes colorés, on aura la *Galéolaire orangée* [1], merveilleuse colonie hydrostatique découverte par M. Vogt aux environs de Nice. Ici les deux cloches n'ont pas de sexe; on les considère comme des vessies natatoires communes aux individus, et destinées à les soutenir dans l'eau. Ceux-ci sont les corps piriformes dont nous venons de parler. Il y en a de mâles et de femelles, les premiers orangés, et les seconds jaunâtres; ils ne vivent pas ensemble, ils forment des associations unisexuées. Il est probable que plusieurs Diphyes sont des animaux mutilés, c'est-à-dire privés de leurs filaments, et par conséquent incomplets.

Les *Physophores* ou *Porte-vessies* ont des cloches nombreuses.

PHYSOPHORE DISTIQUE
(*Physophora disticha* Lesson).

La *Physophore distique* est une des espèces les plus délicates et les plus jolies de ce groupe. A l'extrémité supérieure d'un axe grêle et flexueux s'élève une petite vessie oblongue et transparente, mamelonnée en dessus. A droite et à gauche de cet axe naissent trois appendices opposés, d'un jaune de soufre, trilobés, c'est-à-dire composés d'une

---

[1] *Galeolaria aurantiaca* C. Vogt (voy. pl. VII, exécutée d'après ce savant auteur).

sorte de clochette courte, pourvue de chaque côté d'une ampoule ovoïde. En dessous, l'axe supporte une trentaine de tentacules composant un bouquet renversé, cylindriques, atténués à leur naissance et à leur terminaison, par conséquent légèrement fusiformes, demi-transparents, d'un rose pourpre, plus pâle vers l'extrémité inférieure, se terminant chacun par un petit suçoir. Ils sont traversés par un filament capillaire d'un pourpre vif, tordu en zigzag. Cette association est-elle complète? N'avait-elle pas des filaments capillaires, comme la Galéolaire dont nous venons de parler?

Dans les *Apolémies*, les cloches sont encore plus nombreuses.

La *contournée*[1] réunit la forme la plus gracieuse à une délicatesse de tissu et une transparence étonnantes (Vogt). Elle ressemble en nageant à un plumet formé de petites floques très-déliées, d'une couleur rouge ardente. Cette charmante espèce a été décrite avec une rare exactitude par MM. Milne Edwards et C. Vogt. Ce dernier savant en a publié une excellente figure que nous reproduisons.

Les cloches natatoires de cette espèce composent une masse ayant la forme d'un œuf allongé, coupé par le milieu, au sommet duquel s'élève une vésicule aérienne très-petite, portée par un col court. Dans cette masse, on compte une douzaine de séries verticales de cloches de cristal, emboîtées mutuellement par les bords et attachées symétriquement à un axe commun, tordu en spirale. Chacune d'elles présente une tache jaune. L'axe commun est un ruban rose garni dans toute sa longueur d'aspérités creuses. Les longs filaments capillaires qui en naissent sont onduleux, transparents et à peine visibles à l'œil nu; ils portent

---

[1] *Apolemia contorta* C. Vogt (voy. pl. VIII).

de petits corps oblongs, suspendus comme des boucles d'oreille.

Les individus nourriciers sont très-petits et remarquables au premier coup d'œil par la teinte pourpre de leur cavité digestive. Ils sont fixés sur le tronc commun, à des distances assez égales, et presque toujours en quinconce, au moyen de pédicules allongés.

La partie antérieure de l'animalcule est armée de capsules urticantes. Sur sa partie moyenne existent douze bourrelets longitudinaux (cellules biliaires) qu'on est tenté de prendre pour des ovules. A la base de la tige naît le fil pêcheur, qui est extrêmement délié et garni d'une multitude de vrilles urticantes rouges attachées à des fils secondaires dépendant du fil pêcheur. Les organes urticants sont de deux sortes : de petits *sabres* serrés verticalement les uns contre les autres, et des *fèves*, un peu plus grandes, posées sur les bords du cordon rouge. La vrille se termine par un fil incolore tordu en spirale et couvert de *lentilles* urticantes. (C. Vogt.)

Les individus reproducteurs sont placés entre les individus nourriciers. On les a comparés à des boyaux allongés et dilatables; ils n'ont pas de bouche et sont toujours disposés par paire sur un pédoncule bifide. A leur base se voit souvent un fil pêcheur rabougri, court, hérissé sur toute sa surface de capsules urticantes. (C. Vogt.)

Quelle complication, quelle variété et quel développement dans ces petits appareils d'attaque et de défense! Mais aussi les élégantes Apolémies, si légères et si fragiles, n'ont guère plus de consistance qu'un amas de bulles de savon.

CHAPITRE XIV

LES ÉTOILES DE MER.

Vos etz l'Estèla dé la mar.
(R. STAIREM, 1468.)

I

Que de formes variées dans les populations aquatiques!
Nature se plaît en diversité[1], disait avec raison un ancien

ÉTOILES DE MER.

roi de France. Voici des animaux dont la charpente paraît
dessinée par quelque géomètre : on les appelle *Étoiles
de mer* ou *Astéries*.

---

[1] « *Ludens polymorpha natura.* » (LINNÉ.)

Leur ressemblance avec la figure bien connue que nous nommons *étoile* a frappé depuis longtemps tous les naturalistes et tous les amateurs. Cependant l'organisation de nos bêtes marines est loin d'être rigoureusement régulière ; car la puissance créatrice, dans la construction des animaux, emploie bien rarement les lignes parfaitement droites : elle préfère les cercles ou les arcs, elle ondule !

Les Étoiles de mer sont des animaux sans vertèbres, le plus souvent déprimés, pentagonaux, à branches à peu

ASTÉRIE VIOLETTE
(*Uraster violaceus* Müller).

près égales entre elles et disposées comme des rayons. Ces rayons sont plus ou moins triangulaires. L'animal en offre habituellement cinq : il a cinq branches, comme une croix d'honneur.

Les Étoiles de mer jonchent le sol des forêts sous-marines.

Les sondages récemment faits par le capitaine Mac Clintock, pour explorer le trajet du télégraphe nord-atlantique, ont fait découvrir, à une profondeur de plus de 500 mètres, des Astéries vivantes, qui appartiennent à des espèces dont on a retrouvé les traces dans les couches de terrain les plus anciennes, et qui prospèrent, sous cette

énorme pression, dans une région presque inaccessible à
la lumière du soleil.

Il n'existe rien dans les eaux douces qui ressemble aux
Astéries. Ce sont par conséquent des animaux essentiellement marins.

Certaines espèces sont extrêmement nombreuses, à tel
point qu'on en charge des tombereaux pour les transporter
dans les champs et pour en fumer les terres.

Edward Forbes a observé, dans les *Luidies*, une singulière faculté. L'animal peut se détruire en quelque sorte de
lui-même, en détachant et abandonnant d'abord ses bras,
qui se rompent, et en se divisant ensuite par morceaux. Ne
pouvant pas se défendre tout entier, il se tue en détail.
C'est un suicide partiel!

II

Les Étoiles de mer offrent les couleurs les plus variées :
il y en a d'un gris jaunâtre, d'un jaune orangé, d'un rouge
grenat, d'un violet enfumé, d'un roux obscur.....

Leur corps est soutenu par une enveloppe calcaire, composée de pièces juxtaposées réunies par des fibres tendi-
neuses, et armé de tubercules et de piquants.

M. Gaudry a évalué à plus de 11 000 les pièces solides
qui se trouvent dans l'*Étoile de mer rougeâtre*[1], une des
espèces les plus communes de l'Europe.

Les Astéries ont la bouche au centre de la surface inférieure. De cette bouche partent autant de gouttières ou
sillons qu'il y a d'appendices brachiaux. Ces gouttières
donnent passage aux organes du mouvement.

Ceux-ci forment une double ou quadruple rangée. Ils

---

[1] *Asteracanthion rubens* Müller et Troschel.

consistent en des cylindres charnus, grêles, tubuleux, terminés, dans le plus grand nombre, par une petite vésicule
globuleuse remplie d'un liquide aqueux. Ils sont très-
extensibles. Quand les pieds sortent, la vessie contractée
pousse l'eau dans le tube, qui se roidit. Quand les pieds
rentrent, leur peau musculaire renvoie leur contenu dans
la vessie. L'Étoile s'accroche aux corps étrangers au moyen
de ces organes, et réussit à exécuter les faibles mouvements qui constituent sa progression.

Malgré ce prodigieux attirail de jambes, l'animal ne va
guère plus vite que beaucoup d'habitants de l'eau salée
qui n'en ont qu'une seule ou qui n'en possèdent pas.

Si l'on renverse une Astérie sur le dos, elle reste d'abord
immobile, les pieds enfermés. Bientôt elle fait sortir ces
derniers, semblables à autant de petits vers ; elle les porte
en avant et en arrière, comme pour reconnaître le terrain ;
elle les incline vers le fond du vase, et les fixe les uns
après les autres. Quand il y en a un nombre suffisant
d'attachés, l'animal se retourne.

On croit que ces organes jouent en même temps un rôle
important dans la respiration. Par moments, même pendant
le repos, ils sont traversés par des courants intérieurs de
corpuscules.

La bouche des Astéries se rend presque immédiatement
dans l'estomac. Celui-ci forme un grand sac qui envoie un
long prolongement dans l'intérieur de chaque bras. Ces
prolongements sont des espèces d'intestins... *Des intestins
dans des bras !*

Ces animaux sont très-voraces : ils engloutissent leur
proie vivante d'un seul morceau. Quand la victime est
trop grosse pour la bouche, l'estomac se porte au-devant
d'elle.....

Chez la plupart des animaux, les lèvres sont les pourvoyeuses de la cavité digestive. Ici cette dernière se passe des lèvres, elle se pourvoit toute seule !

Les Étoiles de mer peuvent manger jusqu'à des huîtres. Est-ce bien vrai ? Leur bouche est étroite et non dilatable, et une huître est un morceau assez volumineux ! Voici comment procèdent les Astéries, suivant M. Rymer Jones. Elles saisissent l'huître entre leurs rayons, et la maintiennent sous leur bouche au moyen de leurs suçoirs ; elles

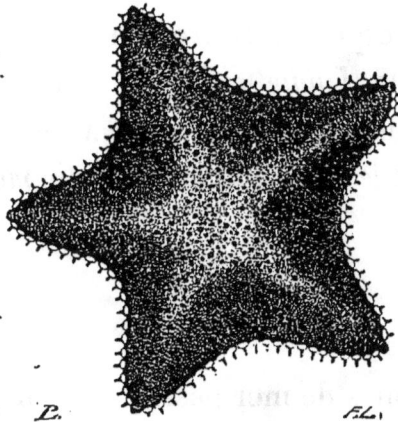

ASTÉRIE ÉQUESTRE
(*Goniaster equestris* Gmelin).

retournent leur estomac, qui enveloppe de ses replis le malheureux mollusque et distille peut-être sur son corps un liquide stupéfiant (?). Bientôt la pauvre victime écarte les volets de sa coquille, livre ses organes à merci, et devient la proie du ravisseur étoilé.

Les Astéries jouent un rôle important dans la police et l'hygiène de la mer. Elles aiment les viandes mortes de toute nature, et déploient une activité merveilleuse à rechercher, à dévorer, à faire disparaître les diverses matières animales corrompues. Cet important travail de propreté et de salubrité est accompli sur une immense échelle, silencieusement, tranquillement et continuellement... Gloire à Dieu !

C'est M. Ehrenberg qui a découvert les yeux des Astéries. Ils sont placés à l'extrémité inférieure, au bout de chaque bras. (L'œil dans la main, comme Figaro!) Ce sont des globules d'un rouge vif, entourés d'un rempart de cils épineux. Pour s'en servir, l'animal est obligé de les ramener en dessous en relevant son rayon. Du reste, ces organes doivent être bien imparfaits, puisque, malgré les recherches les plus minutieuses, on n'a pu y trouver un cristallin (Valentin). Cependant Edward Forbes raconte avec beaucoup d'esprit l'histoire d'une Étoile de mer de la Méditerranée, la *Luidie ciliaire*[1], qui, après lui avoir échappé, en sacrifiant ses bras, ouvrait et fermait sa paupière épineuse, et *le regardait avec un air moqueur!*

III

Le frai des Étoiles de mer passe pour un poison violent.

Leurs œufs sont en nombre très-considérable. La mère les porte dans une cavité formée par la courbure du corps et des rayons. Ils sont logés de manière que l'animal est obligé de fermer sa cavité digestive et de se passer de nourriture pendant tout le temps de sa gestation. On a vu une Astérie rester ainsi onze jours sans aliments. Les femelles de presque tous les animaux mangent double, quand elles sont dans une situation intéressante!

Les œufs sont jaunâtres ou rougeâtres; ils produisent des petits ovoïdes et sans rayons, mais pourvus de cils vibratiles qui leur donnent l'aspect des Infusoires. Ils nagent avec vivacité.

Au bout de quelques jours, des appendices bourgeonnent

---

[1] *Luidia ciliaris* Dujardin.

sur la partie antérieure du corps, et forment comme quatre
petits bras, à l'aide desquels la larve se fixe sur sa mère.
Ce ne sont encore que des membres provisoires. Le corps
s'aplatit ensuite graduellement, et se transforme en un
disque d'abord arrondi, sur une des faces duquel, vers le
milieu, surgissent, sous forme de protubérances globulaires,
les rudiments des suçoirs. Il y en a dix rangées concentriques. Enfin, le corps devient pentagonal et plus ou
moins semblable à une étoile. Les rayons sortent des angles,
et l'animal est complet.

Les Étoiles de mer jouissent, à un haut degré, du phénomène vital de la *rédintégration ;* elles reproduisent avec
une facilité étonnante des parties qui leur ont été enlevées.
Les individus qui perdent par accident un ou plusieurs
bras, les remplacent plus tard par des bras exactement
semblables. Ces nouveaux membres en voie de développement sont d'abord très-petits, d'où il résulte nécessairement une aberration dans la figure étoilée de l'Astérie.

Il existe une espèce de l'océan Indien[1], qui offre souvent
quatre bras, sur cinq, nouvellement reproduits, et par
conséquent plus petits que le cinquième. L'*étoile* a pris
l'aspect d'une *comète.*

Sir John Dalyell recueillit, le 10 juin, un rayon isolé
d'une Astérie. Ce rayon ne donnait aucun signe de reproduction. Mais, le 15, parurent les rudiments de quatre nouveaux rayons, indiqués par de petites proéminences. Vers
le soir, un de ces rudiments avait grossi du double ; les
autres se trouvaient moins avancés. Un orifice, c'est-à-dire
une bouche, commençait à se former au centre du nouveau
groupe. Le travail reproducteur fut alors en pleine activité,
et, trois jours plus tard, l'animal possédait cinq rayons,

---

[1] *Ophidiaster miliaris* Müller et Troschel.

dont quatre lilliputiens, comparés au rayon primitif. Au bout d'un mois, ce dernier tomba par morceaux, laissant l'Étoile nouvelle composée de quatre petites branches symétriques. Le vieux rayon était remplacé par un jeune animal complet. (Rymer Jones.)

IV

Les Astéries sont tourmentées par des parasites. Il n'est peut-être pas d'animal, marin ou non marin, qui ne serve de retraite et de nourriture à un autre animal ou à plusieurs autres animaux. Vivre aux dépens d'autrui, est une des grandes lois de la physiologie. Généralement, les parasites appartiennent à un groupe moins élevé en organisation que la victime qu'ils exploitent. Le contraire arrive rarement. En voici un exemple : c'est un petit poisson qui passe sa vie dans la cavité intestinale d'une Astérie. Ce petit poisson s'appelle *Oxybate de Brande*[1] ; l'Astérie se nomme *Culcite discoïde*[2]. Un vertébré vivant dans un invertébré[3] !

V

Certaines Étoiles de mer ont un corps en forme de petit disque plus ou moins rond, d'où partent des rayons soutenus par une série d'osselets : ce sont les *Ophiures*, ainsi appelées à cause de la ressemblance grossière qui existe entre leurs bras et la queue d'un serpent. Ces bras sont allongés,

[1] *Oxybates Brandesii* Bleker.

[2] *Culcita discoidea* Agassiz.

[3] Un autre petit poisson, le *Fierasfer Fontanesii* de Risso, habite en parasite dans le gros intestin de l'*Holothurie royale* de Cuvier.

grêles, flexibles, onduleux, quelquefois garnis sur les côtés d'épines ou de soies.

Chez plusieurs espèces, dites *Astrophytes*, ils se bifurquent vers leur origine, puis se subdivisent en deux ou trois rameaux qui émettent des ramuscules plus ou moins nombreux, très-fins et très-contournés. Dans un individu, on a compté 81 920 ramifications.

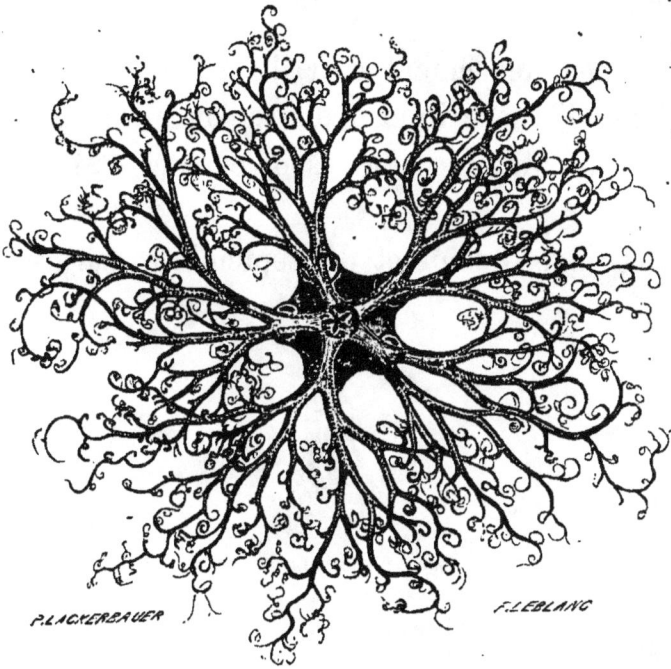

ASTROPHYTE VERRUQUEUX
(*Astrophyton verrucosum* Müller. et Troschel).

Les rayons élégants des Ophiures s'agitent et se tordent suivant les besoins; ils saisissent les proies qui sont à leur portée, et les dirigent vers la bouche, placée toujours au-dessous et au centre de l'Étoile.

Chez les Astrophytes, l'ensemble des bras forme comme un filet pour prendre les victimes, et même comme un panier pour les tenir en réserve.

La cavité viscérale est absolument limitée au centre de la bête, et ne se prolonge pas dans les bras, comme chez les Astéries.

Quand on met une Ophiure dans une eau malpropre, ses rayons tombent les uns après les autres, morceau par morceau, jusqu'à ce qu'il ne reste plus que le disque. Figurez-vous une roue réduite à son moyeu. Cependant l'animal vit encore et mange toujours avec avidité. (Rymer Jones.)

Vers le commencement d'avril, les bords du disque se gonflent; l'espace intermédiaire entre les rayons est envahi par le frai. Les œufs sont ovoïdes et d'un rouge brillant.

Vers les mois d'août et de septembre, paraissent les

LARVE D'ÉCHINODERME
(*Pluteus paradoxus* J. Müller).

petits. Au moment de leur naissance, ils sont presque microscopiques, transparents et légèrement verdâtres; ils présentent une forme très-bizarre. On les a comparés au *chevalet d'un peintre*. La partie supérieure du corps semble conoïde; la partie inférieure est divisée en huit prolongements de diverses dimensions, disposés en deux groupes divergents. Ces prolongements offrent des cils, et sont légèrement orangés vers leur extrémité. Chacun est soutenu par un petit support calcaire intérieur. Ces larves singulières ont été décrites sous le nom de *Pluteus paradoxus*.

VI.

En terminant ce chapitre, nous devons dire un mot de la *Tête de Méduse*[1], l'une des productions les plus extraordinaires de la mer.

Cet animal est très-rare. Il a été pêché plusieurs fois, à de grandes profondeurs, dans la mer des Antilles. On l'a désigné d'abord sous le nom de *Palmier marin*.

PENTACRINUS D'EUROPE
(*Pentacrinus europæus* Thompson).

Son corps est pédiculé et revêtu d'un test calcaire (*calice*) semblable à une fleur. Cette enveloppe a des plaques polygonales et des rayons élégants.

La Tête de Méduse est une Astérie adhérente (nous allions dire une *Étoile fixe!*), et par conséquent imparfaite.

Elle n'a pas de bouche, et son appareil digestif paraît

[1] *Pentacrinus caput Medusæ* Müller.

très-rudimentaire. Son pédicule est grêle, anguleux et articulé ; il permet à l'animal de se balancer dans tous les sens, et semble jouir d'une sorte de sensibilité.

Entre les animaux qui ne changent pas de place et les animaux qui se meuvent, il faut mettre, comme intermédiaires, les animaux fixés qui se balancent. Toujours des transitions !

En 1823, M. Thompson a découvert une seconde espèce de Tête de Méduse, dans les mers d'Europe.

La *Pentacrine d'Europe* est très-petite. Ses rayons sont profondément divisés en deux parties ; l'animal semble en avoir dix. Ils sont ornés de cils tentaculaires disposés avec régularité. Le pédicule de cette espèce est grêle comme un fil.

Que d'organisations encore inconnues renfermées dans les profondeurs de l'Océan !

CHAPITRE XV

LES OURSINS.

Atra magis pisces et Echinos æquora celent.
(HORACE.)

I

Les Astéries ressemblent à des étoiles, les *Oursins* ressemblent à des melons. Tous appartiennent pourtant à la même classe : ce sont des *Échinodermes*.

Les Oursins sont vêtus d'une tunique calcaire souvent globuleuse ou ovoïde, quelquefois déprimée, composée de plaques (*assules*) hexagonales ou polygonales soudées intimement entre elles, formant vingt rangées symétriques distribuées par paires. Les rangées les plus larges portent des piquants mobiles (*baguettes*), qui sont à la fois des organes de protection et des organes de mouvement; les autres sont percées de pores en séries longitudinales régulières comme les allées d'un jardin (*ambulacres*), lesquels donnent issue à des filaments (*tentacules*) dont l'animal se sert pour respirer et pour marcher.

Dans l'*Oursin comestible*[1], la coquille est composée d'au moins 10 000 pièces distinctes, admirablement assemblées

---

[1] *Sphærechinus esculentus* Desor.

et si solidement unies, que l'ensemble paraît former un seul corps.

Les piquants sont souvent très-nombreux; ils recouvrent et protégent l'enveloppe. De là le nom de *Hérissons de mer* qu'on a souvent donné à ces animaux. Les mots *oursin, echinus, échinoderme*, indiquent aussi cette armure épineuse. Dans une espèce, on a compté jusqu'à 2000 piquants; dans l'Oursin comestible, il y en a au moins 3000. Ces appendices cachent tout à fait la tunique calcaire qui les porte, comme les perles nombreuses qui couvraient le fameux habit du duc de Saint-Simon. L'étoffe était de soie, mais *on ne la voyait pas!*

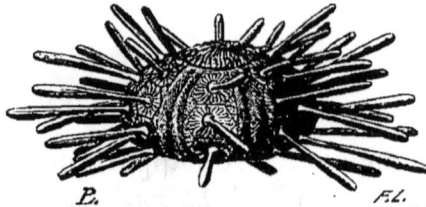

OURSIN A PAPILLES
(*Cidaris papillata* Leske).

Les piquants des Oursins offrent à la base une petite tête lisse, séparée par un étranglement. La face inférieure de cette tête est creusée d'une facette concave qui s'articule avec un tubercule de la coque. Chaque piquant est mis en mouvement par un appareil spécial.

Ces épines présentent une structure poreuse. Elles sont souvent sillonnées longitudinalement ou formées de lamelles rayonnantes partant de leur axe, toutes criblées de trous et réunies entre elles par des prolongements transverses; de telle sorte qu'on ne voit à l'extérieur que les bords de ces lames revêtus d'une membrane garnie de cils vibratiles.

Les dimensions et les formes des piquants sont extrè-
mement variables. Des Oursins ont des épines trois ou
quatre fois plus longues que le diamètre de leur enveloppe
testacée; tandis que d'autres en ont de trois ou quatre fois
plus courtes. Dans quelques-uns, ces organes sont réduits
à de petites soies couchées sur la coque protectrice.

Les appendices dont il s'agit paraissent ordinairement
subulés et pointus, ou cylindriques et obtus. Certaines
espèces en offrent d'aplatis, même de tranchants sur les
bords.

Dans les Oursins fossiles, on trouve des piquants tantôt
creusés en entonnoir, tantôt dilatés en olive. On donnait
autrefois à ces derniers, très-communs dans le terrain
jurassique, le nom de *pierres judaïques*.

Chez une espèce [1] qui vit à la Nouvelle-Hollande,
M. Hupé a trouvé un Mollusque gastéropode du genre
Stylifer, enfermé dans un de ses piquants, creusé et
profondément modifié, quant à sa forme et quant à sa
structure, par la présence de ce petit parasite !

De tous les tableaux que nous offre la nature, il en est
peu qui aient plus de charmes que ceux dans lesquels nous
voyons les créatures se donner les unes aux autres abri,
nourriture et protection..... volontairement ou involontai-
rement. L'instinct du *Stylifer* n'est-il pas merveilleux? La
nature protége un animal en hérissant son corps d'une
armure de poignards. Arrive un autre animal qui *se met en
sûreté dans un de ces poignards!*

Quand les piquants sont tombés, les Oursins de nos côtes
prennent la physionomie de petits fruits globuleux ornés
de côtes et de tubercules symétriquement distribués. Leur
forme arrondie, et plus encore leur substance calcaire, leur

[1] *Leiocidaris imperialis* Desor.

ont fait donner, dans certaines localités, le nom d'*œufs de mer*.

Les espèces déprimées ou tout à fait aplaties ressemblent beaucoup plus à des galettes qu'à des œufs.

Les filaments tentaculaires des Oursins sont tubuleux, très-extensibles et terminés par une petite ampoule. Ils peuvent se gonfler et se roidir; ils dépassent alors la longueur des piquants et vont se fixer aux corps étrangers.

Ces organes sont très-nombreux dans l'Oursin ordinaire, il y en a au moins 1400, et dans l'Oursin melon environ 4300. (Cailliaud.)

Les Oursins se meuvent avec leurs filaments et leurs épines. Edward Forbes en a vu *grimper* sur les parois verticales d'un vase très-lisse.

Pour comprendre la manière dont ces animaux se servent de leurs organes, supposons un individu au repos. Tous ses piquants sont immobiles et tous ses filaments retirés dans la coque. Quelques-uns de ces derniers commencent à sortir, ils s'allongent et tâtent le terrain tout autour; d'autres les suivent. L'animal les fixe solidement. S'il veut changer de place, les filaments antérieurs se contractent, pendant que ceux de derrière lâchent prise, et la coquille est portée en avant. L'Oursin marche ainsi avec aisance, et même avec rapidité. Pendant sa progression, les suçoirs ne sont que très-faiblement aidés par les piquants. (Rymer Jones.)

Les Oursins peuvent voyager sur le dos comme sur le ventre. Quelle que soit leur posture, il y a toujours un certain nombre de piquants qui les portent et de suçoirs qui les fixent. Dans certaines circonstances, l'animal marche en tournant sur lui-même, comme une roue en mouvement.

II

La bouche des Oursins est située au-dessous du corps, ordinairement vers le milieu.

Autour de cet orifice existent des tentacules charnus, palmés, peu ou point rétractiles. Ce sont les organes de la préhension alimentaire.

Le système digestif présente un appareil osseux très-compliqué, de forme bizarre, connu depuis longtemps sous le nom de *lanterne d'Aristote*. Cet appareil se compose de cinq sortes de parties : les *dents*, les *plumules*, les *pyramides*, les *faux*, les *compas*. Les dents sont au nombre de cinq; elles ont une base prolongée et dilatée qui constitue la plumule; elles sont contenues dans une gouttière résultant de l'assemblage des pyramides. Celles-ci, au nombre de dix, sont réunies par deux; leur partie inférieure est consolidée par les cinq faux et par les cinq compas. Ce qui fait que, en résumé, l'appareil dentaire présente trente pièces [1]. Il faut beaucoup de bonne volonté pour lui trouver le moindre rapport avec une lanterne !

Les dents sont longues, aiguës, arquées et très-dures. Leur tranchant est parfaitement organisé pour couper les substances les plus résistantes. Cependant, malgré sa dureté pierreuse, il serait bien vite limé par le travail; mais la nature y a sagement pourvu. Les dents croissent par la base, à mesure qu'elles s'usent par la pointe, comme les incisives des Lièvres et des Souris; de telle sorte qu'elles se maintiennent toujours aiguisées et toujours en bon état.

[1] D'après M. Cailliaud, il existe quarante pièces dans l'appareil de l'*Oursin livide*, réduites à vingt par soudure.

Les Oursins mangent des varecs, des vers, des mollusques et même des poissons.

M. Rymer Jones a vu un individu s'emparer d'un crabe vivant, lequel parut comme paralysé et ne tenta aucune résistance.

Un autre Oursin enlaça une *Galatée striée*[1] avec ses appendices buccaux ; mais cette dernière, heureusement pour elle, ouvrit une de ses pinces, coupa les appendices, et se délivra de la fatale étreinte.

III

Plusieurs Oursins, ne se trouvant pas suffisamment protégés et par leur coque calcaire et par leurs piquants poin-

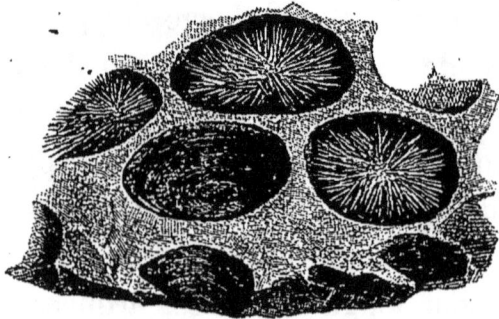

OURSINS DANS LE ROC.

tus, se taillent une demeure dans les roches les plus dures, dans le grès et le granit : cette demeure semble faite avec un emporte-pièce. L'animal s'y loge et s'y retranche merveilleusement. Il en défend l'entrée avec une partie de ses épines.

Des observations très-suivies et très-intéressantes ont été

---

[1] *Galatea strigosa* Latreille.

publiées par MM. Cailliaud, Robert et Lory, sur la propriété perforante des Oursins. Les jeunes individus, alors
qu'ils sont à peine gros comme des pois, creusent des trous
en rapport avec leur taille. Ils se fixent d'abord au corps
solide à l'aide de leurs filaments tentaculaires, entament
ce corps avec leurs fortes dents et le rongent peu à peu. Ils
enlèvent au fur et à mesure, avec leurs épines, les détritus
qu'ils ont ainsi détachés.

Pauvres petits piqueurs de pierres ! passer une partie de
leur vie à *travailler le granit avec les dents !*

Lorsqu'un Oursin s'est aventuré un peu trop vers le
rivage, et que la marée l'abandonne sur la côte, il s'enterre
dans le sable, qu'il creuse avec ses appendices épineux. Sa
cachette est reconnaissable au trou en entonnoir qui reste
béant au-dessus. Les pêcheurs prétendent prévoir les
orages d'après la profondeur plus ou moins grande où se
tient le Hérisson de mer. (Rymer Jones.)

IV

Linné n'a mentionné que dix-sept espèces d'Oursins.
Gmelin en a signalé cent sept. Aujourd'hui, on en connait

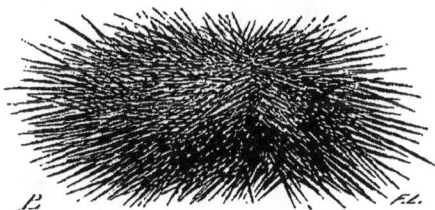

OURSIN LIVIDE
(*Toxopneustes lividus* Agassiz).

plusieurs centaines, et ce petit groupe d'animaux (*Echinus*)
est devenu le type d'une classe tout entière (*Échinodermes*).

Dans beaucoup de pays, on mange les Oursins crus. Les ovaires de la plupart des espèces sont d'un rouge orangé et d'un goût agréable.

On estime en Provence le *comestible*, le *granuleux*[1] et le *livide*.[2] Cette dernière espèce est recherchée à Naples et sur les côtes de la Manche. On sert sur les tables, en Corse et en Algérie, l'*Oursin melon*[3].

---

[1] *Toxopneustes granularis* Agassiz.
[2] *Toxopneustes lividus* Agassiz.
[3] *Echinus melo* Lamarck.

CHAPITRE XVI

LES HOLOTHURIES.

Pourquoi des animaux faits comme des cornichons? — Et pourquoi des *cornichons*?

I

Les savants comprennent dans la même famille que les Oursins de modestes animaux appelés *Holothuries*, ou plus vulgairement, *Cornichons de mer*.

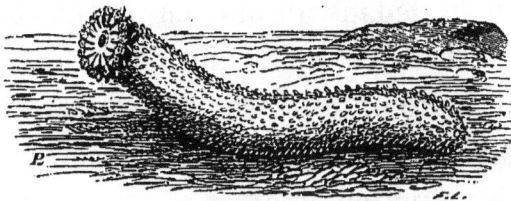

HOLOTHURIE TUBULEUSE
(*Holothuria tubulosa* Gmelin).

Ces animaux sont allongés, tantôt cylindriques, tantôt pentagonaux, droits ou arqués, quelquefois sans forme déterminée. Plusieurs ressemblent à de gros vers disgra- cieux.....

Leur longueur varie de quelques centimètres à un·
mètre. Les plus petits sont les moins rares.

Les Cornichons de mer ont une peau coriace, opaque
ou transparente, souvent raboteuse ou granuleuse, farcie
(c'est bien le mot) de parties calcaires. A travers cette enveloppe, sortent habituellement des filaments (*pieds tentaculaires*) creux, extensibles, épars ou symétriques, terminés,
comme les pieds des Oursins, par une ventouse en
miniature.

La bouche est placée à l'un des bouts du cylindre. On
voit autour des appendices lobés, pinnés ou ramifiés. Cette

HOLOTHURIE ÉLÉGANTE
(*Holothuria elegans* O. F. Müller).

bouche offre en dedans un anneau osseux, de dix à douze
pièces calcaires. C'est un rudiment de la *lanterne d'Aristote*. A l'extrémité postérieure, se trouve un autre orifice
par où jaillit de temps en temps un courant d'eau semblable à une petite fontaine.

Les Holothuries habitent généralement à de grandes
profondeurs. Leurs mouvements sont assez bornés. Elles
exécutent une sorte de reptation au moyen des ondulations plus ou moins fortes de leur corps, ou bien à l'aide
des contractions plus ou moins nombreuses de leurs
pieds.

Toujours baisent la terre et rampent tristement.....

Leurs pieds sont tantôt, vers le milieu du ventre, dans un endroit qui forme comme un disque (sur lequel rampe l'animal à la manière des Limaces); tantôt disposés en séries nombreuses tout le long du corps. Chez l'*Holothurie frondeuse*[1], des mers du Nord, ils forment cinq rangées longitudinales.

Certaines espèces sont armées de petits organes en forme d'hameçons ou d'ancres, qui leur permettent de s'amarrer aux roches sous-marines. Lorsque ces crochets agissent sur la peau des mains, ils peuvent causer une sensation cuisante de brûlure.

Une Holothurie de la baie de Matavaï, dans l'île d'Otaïti[2], décrite par Lesson, longue d'un mètre et très-contractile (au point de se réduire à 33 centimètres), est lubrifiée par un liquide âcre et corrosif qui fait naître un prurit intolérable sur les doigts, lorsqu'on la touche sans précaution. Aussi les naturels de la mer du Sud témoignent-ils la plus grande répugnance à sa vue. (Lesson.)

Beaucoup de Cornichons de mer, quand on les irrite, rejettent volontairement et brusquement leurs viscères, et ne tardent pas à périr. Ce phénomène est bien une des choses les plus étonnantes et les plus inexplicables qui existent dans les mœurs des animaux!

« Il est bon de comprendre clairement, dit le père Malebranche, qu'il est des choses qui sont absolument incompréhensibles. »

Le docteur Johnston raconte qu'il avait oublié une pauvre Holothurie, pendant deux ou trois jours, dans de l'eau non renouvelée. L'infortunée devint triste et malade (on le serait à moins). Bientôt elle vomit tout à la fois ses

---

[1] *Cucumaria frondosa* Blainville.

[2] *Holothuria* (*Intestinaria*) *oceanica* Lesson.

tentacules, son appareil buccal, son tube digestif et une partie de ses ovaires..... Ces organes tombèrent çà et là au fond du vase. L'effort musculaire avait été sans doute bien terrible, pour déterminer un pareil effet, et cependant la vie de la malheureuse n'était pas éteinte ; car sa peau vide se contractait au moindre attouchement, et prouvait, par ses contorsions, qu'elle n'avait presque rien perdu de son irritabilité.

Mais ce qui est plus extraordinaire encore que ce vomissement et cette contraction, c'est que l'animal, privé de ses anciens viscères, en *reproduisit de nouveaux* au bout de trois ou quatre mois, et recommença, *tout joyeux*, son train de vie habituel. (J. Dalyell.)

La division spontanée de certaines Holothuries, qui se partagent en deux morceaux, n'est pas moins digne de remarque que le rejet et la restauration de leurs organes. L'individu demeure quelque temps stationnaire ; chacune de ses extrémités s'élargit et s'aplatit. En même temps, sa partie moyenne devient graduellement étroite, et finit par se réduire à un fil très-mince. Ce fil se rompt. On a alors deux demi-Holothuries de grosseur égale ou inégale. Plus tard, chaque portion se complète, et il en résulte deux animaux exactement semblables au premier. (Rymer Jones.)

11

Les Chinois mangent les Holothuries ; ils estiment surtout le *Trépang*[1]. Cet animal est chez eux l'objet d'un commerce considérable. Des milliers de jonques malaises

---

[1] *Trepang edulis* Jaeger.

sont équipées, tous les ans, pour la pêche de ce Zoophyte, et même des navires anglais et anglo-américains se livrent à la vente de cette denrée. On fait dégorger les Trépangs

PÊCHE CHINOISE DES HOLOTHURIES.

dans de la chaux de corail, et on les dessèche à la fumée. (Lesson.)

Aux îles Mariannes, on recherche le *Guam*[1], et à Naples, la tubuleuse.

III

Parmi les animaux analogues aux Holothuries qui méritent le plus notre attention, on doit citer la *Synapte de Duvernoy*[2], découverte aux îles de Chausey par M. de Quatrefages.

Figurez-vous un cylindre de cristal, d'un rose tendre un peu lilas, ayant quelquefois jusqu'à cinquante centimètres de longueur, parcouru dans toute son étendue par cinq

[1] *Mulleria guamensis* Jaeger.
[2] *Synapta Duvernœa* Quatrefages (voy. pl. IX, dessinée d'après ce savant auteur).

petites bandelettes de soie blanche opaque, et surmonté
d'une fleur vivante à douze pétales étroits et pinnatifides,
d'un blanc mat, garnis de petites ventouses qui se recourbent gracieusement en arrière. Au milieu de ces tissus dont
la délicatesse semble défier les produits les plus raffinés de
notre industrie, placez un intestin de la gaze la plus ténue,
gorgé d'un bout à l'autre de corpuscules de granit dont l'œil
distingue parfaitement les pointes vives et les arêtes tranchantes. Les parois du corps ont à peine un demi-millimètre d'épaisseur, et cependant on peut y compter sept
couches plus ou moins distinctes, une peau, des muscles,
des membranes..... L'animal est protégé par une espèce
de mosaïque composée de petits boucliers calcaires, hérissés
de doubles hameçons dont les pointes sont dentelées comme
des flèches de Caraïbe. (Quatrefages.)

Lorsque l'on conserve pendant quelque temps les
Synaptes vivantes dans un vase d'eau de mer, on les voit
se morceler d'elles-mêmes. Il se forme un étranglement
dans une partie du corps, et la séparation s'opère brusquement. On dirait que l'animal, sentant qu'il ne peut se
nourrir tout entier, supprime successivement les parties
dont l'entretien coûterait trop à l'ensemble, à peu près
comme on chasse les bouches inutiles d'une ville assiégée.
Singulier moyen de combattre la famine, et qu'il emploie
jusqu'au dernier moment! Car, au bout de quelques jours, il
ne reste souvent qu'un petit ballon sphérique couronné de
tentacules. La Synapte, pour conserver la vie à sa tête,
s'est à peu près retranché tout le corps! (Quatrefages.)

Que de merveilles dans la vie et dans les mœurs des
animaux de l'Océan!

SYNAPTE DE DUVERNOY

CHAPITRE XVII

LES BRYOZOAIRES.

« *Sigillatim mortales, cunctim perpetui.* »
(Apulée.)

I

Les plantes marines sont quelquefois recouvertes d'une matière abondante, veloutée, parasite, qui ressemble à un tapis de mousse. Cette matière, étudiée au microscope, paraît comme une agrégation d'animalcules à cellules charnues, cornées ou calcaires, le plus souvent transparentes. Ces animalcules sont des *Bryozoaires* ou *Animaux-mousse*.

Chaque cellule loge une bestiole délicate, laquelle, à certains moments, fait sortir de nombreux petits bras; les étale, les agite, les balance, pour guetter, attirer et saisir sa proie. Cette proie doit être bien mignonne!

Au moindre danger, au plus léger frôlement, les Bryozoaires se contractent et se retirent dans leur logette d'écaille ou de cristal.

Cette cellule n'est pas inerte comme celle de la plupart des Polypiers; elle jouit de la faculté de se mouvoir, surtout quand elle est bien éclairée. Lorsqu'on l'excite, elle

s'incline vivement, comme un rameau de sensitive qu'on
touche avec le doigt. Elle tombe sur une de ses voisines;
celle-ci se précipite sur une autre, celle-là sur une quatrième, et, au bout d'une seconde, toute la communauté
est mise en mouvement. Mais bientôt la tranquillité se rétablit, et les bras, qui s'étaient repliés et retirés, réparaissent
et s'étalent de nouveau. (Rymer Jones.)

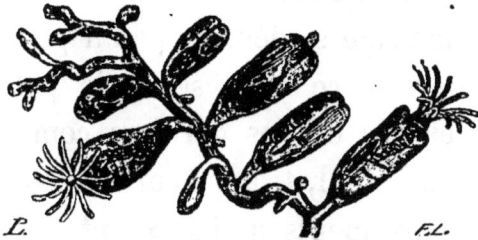

LAGONCULE RAMPANTE
(*Laguncula repens* Farre).

Les Animaux-mousse ont été bien étudiés par MM. Ehrenberg et J. W. Thompson, qui ont fait connaître les différences qui les éloignent des Polypiers ordinaires.

On les regarde comme des Mollusques dégradés[1].

La petite loge de chaque animalcule est formée par une
sorte de couvercle membraneux, qui se retourne comme le
doigt d'un gant toutes les fois que le Mollusque veut sortir.
Cette loge est plutôt une boîte qu'une maison.

Quand le Bryozoaire se déploie, un cercle de soies
microscopiques, d'une ténuité excessive, se montre tout
d'abord, s'élevant au-dessus du sommet de la cellule. Il
est suivi de son support, lequel est plus ou moins flexible.
Les tentacules passent ensuite entre les soies, et les poussent
de côté.

---

[1] Voyez les chapitres suivants.

Ces tentacules sont armés, sur le dos, d'une douzaine d'appendices semblables à des cheveux très-fins, attachés presque à angle droit. Ils ont de plus, de chaque côté, un nombre très-considérable de cils vibratiles.

Les cils vibratiles jouent un rôle très-important chez la plupart des animaux microscopiques. Il n'est peut-être pas d'organes plus répandus et plus simples, chargés de fonctions aussi utiles et aussi variées.....

Au moment où les tentacules paraissent à l'extérieur, la tunique de l'animalcule se déroule peu à peu.

Bientôt, le Bryozoaire étale ses jolis petits bras. Les appendices et les cils de ces derniers commencent leurs rapides vibrations. L'œil, trompé par la vivacité et par la régularité des mouvements qu'ils exécutent, croit voir des chapelets de gouttelettes de rosée balancés, tordus, noués et dénoués !

Les corpuscules qui flottent autour de l'animal sont violemment agités, comme s'ils étaient sous l'influence de quelque tourbillon. Malheur, dans ce moment, aux infortunés Infusoires que le hasard amène dans ce cercle fatal ! (Rymer Jones.)

Dans plusieurs espèces, les observateurs ont découvert un organe particulier, le *vibracule*, sur lequel nous arrêterons quelques moments notre attention. C'est un filament creux, situé à l'angle supérieur et extérieur de chaque cellule, rempli d'une substance comme fibreuse et contractile, qui lui permet d'exécuter des mouvements très-remarquables. Ces mouvements ont lieu à des intervalles réguliers, ordinairement très-courts. D'abord, le filament se porte vers le bas, frémit, oscille et semble balayer ; puis il revient sur lui-même, et descend dans la direction opposée, où il répète le même jeu, avec le même ordre et dans le même temps. Ces fonctions sont-elles, comme on l'a dit,

indépendantes, jusqu'à un certain point, de la volonté du
Bryozoaire? Quel est leur but? On pense que cet organe
sert à nettoyer et surtout à fortifier l'entrée de la cellule. Il
s'agite encore quelque temps après qu'on a mutilé ou tué le
petit animal. La pauvre bestiole malade ou morte est encore
défendue par son vibracule protecteur!

II

D'après ce qui précède, on voit que les animalcules des
Bryozoaires sont plus compliqués que ceux des Polypiers.
L'étude de leur anatomie confirme pleinement cette con-
clusion. Ainsi leur appareil digestif n'est pas réduit à un
simple sac avec un seul orifice. Il présente une bouche, un
pharynx, un œsophage, un gésier, un estomac membraneux, et des intestins avec une ouverture spéciale..... On a
décrit des espèces dans lesquelles le gésier semble pourvu
d'un certain nombre de dents intérieures, formant un merveilleux pavé, un moulin vivant, destiné à broyer la nourriture avant son entrée dans le second estomac.

L'organisme de la plus petite bête révèle à nos yeux
étonnés une combinaison savante, un art admirable qui
dépasse infiniment tout ce que l'industrie humaine pourrait
offrir de plus parfait!

III

Les savants s'accordent aujourd'hui à placer parmi les
Bryozoaires un certain nombre de faux Polypiers, dont les
animalcules étaient restés pendant longtemps mal étudiés
et mal connus, par exemple : les *Flustres* et les *Eschares*.

Les Flustres ont de petites loges plus ou moins cornées, groupées symétriquement comme les alvéoles des Abeilles. Tantôt elles composent des croûtes qui recouvrent les Algues et les autres corps marins, tantôt elles forment des feuilles minces ou des tiges rubanées. Dans certaines espèces, il n'existe de cellules que d'un seul côté; dans d'autres, il y en a sur les deux. Leurs orifices sont extrêmement petits et défendus par des épines microscopiques.

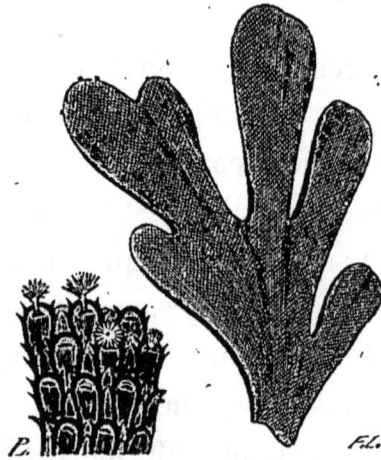

FLUSTRE FOLIACÉE
(*Flustra foliacea* Linné).

Leurs tentacules sont couverts de cils vibratiles (toujours des cils vibratiles!) disposés en séries droites, qui produisent, dans leurs mouvements, l'effet d'une rangée de perles animées qui rouleraient de la base à la pointe de l'organe.

Les Eschares forment des expansions comme foliacées. L'entrée de leurs cellules possède aussi son épine protectrice.

Les expansions représentent encore des ruches microscopiques, dont les citoyens jouissent à la fois d'une existence commune et d'une existence indépendante. Comme chez les Polypiers, chacun mange pour le compte de l'association et pour son propre compte. Travail et nutrition pour la république; travail et nutrition pour soi!

Très-probablement il règne, entre tous les habitants d'un même groupe, des sentiments de fraternité d'une nature particulière, dont nous n'avons aucune idée. Puisque ce qui est digéré par un membre de la famille profite jusqu'à un certain point à tous les autres, ne doit-il pas y avoir entre tous les divers individus, surtout entre les plus rapprochés, un lien physiologique plus ou moins étroit, lequel entraîne peut-être... un lien moral plus ou moins fort? Et, s'il en était ainsi, les animalcules d'une Flustre ou d'une Eschare ne devraient pas connaître le sentiment de l'égoïsme?.....

Que de combinaisons organiques et que de vitalités étranges sous le brillant azur de l'Océan!

CHAPITRE XVIII

LES MOLLUSQUES AGRÉGÉS.

> .....S'attachent l'un à l'autre
> Par un je ne sais quoi qu'on ne peut expliquer.
> (CORNEILLE.)

1.

Comme leur nom l'indique, les *Mollusques* sont des animaux essentiellement mous ou *mollasses*, comme disait Cuvier. Ils offrent pour caractère constant de n'être jamais articulés.

Leur chair est froide, humide, visqueuse, souvent grisâtre. Leur peau présente généralement un repli plus ou moins ample, souple, qui cède et qui résiste, désigné sous le nom de *manteau*.

Quelques-uns sont *nus*, c'est-à-dire sans organe solide de défense, du moins apparent, semblables aux Limaces de nos jardins. Ils ont alors, ou une peau épaisse et coriace, un véritable cuir protecteur, ou une enveloppe mince et délicate, dans laquelle s'épanouit au-dessus du cœur et du poumon une lame cornée ou crétacée (*Limacelle*), plus ou moins épaisse et plus ou moins dure, sorte de bouclier rudimentaire destiné à garantir les viscères les plus nobles.

Mais ordinairement ces animaux sont protégés, contre les flots et contre leurs ennemis, par une véritable cuirasse calcaire (*coquille*), double ou simple, dans laquelle ils s'enferment plus ou moins complétement, quand un danger les menace. On les appelle alors *testacés*, ou plus vulgairement, *coquillages*.

Chez les Vertébrés, ce sont les parties molles qui recouvrent la charpente calcaire. Chez les Mollusques, c'est la charpente calcaire qui recouvre les parties molles. L'idée de considérer le test comme un *squelette extérieur* est loin d'être nouvelle. Charles Bonnet disait, il y a longtemps : « *On pourrait regarder la coquille comme l'os de l'animal qui l'occupe.* »

Pour les gens du monde, la distinction des Mollusques en nus et en testacés est une distinction parfaite. Pour les naturalistes, l'absence ou la présence de la coquille est un caractère à peu près sans valeur. En effet, on trouve dans la mer toutes les nuances intermédiaires possibles entre les Mollusques nus et les Mollusques testacés. La nature ne passe jamais brusquement d'une forme à une autre.

Il existe des Mollusques, de vrais Mollusques, avec une demi-coquille, d'autres avec un quart de coquille, d'autres avec un cinquième, un dixième, un vingtième de coquille.....

On a même constaté que beaucoup d'espèces, tout à fait nues, sont couvertes, dans la première période de leur vie, par une coquille parfaitement caractérisée, quelquefois même pourvue d'un couvercle, qui disparaît pendant leur accroissement. (Sars.)

Pour quiconque aime à surprendre les secrets de l'organisme, l'étude de la formation et du développement de la coquille est une source très-féconde d'instruction.

Les Mollusques sont *Agrégés* ou *solitaires*. Nous parlerons d'abord des premiers, dont la constitution est la plus simple, et qui sont les plus rapprochés des Polypiers et des Bryozoaires.

Les Mollusques Agrégés sont *agglomérés*, comme les grappes de certains fruits, ou *enchaînés*, comme les grains d'un chapelet.

II

Les Mollusques agglomérés présentent des associations assez curieuses. Les principaux sont peut-être les *Ascidies* dites *sociales*, massés de gelée translucide, tantôt d'une

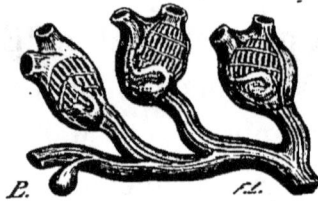

ASCIDIES SOCIALES
(*Perophora Listeri* Wiegmann).

teinte uniforme, verte, brune, rouge, violacée, souvent très-pâle ; tantôt, au contraire, multicolores et splendidement pointillées, rayées ou panachées.

Les Mollusques agglomérés sont attachés aux rochers, étalés à leur surface, comme des plaques de Lichens, ou suspendues à leurs arêtes, comme des groupes de glaçons. Les Varecs à larges feuilles abandonnés sur le sable après une tempête paraissent presque toujours couverts de ces animaux bizarres, protégés par leur manteau glaireux. Ces ensembles figurent quelquefois une pléiade de gracieuses étoiles, un bouquet, une rosette. Leurs individus élémentaires sont allongés ou arrondis, et souvent anguleux ou découpés.

Lorsqu'on introduit une de ces masses dans un aquarium, elle a l'air aussi apathique qu'une Éponge, et ne donne d'autre signe de vie apparent qu'un léger resserrement au pourtour des orifices. Mais, en l'examinant de près, on découvre qu'elle n'est pas aussi inanimée qu'on l'avait d'abord supposé, et que, par les mêmes ouvertures, entrent et sortent des courants d'eau extrêmement rapides, faisant parfois l'effet de tourbillons. (Rymer Jones.)

Les larves de ces animaux multiples sont isolées et libres. Alternance continuelle d'esclavage et de liberté!

A une époque de leur vie, ces larves se fixent. Quand l'animal a perdu la faculté de se mouvoir et qu'il a suffisamment grandi, on voit naître à la surface de son corps un certain nombre de petits tubercules qui s'allongent, se creusent et forment autant de nouveaux individus. Ceux-ci restent adhérents au corps de la mère, laquelle devient le fondateur d'une nouvelle colonie.

Il existe une très-grande diversité dans l'arrangement des membres de chaque association. Mais tous ces arrangements, quels qu'ils soient, présentent toujours un ordre rigoureux et une régularité géométrique.

Les habitants de ces brillantes compagnies sont plus ou moins nombreux, suivant les espèces; ils reçoivent en famille les mêmes rayons du soleil, les mêmes caresses de la vague, les mêmes coups de la tempête!... Tous remplissent leurs devoirs particuliers avec exactitude et zèle, sans trouble et sans humeur. L'accord le plus parfait règne

entre eux, comme entre les animalcules des Polypiers et
des Bryozoaires. Admirables communautés, dont les citoyens
sont plus intimes et plus *unis* que beaucoup d'autres !
N'est-ce pas là le beau idéal de l'association républicaine ?
E pluribus unum.

III

Un des genres les plus intéressants, parmi ces animaux,
a été désigné sous le nom de *Botrylle.*

Les individus de chaque corporation sont au nombre de

BOTRYLLE DORÉ
(*Botryllus gemmeus* Savigny).

dix, de quinze, de vingt, ovoïdes, oblongs ou piriformes, et
disposés comme les rayons symétriques d'une roue.

Quand on irrite une des branches de l'ensemble, un
seul Mollusque se contracte. Quand on tourmente le centre,
ils se contractent tous. (Cuvier.)

Les orifices buccaux se trouvent aux extrémités extérieures des rayons ; mais les terminaisons intestinales
aboutissent à une cavité commune, qui est au moyeu de la
roue.

Voilà donc des animaux qui mangent séparément et qui remplissent ensemble une singulière fonction! Ce genre d'union et de communauté nous rappelle ce qui se passait dans *Ritta-Christina*. Mais, chez nos Mollusques, au lieu de deux individus soudés, nous en avons une quinzaine!

On peut considérer l'étoile entière comme une seule bête à plusieurs bouches! Mais alors il y a, chez elle, luxe d'organes pour la fonction intelligente, qui cherche et qui choisit, et parcimonie pour la fonction stupide, qui ne cherche pas et qui ne choisit pas!

Chez les *Pyrosomes*, la colonie n'est plus adhérente. Elle constitue une masse brillamment colorée, cylindrique, creuse, ouverte à une extrémité, fermée à l'autre. Cette masse flotte et se balance sur les eaux comme la Plume de mer.

L'espèce surnommée *atlantique*[1] varie singulièrement dans ses nuances. Elle passe avec rapidité du rouge vif à l'aurore, à l'orangé, au verdâtre, au bleu d'azur, d'une manière vraiment admirable (Lamarck). Elle est, de plus, phosphorescente.

Le nom de *Pyrosome* signifie littéralement *corps de feu*. Humboldt a vu une troupe de ces splendides Mollusques côtoyer son vaisseau comme une bande de globes enflammés vivants, projetant des cercles de lumière de cinquante centimètres de diamètre, qui lui faisaient apercevoir à une profondeur de cinq mètres, et pendant plusieurs semaines, des Thons et d'autres poissons qui suivaient le navire.

Bibra, dans son voyage au Brésil, prit une fois sept ou huit Pyrosomes atlantiques et les porta dans sa cabine. A

---

[1] *Pyrosoma atlantica* Lamarck.

l'aide de leur lumière, il put lire, à l'un de ses amis, la description qu'il en avait faite sur son carnet[1].

IV

Les *Salpes* ou *Biphores* offrent un groupement qui ressemble beaucoup moins à celui des Polypiers. Ces animaux

CHAÎNES DE SALPES PHOSPHORESCENTES ENTRAÎNÉES PAR LES COURANTS.

ne sont plus agglomérés, mais disposés en séries. Ils font le passage des Mollusques que nous venons d'étudier aux Mollusques *solitaires*.

On trouve les Salpes réunies en longues files transparentes, d'une grande délicatesse de tissu : cordons composés d'individus placés côte à côte et greffés transversalement; rubans dans lesquels chaque bestiole est greffée bout à bout avec ses sœurs; doubles chaînes parallèles de

[1] Voyez le chapitre V.

créatures sociales, tantôt alternes, tantôt opposées.....
Merveilleuse symétrie qui ne déroge jamais aux lois qui
la régissent ! Chapelets vivants dont chaque perle est un
individu !

Ces sociétés voyageuses occupent jusqu'à 30 ou 40 milles
d'étendue.....

Leurs Mollusques élémentaires ont un corps oblong, à
peu près cylindrique ; irrégulier, contractile, souvent irisé,
quelquefois phosphorescent, ouvert à chaque extrémité ;
d'une transparence cristalline, avec une teinte rosée ou
rougeâtre à l'intérieur.

Les colonnes de Salpes glissent dans les eaux tranquilles
par des ondulations régulières. Les petites nageuses de
chaque file se contractent et se dilatent simultanément.
Elles manœuvrent de concert comme une compagnie de
soldats bien disciplinés ; chaque série ne semble offrir
qu'un seul individu qui flotte en serpentant. Les matelots
ont donné à la chaîne le nom de *Serpent de mer*. (Rymer
Jones.)

Ces animaux nagent habituellement le dos en bas : ils font
la *planche*. Ils se meuvent surtout en aspirant une certaine
quantité d'eau par l'ouverture postérieure (qui est munie
d'une valvule) et en la rejetant par l'orifice antérieur. En
sorte que leur corps est toujours poussé en arrière, et qu'il
chemine à reculons (Cuvier). Bizarre locomotion, qui ne
ressemble en rien à celle des autres animaux !

Lorsqu'on retire de l'eau ces chaînes animées, leurs
anneaux se séparent, et leurs individus se désagrègent.
La compagnie est licenciée. Les Salpes perdent la
faculté d'adhérer ensemble ; les soldats ne peuvent plus
s'aligner.....

On rencontre quelquefois, dans la mer, des Salpes *solitaires*. On serait tenté de les regarder comme d'un genre

différent, si de récentes découvertes n'avaient prouvé que
ce sont les mères ou les filles des Salpes enchaînées. On a
constaté, en effet, que ces petites Salpes solitaires s'unissent
ensemble en longs rubans à une époque de leur vie, et que
ceux-ci engendrent des Salpes isolées. En un mot, les Salpes
enchaînées ne produisent pas des Salpes enchaînées, mais
des Salpes solitaires, et celles-ci, à leur tour, donnent nais-

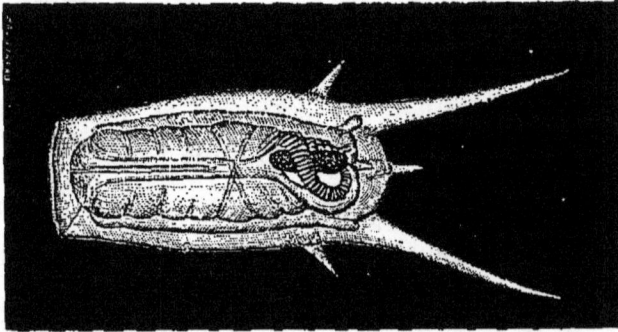

SALPE SOLITAIRE
(*Salpa democratica* Forskål).

sance non à des individus distincts comme elles, mais à
des Salpes enchaînées. Par conséquent, une Salpe n'est pas
organisée comme sa mère, ni comme sa fille, mais elle
ressemble à sa sœur, à sa grand'mère et à sa petite-fille.
(Chamisso, Krohn, Milne Edwards.)

Que de recherches ne faut-il pas, que de patience et
que de temps, pour arracher à la nature un admirable
secret, que l'on apprend souvent en trois minutes!

Malgré leur organisation si limitée et leurs fonctions si
réduites, les Salpes vivent et se reproduisent aussi certainement et aussi heureusement que les autres animaux.
Elles s'élancent après leur proie ou l'attendent à l'affût.
Elles ont des appétits, des instincts, peut-être même des
caprices..... Véritables sybarites, elles passent leur vie

à manger et à dormir; elles se promènent toujours en compagnie, sans trouble et sans fatigue; elles sont balancées constamment, doucement et mollement..... Ces associations enrégimentées ne révèlent-elles pas tout un monde nouveau de conditions particulières, de phénomènes collectifs et de sentiments confondus?

CHAPITRE XIX

LES MOLLUSQUES ACÉPHALES.

Mais de cervelle point !
(La Fontaine.)

Les Mollusques solitaires sont les vrais Mollusques. Il en existe un très-grand nombre. On peut les ranger tous sous deux types généraux. Les uns *sans tête*, c'est-à-dire à structure plus ou moins simple : on les appelle *Acéphales*. Les autres pourvus d'une tête, c'est-à-dire à structure plus ou moins compliquée : on les nomme *Céphalés*.

Occupons-nous d'abord des Acéphales.

Ces Mollusques sont tantôt nus, et tantôt enfermés dans une coquille (*testacés*).

I

Les Acéphales nus rampent sur les rochers, sur les fucus et sur les animaux. Il y en a qui flottent en peuplades innombrables à la surface de la mer. Quelques-uns, collés contre les corps solides, ne paraissent avoir aucun mode de progression bien caractérisé.

Parmi ces Mollusques, mentionnons d'abord les *Ascidies*

solitaires. Pauvres Ascidies! Figurez-vous des animaux en forme de sac irrégulier, qui adhèrent par une extrémité à quelque pierre ou à quelque coquille, et qui sont condamnés à vivre, à se reproduire et à mourir, sans changer de position. On en pêche fréquemment, à Cette, une espèce bien connue, qui ressemble à un objet dégoûtant. On l'appelle *Bichus*[1]. On la dépouille de sa peau coriace, épaisse, ridée, d'un gris brunâtre; on isole ses viscères, qui sont d'un jaune pâle, et on les mange. Ils ont un goût d'abord salé, puis douceâtre, puis un peu piquant et comme poivré.

Ces Mollusques présentent deux orifices, à marge quelquefois ciliée, par lesquels, à la moindre pression, ils projettent avec beaucoup de force une certaine quantité d'eau[2]?

Les Ascidies n'ont pas de mains, ni de lèvres pour saisir leur proie. Leur bouche est placée très-défavorablement; elle se trouve au fond du sac, et non à l'une de ses extrémités. Mais la nature n'a pas oublié qu'un animal, avant tout, doit se nourrir. La surface interne de la poche viscérale est couverte d'une multitude de cils vibratiles très-serrés, qui produisent dans l'eau de forts courants, tous dirigés vers l'orifice buccal. Vus au microscope, les cils dont il s'agit, font l'effet de roues ovales délicatement dentelées, tournant continuellement de gauche à droite. Ce mouvement engendre de toutes petites vagues; celles-ci entraînent les substances alimentaires vivantes ou inanimées, qui entrent dans le sac avec l'eau de la respiration, et les conduisent ainsi jusqu'à la bouche. Ainsi, chez ces curieux animaux (comme du reste chez beaucoup d'autres),

---

[1] Cette Ascidie se vend, au marché, 2 centimes et demi la pièce (15 mars 1863).

[2] « *Ascidiæ exspuunt aquam tamquam e siphone.* » (LINNÉ.)

manger et respirer sont deux fonctions qui se confondent! La Providence est économe d'organes, quand il faut!

Quelques auteurs attribuent des yeux aux Ascidies. Ils regardent comme tels six ou huit taches rouges (dans les organisations inférieures, les yeux sont souvent rouges) disposées en cercle autour des orifices de la peau. Il est difficile de comprendre à quoi serviraient des yeux chez des animaux privés de la faculté de se mouvoir et dont la structure est si dégradée. Mais qui sait, dit un savant naturaliste, de quelles *nonchalantes jouissances* les Ascidies peuvent être susceptibles? (Rymer Jones.)

Les larves des Ascidies ne sont pas adhérentes comme leur mère. Elles se transportent librement d'un endroit dans un autre; elles nagent. Leur corps est rougeâtre. Elles ont une grosse tête presque opaque, avec une tache noire antérieure, et une petite queue aplatie qui constitue leur principal instrument de natation. Elles ressemblent à un têtard de Grenouille ou de Crapaud.

A l'époque où ces larves doivent se fixer, voici ce qui arrive. Elles appuient leur tête contre un corps solide, et restent là, la queue en l'air. Représentez-vous des baladins qui feraient l'*homme droit*. En même temps, leur face s'élargit et semble se creuser. L'animal sort alors de son calme habituel; il témoigne, par de violentes commotions, que ce n'est pas volontairement qu'il est retenu. L'amour de la liberté semble plus fort chez lui que le besoin de la transformation. Il fait tous ses efforts pour se dégager. Les vibrations de sa queue deviennent si rapides, qu'on ne peut presque plus la distinguer. Hélas! la pauvre bête est collée, solidement collée et pour toujours collée! Enfin cette agitation s'apaise. Une matière sort des bords de la tête, s'étale sur le corps solide, et la larve demeure irrévocablement fixée. La queue disparaît ; elle n'était plus bonne à rien. Une tunique résistante s'organise autour de l'animal, et, sur les marges de la partie adhérente, surgissent de nombreuses saillies radiculaires qui assurent sa fixation. (J. Dalyell.)

L'Ascidie adulte et immobile se rappelle-t-elle les courses vagabondes de son premier âge? Le Papillon se souvient-il du ramper de la chenille?

L'*Ascidie laineuse*[1], contrairement aux habitudes de ses congénères, est libre. Ici l'adulte a conservé les prérogatives de l'enfant. Cette espèce habite dans les eaux profondes, parmi le sable. Son sac est arrondi et d'un brun rougeâtre, avec l'intérieur des orifices écarlate. On ignore si l'extrémité inférieure du Mollusque est ou non enfoncée dans le sol; mais, en captivité, l'Ascidie reste couchée horizontalement, sans faire le moindre effort pour descendre plus bas ou pour changer de position. (Rymer Jones.)

II

Les Acéphales testacés sont plus nombreux que les Acéphales nus.

On les appelle *bivalves*, parce qu'ils possèdent une coquille à deux battants (*valves*). Ils sont abrités dans cette double carapace comme un livre dans sa couverture.

Quoiqu'ils manquent de tête, ils se nourrissent, ils sentent et ils se reproduisent. Ils ont des amitiés et des inimitiés, peut-être même des passions..... Toutefois ces dernières ne doivent pas être bien vives; car la plupart de ces animaux ont de la peine à changer de place, même à faire

---

[1] *Ascidia ampulla* Bruguière.

le moindre mouvement. Plusieurs demeurent fixés au rocher qui les a vus naître. Or, les sentiments tumultueux ne sont guère compatibles avec l'immobilité.....

Les bivalves sont répandus dans toutes les mers. On trouve partout des *Vénus*, des *Tellines* et des *Arches*. Quelques espèces semblent cantonnées dans certaines régions : les *Pandores* n'appartiennent qu'aux mers du Nord; les *Cames* ne prospèrent, au contraire, que dans la zone australe. Les *Tridacnes* n'ont été encore trouvées que dans les eaux situées entre l'Inde et l'Australie.....

Les bivalves habitent dans le sable ou dans la vase, sur des rochers et au milieu des plantes aquatiques. Ils peuvent vivre à de très-grandes profondeurs. La sonde a retiré, de 2800 mètres, une *Huître* et une *Pèlerine* pleines de vie et de santé (A. Edwards).

Les bivalves ont une coquille ovoïde, globuleuse, trigone, en forme de cœur, allongée comme une gousse ou aplatie comme une feuille. Cette coquille est une sorte d'étui à charnières, composé de battants égaux ou inégaux. Parfois l'un de ces battants est bombé et l'autre plat. Leur partie antérieure ressemble à la postérieure, ou en diffère d'une manière plus ou moins tranchée.

Les deux valves peuvent offrir plusieurs pièces accessoires; de là le nom de *multivalves* que les anciens avaient donné aux coquilles ainsi organisées.

Les bivalves, un peu locomotiles, changent de place à l'aide d'un pied charnu extensible, qui ressemble moins à un véritable pied qu'à une grosse langue. Cet organe varie beaucoup quant à sa forme. C'est tour à tour une hache, une ventouse, une perche, une alène, un doigt, une sorte de fouet, une espèce de ressort. Ce pied est simple, fourchu ou frangé. Chez quelques espèces, son tissu paraît spongieux et capable de recevoir une quantité d'eau considérable. Alors l'organe se gonfle, s'allonge et se roidit. Puis, expulsant brusquement tout le liquide qu'il contient, il redevient petit et flasque, et peut rentrer dans la coquille.

Les Mollusques se servent de leur pied très-habilement.

TELLINE ÉLÉGANTE
(*Tellina pulcherrima* Sowerby).

Ils l'étendent, le fixent par l'extrémité, le contractent sur son point d'appui, et se portent en avant. Réaumur a comparé la progression de ces animaux à celle d'un homme placé sur le ventre, qui allonge un bras, saisit un

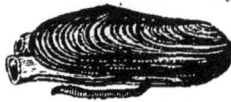

MODIOLE LITHOPHAGE
(*Modiola lithophaga* Lamarck).

objet solide et entraîne son corps vers cet objet. Il y a cette seule différence que, chez le Mollusque, le membre se contracte tout entier.

Dans quelques cas rares, le bivalve agit exactement en sens inverse : il appuie fortement son pied contre le sable, le roidit, et fait reculer son corps, à peu près comme le batelier qui dirige sa nacelle en pressant avec sa rame contre le fond de la rivière.

Certains Acéphales exécutent de petits bonds et même de véritables sauts, mais c'est par un autre mécanisme :

LIMA TENERA

c'est en ouvrant et fermant leurs valves à plusieurs reprises
et brusquement. Les *Pèlerines* s'élancent quelquefois à
travers les ondes pour éviter un danger. Les *Limes* [1] volti-
gent dans l'eau *comme les papillons dans l'air*, avec la
même légèreté et la même étourderie; leur locomotion est
favorisée par une centaine de tentacules allongés, grêles,
cylindriques, très-contractiles et très-mobiles, placés sur
les bords du manteau, et composés de nombreux petits
articles qui rentrent, au besoin, les uns dans les autres.
(Deshayes.)

III

Les *Manches de couteau* ou *Solens* s'enfoncent verticalement et profondément dans le sable. Leurs places sont
indiquées par des trous qui correspondent au siphon de
l'animal. Quand le Mollusque est alarmé, il rejette hors
de son trou une certaine quantité de liquide, qu'il lance
comme un petit jet d'eau. Ces Mollusques s'enterrent avec
leur énorme pied conique, qu'ils allongent outre mesure;
ils en font une dague naturelle qui s'aplatit, se fait pointue
et perfore admirablement le terrain, puis qui redevient
cylindrique, se renfle à l'extrémité et tire le coquillage de
haut en bas. Il faut très-peu de temps pour qu'un Manche
de couteau ait pénétré à une profondeur de 50 centimètres.

Les *Dalles de mer*, les *Pétricoles*, les *Saxicaves* et les
Pholades se pratiquent une résidence dans le bois et dans
les pierres. Leur cellule semble faite avec un emporte-
pièce. Les Mollusques y sont logés étroitement, comme
dans un étui, à pli de corps.

---

[1] Voyez la planche X, de la *Lima tenera*, que nous devons à l'obligeance de
M. Deshayes.

Comment ces animaux parviennent-ils à creuser les matières les plus dures? Aldrovande croyait qu'ils naissaient dans le sein même de la roche, pendant qu'elle était encore molle. Réaumur pensait qu'ils y entraient à cette même époque. Mais comment naissaient-ils ou s'introduisaient-ils dans le bois? D'autres ont supposé que le courant d'eau déterminé par leur respiration entamait

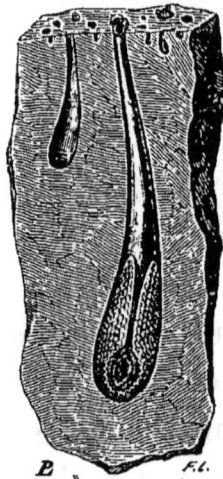

PHOLADE DANS UNE PIERRE
(Pholas dactylus Linné).

à la longue les solides, comme la goutte d'eau use le granit. Mais la loge d'une Pholade est creusée en quelques mois! Suivant quelques-uns, le pied et le bord du manteau, pénétrés de particules siliceuses, frottent le roc comme du papier de verre, et râpent peu à peu le calcaire ou le silex. Suivant d'autres, le Mollusque est pourvu d'un liquide dissolvant qui attaque la substance dans laquelle il veut entrer. Enfin, un grand nombre soutiennent que l'animal perfore par un mouvement rotatoire de sa coquille, laquelle agit comme une sorte de tarière. Ces deux dernières opinions paraissent les seules vraies. Les bivalves qui se logent dans les calcaires tendres y entrent, les uns à l'aide d'une sécrétion acide, les autres par un moyen mécanique. Les bivalves qui creusent le gneiss, le grès, le bois, se servent du moyen mécanique seulement (Cailliaud). Tous ces Mollusques pénètrent de plus en plus profondément, et rendent leur demeure de plus en plus spacieuse à mesure qu'ils grossissent.

La perforation des bivalves est en définitive un combat

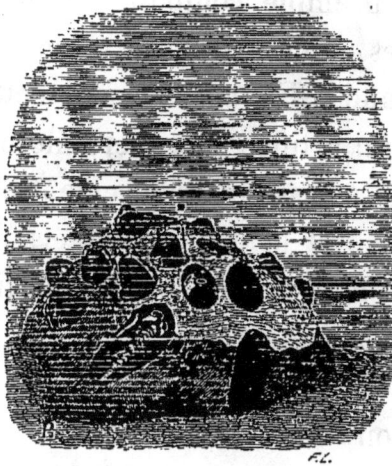

MODIOLES LITHOPHAGES DANS UN ROCHER.

entre un corps dur et un corps mou, singulier combat dans lequel le corps mou a le dessus. Pourquoi triomphe-t-il? Parce que la vie domine et dominera toujours la matière. Le corps mou est animé, et le corps dur est inerte !

Il est des bivalves qui produisent une soie résistante, brune ou dorée, dont ils forment des câbles (*byssus*) qui les amarrent solidement aux rochers. Chez les *Moules*, le byssus est court et rude ; chez les *Pinnes*, il est long et soyeux. On a essayé de filer et de tisser ce dernier. Les habitants de Tarente en font des gants et des bas. On en fabrique aussi des draps d'un brun fauve assez brillant, recherchés pour leur finesse et leur moelleux. On en a vu de très-beaux, à Paris, à l'exposition de l'an IX et à celle de 1855. M. J. Cloquet a offert, l'année dernière, à la Société zoologique d'acclimatation, une paire de mitaines faites de byssus de Pinne.

Chez quelques espèces, le byssus sert au Mollusque, non-seulement à s'attacher aux divers corps, mais encore à réunir ensemble de petites pierres, des morceaux de Corail, des fragments de coquilles et d'autres matières solides, dont l'ensemble compose un manteau raboteux, dans lequel elles attendent leur proie, patiemment et à l'abri (Draparnaud). En construisant cette enveloppe, le Mollusque, par un artifice singulier, file et tisse la matière de son byssus, la tapisse intérieurement d'une couche plus fine et plus unie, et la renforce extérieurement avec les petits corps durs dont il vient d'être question, qu'il associe avec adresse et maçonne avec solidité. Son travail est donc en même temps, celui du tisserand, celui du tapissier et celui du maçon !

Ainsi vêtus d'un habillement calcaire ou d'un manteau feutré, enfoncés dans une roche ou attachés par un câble, les bivalves, animaux très-mous et très-délicats, peuvent vivre sans avaries et sans trouble, au milieu d'un élément toujours agité, quelquefois turbulent, souvent terrible !...

IV

Les plus petits bivalves ont à peine un demi-millimètre de longueur.

L'espèce la plus grande, la *Tridacne gigantesque*[1], peut

---

[1] *Tridacna gigas* Lamarck.

dépasser un mètre. On l'appelle vulgairement *Bénitier*, parce qu'on se sert de ses valves, dans les églises, comme réservoirs d'eau bénite. Il en existe un bel échantillon à Montpellier, dans l'église de Sainte-Eulalie. Il y en a deux autres encore plus grands, à Paris, dans l'église de Saint-Sulpice. Ces derniers avaient été envoyés en présent à François Ier, par la république de Venise. Le curé Languet se les fit donner par Louis XIV. On dit que l'animal de ce bivalve, isolé, peut atteindre le poids de 15 kilogrammes, et que chaque valve peut dépasser celui de 300 !

Le manteau des Acéphales est une sorte de tunique membraneuse très-grande, à deux pans, épaissie et même frangée sur les bords. Ce manteau les protége, et il est lui-même protégé par les deux volets de la coquille.

L'animal possède quelquefois des yeux et des oreilles; mais, comme il n'a pas de tête pour les porter, ses yeux sont placés à la marge du manteau, et ses oreilles dans le ventre !.....

Les *Tellines*, les *Pinnes*, les *Arches*, les *Pétoncles*, ont des organes oculaires assez distincts, mais très-petits. Ces animaux sont, du reste, très-myopes, et le grand jour les éblouit.....

Les oreilles sont de petites ampoules qui contiennent un caillou microscopique suspendu dans une goutte d'eau.....

Lorsque l'on compare entre eux les organes des diverses espèces animales, on reconnaît bientôt qu'ils passent de l'état le plus simple à l'état le plus compliqué par des nuances infinies. Mais les parties de ces mêmes organes n'arrivent pas toutes à la même perfection d'un pas égal. Il en est même qui s'arrêtent en route, pendant que d'autres accomplissent leur évolution.

Ce qui a lieu entre les éléments d'un même organe s'effectue de la même manière entre les organes d'un même

appareil ou entre les appareils d'un même organisme[1]. Il
semble même exister une harmonie compensatrice qui préside à ces inégalités de développement, souvent si pronon-
cées, accordant à certaines parties ce qu'elle refuse à d'autres, de telle sorte que le budget de la nature se maintient
toujours dans un équilibre parfait. (Gœthe.)

V

C'est parmi les Mollusques Acéphales que se trouvent
les redoutables animaux marins connus sous le nom de
Tarets.

Ces Vandales d'un nouveau genre attaquent tous les
bois submergés, à peu près comme les larves de certains
insectes attaquent les bois exposés à l'air. En quelques
mois, en quelques semaines, des planches épaisses, des
poutres de sapin, des madriers de chêne, sont vermoulus
de manière à n'offrir aucune résistance et à céder au
moindre choc. On a vu des navires s'ouvrir en pleine mer
sous les pieds des marins, que rien n'avait avertis du
danger.

Linné appelait les Tarets, la *calamité des navires (cala-
mitas navium)*.

Dans le commencement du siècle dernier, la moitié de
la Hollande faillit périr sous les flots, parce que les pilotis
de toutes ses grandes digues avaient été minés par les
Tarets. Il en coûta des millions pour résister aux désordres
produits par un chétif animal!

Les Tarets ont le corps allongé, vermiforme, mou, demi-

---

[1] Voyez le chapitre XXX.

transparent, d'un blanc légèrement grisâtre, terminé à une extrémité par une partie arrondie, improprement appelée *tête*, et à l'autre par une sorte de queue bifurquée.

Ils peuvent atteindre jusqu'à 25 centimètres de longueur.

TARET COMMUN
(*Teredo navalis* Linné).

Ils sont enfouis dans un long étui creusé aux dépens du bois, la partie céphalique au fond et la queue bifide en haut.

Les parois de l'étui sont revêtues d'un enduit mucoso-calcaire blanchâtre, très-fin, qui en rend les murs à la fois plus unis et plus solides.

La partie arrondie ou céphalique du Mollusque offre -deux petites valves très-minces et très-fragiles, semblables à deux demi-coques de noisette. Ces valves sont immobiles et ne protégent qu'une très-faible portion de l'animal.

Les Tarets forment en quelque sorte le passage entre les Acéphales nus et les Acéphales bivalves.

Leur manteau constitue une espèce de fourreau charnu ;

il se divise en deux tubes que le Mollusque allonge et raccourcit à volonté. L'un de ces tubes sert à introduire l'eau aérée, qui va baigner les organes de la respiration et apporter jusque dans la bouche les molécules organiques dont le bivalve se nourrit. L'autre rejette au dehors cette eau épuisée, ainsi que les résidus de la digestion qu'elle entraîne en passant.

Les organes du Taret, au lieu d'être placés *à côté* les uns des autres, sont disposés les uns *derrière* les autres, à cause de la forme étroite et allongée de l'animal.

Quand on réfléchit à la *mollesse* des Tarets, on a peine à comprendre comment ils peuvent entamer et détruire les bois les plus durs.

La larve de ce Mollusque est pourvue d'une couronne de cils natatoires. Elle nage avec facilité, monte et descend, cherchant le bois dans lequel elle doit pénétrer. Quand elle a rencontré une pièce à sa convenance, elle se promène quelque temps à sa surface, à la manière des chenilles arpenteuses. Elle y exerce une pression en se mouvant de droite à gauche et de gauche à droite, et pratique d'abord un tout petit godet dans lequel elle loge la moitié de son corps. Le jeune Taret se recouvre alors d'une couche de substance muqueuse qui se condense, brunit un peu, et offre au centre un et quelquefois deux petits trous pour le passage des siphons. Cette première couche, qui le lendemain, et surtout le troisième jour, devient calcaire, est l'origine du tube de l'animal. On ne peut voir ce qui se passe au-dessous, à cause de son opacité. Mais en sacrifiant et en détachant du bois quelques jeunes individus, on reconnaît que l'animal sécrète, avec une très-grande promptitude, une nouvelle coquille blanche, tout à fait semblable à celle de l'adulte, parsemée, comme cette dernière, de stries à dentelures très-fines.

L'apparition de la nouvelle coquille coïncide si exactement avec la térébration du bois et la formation rapide
d'un trou relativement profond, qu'on doit la considérer évidemment comme l'instrument principal de la
perforation.

Le jeune Taret mange les molécules du bois râpé.
(L. Laurent.)

On protége les bois contre les ravages des Tarets en
enfonçant dans leur tissu des clous à grosse tête. Ces clous
se rouillent par l'action de l'eau salée, et le bois se trouve
bientôt couvert d'une épaisse cuirasse d'oxyde de fer. Les
Tarets éprouvent une forte antipathie contre la rouille et
respectent le bois qui en est imprégné. On pourrait encore
empoisonner le tissu ligneux avec le procédé bien connu
du docteur Boucherie. On garantit les navires en les dou-
blant de cuivre.

CHAPITRE XX

L'HUITRE.

« *Mensarum palma et gloria!* »
(Pline.)

I

Les sociétés protectrices des animaux accordent des récompenses aux personnes sensibles qui ont entouré de soins affectueux la vieillesse des chiens et des chevaux ; elles recommandent les bons traitements et la douceur envers tous les quadrupèdes, voire même envers les oiseaux, et blâment sévèrement les hommes endurcis qui les frappent, les blessent, les torturent[1]. Dans leur excès de zèle, elles voudraient même décider l'autorité à défendre aux professeurs, dans les écoles vétérinaires et dans les facultés, de faire des opérations et des expériences sur les animaux vivants.

On sait que le *fidèle ami de l'homme* était déjà, du

[1] « Malheur à l'homme qui ne sait pas compatir aux souffrances des animaux, les alléger dans leurs peines, leur accorder des soins qui assurent leur force et la durée de leurs services ! Malheur à celui qui les traite avec violence ! » (Buffon)

temps de Linné, une des principales victimes des expérimentateurs (*anatomicorum victima!*).

D'un autre côté, la loi Grammont punit les charretiers et les cochers qui traitent leurs solipèdes un peu trop brutalement.

Eh bien! les sociétés protectrices et la loi Grammont n'ont jamais rien dit sur la conduite barbare des hommes... envers les pauvres Huîtres!

Essayons de combler cette lacune.

On commence par pêcher les Huîtres, c'est-à-dire par les tirer de leur élément. On les place ensuite dans des parcs d'eau plus ou moins saumâtre, malpropre, remplie d'une vilaine matière verte, qui s'introduit peu à peu dans leur appareil respiratoire, l'imprègne, l'obstrue et le colore. L'Huître se gonfle, engraisse, et arrive bientôt à un état d'obésité voisine de la maladie.

Quand la misérable n'en peut plus et que son séjour dans un pareil milieu l'a rendue d'un vert livide, on la pêche une seconde fois. Hélas! elle ne doit plus revoir ni la mer, ni son parc, ni son rocher natal! Elle n'aura d'autre eau à sa disposition que la petite quantité de liquide retenue entre ses deux coquilles, quantité à peine suffisante pour l'empêcher d'être asphyxiée.

Bientôt les Huîtres sont enfermées dans une bourriche étroite et obscure (prison ignoble, sans porte ni fenêtre!). On oublie que ce sont des animaux; on les empile comme une marchandise inerte, on les entasse comme des pavés...

La bourriche est emportée et secouée par un chemin de fer. Elle s'arrête devant un restaurant.

Nous voici au moment le plus critique pour les malheureuses bêtes. Une femme sans pitié les saisit l'une après l'autre; avec un gros couteau ébréché, elle ampute brutalement la partie de leur corps adhérente à la coquille plate, et détache violemment cette coquille, après avoir rompu la charnière[1].

Cette cruelle opération terminée, l'animal est exposé aux courants d'air, sans aucune précaution. On l'apporte tout souffrant sur une table. Là un gastronome impitoyable jette du poivre pulvérisé ou du jus de citron (c'est-à-dire des acides citrique et malique) sur le corps de l'infortunée et sur la blessure encore saignante. Eheu! Puis avec un petit couteau d'argent, *qui ne coupe jamais*, on incise une seconde fois la reine des Mollusques, ou, pour mieux dire, on la scie, on la déchire, on l'arrache de son battant concave. On la saisit avec deux crocs pointus qu'on enfonce dans son foie et dans son estomac, et on la précipite dans la bouche. Les dents la pressent, l'écrasent, la broient toute vivante et toute palpitante, réduisant à une masse informe ses organes d'abord meurtris, puis triturés, imbibés de son sang, de sa graisse et de sa bile!!!

On dira peut-être que les Huîtres n'ont ni tête, ni jambes, ni bras; qu'elles sont sans yeux, sans oreilles et sans nez; qu'elles ne bougent pas, qu'elles ne crient pas!.....

D'accord! parfaitement d'accord! mais tous ces caractères négatifs ne les empêchent pas d'*être sensibles*. Deux célèbres Allemands, MM. Brandt et Ratzeburg, ont montré qu'elles possèdent un système nerveux assez développé. Or, si elles sont sensibles, elles peuvent souffrir. Ce qu'il fallait démontrer[2]!

Hâtons-nous toutefois de tranquilliser les pêcheurs, les éducateurs, les vendeurs, les ouvreuses et les consomma-

---

[1] Les anciens ouvraient les Huîtres sur la table même. Sénèque le dit très-expressément.

[2] « L'animal a-t-il des nerfs pour être impassible? Qu'on ne suppose pas cette impertinente contradiction dans la nature. » (VOLTAIRE.)

teurs ! On excuse l'indifférence des sociétés protectrices et le mutisme de la loi Grammont, par l'énorme différence qui existe entre ces Mollusques imparfaits et les animaux supérieurs, différence si grande, que leur physionomie ne rappelle pas l'idée que les gens du monde se font d'un animal. Ce sont des citoyens d'un autre élément que le nôtre, vivant dans un milieu où nous ne vivons pas, offrant une structure dégradée, une vitalité obscure, des mouvements indécis et des mœurs insaisissables..... On peut donc les voir mutiler, les mutiler soi-même, les mâcher et les avaler sans émotion et sans remords !

Un savant des bords de la mer se fit un jour apporter une douzaine d'Huîtres. Il voulait étudier leur organisation. Il les tourna, les retourna, examina leurs diverses parties en dehors et en dedans, les dessina et les décrivit. Après son travail, ces intéressants Mollusques n'avaient rien perdu de leurs excellentes qualités, et leur étude ne *porta aucun préjudice à la consommation.*

Cette histoire nous paraît apocryphe ; parce que généralement, quand on a disséqué une bête, bien ou mal, on n'est guère tenté de la manger. Il y a plus : les zoologistes, qui connaissent *ex professo* l'organisation des Huîtres, cherchent ordinairement à ne pas penser à leurs dissections passées, ou à s'étourdir sur leur savoir, quand ils veulent savourer sans répugnance ces très-estimables animaux.

C'est pourquoi nous avons hésité quelque temps à placer dans cet ouvrage un exposé plus ou moins anatomique de ce qu'on a écrit sur les organes de nos illustres et malheureux bivalves.....

Du reste, nous supplions le lecteur, s'il est au moment de déjeuner avec des Huîtres, de ne pas lire les détails que nous allons donner. Nous ne voulons dégoûter personne.

II

Supposons devant nos yeux une Huître bien grasse, bien fraîche, bien ouverte, bien épanouie dans son battant concave.

Nous voyons d'abord un animal très-aplati, compacte, mou, demi-transparent, grisâtre ou gris verdâtre. Sa figure ressemble grossièrement à celle d'un ovale dont on aurait tronqué le petit bout. La partie tronquée répond à la charnière des battants et représente le sommet du coquillage. La ligne courbe qui naît à gauche forme sa partie antérieure; celle qui naît à droite, et qui est moins arrondie, représente sa région postérieure ou son dos, et le gros bout de l'ovale représente sa partie inférieure. Au sommet de l'animal, on aperçoit un corps semblable à un petit coussin irrégulièrement quadrilatère et légèrement renflé.

L'Huître est revêtue d'un *manteau* très-ample, mince, lisse, contractile, plié sur lui-même, offrant deux lobes séparés dans la plus grande partie de sa circonférence, c'est-à-dire en avant, au gros bout de l'ovale, et en arrière, vers la partie inférieure. Ce manteau peut être comparé à une sorte de capuchon fortement comprimé, dont le sommet serait tourné vers la charnière. Les bords de cette tunique sont légèrement épaissis; on y remarque une multitude de petits corps ciliés, disposés sur un rang du côté intérieur, qui est comme frangé, et sur trois ou quatre rangs du côté extérieur, qui est comme plissé et festonné. Ces corps paraissent doués d'une sensibilité assez vive. L'animal peut les allonger et les raccourcir à volonté.

Si l'on écarte les lobes du manteau en avant, on observe

à l'endroit de leur réunion, dans l'intérieur du repli, quatre pièces irrégulièrement triangulaires, plates, appliquées les unes contre les autres. Ce sont les parties de l'animal chargées de choisir sa nourriture et de l'introduire dans la bouche. On les appelle *tentacules* ou *palpes labiaux*. La *bouche* est située au milieu ; elle paraît grande et dilatable ; elle s'ouvre immédiatement dans l'*estomac*. Celui-ci a la forme d'une poche cylindrique ; il est caché dans l'intérieur du coussinet quadrilatère. De la partie postérieure de l'estomac part un *intestin* grêle, sinueux, qui se dirige obliquement vers le côté antérieur, descend un peu, puis remonte, passe derrière la cavité stomacale, se boucle en haut d'arrière en avant, descend vers le dos, et se termine à sa partie moyenne par un canal flottant, dont l'extrémité est à peu près en forme d'entonnoir. Là on trouve l'ouverture par où sont expulsés les excréments.

L'estomac et l'intestin sont entourés de tous côtés et pressés par une matière épaisse, noirâtre, abondante, pénétrée d'une liqueur d'un jaune foncé. Cette matière n'est autre chose que le *foie ;* la liqueur jaune, c'est la *bile*.

Ainsi, en résumant, on peut dire que les Huîtres ont l'estomac et l'intestin dans le foie, l'ouverture de la bouche sur l'estomac et l'ouverture de l'intestin dans le dos.

Depuis longtemps, les gastronomes ont constaté que le coussinet quadrilatère était, dans nos coquillages, la partie la plus savoureuse et la plus excitante. Aussi, aux environs de Cette, où les Huîtres sont fort grandes, certains amateurs, très-distingués, adoptent et proclament le principe de diviser transversalement le corps du Mollusque et de manger seulement le coussinet. L'histoire naturelle a expliqué cette petite découverte de la gastronomie. Elle a reconnu que c'est la bile sécrétée par le foie et contenue dans sa substance, qui active, qui effrite chez nous la surface gustative de la langue et du palais, et qui vient encore en aide aux fonctions de l'estomac.

Au-dessous du foie paraît le *cœur* (car les Huîtres ont un cœur), composé de deux cavités distinctes, une *oreillette* et un *ventricule :* la première presque carrée, à parois épaisses et d'un brun noir ; la seconde en forme de petite poire, à parois minces et comme grise. Les deux angles antérieurs de l'oreillette reçoivent chacun un gros *vaisseau*, dans lequel s'ouvrent trois autres conduits formés par la réunion de plusieurs veines déliées. La pointe du ventricule donne naissance à un *canal* qui se sépare, à sa sortie, en trois branches divergentes : l'une qui se dirige vers la bouche et les tentacules ; la seconde, qui se rend au foie ; la troisième, qui fournit aux parties inférieures et postérieures du Mollusque.

Le cœur entoure étroitement, embrasse, si l'on veut, la partie terminale de l'intestin, le *rectum ;* de telle sorte que celui-ci semble passer sans façon au milieu du noble organe, pour arriver plus vite à sa porte de sortie. Quand le cœur se contracte, il pousse le sang, mais il pousse aussi bien autre chose !... O bizarrerie des bizarreries !

Le *sang* est incolore. Il arrive vivifié dans la cavité de l'oreillette. Celle-ci se contracte et le verse dans le ventricule. Cette poche se contracte à son tour, le précipite dans le gros vaisseau qui en naît, et le répand dans tout le corps.

Les Huîtres respirent au sein de l'eau. La nature leur a donné des organes pour séparer, de ce liquide, la petite quantité d'air qui s'y trouve mêlée. C'est l'oxygène de cet air qui vivifie le sang et qui le renouvelle. Les parties respiratoires sont deux paires de feuillets, ou *branchies*, courbes comme des arcs, formés d'une double série de canaux très-fins et très-serrés, attachés transversalement et disposés avec beaucoup de symétrie : on dirait les dents d'un joli peigne. Ils sont cachés sous les bords libres du manteau. Ils naissent près des tentacules, et se terminent vers le milieu de la partie postérieure. Les externes sont plus courts que les internes.

Les Huîtres, étant sans tête, ne devaient pas offrir de *cerveau*. Il est remplacé par un petit corps blanchâtre, bilobé, situé près de la bouche. De ce corps naissent deux *nerfs* déliés qui embrassent le foie et l'estomac, et vont aboutir à un autre renflement, de même nature et de même forme, placé au-dessous de ces organes.

Le premier renflement fournit des nerfs à la bouche et aux tentacules ; le second en donne aux feuillets de la respiration.

Les Huîtres n'ont point d'organes pour voir, ni pour entendre, ni pour flairer. Le toucher réside, chez elles, dans les quatre tentacules de la bouche. Le goût a son siége autour de ce dernier orifice, et peut-être à la surface interne des tentacules intérieurs. Il semble fort obscur.

Les Huîtres sont peut-être, de tous les coquillages, ceux dont les facultés paraissent le plus bornées. En les rendant à peu près immobiles dans leur station, en les emprisonnant à perpétuité dans leur coquille, et en leur refusant des sexes séparés, ainsi qu'on le verra plus loin, la Providence ne pouvait guère leur donner des besoins et des désirs bien nombreux, bien variés et surtout bien ardents ; elle en fait des animaux presque apathiques, vivant et digérant dans une douce quiétude voisine de l'indifférence. Toutefois, comme ces Mollusques sont essentiellement sociaux et composent ordinairement des agglomérations extrêmement considérables, il ne serait pas impossible que, malgré leur faible intelligence, il n'y ait chez les

Huîtres des sympathies et des répulsions..... nous n'osons pas dire des rivalités et des tracasseries !

Il n'existe, chez nos bivalves, qu'un appareil très-simple et très-imparfait pour la locomotion. Il ne faut pas s'étonner si ces coquillages demeurent à peu près toute leur vie sur le rocher où ils ont pris naissance. L'organe des mouvements est immédiatement au-dessous du cœur. C'est un corps charnu, épais, moitié grisâtre, moitié blanc, qui traverse le manteau des deux côtés et va s'attacher vers le milieu des valves. L'écaillère coupe en travers ce

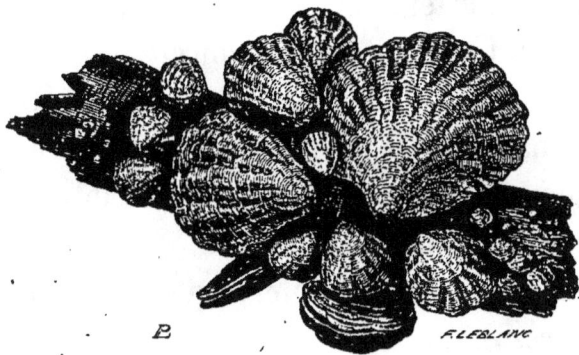

GROUPE D'HUITRES.

corps charnu, quand elle veut ouvrir une Huître et la dépouiller d'un battant. Nous incisons ce muscle une seconde fois, quand nous voulons manger le malheureux Mollusque.

C'est en contractant fortement le corps dont il s'agit, que l'Huître se tient hermétiquement enfermée dans son habitation. Lorsqu'elle relâche son muscle, un *ligament élastique*, placé à la charnière, agit sur les volets et les écarte l'un de l'autre. On assure qu'en ouvrant et fermant plusieurs fois et brusquement ces deux battants, l'animal réussit à changer sa position, et parvient même à se traîner un peu sur son rocher; mais je n'ose y croire.

Voltaire écrivait en 1767 : « Je suis toujours embarrassé de savoir comment les Huîtres font l'amour [1]. »

Les Huîtres possèdent les deux sexes. Elles remplissent donc à la fois les rôles paternel et maternel. Ce qui paraîtra tout aussi singulier, c'est que les organes de la fécondité n'apparaissent, chez nos Mollusques, comme les fleurs dans les végétaux, qu'à l'époque déterminée où leur fonction doit s'accomplir. Passé ce temps, ils se flétrissent et disparaissent.

Les *œufs* sont logés entre les lobes du manteau et entre les feuillets respiratoires. Leur nombre est très-considérable. Suivant Baster, un seul individu peut en porter 100 000. Suivant Poli, il en produirait jusqu'à 1 million 200 000, et suivant Leuwenhoeck, jusqu'à 10 millions. D'après les naturalistes modernes, le nombre est d'environ 2 millions. Ce qui paraît très-raisonnable.

Ces œufs sont jaunâtres.

Ils éclosent dans le sein du Mollusque, qui met au monde ses petits en respirant.

Les jeunes Huîtres forment un nuage blanchâtre vivant, plus ou moins épais, qui trouble un moment la transparence du liquide, s'éloigne du foyer dont il émane, et que les mouvements de l'eau dispersent. (Coste.)

Ces larves sont pourvues d'un appareil transitoire de natation qui leur permet de se répandre au loin, et d'aller à la recherche d'un corps solide où elles puissent s'attacher. Cet appareil se compose d'une sorte de bourrelet sinueux, couvert de cils nombreux et serrés ; il sort des valves et y rentre à volonté. Il est muni de muscles puissants destinés à le mouvoir. (Davaine.)

A l'aide de cet appareil, les jeunes Huîtres peuvent *nager*

---

[1] Voyez le chapitre XXIII, § 6.

avec facilité. Quand elles ont quitté leur mère, elles flottent autour de celle-ci. On assure que dans les commencements, au moindre danger, elles se réfugient entre les valves maternelles.

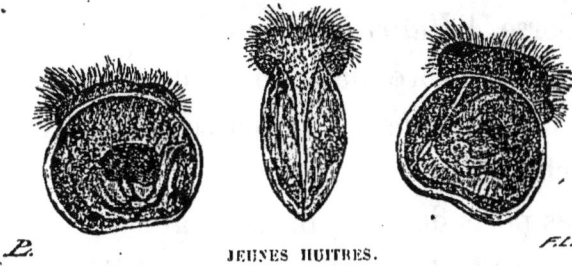

JEUNES HUITRES.

Bientôt les larves se fixent à quelque corps résistant. Elles s'y accroissent, y prospèrent et arrivent à l'état adulte. Il faut environ trois ans pour que le Mollusque ait acquis une taille ordinaire. (Coste.)

III

Les Huîtres aiment à vivre sur les côtes, à une faible profondeur et dans une eau peu agitée. Elles se développent quelquefois en masses considérables. C'est ce qu'on appelle *bancs d'Huîtres*.

Il est de ces bancs qui ont plusieurs kilomètres d'étendue et qui semblent inépuisables. On en découvrit un, en 1819, près d'une des îles de la Zélande, qui alimenta les Pays-Bas pendant un an en si grande abondance, que le prix de ces Mollusques était tombé à un franc le cent. Mais, comme ce banc était placé presque au niveau de la basse mer, l'hiver étant rigoureux, il fut entièrement détruit. (Deshayes.)

Les espèces d'Huîtres qu'on mange en France sont :

Sur les côtes de l'Océan, l'*Huître commune*[1] et le *Pied-de-cheval*[2].

Sur les côtes de la Méditerranée, l'*Huître rosacée*[3] et le *Pelocestiou*[4].

Et en Corse, l'*Huître lamelleuse*[5].

On trouve encore dans la Méditerranée, l'*Huître en crête*[6] et l'*Huître plissée*[7]. Mais ces dernières sont petites et peu recherchées.

Dans les ports de mer, on distingue ces Mollusques suivant les endroits de la mer où ils ont été récoltés. Il y a les Huîtres arrachées des lits profonds (ce sont les moins estimées), celles des bancs rapprochés de la côte et celles des parcs artificiels.

L'Huître commune présente en France deux variétés principales, qui diffèrent par la taille et par la délicatesse. Ce sont l'Huître de *Cancale* et l'Huître d'*Ostende*. Quand la première a séjourné quelque-temps dans un parc, et qu'elle a pris une couleur verdâtre, on la désigne sous le nom d'Huître de *Marennes*. Nous parlerons tout à l'heure de la nature et de la source de sa coloration.

IV

L'Huître ordinaire est *la palme et la gloire de la table*. « Elle peut être considérée comme l'aliment digestible par excellence; c'est la base de toutes les substances capables

---

[1] *Ostrea edulis* Linné.
[2] *Ostrea hippopus* Linné.
[3] *Ostrea rosacea* Favanne.
[4] *Ostrea lacteola* Moquin.

[5] *Ostrea lamellosa* Brocchi.
[6] *Ostrea cristata* Born.
[7] *Ostrea plicata* Chemnitz.

de nourrir et de guérir sans effort l'estomac; c'est le premier degré de l'échelle des plaisirs de la table réservés par la Providence aux estomacs délicats, aux malades et aux convalescents[1].

« L'expérience, d'ailleurs, a si bien démontré ces vérités gastronomiques, qu'il n'est pas de festin, de repas digne des connaisseurs, où l'Huître ne figure honorablement et en première ligne. C'est elle, en effet, qui ouvre les voies, qui les excite doucement, qui semble commander à l'estomac à se préparer aux sublimes fonctions de la digestion; en un mot, l'Huître est la clef de ce paradis qu'on nomme l'appétit. »

« Il n'est point de substance alimentaire, sans même en excepter le pain, qui ne produise des indigestions dans une circonstance donnée; les Huîtres, jamais! C'est un hommage qui leur est dû. On peut en manger aujourd'hui, demain, toujours, en manger à profusion, l'indigestion n'est point à redouter. » (Reveillé-Parise.)

On a vu des personnes engloutir sans inconvénient des quantités énormes de ces Mollusques. On assure que le docteur Gastaldy (il fut frappé d'apoplexie à table, devant un pâté de foie gras) avalait impunément trente à quarante douzaines d'Huîtres. Tout un banc y aurait passé[2].

Montaigne a dit : « Être sujet à la colique ou se priver de manger des Huîtres, ce sont deux maux pour un; puisqu'il faut choisir entre les deux, hasardons quelque chose à la suite du plaisir. »

D'après M. Payen, seize douzaines d'Huîtres représentent

---

[1] Adolphe Pasquier, Sainte-Marie.

[2] Vitellius, disent les historiens, en mangeait quatre fois par jour, et douze cents à chaque repas. Ce qui fait *quatre mille huit cents!* Est-ce possible!

les 315 grammes de substance azotée sèche nécessaires à la nourriture journalière d'un homme de moyenne taille. Par conséquent, pour alimenter cent personnes pendant un jour, uniquement avec ces Mollusques, il en faudrait *dix-neuf mille deux cents!*

V

On pêche les Huîtres de différentes manières. Autour de Minorque, des plongeurs intrépides, armés d'un marteau attaché à leur main droite, descendent jusqu'à douze brasses de profondeur, et chargent leur bras gauche d'un certain nombre de bivalves. Deux marins s'associent d'ordinaire pour cette récolte. Ils plongent alternativement et remplissent souvent leur bateau.

Sur les côtes de France et sur les côtes d'Angleterre, la pêche dont il s'agit s'effectue avec la drague. Chaque embarcation est montée par deux hommes et pourvue de deux engins pesant 9 kilogrammes en moyenne. Ces dragues sont attachées au bout d'une corde. On les descend dans la mer; elles sillonnent les fonds, raclent, détachent et ramassent les Huîtres qui s'y trouvent.

On divise les bancs naturels en plusieurs zones qu'on exploite successivement et qu'on laisse reposer pendant un temps déterminé, de manière que les zones puissent se repeupler facilement et régulièrement.

Sur la côte de Campêche, au Mexique, les Huîtres s'établissent entre les racines submergées des Mangliers, et s'y développent en quantités considérables. Les Indiens coupent les branches radicales de ces arbres, sans en détacher les grappes de bivalves, et portent au marché de véritables *régimes* d'Huîtres. (Jourdanet.)

VI

A différentes époques on a eu l'idée de *cultiver* les Huîtres. Sergius Orata, suivant Pline, est le premier qui imagina de les parquer dans les environs de Baies, au temps de l'orateur L. Crassus, avant la guerre des Marses. Ce fut le même Sergius qui fit la réputation des Huîtres du lac Lucrin, en leur attribuant le premier une saveur exquise. Alors, comme aujourd'hui, remarque M. Reveillé-Parise, les industriels spéculaient sur les faiblesses et sur la gourmandise humaines.....

Sergius avait réellement créé une industrie, dont les pratiques sont encore suivies à quelques milles du lieu où il l'avait exercée, ainsi que M. Coste l'a démontré tout récemment. Pour exprimer le degré de perfection où Sergius avait porté cette industrie, ses contemporains disaient de lui, par allusion aux bancs suspendus dont il était l'inventeur, que si on l'empêchait d'élever des Huîtres dans le lac Lucrin, il saurait *en faire pousser sur les toits.*

Qu'est devenu ce fameux lac? Hélas! il n'existe plus; tout a disparu. Le président des Brosses, ce spirituel et malin voyageur, gourmand achevé, voulut voir ce lac célèbre. Voici ce qu'il en dit : « Ce n'est plus qu'un mauvais margouillis bourbeux. Ces Huîtres précieuses du grand-père de Catilina, qui adoucissent à nos yeux l'horreur des forfaits de son petit-fils, sont métamorphosées en malheureuses anguilles qui sautent dans la vase. Une vilaine montagne de cendres, de charbon et de pierres ponces, qui, en 1538, s'avisa de sortir de terre, tout en une nuit, comme un champignon, a réduit ce pauvre lac dans le triste état que je vous raconte. »

Rondelet parle d'un pêcheur qui connaissait l'art de *semer* les Huîtres.

On sait aujourd'hui que le terrible Achéron des poëtes, le lac Fusaro des Napolitains, est une grande, une très-grande *huîtrière*, où l'industrie aide la nature dans la multiplication de ses produits.

Son pourtour est occupé par des fragments de rochers en forme de blocs arrondis. Sur ces blocs on apporte des

BANC D'HUITRES ARTIFICIEL ENTOURÉ DE SES PIEUX.

Huîtres de Tarente, et l'on transforme chacun d'eux en un petit banc artificiel; on place, tout autour, des pieux enfoncés et rapprochés. Ces pieux s'élèvent un peu au-dessus de la surface de l'eau, afin qu'on puisse facilement les saisir avec la main et les ôter, quand cela devient utile. D'autres pieux, disposés par rangées, sont unis ensemble avec des cordes, d'où pendent d'autres cordes portant des paquets de fascines plongées dans l'eau. Ces dernières ont pour but de recueillir la *poussière* (larves microscopiques) répandue, chaque année, dans la mer. A une époque déterminée, on enlève les fascines et l'on récolte les Huîtres. (Coste.)

Dans le siècle dernier, le marquis de Pombal, célèbre ministre portugais, ayant fait jeter quelques cargaisons d'Huîtres sur les côtes de son pays, qui n'en produisait pas, ces Mollusques s'y multiplièrent tellement, qu'ils y sont aujourd'hui très-communs.

Vers la même époque, en Angleterre, un propriétaire, M. de Carnavon, ayant disséminé une certaine quantité de ces Mollusques dans le détroit de Menai, ils s'y propagèrent rapidement, et furent pour lui, pendant longtemps, une source considérable de revenu. Excité par cet exemple,

FASCINES SUSPENDUES POUR RECEVOIR LES JEUNES HUITRES.

le gouvernement anglais fit porter des chargements d'Huîtres sur divers points des côtes de l'Angleterre, où elles prospérèrent également.

La création des bancs artificiels d'Huîtres a multiplié et régularisé la production de ces Mollusques. Sur les côtes des comtés d'Essex et de Kent, l'*ostréiculture* est pratiquée avec méthode. Ce qui se fait dans le lac Fusaro a servi d'exemple dans beaucoup de pays.

En France, l'ostréiculture n'a pas été négligée. Mais c'est surtout depuis quelques années que, grâce à l'impulsion donnée par M. Coste, cette industrie produit des résultats de plus en plus satisfaisants.

Sur toutes nos côtes, des industriels se sont mis à l'œuvre. La marine a fourni ses navires et ses matelots, et des huîtrières artificielles ont surgi sur un grand nombre de points.

Les premières tentatives sérieuses ont été faites dans la baie de Saint-Brieuc, pendant les mois de mars et d'avril 1858, à la suite d'un rapport de M. Coste à Sa Majesté l'Empereur. On opéra, à de grandes profondeurs, une sorte de semis d'Huîtres près de pondre (environ 3 millions), autour et au-dessus desquelles furent déposés, comme collecteurs des nourrissons qu'elles allaient émettre, des fascines, des tuiles, des fragments de poteries, des valves de coquillages... Au bout de huit mois, on vérifia le degré de développement de l'huîtrière. La drague, promenée pendant quelques minutes, amena chaque fois plus de *deux mille* Huîtres comestibles; et trois fascines prises au hasard en contenaient près de 20 000 du diamètre de 3 à 5 centimètres. Deux de ces fascines, exposés à Binic et à Portrieux, ont excité pendant plusieurs jours l'étonnement de toutes les populations du littoral. Ces fascines ressemblaient à des branches très-rameuses dont chaque feuille était un coquillage vivant.

Des savants distingués, parmi lesquels on doit citer M. Van Beneden, professeur à Louvain, et M. Eschricht, professeur à Copenhague, envoyés par leurs gouvernements respectifs; sont venus étudier le procédé d'ostréiculture mis en usage dans nos mers, pour en faire l'application sur les côtes de la Belgique et du Danemark.

M. Coste a montré, de plus, que l'industrie huîtrière pouvait être fixée sur les terrains à marée basse. Par suite de ses conseils, le bassin d'Arcachon est aujourd'hui transformé en un vaste champ de production qui s'accroît chaque jour, et fait présager des récoltes très-abondantes.

Déjà cent douze capitalistes, associés à cent douze marins, y exploitent une surface de 400 hectares de terrains émergents. Pour donner l'exemple, l'État y a organisé deux fermes modèles, destinées à faire l'essai des divers appareils propres à fixer la semence et à favoriser la récolte.

Des toits collecteurs formés par des tuiles adossées ou imbriquées, des planchers mobiles, les uns servant de couvert à des fascines, les autres ayant une de leurs faces enduite d'une couche de mastic hérissée de Bucardes, y sont alignés sur des chemins d'exploitation, comme les maisons d'une rue. En dehors des appareils, de vastes surfaces de terrain ont été recouvertes de coquilles d'Huîtres et de Bucardes, afin de recevoir les très-jeunes individus non fixés. Ces divers corps étrangers sont tellement chargés de petites Huîtres, que sur une tuile on en a compté jusqu'à 1000.

Ce genre d'éducation à marée basse permet de voir régulièrement l'état des coquillages, et de soigner l'huîtrière comme on soigne les fruits dans un espalier, si l'on veut permettre cette comparaison.

Dans l'île de Ré, sur une longueur de près de quatre lieues, plusieurs milliers d'hommes venus de l'intérieur des terres ont pris possession d'une immense et stérile vasière, et l'ont transformée, depuis deux ans seulement, en un riche domaine. Quinze cents parcs y sont dans ce moment en pleine activité, et deux mille autres en voie de construction. Ces établissements formeront bientôt une ceinture autour de l'île. L'industrie a réussi à écouler les vasières en pratiquant des empierrements composés de fragments de rochers. Les Huîtres se développent avec une facilité étonnante au milieu de ces fragments. Les agents de l'administration ont pu en compter, en moyenne, 600 par mètre carré, la plupart ayant déjà une taille marchande. Or, la surface en exploitation étant aujourd'hui de 630 000 mètres carrés, il en résulte que le nombre d'élèves fixés sur cette plage, jadis inculte et dépeuplée, est déjà de 378 millions; ce qui représente une valeur de 6 à 8 millions de francs.

L'Océan n'a pas été le seul théâtre des essais de M. Coste. Près de 500 000 Huîtres ont été portées dans la rade de Toulon et dans l'étang de Thau. Un fragment de clayonnage pris au milieu de l'huîtrière artificielle de Toulon, au bout de huit mois, a été trouvé très-riche en coquillages.

La culture des *fruits* de la mer est une branche d'industrie extrêmement féconde, que tous les gouvernements devraient encourager.

VII

A l'exemple des Romains, on dépose les Huîtres dans de grands réservoirs pour les faire grossir et *verdir*. Cela s'appelle *parquer* les Huîtres.

A Marennes, ces réservoirs portent le nom de *claires*. Ce sont comme autant de champs inondés, çà et là, sur les deux rives de l'anse de la Seudre. Ces claires diffèrent des viviers et des parcs en ce qu'elles ne sont pas submergées à chaque marée (Coste). Il faut deux ans de séjour pour qu'une Huître âgée de six à huit mois atteigne la grandeur et la *perfection* convenables. Mais la plupart de celles qu'on livre à la consommation sont loin d'offrir les qualités requises. Placées adultes dans les réservoirs, elles verdissent en quelques jours. (Coste).

On sait que la coloration des *Huîtres vertes* n'est pas générale. Elle se montre particulièrement sur les quatre feuillets respiratoires. On en trouve aussi des traces à la face interne de la première paire de palpes labiaux, à la face externe de la seconde, et dans une partie du tube digestif.

On a cru pendant longtemps que la *viridité* des Huîtres était due au sol même des réservoirs, ou bien à la décomposition des Ulves et des autres hydrophytes, ou bien encore à une maladie du foie, à une sorte de jaunisse (plutôt *verdisse*) qui teindrait en vert le parenchyme de l'appareil respiratoire. Gaillon a prétendu qu'elle venait d'une espèce d'animalcule infusoire en forme de navette, qui pénétrait dans la substance du Mollusque. Bory de Saint-Vincent a prouvé que l'infusoire en question n'était pas normalement vert, mais coloré, dans certaines circonstances, comme l'Huître, et par la même cause. Suivant ce naturaliste, la source de la viridité est une substance moléculaire (*matière verte* de Priestley) qui se développe dans toutes les eaux par l'effet de la lumière. Suivant M. Valenciennes, cette couleur est formée par une production animale distincte de toutes les substances organiques déjà étudiées. M. Berthelot a analysé cette matière, et a reconnu qu'elle présentait en effet des caractères particuliers. Elle ne ressemble ni à l'élément colorant de la bile, ni à celui du sang, ni à la plupart des matières colorantes organiques.

Les molécules vertes dont il s'agit, pénètrent dans les branchies par l'effet du mouvement respiratoire, s'y arrêtent, les gorgent, les obstruent et les colorent. En même temps, le pauvre animal, gêné dans une de ses fonctions essentielles, s'infiltre, se dilate, et subit une sorte d'anasarque qui rend son tissu..... plus tendre et plus délicat !

VIII

En 1828, nos bancs d'Huîtres ne fournissaient que 52 millions d'individus. Déjà, en 1847, le petit port de Granville, seulement, occupait depuis le mois d'octobre jusqu'au mois d'avril, soixante et douze bateaux qui ne faisaient pas autre chose que pêcher des Huîtres.

Vers 1840, la vente des Huîtres d'Arcachon n'atteignait guère qu'un millier de francs. En 1861, la pêche libre, faite en dehors des parcs réservés, a valu aux marins 280 000 francs. (Mouls.)

Le prix des Huîtres était, à Paris, il y a cent cinquante ans, de 1 franc 50 centimes le mille. Il s'élevait, au commencement de ce siècle, de 12 à 14 francs. Il a été porté plus tard à 20, à 25 et à 30. Il est aujourd'hui à 40 francs.

En 1861, on a vendu à Paris 55 131 100 Huîtres au prix moyen de 4 francs 2 centimes le cent; ce qui donne un prix total de 2 216 270 francs.

Pendant la saison de 1848 à 1849, on a vendu à Londres 130 000 bourriches d'Huîtres. A cent Huîtres par bourriche, cela fait 13 millions d'individus.

Un journal racontait, en 1845, qu'à Varsovie, un général s'était fait une belle réputation d'amphitryon, principalement par les Huîtres. Il en servait à ses convives des quantités considérables. Chacune lui revenait à 75 centimes ; ce qui faisait 75 francs le cent et 750 francs le mille. On n'est pas plus magnifique !

N'oublions pas de dire, en terminant ce chapitre, que, pendant son dernier voyage en Zélande, le roi des Pays-Bas a été reçu, dans un village de la côte, sous un arc de triomphe construit en *coquilles d'Huîtres*... et sans odeur !

CHAPITRE XXI

LA MOULE.

Ecce inter virides jactatur Mytilus *algas.*
(Anthologie.)

I

La *Moule*[1] n'a pas le goût exquis, ni la réputation de
l'Huître. Cette dernière passe, avec raison, pour le coquillage par excellence. C'est le bivalve de l'aristocratie
(*nobilissimus cibus*).

Toutefois ne disons pas trop de mal de la modeste
Moule. Son abondance et son prix la rendent accessible
aux classes peu aisées ; elle peut donc être regardée, après
la Clovisse, comme le bivalve de la pauvreté (*vilissimus
cibus*).

La Moule se fait distinguer, entre tous les coquillages,
par le bleu violet de ses battants et par le jaune roux de
ses viscères. L'Huître n'a pas cette parure, ni à l'extérieur, ni à l'intérieur. Elle ne brille pas par sa livrée,
quoiqu'elle écrase sa rivale par d'autres qualités, sans
doute plus solides.

[1] *Mytilus edulis* Linné.

La Moule est encore caractérisée par sa figure, par son pied et par son byssus.

1° Sa figure deltoïde n'est pas sans élégance. Ses valves sont égales entre elles, bombées et à peu près triangulaires. Un des côtés de l'angle aigu forme la charnière, où l'on observe un ligament étroit et allongé. La partie antérieure du Mollusque est logée dans l'angle aigu.

2° Le prétendu pied de notre Mollusque est organisé comme un petit doigt. Il peut atteindre jusqu'à 5 centimètres de longueur ; il est creusé d'un sillon longitudinal. C'est un organe de tact bien plus qu'un instrument de reptation. A ce point de vue, la Moule est plus favorisée que l'Huître, et si elle a *plus de tact*, elle est plus intelligente.....

Cette différence nous explique peut-être pourquoi l'on dit proverbialement : *Bête comme une Huître*, tandis qu'on n'a jamais dit : *Bête comme une Moule !* (Reveillé-Parise.)

3° Le byssus est un assemblage de petits câbles divergents qui amarrent le bivalve d'une manière si solide, qu'il peut *braver l'effort de la tempête*. On a plus de peine à le détacher qu'à le casser.

La glande qui sécrète le byssus se trouve près de la base du pied. Il en sort une matière d'abord demi-liquide qui remplit le sillon de cet organe, sillon qui se convertit en canal, dans lequel le fil se moule et s'organise.

Quand le Mollusque veut fixer son byssus, il allonge le pied, le porte à droite et à gauche, tâte les objets, appuie sa pointe contre le corps qu'il a choisi, dépose l'extrémité du fil, et, retirant le pied brusquement, il laisse cette extrémité adhérente. Le bivalve répète plusieurs fois ce petit manége, et chaque fois il attache un nouveau fil. Il en fixe ainsi quatre ou cinq par vingt-quatre heures, chacun long de plusieurs centimètres et terminé par un empatement.

Son ancrage est complet, quand il en a produit un faisceau. Le byssus de certaines Moules présente jusqu'à *cent cinquante petits câbles :* nos vaisseaux ne sont pas amarrés aussi solidement !

Quand la Moule a tendu un premier cordage, elle le met à l'épreuve pour s'assurer s'il est bien attaché. Elle le tire fortement, comme pour le rompre. S'il résiste à cet effort, elle travaille à la production et à la fixation du second fil, qu'elle essaye comme le premier. Décidément la Moule a plus d'esprit que l'Huître !

A l'aide de son byssus, notre bivalve se suspend à différentes hauteurs ; il touche rarement le sol. Voilà pourquoi sa coquille est toujours bien unie et bien proprette. On ne peut pas en dire autant du test de son orgueilleuse rivale dont les battants, grisâtres et raboteux, retiennent le plus souvent, dans les intervalles de leurs feuillets, de la terre, de la boue et toute sorte d'ordures étrangères. Évidemment, l'habit ne fait pas toujours le moine !

Les Moules sont, comme les Huîtres, des Mollusques sociables. On les trouve nombreuses presque partout. Elles aiment le mélange des eaux douces et des eaux salées : il est peu de rochers, à l'embouchure des fleuves, où l'on n'en rencontre quelque florissante colonie. Elles s'attachent tantôt aux branches des Polypiers et aux racines des arbres, tantôt aux bois submergés, aux piquets du rivage et à la carène des bateaux.....

II

. On mange la Moule tantôt crue, tantôt cuite. Mais la saveur de ce coquillage ne plaît pas à tout le monde ; cependant nous avons connu des gourmets qui l'avaient en grande estime. Louis XVIII aimait passionnément les Moules : chaque semaine, on lui en faisait venir de la Rochelle. Le monarque, dans un jour de belle humeur, enseigna, dit-on, à M. de Talleyrand la recette d'une sauce au poivre de Cayenne, qui plaçait désormais ce bivalve au rang des mets du premier ordre.

Toutefois nous devons convenir que la Moule est moins appétissante que l'Huître, moins excitante et surtout moins légère.

. N'oublions pas une recommandation gastronomique qui n'est pas sans importance. On doit manger les Moules pendant tous les mois sans *r*, tandis que les amateurs ne prisent les Huîtres que dans les mois dont le nom contient cette lettre.

Un pharmacien d'Orléans a publié un mémoire sur l'emploi de la Moule dans les affections des voies respiratoires (?).....

Hélas! on adresse à notre coquillage le grave reproche d'être malsain, même nuisible à certaines époques de l'année, et malheureusement ces époques ne sont pas exactement connues. La Moule occasionne alors des nausées, des coliques, un saisissement à la gorge, une éruption cutanée, une sorte d'empoisonnement..... Les médecins sont embarrassés pour expliquer ce genre d'action. Au moyen âge, on croyait que les *phases de la lune* et la *malice des sorciers* y étaient pour quelque chose. Aujourd'hui, on est plus raisonnable, mais est-on mieux renseigné? On accuse tour à tour la présence des pyrites cuivreuses dans les parages habités par la Moule, le séjour de ce bivalve contre la coque des navires tapissée de vert-de-gris, une maladie qui lui serait particulière, la fermentation ou la décomposition de son tissu, certains petits Crabes logés entre ses valves; enfin, le frai des Étoiles de mer

(Lamouroux) et celui des Méduses (Durandeau). Ces deux dernières causes semblent être les plus habituelles.

III

De bonne heure on a eu l'idée d'élever les Moules. Il existe une *mytiliculture* comme il existe une *ostréiculture*.

L'éducation de nos bivalves a lieu sur une très-grande échelle dans diverses localités, particulièrement à Esnandes, à Marsilly et à Charron, dans la baie de l'Aiguillon, près de la Rochelle.

Les premiers parcs furent établis, en 1235, par un

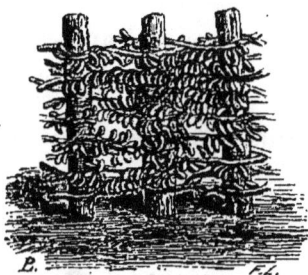

CLAYONNAGE CHARGÉ DE MOULES.

patron de barque irlandais, nommé Patrice Walton, jeté sur nos côtes à la suite d'un naufrage. La nécessité lui suggéra l'idée de tirer parti de ces plages abandonnées, et il fonda la *mytiliculture*.

Les descendants de Walton habitent encore à Esnandes, entourés de l'estime publique. Ils continuent avec succès l'industrie créée par leur aïeul.

On pratique des parcs artificiels, formés de pieux et de palissades réunis par un clayonnage grossier haut de 2 mètres et tapissé de Fucus. Ces palissades avancent dans l'océan quelquefois jusqu'à une lieue; elles dessinent un

triangle dont la base est tournée vers le rivage et la pointe
vers la mer. A cette pointe, on pratique un passage étroit.
Le triangle dont il s'agit est le champ où l'on sème, où
l'on éclaircit, où l'on *repique*, où l'on *plante*, où l'on *récolte*
les Moules. (Quatrefages.)

Ces parcs sont désignés sous le nom de *bouchots;* on
appelle *boucholeurs* les pêcheurs qui les exploitent.

La plupart des boucholeurs possèdent plusieurs bouchots,
comme certains propriétaires plusieurs fermes. Quelques-
uns, les plus pauvres, n'ont pour tout patrimoine que
la moitié, le tiers, le quart, ou même le cinquième de
l'un de ces établissements, qu'ils soignent en commun
avec leurs associés, et dont ils partagent les charges et les
bénéfices. (Coste.)

On récolte les Moules toute l'année, excepté pendant les
grandes chaleurs et à l'époque du frai. On attend que la
marée soit basse, mais alors le bouchot n'est plus qu'une
vasière. Pour ne pas s'enfoncer dans le sol, qui est très-
mou, le boucholeur fait usage d'une sorte de nacelle, moitié
bateau, moitié patin, nommée *acon* ou *pousse-pied*. Cet
instrument ingénieux est long de 2 mètres et large de
50 centimètres. Il se compose de quatre planches minces.
Celle du fond, de bois de noyer, se relève en avant et
s'appelle *sol* ou *semelle;* les trois autres, de sapin, forment
les flancs et l'arrière, lequel est coupé carrément.

Quand il veut se servir de l'acon, le boucholeur se met
à cheval sur l'un des bords, tient ployée sous lui une
jambe, se penche en avant, et s'appuie sur les deux mains,
qui étreignent les deux côtés de la nacelle. Il pousse avec
l'autre jambe enfoncée dans la vase, et glisse avec rapidité sur la surface du bouchot. Le pêcheur peut prendre
une personne avec lui dans son acon.

C'est de la sorte que les boucholeurs se rendent à leurs

bouchots, qu'une longue habitude leur permet de distinguer de ceux de leurs voisins, même pendant les nuits les plus obscures, malgré tous les détours de l'immense labyrinthe que forment sur la vasière les six mille palissades qui la recouvrent aujourd'hui. (Coste.)

D'Orbigny père a publié en 1847, sur la mytiliculture,

ACON OU POUSSE-PIED.

un mémoire très-intéressant. A cette époque, les bouchots étaient disposés sur quatre rangs au plus. En 1852, M. de Quatrefages a vu sept rangs de bouchots. Au lieu de simples pieux, on employait des poutres énormes, et l'ensemble formait une immense estacade continue de 4 kilomètres de large sur 10 de long.

Il résulte, des recherches faites par d'Orbigny, que, antérieurement à 1834, trois cent quarante bouchots, ayant coûté 700 000 francs en nombre rond, et exigeant annuellement près de 400 000 francs de frais d'entretien, y compris l'intérêt du capital engagé, donnaient 124 000 francs de revenu net, et entraînaient un mouvement de charrettes, de chevaux ou de barques, représentant un solde annuel de plus de 500 000 francs. Mais tout grandit vite de nos jours. Au lieu de trois cent quarante bouchots, il y en a maintenant plus de cinq cents, formés par mille palissades. Chaque bouchot représentant en moyenne une longueur de 450 mètres, il s'ensuit que l'ensemble compose un clayonnage de 225 000 mètres de long. (Coste.)

La mytiliculture est donc une des branches les plus fécondes de la culture de la mer !

On devrait élever une statue au batelier Walton !.....

CHAPITRE XXII

LA NACRE ET LES PERLES.

> Ainsi la nacre industrieuse
> Jette la perle précieuse.
> (A. Chénier.)

I

La nacre et les perles sont produites principalement par un coquillage bivalve que les conchyliologistes désignent sous le nom de *Pintadine mère perle*.

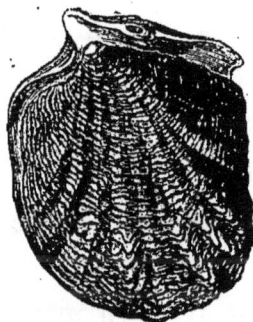

PINTADINE MÈRE PERLE
(*Meleagrina margaritifera* Lamarck).

Ce bivalve est amarré au fond de la mer par un byssus très-fort, de couleur brune.

Les battants de sa coquille sont irrégulièrement arrondis.

Pendant leur jeunesse, ils paraissent en dehors légèrement feuilletés et ornés de bandes verdâtres et blanchâtres, qui partent du sommet en rayonnant et en se divisant en deux ou trois branches peu écartées. Dans leur vieillesse, leur surface devient rude et noirâtre.

Les plus belles coquilles sont âgées de huit à dix ans. Leur taille peut atteindre alors jusqu'à 15 centimètres de diamètre, et une épaisseur de 27 millimètres.

II

On appelle *nacre* la substance très-dure et très-brillante qui forme la partie interne de ces valves. Cette matière est blanche, soyeuse, un peu azurée et plus ou moins irisée.

La plupart des bivalves peuvent fournir de la nacre. Il y en a même qui en donnent de bleuâtre, de bleue et de violette.

L'*Oreille de mer Iris*[1] offre une nacre d'un beau vert d'émeraude chatoyant, avec quelques reflets d'un violet pourpre. Certains *Turbos* présentent leur bouche brillante comme l'argent[2] ou éclatante comme l'or[3]. Mais ce sont les Pintadines qui donnent la nacre la plus blanche, la plus uniforme et surtout la plus épaisse.

Cette production doit à un jeu de lumière son aspect brillant et irisé.

Les marchands usent avec un instrument, ou dissolvent avec un acide, toute la partie extérieure des coquilles bivalves ou univalves, et mettent à nu la couche nacrée.

[1] *Haliotis Iris* Gmelin.
[2] *Turbo argyrostomus* Linné.
[3] *Turbo chrysostomus* Linné.

Tantôt ils dénudent cette dernière en entier, tantôt ils la
font paraître par portions et par dessins.

III

Les *perles*, ces *gouttes de rosée solidifiée*, suivant les
Orientaux, sont des sécrétions maladives de l'organe de la
nacre. La matière, au lieu de se déposer sur les valves par
couches très-minces, se condense, soit contre ces mêmes
valves, soit dans l'intérieur des organes, et forme des corps
plus ou moins arrondis. Les perles déposées sur les valves
sont généralement adhérentes; celles qui naissent dans le
manteau ou dans le corps sont toujours libres. Généralement, on trouve dans leur centre un petit corps étranger,
qui a servi de noyau à la concrétion. Ce corps peut être
un ovule stérile du Mollusque, un œuf de poisson, un
animalcule arrondi, un grain de sable..... La matière
solide est disposée tout autour, par couches minces et
concentriques.

Les Chinois et les Indiens ont mis à profit cette observation pour faire produire à divers bivalves, soit des perles,
soit des camées artificiels. Ils introduisent dans le manteau du Mollusque, ou bien ils appliquent à la face interne
d'une valve des fragments arrondis de verre ou de métal.
Dans un cas, ils obtiennent des perles libres, et dans l'autre
des perles adhérentes. Nous avons vu contre une valve
un chapelet tout entier, et sur une autre, une douzaine
de jolis camées représentant des Chinois assis. Dans le
chapelet étaient des grains de quartz attachés par un fil,
et dans les camées, des plaques d'étain représentant des
figurines.

Une seule Pintadine contient quelquefois plusieurs perles.

On en cite une qui en renfermait cent cinquante. Cela est-il bien exact?

Les perles sont d'abord très-petites. Elles s'accroissent par couches annuelles. Leur éclat et leur nuance varient comme ceux de la nacre qui les produit : tantôt elles sont diaphanes, soyeuses, lustrées et plus ou moins chatoyantes; tantôt mates, sales, obscures et plus ou moins enfumées.

IV

Les plus importantes pêcheries de Pintadines sont dans le golfe du Bengale, à Ceylan, et dans la mer des Indes. Avant 1795, ces pêcheries appartenaient aux Hollandais. Pendant la guerre des Indes, les Anglais s'en emparèrent, et la possession leur en fut définitivement cédée en 1802, avec celle de Ceylan, par suite du traité d'Amiens.

Avant le commencement de la pêche, le gouvernement ordonne une inspection des côtes. Il fait quelquefois la récolte à ses risques et périls. D'autres fois il s'adresse à des entrepreneurs. La saison de la pêche, en 1804, fut cédée à un capitaliste pour une somme de 3 millions. Afin de ne pas dépeupler toutes les zones à la fois, on ne va, tous les ans, que dans une partie du golfe.

La pêche des Pintadines, dans le golfe de Manaar, à Ceylan, commence en février ou en mars, et dure une trentaine de jours. Elle occupe plus de deux cent cinquante bateaux, qui arrivent des différentes parties de la côte.

Ces bateaux partent de dix heures du soir à minuit. Un coup de canon leur donne le signal. Dès que le jour arrive, les plongeurs se mettent à l'œuvre. Chaque barque est montée par *vingt hommes et un nègre*; les rameurs sont au nombre de dix. Les plongeurs se partagent en deux groupes de cinq hommes, qui travaillent et se reposent alternativement. Ils descendent jusqu'à la profondeur de 12 mètres, en se servant, pour accélérer leur descente, d'une grosse pierre pyramidale portée par une corde, dont l'autre extrémité vient s'amarrer au bateau.

D'après certains voyageurs, on fait souvent, avec les avirons et d'autres pièces de bois, une espèce d'échafaudage à jour, qui dépasse les deux côtés du bateau, et auquel on suspend la pierre à plonger. Celle-ci a la forme d'un pain de sucre et pèse 25 kilogrammes. La corde qui la soutient porte, à la partie inférieure, un étrier pour recevoir le pied du plongeur.

Au moment de descendre dans l'eau, chaque homme met son pied droit dans cet étrier, ou bien passe entre les doigts de ce pied la corde à laquelle la pierre est attachée. Il place entre ceux du pied gauche le filet qui doit recevoir les Pintadines; puis, saisissant de la main droite une corde d'appel convenablement disposée, et se bouchant les narines de la main gauche, il plonge, se tenant droit ou accroupi sur les talons. (Lamiral.)

Chaque homme n'a pour vêtement qu'un morceau de calicot qui lui enveloppe les reins. Aussitôt arrivé au fond, il retire son pied de l'étrier ou ses doigts de la corde. On remonte sur-le-champ la pierre, qu'on accroche de nouveau à l'aviron. Alors le plongeur se jette la face contre terre, et ramasse tout ce qu'il peut atteindre. Il met les Pintadines dans son filet. Quand il veut remonter, il secoue fortement la corde d'appel, et on le retire le plus tôt possible.

Il y a toujours, pour une pierre à plonger, deux pêcheurs qui descendent alternativement; l'un se repose et se rafraîchit, pendant que l'autre travaille.

Le temps qu'un habile plongeur peut demeurer sous

l'eau excède rarement trente secondes. Lorsque les circonstances sont favorables, chaque individu peut faire
quinze à vingt descentes. Souvent il ne plonge guère que
trois ou quatre fois. Ce travail est pénible. Les plongeurs,
revenus dans la barque, rendent quelquefois par la bouche,
le nez et les oreilles, de l'eau teintée de sang : aussi
deviennent-ils rarement vieux. (Lamiral.)

On pêche habituellement jusqu'à midi. Un second coup
de canon donne le signal de la retraite. Les propriétaires
attendent leurs canots et surveillent leur déchargement,
lequel doit avoir lieu avant la nuit.

En 1797, le produit de la pêche, à Ceylan, fut de
3 600 000 francs, et, en 1798, de 4 800 000 francs. A partir
de 1802, la pêcherie était affermée pour la somme de
3 millions; mais, depuis une quinzaine d'années, les bancs
de Pintadines sont moins productifs. (Lamiral.)

Les indigènes des côtes du golfe du Bengale, ceux des
mers de la Chine, du Japon et de l'archipel Indien, se
livrent aussi à la pêche des Pintadines. Le produit de
cette industrie est estimé, dans ce pays, à une vingtaine
de millions.

Des pêcheries analogues ont lieu sur les côtes opposées
à la Perse, sur celles de l'Arabie, jusqu'à Mascate et la
mer Rouge.

Dans ces pays, la pêche ne se fait qu'en juillet et août,
la mer n'étant pas assez calme dans les autres mois de
l'année. Arrivés sur les bancs des Pintadines, les pêcheurs
rangent leurs barques à quelque distance les unes des
autres, et jettent l'ancre à une profondeur de 5 à 6 mètres.
Les plongeurs se passent alors sous les aisselles une corde
dont l'extrémité communique avec une sonnette placée
dans la barque. Ils mettent du coton dans leurs oreilles et
pincent leurs narines avec une petite pièce de bois ou de

corne. Ils ferment hermétiquement la bouche, attachent une grosse pierre à leurs pieds, et se laissent aller au fond de l'eau. Ils ramassent indistinctement tous les coquillages qui sont à leur portée et les jettent dans un sac suspendu au-dessus des hanches. Dès qu'ils ont besoin de reprendre haleine, ils tirent la sonnette, et aussitôt on les aide à remonter. (Lamiral.)

Sur les bancs de l'île de Bahrein, la pêche des perles produit seule environ 6 millions de francs, et, si l'on y ajoute les approvisionnements fournis par les autres pêcheries du voisinage, la somme totale donnée par ces côtes arabes peut s'élever jusqu'à 9 millions. (Wilson.)

Dans les mers du sud de l'Amérique, il existe aussi des pêcheries du même genre. Avant la conquête du Mexique et du Pérou, les pêcheries étaient situées entre Acapulco et le golfe de Tehuantepec. Mais, après cette époque, d'autres exploitations furent établies auprès des îles de Cubagua, de Marguerite et de Panama. Les résultats en devinrent si productifs, que des villes populeuses ne tardèrent pas à s'élever dans ces divers lieux. (Lamiral.)

Sous le règne de Charles-Quint, l'Amérique envoyait des perles à l'Espagne pour une valeur annuelle de plus de 4 millions de francs. Aujourd'hui, l'importance des pêcheries américaines n'est plus évaluée qu'à 1 500 000 francs.

Les plongeurs des côtes dont il vient d'être question, descendent tout nus dans la mer. Ils y demeurent vingt-cinq à trente secondes, pendant lesquelles ils arrachent seulement deux ou trois Pintadines. Ils plongent ainsi douze à quinze fois de suite : ce qui donne, en moyenne, de trente à quarante Pintadines par plongeur.

V

Les Pintadines, apportées sur le rivage, sont étalées sur des nattes de sparterie. Les Mollusques meurent et ne tardent pas à se putréfier : il faut dix jours pour qu'ils se corrompent. Quand ils sont dans un état convenable de décomposition, on les jette dans de grands réservoirs remplis d'eau de mer ; puis on les ouvre, on les lave, et on les livre aux *rogueurs*.

Les valves fournissent la nacre, et le parenchyme les perles.

On nettoie les valves et on les entasse dans des caisses ou des tonneaux. En enlevant leur surface extérieure, on obtient des plaques de nacre plus ou moins épaisses, suivant l'âge du Mollusque.

On distingue, dans le commerce, trois sortes de nacre : la *franche argentée*, la *bâtarde blanche*, la *bâtarde noire*.

La première se vend par caisses de 125 à 140 kilogrammes. On l'apporte des Indes, de la Chine et du Pérou. Les navires marchands français, hollandais, anglais et américains importent dans nos ports des coquilles *en vrac*, c'est-à-dire à fond de cale, pour servir de lest.

La seconde nacre est livrée en *cafas* de 125 kilogrammes, ou par tonneaux. Elle est d'un blanc jaunâtre et quelquefois verdâtre ou rougeâtre, et plus ou moins irisée.

La troisième est une variété d'un blanc bleuâtre tirant sur le noir, avec des reflets rouges, bleus et verts. (Lamiral.)

VI

Les perles forment la partie la plus importante de cette industrie.

Quand elles sont adhérentes aux valves, on les détache avec des tenailles. Mais, habituellement, les rogueurs les cherchent au milieu du parenchyme de l'animal. Puis on fait bouillir ce même parenchyme, et on le tamise pour obtenir les plus petites, ou bien les grosses oubliées dans la première opération.

Quelques mois après qu'on a jeté le Mollusque putréfié, on voit encore de misérables Indiens remuer ces masses corrompues, pour y chercher les petites perles qui ont pu échapper à la sagacité des industriels.

On nomme *baroques* les perles adhérentes à la coquille : leur forme est plus ou moins irrégulière; elles se vendent au poids. On appelle *vierges* ou *parangons* les perles isolées formées dans le tissu de l'animal : elles sont globuleuses, ovoïdes ou piriformes; elles se vendent à la pièce.

On nettoie les perles recueillies. On les travaille avec de la poudre de nacre, afin de leur donner de la rondeur et du poli. Enfin, on les fait passer dans divers cribles de cuivre pour les séparer en catégories.

Ces cribles, au nombre de onze, sont faits de manière à pouvoir s'enchâsser les uns dans les autres; chacun est percé d'un nombre de trous qui déterminent la grosseur des perles et leur donnent leur numéro commercial. Ainsi, le crible n° 20 est percé de vingt trous, et les cribles nᵒˢ 30, 50, 80, 100, 200, 600, 800, 1000, sont percés d'un nombre de trous égal à ces chiffres. Les perles qui restent au fond des cribles n°s 20 à 80 sont comprises sous la dénomination de classe *mell*, ou perles du premier ordre. Celles qui traversent les cribles n°s 100 à 800, sont de la classe *vadivoo*, ou perles du second ordre. Enfin, celles qui passent au travers du crible n° 1000 appartiennent à la classe nommée *tool*, ou *semence de perles*, qui sont celles du troisième ordre. (Lamiral.)

On enfile avec de la soie blanche ou bleue les perles moyennes et les petites; on réunit les rangs par un nœud de ruban bleu ou par une houppe de soie rouge, et on les expédie ainsi par masses de plusieurs rangs, suivant le choix des perles. (Lamiral.)

Les très-petites perles, dites *semence*, se vendent à la mesure de capacité ou au poids.

En Amérique, on ouvre les bivalves l'un après l'autre, avec un couteau, et l'on cherche les perles en écrasant le Mollusque entre les doigts. On n'attend pas que son parenchyme ait été ramolli par la putréfaction, et on ne le fait pas bouillir. Ce travail est plus long et moins sûr que le procédé des Indes orientales décrit plus haut; mais les Américains prétendent que leur manière d'opérer conserve mieux aux perles leur fraîcheur et leur *orient*.

VII

Divers auteurs ont donné la mesure ou le prix de plusieurs perles célèbres.

Une perle de Panama, en forme de poire et grosse comme un œuf de pigeon, fut présentée, en 1579, à Philippe II, roi d'Espagne. Elle était estimée 100 000 francs.

Une dame de Madrid possédait, en 1605, une perle américaine du prix de 31 000 ducats.

Le pape Léon X acheta une perle à un joaillier vénitien pour la somme de 350 000 francs.

Une autre perle donnée par la république de Venise à Soliman, empereur des Turcs, valait 400 000 francs.

Jules César offrit à Servilia une perle évaluée à un million de sesterces, environ 1 200 000 francs de notre monnaie.

On ne connaît pas au juste le volume ni la valeur des deux fameuses perles de Cléopâtre : l'une, que cette reine eut le singulier caprice de faire dissoudre dans du vinaigre et de boire (Dieu nous préserve d'une pareille boisson!); l'autre, qui fut partagée en deux parties et suspendue aux oreilles de la Vénus du Capitole. Quelques auteurs pensent que la première de ces perles valait 1 500 000 francs.

Il y a deux siècles, une perle fut achetée à Califa par le voyageur Tavernier, et vendue au schah de Perse pour le prix énorme de 2 700 000 francs.

Un prince de Mascate a possédé une perle extrêmement belle, non à cause de sa grosseur, car elle ne pesait que 12 carats 1/16e, mais parce qu'elle était si claire et si transparente, qu'on voyait le jour à travers. On lui en offrit 2000 tomaris, environ 100 000 francs. Il refusa de la céder.

On trouve dans le musée Zozima, à Moscou, une perle presque aussi diaphane. On l'appelle *pellegrina*. Elle pèse près de 28 carats ; sa forme est globuleuse.

On dit que la perle de la couronne de Rodolphe II pesait 30 carats, et qu'elle était grosse comme une poire. Ce volume est plus que douteux.

Le schah de Perse actuel possède un long chapelet dont chaque perle est à peu près de la grosseur d'une noisette. Ce joyau est inappréciable.

En 1855, à l'Exposition universelle de Paris, la reine

d'Angleterre nous a fait voir de magnifiques trésors de perles fines, et l'Empereur des Français en a montré une collection de 408, chacune pesant 16 grammes, d'une forme parfaite et d'une belle eau. Elles valent ensemble plus de 500 000 francs.

Les Romains estimaient beaucoup les perles fines; ils ont transmis leur passion aux Orientaux. Ceux-ci attachent une idée de grandeur et de puissance à la possession des perles les plus grosses et les plus éclatantes.

VIII

Les Pintadines ne sont pas les seuls bivalves de la mer qui puissent donner des perles. Presque tous les Mol-

PINNE DE LA MÉDITERRANÉE ET SON BYSSUS
(*Pinna nobilis* Linné).

lusques sont sujets à la maladie qui façonne la nacre en tubérosités arrondies ou ovoïdes.

M. Lamiral a vu une perle de la grosseur d'un œuf de

poule Bantam, parfaitement sphérique et blanche comme du lait, provenant du *grand Bénitier*.

La *Pinne marine* produit des perles roses. L'*Oreille de mer Iris* en donne de vertes. D'autres bivalves en fournissent de bleues, de grises, de jaunes et même de noires. Ces dernières sont très-peu communes.

Il y en avait un collier dans le trésor de l'empereur de la Chine. Est-ce le même dont on a fait présent à une auguste souveraine?

CHAPITRE XXIII

LES MOLLUSQUES CÉPHALES.

Ame tout aquéu poble eïmable é banaru.
(C. REYBAUD.)

Les Mollusques sans tête (Acéphales) nous conduisent naturellement à ceux qui en ont une, les *Mollusques Céphalés.*

Nous trouvons encore, parmi ces derniers, des espèces nues et des espèces testacées.

Les Céphalés nus [1] varient assez dans leurs formes. Les plus communs sont ovoïdes, plus ou moins allongés, bombés en dessus, plans en dessous, avec une tête antérieure plus ou moins caractérisée, portant plusieurs organes sensitifs, entre autres deux yeux bombés et humides, et presque toujours des cornes ou tentacules, des barbillons ou des panaches.

Un trait distinctif, assez général chez ces animaux, bien

---

[1] Voyez les planches XI et XII. — Les dessins de ces deux planches nous ont été communiqués par M. Deshayes et par M. de Quatrefages.

prononcé, surtout chez ceux qui jouissent de la faculté de marcher (ou, pour mieux dire, de ramper), c'est la présence d'une dilatation charnue abdominale, sorte de disque énorme, formé d'un entrelacement inextricable de fibres musculaires, avec lequel le Mollusque exécute une série de petites ondulations successives qui ont été comparées à des *vagues en miniature*. A cause de ce *pied-ventre*, Cuvier a désigné ces individus sous le nom de *Gastéropodes*.

Signalons tout d'abord les *Aplysies* [1], ou *Lièvres de mer*, petits Mollusques qui ressemblent, jusqu'à un certain point, aux quadrupèdes dont on leur a donné le nom.

Ils vivent parmi les plantes marines. Ils ont un cou plus ou moins long et deux prolongements supérieurs creusés comme des oreilles de quadrupède.

Leurs dents ne sont pas dans la bouche, mais dans l'estomac. Ce dernier est quadruple; il se compose d'un jabot énorme, membraneux, d'un gésier musculeux, d'une autre poche accessoire, et d'une quatrième en forme de sac aveugle (Cuvier). Le gésier est armé de plusieurs saillies cartilagineuses, pyramidales, à base rhomboïde, dont les faces irrégulières se réunissent en un sommet partagé en deux ou trois pointes émoussées. Il y en a douze grandes placées en quinconce sur trois rangs, et sept ou huit petites disposées en ligne sur le bord supérieur. Les hauteurs de ces pyramides sont telles, que leurs pointes se touchent au milieu du gésier, et qu'il reste entre elles très-peu d'espace pour le passage des aliments, qu'elles doivent par conséquent triturer avec force (Cuvier). Dans le troisième estomac, il existe une armure tout aussi singulière : ce sont de petits crochets arqués et pointus, dirigés vers le gésier. Cuvier ne peut leur attribuer d'autre desti-

---

[1] *Aplysia* Linné.

MOLLUSQUES NUS.

nation que d'arrêter au passage les aliments qui n'auraient pas été suffisamment broyés.

En général, chez les Mollusques, par une merveilleuse compensation, la puissance de l'estomac est toujours en raison inverse de l'insuffisance des dents. Cet organe est d'autant plus faible, que la mâchoire est mieux garnie, et d'autant plus énergique, que l'appareil dentaire est plus imparfait. Dans certaines circonstances, comme chez le Lièvre de mer, l'estomac a reçu, en supplément d'organisation, des pièces solides, plus ou moins semblables aux dents, qui lui permettent de fonctionner à la fois et comme estomac et comme bouche.

Les Aplysies exhalent une odeur désagréable [1]; elles sécrètent une humeur limpide particulière, fort âcre dans certaines espèces, qui peut faire enfler les mains de ceux qui les touchent imprudemment. Des bords de leur manteau suinte en abondance une autre liqueur d'un pourpre obscur, dont l'animal colore autour de lui l'eau de mer quand il aperçoit quelque danger.

Ces Mollusques sont doux et timides.

Les Lièvres de mer étaient regardés par les anciens comme des animaux malfaisants. On leur attribuait une influence magique, par exemple celle d'agir sur le cœur du beau sexe et sur ses déterminations. Apulée fut accusé de sorcellerie pour avoir acheté des Aplysies à des pêcheurs. Il venait d'épouser une jeune et riche veuve; son principal crime était son mariage, et son principal accusateur le fils de cette veuve!

Les Aplysies ont des organes respiratoires frangés cachés sous leur manteau.

Chez les *Tritonies*, Céphalés peu différents des Lièvres

---

[1] « *Fœtidissima ad nauseam usque.* » (LINNÉ).

de mer, ces derniers organes sont à découvert. Ils ressemblent à de petits arbustes.

Le long de nos côtes, nous avons une grande espèce de ce genre, couleur de cuivre, décrite par Cuvier[1]. Dans les eaux de la Sicile, nous en rencontrons une autre encore plus jolie, découverte par M. de Quatrefages. Qu'on se représente une sorte de petite Limace allongée, portant sur ses flancs une rangée de buissons animés, d'une excessive délicatesse. Sa tête est ornée, en avant, d'un voile étoilé de la plus fine gaze, et surmontée de deux grandes cornes transparentes comme du verre, à l'extrémité desquelles s'épanouit un bouquet de branchages roses entremêlés de fleurs violettes.

Tout près des Tritonies viennent se ranger les *Scyllées*.

Une d'elles, bien connue, la *Scyllée pélagique*[2], est commune parmi les varecs de toutes les mers. Son corps est comprimé; le Mollusque embrasse avec son pied étroit, creusé d'un sillon, les tiges des plantes aquatiques. Il a sur le dos plusieurs séries d'organes respiratoires qui s'élèvent comme deux paires de crêtes membraneuses, donnant naissance, à leur face interne, à des pinceaux de filaments. Ses tentacules sont terminés par un creux, d'où sort une petite pointe à surface inégale. La bouche possède une sorte de trompe. Enfin, son estomac présente un anneau charnu, armé de lames cornées, tranchantes comme des couteaux. (Cuvier.)

Forster a décrit, sous le nom de *Glauque* (*Glaucus*), un genre de Gastéropodes peu différent des Scyllées. Ce sont de charmants petits Mollusques nageurs, à corps allongé, gélatineux, rétréci d'avant en arrière, et terminé par une

---

[1] *Tritonia Hombergii* Cuvier
[2] *Scyllæa pelagica* Linné.

queue grêle et pointue, comme une queue de Salamandre (Cuvier). Leur couleur est d'un gris de perle passant au bleu céleste, avec le dos nacré, traversé par deux bandes longitudinales d'un bleu foncé brillant, et le ventre taché de brun. Leur tête est petite ; elle agite en avant quatre tentacules courts, coniques, disposés par paires. De chaque côté du corps s'étalent trois ou quatre appendices (*nageoires branchiales*) opposés, semblables à de grands éventails ovalaires ou arrondis, d'un gris bleu plus ou moins pur, avec une zone plus foncée. Chaque éventail est composé d'une palette horizontale, bordée de digitations longues, flexueuses et pointues. Les éventails antérieurs sont les plus grands et pourvus d'un pédicule. Les autres diminuent graduellement de taille et manquent de support.

L'animal se tient habituellement renversé sur le dos. Quoique paresseux, il nage avec vitesse ; il est aussi distingué dans ses mouvements que recherché dans sa parure.

Cuvier a nommé *Éolides*[1] d'autres Gastéropodes nus, d'une physionomie tout aussi remarquable. Il les signale comme de petites Limaces sans cuirasse ni manteau. Leur tête porte quatre tentacules, et leur bouche deux petits barbillons. Leurs organes respiratoires consistent en lamelles ou filaments groupés par paquets, toujours des deux côtés du dos.

Quand ces Mollusques se reposent, leurs branchies affaissées s'entrecroisent et leurs grands tentacules sont tordus comme les cornes d'un bélier. Quand ils marchent, ils redressent ces derniers appendices et les brandissent fièrement au-dessus de leur petite tête.

Les Éolides sont des créatures vives, irritables, querelleuses ; elles se disputent les proies avec acharnement ; elles se mordent et se mutilent. Leurs organes saillants, tenta-

[1] Voyez les figures 7 et 7 de la planche XI.

cules ou branchies, se trouvent souvent, après le combat, dans un état déplorable. Il est vrai que tout cela peut *repousser*. M. Rymer Jones a vu un tentacule tout entier refait à neuf au bout de deux semaines.

Nous avons sous les yeux une petite Éolide qui rampe tranquillement sur les parois d'un bocal. Elle a 4 centimètres de longueur, et un corps demi-transparent, légèrement azuré. Sa tête est à peine renflée et sa queue assez pointue. Son dos paraît jaunâtre et chatoyant. Ses cornes antérieures sont grêles et flexueuses; les postérieures, un peu moins longues et légèrement écartées, droites et roides. Les branchies forment quatre touffes rapprochées de lobes lancéolés-linéaires, un peu aigus, d'un rose vif, passant au pourpre à la partie inférieure, et devenant couleur de chair pâle vers le sommet. Leur pointe est incolore et transparente.

Il serait difficile de rendre une vilaine Loche plus élégante et plus gracieuse.

Pour terminer dignement ce paragraphe, nous décrirons, d'après M. de Quatrefages, la délicieuse *Amphorine d'Albert* [1], découverte par M. Camille Dareste, près de Bréhat, parmi les goëmons.

L'animal est allongé, avec une tête plus grosse et surtout plus haute que le corps, et la queue très-effilée et très-pointue. Il possède quatre cornes inégales, disposées comme celles des Colimaçons; il a deux yeux petits, violets, placés non pas au bout des grandes cornes, mais à leur base et en arrière. Les appendices branchiaux, au nombre de douze et sur deux rangs, ne ressemblent en rien à ceux des autres Céphalés. Ils sont alternativement fusiformes et ovoïdes, les uns petits, les autres grands; les premiers semblables à des urnes lacrymales, et les seconds à des amphores!

---

[1] *Amphorina Alberti* Quatrefages. (voy les figures 5 et 5 de la planche XII)

Ce Mollusque paraît légèrement rugueux et d'un beau blanc mat. La partie moyenne de ses cornes est d'un jaune d'or. Un cercle de la même couleur se trouve vers l'extrémité supérieure des branchies, et donne à leur sommet l'apparence d'un couvercle qui fermerait une ouverture à rebord coloré. Sur la ligne médiane du dos, il existe une série de taches jaunes. L'Amphorine est un vrai bijou de la nature.

II

Les Céphalés testacés possèdent une coquille d'une seule pièce. C'est pourquoi on les a nommés *univalves*. Cette coquille présente quelquefois une porte appelée *opercule*.

Chez les *Nérites*, la porte se meut sur un petit gond.

La coquille des Céphalés est habituellement *tordue en spirale*. « *Quelle est la loi de cette organisation ?* » nous demandait un jour un jeune bachelier de la plus haute espérance. Voici notre réponse :

« Quand l'œuf des Mollusques univalves vient d'être pondu, il contient un germe punctiforme à peu près microscopique. Ce germe n'est autre chose, suivant les savants, que le *vitellus*, c'est-à-dire le *jaune* (il ne mérite pas ce dernier nom, attendu qu'il est gris). Tout autour se trouve une certaine quantité de *blanc* ou *albumen*, incolore et transparent. Au bout de quelques jours, le jaune se transforme en *embryon*. Celui-ci se met à tourner lentement sur lui-même; il fait la cabriole. Puis, il change de place et chemine le long de la paroi de son enveloppe protectrice, décrivant une ellipse. Ce double mouvement a été comparé avec raison *à celui des corps planétaires*. Il est produit par un certain nombre de cils vibratiles extrêmement petits, inégalement placés, qui revêtent l'animal dans les premiers temps de son existence. Ces cils absorbent l'air et la matière nutritive nécessaires au Mollusque ; ils servent à sa respiration et à 'sa nutrition à une époque où les organes spéciaux de ces deux fonctions n'existent pas encore. Mais, pour remplir ces deux rôles, il est indispensable qu'ils s'agitent. En s'agitant, ils déterminent des courants réguliers, et, par suite, le double mouvement de rotation qui vient d'être décrit.

» Quand le Mollusque grossit, les cils s'oblitèrent et disparaissent peu à peu. Ce qui fait que les mouvements se ralentissent insensiblement. Au moment de la naissance, il n'existe de cils que sur l'appareil respiratoire, autour de cet appareil et sur les tentacules. De générales, leurs fonctions sont devenues locales.

» A l'époque où les mouvements rotatoires sont dans leur plus grande activité, l'embryon se développe et s'allonge, et, comme il est très-mou, *il se tord forcément en tire-bouchon*. L'animal, tournant sur lui-même un peu obliquement, sa torsion devait offrir le même caractère. Remarquez que le pied, la tête et la queue, c'est-à-dire les parties les *plus fermes*, ne sont jamais en spirale, tandis que le *tortillon*, qui offre toujours, même chez les individus adultes et chez les espèces les plus volumineuses, un tissu *plus ou moins mou*, se trouve l'organe contourné par excellence.

» La coquille, qui s'organise un peu plus tard, se moule sur l'embryon, et *adopte la forme spirale qu'il a lui-même revêtue*. »

Les coquilles spirales peuvent être considérées comme des tubes calcaires qui vont en s'élargissant du sommet à la base, et qui sont plus ou moins enroulés sur eux-mêmes, d'après différents modes.

L'axe réel ou idéal sur lequel le tube opère sa révolution a reçu le nom de *columelle*. Quand cette columelle est creuse, son ouverture inférieure s'appelle *ombilic*.

La spire des univalves tourne le plus souvent de droite à gauche ; elle est *dextre*. Charles Bonnet en a fait la remarque il y a longtemps : « Il existe, dit-il, un plus grand nombre de coquilles dont les tours de spirale montent de droite à gauche, que de celles dont les tours montent en sens contraire. » — *Pourquoi cette direction dominante?* (C'est encore une question de notre bachelier.)

« Le soleil tourne sur lui-même de droite à gauche. Il en est de même des mouvements de rotation et de translation de la terre, des autres planètes de ce monde, de la lune et des autres satellites..... *La dextrosité est une loi de la nature !* »

L'homme se sert plus habituellement de ses membres droits que de ses membres gauches. La déviation vertébrale des rachitiques est très-souvent tournée du côté droit ! Nos escaliers, nos tire-bouchons, nos vis, nos serrures, les roues de nos charrettes, les aiguilles de nos cadrans, les ressorts de nos pendules, les fils de nos bobines..... *sont généralement dextres comme nos Colimaçons !*

Il existe cependant des coquilles spirales, à la vérité en petit nombre, qui tournent normalement de gauche à droite, c'est-à-dire qui sont *sénestres*. Elles n'avaient pas échappé à l'attention de Charles Bonnet: ce sont des exceptions.

Quelquefois les testacés dextres deviennent sénestres *par monstruosité*. Ils sont alors très-recherchés par les *collectionneurs*. On sait, pour le dire en passant, que l'homme, dont le foie est à droite et le cœur à gauche, présente dans certains cas, par exception, la situation de ces organes renversée (*situs inversus*), c'est-à-dire le foie à gauche et le cœur à droite. C'est une anomalie analogue à celle de ces derniers Mollusques.

D'autres fois les testacés sénestres deviennent dextres. Ce sont des *retours à l'ordre habituel*.

Plusieurs coquillages ne sont pas tordus en spirale. Par exemple, les *Patelles*, qui ressemblent à d'énormes Cochenilles ou à de larges éteignoirs. Mais ces espèces, dans leur jeune âge, offraient une torsion manifeste : elles avaient deux tours, trois tours..... Elles rentrent, par conséquent, dans la règle générale.

III

Certains univalves vivent à la surface de la mer, et flottent nécessairement et gracieusement, quelle que soit l'agitation de l'eau.

JANTHINE COMMUNE
(*Janthina communis* Lamarck).

Le charmant petit coquillage appelé *Janthine*, protégé par une tunique mince, fragile, d'un violet tendre, se suspend à une masse spongieuse, sorte de tissu hydrostatique composé de petites vessies cartilagineuses semblables à de l'écume de savon consolidée [1]. Ce singulier parachute l'empêche de couler à fond.

----

[1] « *Spuma cartilaginea.* » (FABIUS COLUMNA).

A la plus légère alarme, la Janthine répand une liqueur d'un rouge sombre, devient plus lourde que la vague, et descend dans la mer. Bosc pense qu'elle vide alors ses vessies, mais cela n'est pas certain.

D'autres Mollusques déploient une sorte de voile produite par le bord dilaté de leur manteau ou par quelque appendice développé en forme de nageoire. Ils voyagent de la sorte, à la surface des flots, entraînés par la lame ou poussés par le vent.

Mais la plupart des espèces ont besoin d'être plus ou moins submergées, quelquefois même à des profondeurs considérables. Les *Littorines* ne s'éloignent pas des côtes. On a pêché des *Fuseaux* qui vivaient au-dessous de 2800 mètres.

Les Mollusques testacés habitent, soit parmi les plantes, soit parmi les rochers. Les uns restent collés à la surface des corps solides (on assure que les *Patelles* opposent à l'isolement une résistance de 75 kilogrammes); les autres s'enfoncent dans la vase et s'y creusent des retraites.....

La *Natice mille points*[1] coupe le sable avec son pied dilaté en avant et tranchant comme une pelle; elle chemine ainsi horizontalement dans l'épaisseur du sol (Deshayes). Son manteau, qui est très-ample, se replie sur sa coquille, protége les cornes, les yeux et l'orifice de la respiration contre les frottements entre deux terres, et rend en même temps la marche plus glissante.

Les univalves marins offrent dans leurs coquilles une immense variété de formes et de couleurs.

Ceux-ci sont enroulés en toupie, en vis, en escalier. Ceux-là sont façonnés en tonne, en bouton, en cadran. Quelques-uns représentent un casque, un turban, une

---

[1] *Natica millepuncta* Lamarck.

mitre, un bonnet chinois. Certains rappellent une harpe,
une olive, un radis, une tarière, une feuille de chicorée,
une aile de chauve-souris, un pied de pélican, un casse-tête
de sauvage..... Leur surface est lisse, polie, luisante, ou

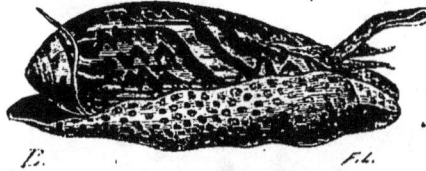

OLIVE DU PÉROU
(*Oliva peruviana* Lamarck).

bien mate, rugueuse, et même treillissée. On y voit des
plis, des côtes, des lames, des varices élevées, des saillies
épineuses et des tubes droits ou infléchis.....

Tous ces coquillages, ou presque tous, sont recouverts
d'un *drap marin*, sorte de vêtement épidermique corné,

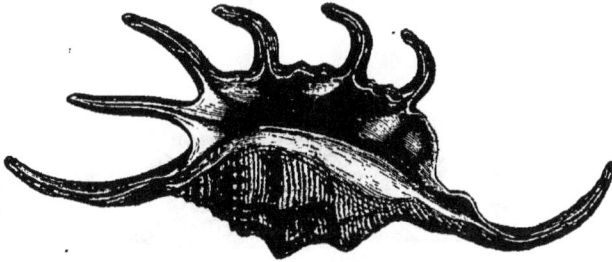

PTÉROCÈRE ORANGÉ
(*Pterocera aurantia* Lamarck).

brunâtre, qui masque leur éclat et protége leurs couleurs.
Celles-ci paraissent fauves, brunes, blanches, jaunes,
dorées, roses, rouges, bleues, violettes, vertes[1]..... Les
brunes sont les plus nombreuses et les vertes les plus rares.

[1]   Sæpe ego digestos volui numerare colores,
              Nec potui; numero copia major erat.
                                        (OVIDE.)

Il y a des univalves mouchetés ou tigrés, ou marbrés ou rayés. Quelques-uns présentent les dessins les plus bizarres ou les hiéroglyphes les plus inattendus. D'autres, une broderie fantastique, un air noté, une carte de géographie, le

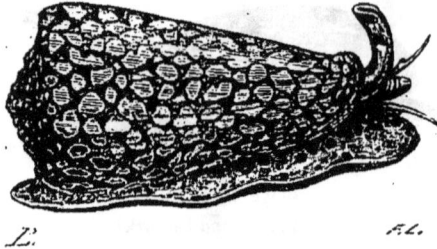

CÔNE DAMIER
(*Conus marmoreus* Linné).

zigzag de la foudre, les sinuosités d'une rivière ou les ramifications d'un arbrisseau. Plusieurs sont peints somptueusement et comme drapés de pourpre et d'or. La belle parure et la grande rareté de certaines espèces de *Cônes* ou de *Porcelaines* leur donnent un prix très-élevé. Les

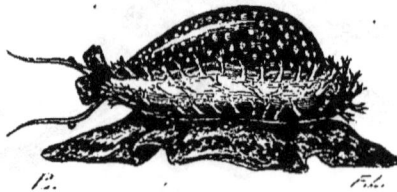

PORCELAINE CERVINE
(*Cypræa cervina* Lamarck).

amateurs les payent 500, 600 et même 800 francs. On cite un *Cône cedonulli* qui fut acheté, au commencement du XVIIIe siècle, plus de cinquante louis. La *Scalaire précieuse*[1] s'est vendue jusqu'à 2000 francs. La *Porcelaine orange*[2] a été estimée pendant longtemps à un très-haut

[1] *Scalaria pretiosa* Lamarck.
[2] *Cypræa aurora* Solander.

prix. Les chefs de tribu, dans la Nouvelle-Hollande, la portent encore à leur cou, comme un symbole de leur dignité.

Les savants ont créé, pour les coquillages, une nomen-clature régulière, avec des mots souvent prétentieux, géné-ralement tirés du grec ou du latin. Les amateurs et les marchands ne prennent pas autant de peine. Ils choisissent des noms quelquefois bizarres, il est vrai, qui rappellent la forme ou la couleur plus ou moins frappante de chaque espèce ; ils ont même transporté dans la conchyliologie les grades ou les dignités de certaines professions. Il y a des Cônes appelés *ambassadeurs*, *gouverneurs*, *commandants*, *capitaines*, *soldats*..... Il y en a de nommés *vicaires*, *évêques*, *archevêques*, *cardinaux*.....

IV

Les Mollusques univalves ont une mâchoire supérieure ou deux mâchoires latérales, ou bien trois mâchoires : une en haut et deux sur les côtés. Ces mâchoires sont cornées, dures, tranchantes, et plus ou moins courbées en arc, avec des côtes saillantes, verticales, en avant, et des denticules pointues, ou des crénelures émoussées sur les bords.

Ces animaux offrent une langue cartilagineuse, recou-verte d'une membrane sèche, striée, guillochée, garnie d papilles ou de crochets. Cette langue est presque toujours en mouvement ; elle lèche, lape, frotte, lime avec beau-coup de force. Le plus souvent elle fait antagonisme à la mâchoire d'en haut, et semble fonctionner comme une mâchoire inférieure.

La membrane de la langue est reçue, en arrière

de la bouche, dans une poche en forme de talon recourbé (Cuvier), où elle s'enroûle sur elle-même (Saint-Simon).

Dans le *Vignot commun*[1], elle paraît comme un filament blanc de 5 centimètres de longueur, d'une substance délicate, résistante, diaphane, hérissée de denticules épineuses, qui ont la texture et l'éclat du verre. Ces denticules sont disposées régulièrement sur trois lignes; celles qui constituent la rangée médiane sont à trois pointes, tandis que celles des rangées latérales offrent une dent trifide, alternant avec une dent plus grosse, ayant la forme d'une moitié de bateau. Toutes se dressent en courbes concaves, et se dirigent dans le même sens (Gosse). Comparées à cet organe, nos râpes et nos limes paraissent de grossiers outils.

Le ruban lingual est quelquefois très-long. Chez le *Turbo rugueux*[2], la membrane déroulée présente une étendue qui égale au moins trois fois la longueur de son corps! Quel prodigieux organe! Quel singulier Mollusque! un animal *trois fois plus court que sa langue!*

A mesure que la partie antérieure de la membrane dont il s'agit s'use par l'exercice et perd ses denticules ou ses crochets, le ruban est poussé en avant par un mécanisme spécial, à peu près comme la lame de fer dans le rabot du menuisier. De telle sorte que la partie agissante est toujours neuve et dans les meilleures conditions pour fonctionner.

Les univalves dépourvus de mâchoire sont en même temps privés de langue. Ils ont alors une trompe musculeuse et mobile. Cette trompe est tantôt charnue, plus ou

---

[1] *Littorina vulgaris* Sowerby.
[2] *Turbo rugosus* Linné.

moins extensible et sans pièces solides; tantôt coriace, avec des denticules ou des saillies capables d'entamer les corps les plus résistants.

Chez la *Pourpre teinture*[1], cet organe se retourne comme le doigt d'un gant. Son extrémité offre des espèces de lèvres qui peuvent être séparées ou rapprochées, suivant le besoin. En dedans existent des crochets aigus, supportés par deux longs leviers cartilagineux. Ces crochets sont alternativement élevés et abaissés. Par la répétition de ces mouvements, le Mollusque entame et perfore les coquilles les plus dures, comme s'il avait une lime au bout de son museau. M. Rymer Jones a vu, dans l'espace d'une après-midi, une Pourpre teinture percer la coquille d'un Pétoncle et en dévorer l'animal.

La nourriture des univalves varie suivant leur organisation. Les uns sont herbivores, les autres carnassiers, un certain nombre polyphages.

Les petites espèces mangent des végétaux microscopiques ou des animalcules, des graines ou des œufs...

Le Vignot commun, dont nous venons de parler, consomme ces infiniment petites plantules qu'engendrent les milliards de spores impalpables tenues en suspension dans la mer.

Ces plantules et ces spores sont déposées sur les parois des aquariums, où elles se développent avec rapidité. Elles ne tarderaient pas à les recouvrir d'une couche opaque de verdure. Mais on a soin de placer dans ces réservoirs un certain nombre de nos petits Gastéropodes, lesquels arrêtent cette intempérance végétale et entretiennent très-efficacement, à coups de langue, la propreté et la transparence du cristal. (Gosse.)

---

[1] *Purpura lapillus* Lamarck.

V

Les Céphalés possèdent un cerveau nettement caractérisé ; mais le noble organe n'est pas placé dans leur tête,
il est *au-dessus du cou*, et fait partie du collier nerveux qui
entoure le commencement du tube digestif. Ce collier est
ordinairement lâche et mobile ; il avance ou recule, suivant
les mouvements, d'où il résulte que le cerveau, au gré de
l'animal, peut être porté d'arrière en avant, ou d'avant en

NÉRITE POLIE
(*Nerita polita* Linné).

arrière, entrer dans la tête et se réfugier dans le corps !
Habituellement, il repose sur la nuque. Ce qui explique,
pour le dire en passant, pourquoi un Escargot *ne meurt pas
nécessairement quand on lui a coupé la tête.*

Le cerveau est blanchâtre, jaunâtre, jaune orangé, rougeâtre et même noirâtre.

Les Mollusques univalves ont des organes pour voir,
pour entendre et pour odorer.

Leurs yeux sont placés sur un mamelon, à la base
externe ou interne des tentacules. Ils sont simples, myopes,
et fonctionnent très-mal au grand jour.

Les organes auditifs sont à la base du cou, en dedans. On
n'y voit ni pavillon saillant, ni orifice extérieur. Ce sont
des poches membraneuses et transparentes remplies d'un

liquide assez limpide, qui tient en suspension de très-petites pierres (*otolithes*) douées d'un mouvement ou frémissement particulier. Dans quelques espèces, les poches ont à peine un vingtième de millimètre de diamètre, et contiennent de cinquante à soixante pierres.

Le sens de l'odorat réside à la surface des tentacules. Ceux-ci, au nombre de deux, représentent chacun un *demi-nez*.

Chez l'homme, les cavités nasales se trouvent à l'entrée du canal respiratoire; l'arrivée de l'air amène nécessairement les molécules odorantes dans leur intérieur. Chez les univalves, où les demi-nez sont éloignés de l'orifice de la respiration et doués d'une assez grande mobilité, *c'est l'organe qui va au-devant des molécules odorantes*.

Les tentacules sont recouverts d'un duvet microscopique, à poils très-courts, *toujours en mouvement*, qui détermine des courants rapides et continus autour de ces organes.

VI

La plupart des Céphalés sont *androgynes*, c'est-à-dire à la fois mâle et femelle.

« — Je voudrais bien savoir, nous disait dernièrement une jeune et jolie dame très-avide d'instruction, si les Mollusques *à deux sexes* connaissent l'amour? »

» — Madame, les *Limaçons* et les *Limaces* ont été créés tout exprès pour vous donner une réponse affirmative.

» Épiez ces animaux, d'apparence si apathique, un soir d'été, après une légère pluie, dans une allée de votre jardin ou sur le bord de quelque haie. Vous les verrez s'approcher lentement, se saluer, tourner l'un autour de l'autre; s'approcher davantage, tendre le cou, dresser la tête, se flairer respectueusement ; se palper, d'abord avec hésitation, puis avec assurance, puis avec familiarité ; se baiser la tête, le front, le mufle, les bords de la bouche.....; se lécher bien délicatement, se chatouiller avec tendresse ; retirer précipitamment les cornes, comme si le frôlement était trop vif, les allonger de nouveau ; enfin les incliner doucement et les laisser pendantes, comme si le plaisir les fatiguait !..... »

« Un jour, M. Bouchard-Chantereaux fut témoin d'un mouvement de colère très-prononcé, chez une *Limace agreste*[1] qui avait des prétentions fort amoureuses, et qui, en rencontrant une autre très-froide et très-réservée, lui fit pendant une demi-heure les caresses et les agaceries habituelles, sans être payée le moins du monde de retour. Fatiguée de ses avances, elle agita la tête brusquement, mordit au mufle la belle indifférente, et s'éloigna avec dédain. Cette Limace pensait, avec raison, que l'amour n'exclut pas la dignité ! »

« Les Céphalés de la mer sont organisés comme les Céphalés de la terre, et soumis aux mêmes lois. Ils ont les mœurs des Limaçons et des Limaces ; *ils aiment !* »

Les Mollusques à deux sexes, pourvus d'une tête, peuvent donc éprouver et manifester *ce je ne sais quoi dont les effets sont incroyables* (suivant la juste remarque de Pascal) ; et, si l'amour n'est pas chez eux aussi profond, aussi exquis, aussi durable que chez les Vertébrés supérieurs, comme ces animaux sont à la fois mâle et femelle, ils le sentent nécessairement de *deux manières différentes*, ce qui produit un ravissant cumul ! « *Aimer longtemps, infatigablement, toujours*, dit M. Michelet, *c'est ce qui rend les faibles forts.* » S'il en est ainsi, *aimer double* doit être *l'énergie de l'énergie !*

---

[1] *Limax agrestis* Linné.

Les Mollusques Acéphales, notons-le en passant, ne sont pas favorisés, sans doute, comme leurs frères les Céphalés. Car, malgré l'opinion généralement admise, le véritable amour *vient de la tête et non du cœur*, parce que c'est dans la tête que se trouve le cerveau. Voilà pourquoi cette admirable sympathie ne paraît guère manifeste que chez les animaux qui *possèdent une tête*.

Toutefois notre proposition n'est rigoureusement exacte que pour les animaux chez lesquels le centre sensitif est logé dans ladite tête (les *intra-Vertébrés*); elle ne l'est plus pour ceux où il réside *sur le cou* (les *extra-Vertébrés*). Les Limaces et les Limaçons sentent l'amour *avec la nuque!*

Cette noble affection ne se montre donc suffisamment développée, chez les Mollusques, que dans les espèces céphalées, c'est-à-dire les plus parfaites, ou, si vous l'aimez mieux, les plus sensibles et les plus locomotiles. Elle offre certainement, chez elles, quelque chose de délicat, peut-être même d'idéal. Mais les pauvres Acéphales ne comprennent pas les tendres sentiments. Est-ce un malheur pour eux? Nous ne le pensons pas; car l'Auteur de toutes choses a donné généreusement à chaque bête tous les sentiments, toutes les sympathies, tous les plaisirs dont elle avait besoin!.....

La tendresse sexuelle n'existe pas probablement dans l'*Huître* et dans la *Moule;* si elle s'y trouve, elle y est à coup sûr bien indéterminée, bien obscure et encore moins *morale*, s'il est permis de parler ainsi, que dans la Limace et dans le Limaçon.

Linné allait beaucoup trop loin, quand il se laissait entraîner par son imagination souvent si poétique. Il voyait l'amour *jusque dans les fleurs*. Il a publié un mémoire très-remarquable sur le *mariage des plantes (Sponsalia plantarum)*, accompagné d'une gravure qui représente deux

MOLLUSQUES NUS.

Mercuriales (mâle et femelle) dont la fécondation est *favo-*
risée par le Zéphyre. Il a inscrit ces mots, très-significatifs,
au-dessus des deux figures : « *L'amour unit les plantes* »
(*amor unit plantas*). Linné savait très-bien que la plupart
des fleurs sont bisexuées (comme les Limaçons). Il avait vu
et voyait tous les jours, dans un *OEillet* par exemple, les
étamines ou les mâles entourer les pistils ou les femelles,
se précipiter sur leurs stigmates, les presser, les embrasser,
les couvrir de pollen ; mais l'immortel naturaliste abusait
étrangement de l'analogie, quand il croyait trouver dans
la physiologie de cette fleur le sentiment presque divin qui
enflamme et ennoblit les animaux supérieurs, voire même
les Limaçons et les Limaces !..... Mais revenons à nos
Mollusques de la mer.

Les Céphalés de l'Océan pondent des œufs isolés ou
agglomérés, sessiles ou pédiculés. Quand ces derniers sont
en nombre considérable, ils forment des sphères, des
rosettes, des étoiles, des coupes, des entonnoirs, des cylindres, des paquets, des grappes, des guirlandes..... Voyez
le gracieux ruban des œufs de la *Bullée* autour d'une
branche de Varec[1].

Les œufs sont blancs, jaunes, oranges, rouges, roses,
d'un fauve clair, ou d'un brun foncé. Plusieurs sont
entourés d'une substance gélatineuse (*nidamentum*) plus
ou moins transparente, ou enfermés dans une capsule
(*oothèque*) plus ou moins membraneuse.

Certains Mollusques portent leurs œufs collés au dos de
leur coquille et disposés en quinconce. La *Janthine* suspend les siens, enfermés dans des espèces d'ampoules, à
ses vessies natatoires. Ces ampoules, qui ressemblent à des
graines de courge, en contiennent plus d'un million. (Quoy.)

Voyez le dessin communiqué par M. de Quatrefages, planche XII, fig. 7.

VII

On regarde comme très-voisine des Céphalés une petite
tribu de Mollusques qui nagent dans la haute mer à l'aide
de deux larges ailes ou nageoires membraneuses situées à
droite et à gauche de leur tête. Ces expansions sont à la fois
des organes de mouvement et des organes de respiration.
Les animaux qui les possèdent ont été nommés *Ptéropodes*
(*pieds-ailes*).

On a comparé ces Mollusques à des Papillons qui auraient
les ailes étendues. Cette comparaison, il faut l'avouer, n'est
pas très-rigoureuse.

Un des plus connus parmi les Ptéropodes, c'est la *Clio*

CLIO BORÉALE
(*Clio boréalis* Linné).

boréale, jolie petite créature qui se trouve par millions
dans les mers du Nord. Les Baleines en consomment des
quantités prodigieuses. C'est pourquoi les matelots anglais
appellent ces bestioles, *pâture de la Baleine*.

Les voyageurs racontent que ces petits Papillons marins
donnent en quelque sorte la vie aux lugubres régions
qu'ils habitent, par leur nombre et par leurs évolutions.
Les Clios nagent joyeusement, et semblent danser ou gam-
bader en dépit de tout. Par les temps calmes, elles s'élèvent
à la surface du liquide ; mais à peine ont-elles touché l'air,
qu'elles replongent aussitôt. Quelquefois elles jettent leurs

ailes ou nageoires autour des hydrophytes et semblent les embrasser étroitement.

Ces gracieuses vagabondes sont bleues, violettes ou purpurines.

Leur tête fournit une nouvelle preuve de la sagesse qui a présidé à leur organisation. Autour de la bouche naissent six tentacules, dont chacun est couvert d'environ trois mille taches rouges, que l'on voit, au microscope, comme des cylindres transparents. Ces cylindres contiennent environ vingt petits suçoirs qui ont la faculté de se projeter au dehors, et de saisir leur mince proie. Il y a donc trois

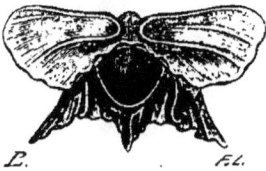

HYALE TRIDENTÉE
(Hyalæa tridentata Lamarck).

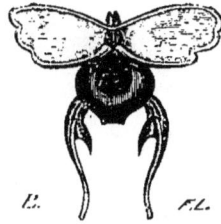

HYALE BORDÉE
(Hyalæa limbata d'Orbigny).

cent soixante mille de ces suçoirs sur la tête d'une Clio. Peut-être n'existe-t-il pas, dans toute la nature, un appareil semblable à celui-là pour opérer la préhension! (J. Franklin.)

Les plus chétifs des organes des plus chétifs animaux, examinés de près, excitent d'abord notre étonnement et presque aussitôt notre enthousiasme. On ne saurait trop le répéter, il n'y a rien de négligé dans la nature!

Un autre Ptéropode tout aussi mignon et tout aussi remarquable que la Clio, c'est l'*Hyale tridentée*. Cette espèce manque de tentacules, mais elle a une coquille. Ses nageoires sont très-grandes, jaunâtres, avec une tache d'un beau violet à la base.

Sa coquille est plane en dessus, bombée en dessous et fendue latéralement. La partie supérieure est plus longue que l'inférieure, et la ligne transverse qui les unit présente trois saillies en forme de dents. Cette coquille est demi-transparente et d'un jaune d'ambre. Quand l'animal nage, il fait sortir les deux expansions de son manteau par les fentes latérales de son test.

CHAPITRE XXIV

LA POURPRE DES ANCIENS.

> *« COLORES dicti sunt quòd CALORE ignis vel*
> *solis perficiantur. »* (SAINT ISIDORE.)

I

La pourpre des anciens était une couleur très-belle et très-estimée. Cette couleur fut, dans l'antiquité, l'apanage des seigneurs et des rois. Son nom désignait la puissance ou la royauté. Les grands étaient appelés *purpurati*, parce qu'ils avaient le droit de porter un habit pourpre. La matière dont il s'agit se vendait, en Asie, au poids de l'argent.

Aujourd'hui, la pourpre est à peu près abandonnée. Les personnes du monde ignorent même généralement la signification exacte que les anciens attribuaient à ce mot, signification un peu différente de celle que nous lui donnons aujourd'hui. Car on n'appelait pas *pourpre* une teinte rouge, glacée de vermillon, mais une sorte de violet. Dans le principe, c'était même un violet foncé; plus tard, à l'aide de certaines manipulations, on rendit la nuance plus ou moins rouge.

On nommait pourpre *dibaphe* celle des étoffes teintes deux fois. Cette nuance avait beaucoup de réputation.

II

M. Lacaze-Duthiers rapporte que, lorsqu'il faisait des recherches au Port-Mahon, en 1858, son pêcheur Alonzo, en l'attendant dans sa barque, employait souvent ses loisirs

POURPRE BOUCHE DE SANG
(*Purpura hœmastoma* Lamarck).

à marquer son linge et ses vêtements : il y dessinait tant bien que mal quelque croix ou quelque petit ange gardien. Il se servait d'une baguette de bois qu'il trempait dans les mucosités du manteau déchiré d'un coquillage nommé dans le pays *Cor de fel*. Ce coquillage était la *Pourpre bouche de sang* des conchyliologistes.

Avec sa baguette, le pêcheur traçait des traits jaunâtres.

« Il n'y paraîtra guère? lui dit M. Lacaze-Duthiers.

— Cela deviendra *colorado*, répondit Alonzo, quand *le soleil l'aura frappé.* »

M. Lacaze-Duthiers pria le pêcheur de faire sous ses yeux, sur le tissu de ses vêtements, quelques-uns des traits ou dessins qu'il savait exécuter. Alonzo obéit. M. Lacaze-Duthiers continua ses explorations. Mais bientôt, c'est-à-dire au bout de deux minutes, il fut poursuivi par une odeur horriblement fétide. Il vit, en même temps, les parties marquées sur son linge prendre une couleur violette d'une vivacité remarquable.

III

Les coquillages qui fournissaient la pourpre aux Grecs et aux Romains étaient des Gastéropodes. Ces coquillages appartenaient au genre *Pourpre* (*Purpura*) et au genre *Rocher* (*Murex*).

Parmi les Pourpres, on doit citer la *bouche de sang*, dont nous venons de parler, et la *teinture*[1].

Il est probable que la plupart des espèces du même groupe, sinon toutes, peuvent donner cette admirable couleur.

Parmi les Rochers, nous signalerons le *fascié*[2], le *hérisson*[3] et la *petite massue* ou *droite épine*.

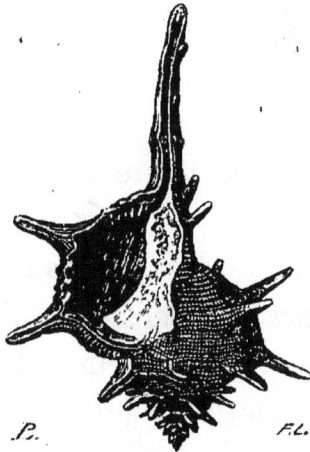

PETITE MASSUE
(*Murex brandaris* Linné).

On a découvert à Pompéi des tas de coquilles de la première espèce, près de la boutique de plusieurs teinturiers.

---

[1] *Purpura lapillus* Lamarck.
[2] *Murex trunculus* Linné.
[3] *Murex erinaceus* Linné.

Lesson croyait que la *Janthine commune* donnait aussi la pourpre des anciens.

Quand on laisse mourir les Mollusques producteurs de la pourpre, non-seulement la partie qui renferme cette matière se colore en violet, mais encore les tissus environnants.

Les directeurs des musées ont remarqué que les individus conservés dans l'alcool, ou dans tout autre liquide,

JANTHINE COMMUNE
(*Janthina communis* Lamarck).

communiquent la même teinte au milieu dans lequel ils sont plongés.

Jusqu'à ces derniers temps, l'organe purpurifère n'a pas été connu. Quelques naturalistes avaient cru que c'était l'estomac ou le foie, ou le rein, et avaient regardé la pourpre comme le suc gastrique, la bile ou l'urine de l'animal. D'autres, mieux avisés, avaient émis l'idée que la pourpre était produite par un organe spécial. Mais où se trouve cet organe? Quelles sont ses connexions? Quelle est sa forme? Évidemment, on ne l'avait jamais observé, puisque, dans les divers ouvrages de malacologie, on parle d'une veine, d'un réservoir, d'un sac, d'une poche..... C'est à M. Lacaze-Duthiers que la science est redevable de la découverte de cette glande. Il l'a étudiée dans plusieurs espèces, et l'a décrite avec soin.

L'organe purpurifère se trouve à la face inférieure du manteau, entre l'intestin et l'appareil respiratoire, plus près de ce dernier que du premier. Il a la forme d'une bandelette. Sa couleur est blanchâtre et souvent d'un jaune léger. Cet organe ne varie pas beaucoup dans les divers Mollusques.

IV

La matière de la pourpre est blanche ou faiblement jaune, parfois un peu grisâtre. Soumise à l'action de la lumière, elle devient d'abord jaune-citron, puis jaune verdâtre, puis verte, puis violette. Cette dernière teinte se fonce de plus en plus. Ces transformations successives sont accompagnées d'une odeur très-vive et très-pénétrante, qu'on a comparée tantôt à celle de la poudre qui vient de prendre feu, ou à celle de l'oignon brûlé, tantôt à celle de l'essence d'ail ou à celle de l'asa fœtida. Cette odeur se conserve longtemps, et se manifeste surtout lorsqu'on humecte le tissu, même un an après sa coloration.

La teinte de la pourpre perd un peu de sa vivacité par le lavage. Ensuite elle persiste. C'est pourquoi l'idée de s'en servir pour marquer le linge est une excellente idée.

En recueillant cette matière, M. Lacaze-Duthiers en a répandu plusieurs fois sur l'ongle de son pouce. Cet ongle s'est bientôt coloré, et il est resté violet pendant plus de cinq semaines.

La substance purpurigène, quand elle n'est pas encore violette, est soluble dans l'eau. Elle devient parfaitement insoluble quand elle a pris cette couleur.

Cette sécrétion, sous l'influence du soleil, est donc insoluble et inaltérable.

Réaumur pensait que l'apparition de la couleur pourpre

au bout d'un certain temps était due à l'action de l'air. Un renouvellement de ce fluide était absolument nécessaire, suivant ce célèbre physicien, pour produire la modification dont il s'agit.

Duhamel a mieux étudié le phénomène. Il a constaté qu'il résultait de l'action des rayons lumineux; mais au lieu d'y voir une propriété *photogénique* de la matière sécrétée, il a cru que le soleil déterminait la pourpre comme il produit sur les pêches, les pommes d'api et quantité d'autres fruits, une belle couleur rouge. Il a confondu l'action des rayons solaires sur une substance qui n'est plus soumise à la force vitale, avec son influence sur un tissu régi par cette force.

M. Lacaze-Duthiers fait observer avec beaucoup de justesse, que, sous les climats brûlants et le ciel toujours si lumineux de l'Italie et de la Grèce, la pourpre ne devait pas se faner comme les autres couleurs rouges, surtout comme celles tirées du règne végétal. La Cochenille, dont parle Pline, qui fournissait l'écarlate, ne devait point résister à l'action du soleil. La pourpre, au contraire, qui s'est développée directement sous l'influence de cette lumière même, ne peut s'altérer comme les autres couleurs. Évidemment, tout ce qu'aurait pu faire le soleil, et les anciens étaient souvent exposés à ses rayons dans leurs cérémonies publiques, c'eût été de renforcer le ton des étoffes, et l'on doit voir là certainement une des raisons de cette estime de la pourpre entre toutes les autres couleurs.

V

La pourpre est donc une substance tout à fait photogénique.

M. Lacaze-Duthiers a fait des expériences importantes

sur la *sensibilité* de ce produit et sur les avantages qu'on pourrait en retirer.

Il conseille de recueillir la matière purpurigène avec une brosse plate dont on a raccourci les poils. On frotte doucement, et plusieurs fois, l'organe sécréteur. La brosse est bientôt chargée d'une substance visqueuse et filante. « Alors on n'a qu'à barbouiller les tissus que l'on veut imprégner, en répétant fréquemment sur eux un mouvement de moulinet ou de va-et-vient; on arrive ainsi à étendre en couche uniforme la mucosité recueillie, qui fait d'abord un peu de bave ou de mousse, mais qui bientôt ne forme plus qu'un liquide, quoique épais, où toutes les bulles d'air disparaissent progressivement. Pour que le tissu se trouve imprégné à peu près uniformément, on charge le pinceau une seconde, une troisième, une quatrième fois, en ayant soin de bien fondre les limites des différents points sur lesquels on apporte successivement de la nouvelle matière. » (Lacaze-Duthiers.)

Il faut un certain temps d'exposition au soleil pour obtenir la coloration de la matière. Ce temps varie suivant la vivacité des rayons lumineux. Dans le midi de l'Espagne, la teinte violette se développe après deux ou trois minutes. Dans d'autres circonstances, une image se dessine au bout de quatre ou cinq. Avec un ciel nuageux, un portrait n'a été fini qu'au bout de trois quarts d'heure. La lumière diffuse, très-faible, demande encore plus de temps.

On doit avoir soin d'humecter la matière avec quelques gouttes d'eau de mer.

La Pourpre bouche de sang donne un violet léger, quand la substance est peu abondante, et un pourpre plus ou moins foncé, quand elle est considérable.

La Pourpre teinture produit un violet des plus beaux,

quelquefois avec des reflets bleuâtres des plus remarquables.

Le Rocher fascié fournit une teinte bleuâtre. Les dessins obtenus à Mahon étaient, les uns d'un violet bleuâtre, avec des parties tout à fait bleues, les autres d'un violet foncé.

Le Rocher hérisson des côtes de Pornic et de la Rochelle offre constamment du violet. Toutefois, sans savoir pourquoi, M. Lacaze-Duthiers a obtenu des teintes plus vineuses, plus bleuâtres ou plus rosées, en opérant dans des conditions qui paraissaient exactement les mêmes.

La petite Massue présente un violet parfois clair et rosé, extrêmement délicat.

CHAPITRE XXV

LES CÉPHALOPODES.

Monstrum horrendum, informe, ingens.....
(VIRGILE.)

I

Qu'on se figure un sac épais et coriace, ovoïde ou cylindrique, lisse, visqueux, offrant à une extrémité une grosse tête arrondie, avec des yeux latéraux énormes, aplatis, et vers le sommet, une bouche, ou, pour mieux dire, un bec de corne, dur et tranchant comme celui d'un Perroquet ; qu'on ajoute autour de ce bec huit ou dix bras vigoureux, dont deux souvent très-longs et comme pédiculés, et l'on aura l'idée de ces Mollusques bizarres et redoutables désignés par Cuvier sous le nom de *Céphalopodes*.

On les distingue en trois groupes principaux : 1º les *Sèches*, dont le sac est bordé d'une nageoire dans toute sa longueur ; 2º les *Calmars*, qui ont deux nageoires distinctes vers l'extrémité du corps ; 3º les *Poulpes*, qui n'en possèdent nulle part. Cette division a été indiquée par Aristote. Ce grand naturaliste paraît avoir connu l'histoire de ces animaux, et même leur anatomie, à un degré vraiment étonnant. (Cuvier.)

Les Céphalopodes occupent le premier rang parmi les Mollusques. Ce sont les princes de cet embranchement.

Ces animaux pullulent dans l'Océan et dans la Méditerranée. Les uns ne s'éloignent pas des côtes, les autres se réfugient dans les eaux les plus profondes. Tous se nourrissent de coquillages, de crabes, de poissons.....

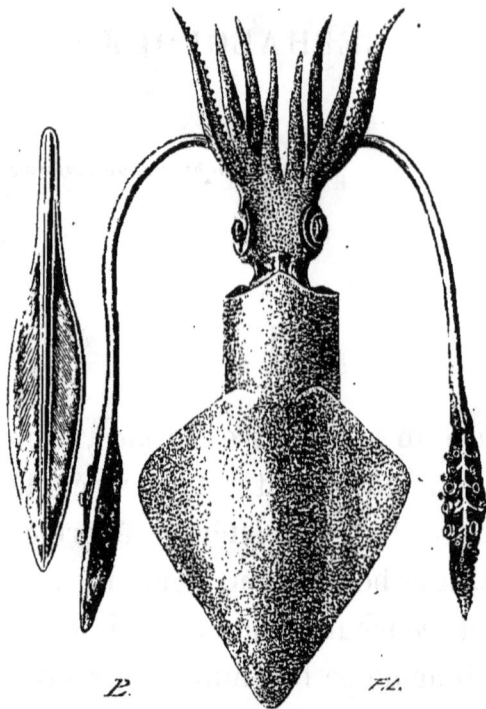

CALMAR VULGAIRE
(*Loligo vulgaris* Lamarck).

Ils sont rusés. Ils se blottissent dans des trous, étendant leurs membres au dehors. Ils guettent leur proie comme des voleurs de grand chemin. Ils la flagellent, l'enlacent, l'étouffent avec leurs bras, la déchirent avec leur bec, et la dévorent sans pitié.

Ils détruisent souvent pour le seul plaisir de détruire. Alcide d'Orbigny a vu un de ces animaux, de petite taille, laissé par la marée au milieu d'une troupe de petits poissons, désappointés comme lui, en faire un massacre épouvantable sans les manger, et cela *par délassement.*

C'est ainsi que s'entretient le cercle continuel des destructions et des renouvellements, qui sont une des conditions de l'harmonie générale de l'univers.....

Les Céphalopodes expulsent le résidu de leur digestion par un orifice situé en avant du cou, *près de la bouche.* Singulière place ! Leurs organes respiratoires se trouvent dans le sac, et ressemblent à des feuilles de fougère. Curieuse organisation !

Ils ont *trois cœurs,* ou, pour mieux dire, un cœur divisé en trois parties. (Cuvier.)

Les Céphalopodes sont nocturnes et crépusculaires. Ils se cramponnent aux rochers pendant les tempêtes, avec leurs bras les plus longs, qui fonctionnent comme deux ancres, les autres restant libres et prêts à saisir quelque victime.

Ces bras sont armés de deux ou trois rangées de ventouses ou suçoirs, petites coupes circulaires avec une ouverture au centre, laquelle conduit à une cavité.

CALMARET VERMICULAIRE
(*Loligopsis vermicularis* Ruppel).

A cet orifice s'adapte une sorte de piston. Ces ventouses s'appliquent et adhèrent avec une force surprenante au corps glissant des Poissons, des Mollusques et des autres habitants de la mer. On a calculé que dans une Sèche, il y a neuf cents de ces ventouses.

Quelquefois les suçoirs des extrémités présentent, au centre de chaque coupe, une griffe acérée et recourbée. On comprend, d'après cette organisation, que la victime la plus lisse et la plus visqueuse ne peut pas échapper au vorace destructeur.

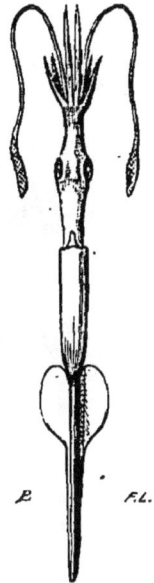

Dans le *Cirroteuthis de Müller*, les bras sont réunis par une expansion membraneuse, couleur lilas clair, en forme de cloche légèrement lobée, semblable à la corolle d'un solanum·ou d'un convolvulus.

Les Céphalopodes marchent la tète en bas et le corps presque vertical. Les bras leur servent alors de pieds.

Une espèce de l'océan Pacifique peut faire des bonds considérables. On a vu un de ces Mollusques s'élancer

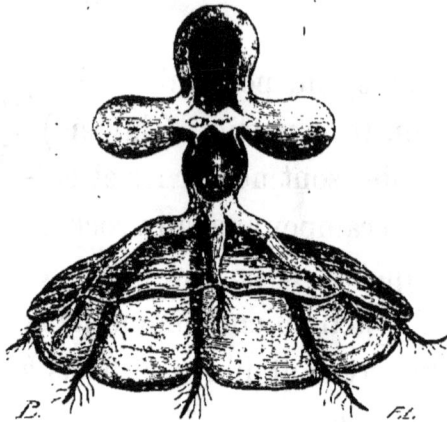

CIRROTEUTHIS DE MULLER
(*Cirroteuthis Mülleri* Eschricht).

hors de l'eau, et tomber sur le pont d'un navire, où il fut pris (J. Franklin). James Ross rapporte qu'un certain nombre de Sèches bondirent sur son vaisseau, élevé de 16 pieds anglais. On en recueillit plus de cinquante. Quelques-unes passèrent par-dessus le pont et retombèrent dans la mer.

Dans l'intérieur des Céphalopodes se trouve une poche qui renferme une liqueur noire comme de l'encre, brune comme du bistre, ou d'un violet foncé. Cette poche communique avec l'extérieur, au moyen d'un petit canal. Lorsqu'ils sont poursuivis ou menacés, ils lâchent une partie de leur liqueur, qui trouble l'eau, et ils profitent du brouillard artificiel qu'elle a produit pour se sauver à toutes jambes.....

Un écrivain anglais compare le stratagème de nos Mollusques à la vieille tactique de certains hommes politiques ou théologiens, qui, pour échapper aux raisons qu'on leur oppose, ne trouvent rien de mieux que de *répandre du noir* dans la discussion. « L'obscurité devient leur force et leur triomphe. Ils troublent la vue des esprits faibles ou

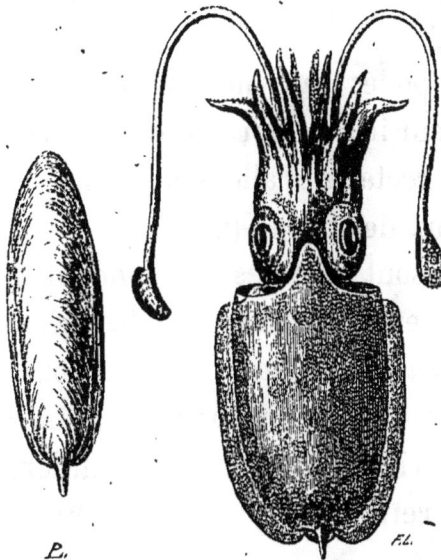

SÈCHE ÉLÉGANTE ET SON OS
(*Sepia elegans* Blainville).

peureux, se dérobent à l'examen, et passent pour invulnérables à travers les siècles, comme les Céphalopodes à travers les eaux noircies de l'Océan. » (J. Franklin.)

Avec l'encre des Sèches, pour le rappeler en passant, on prépare la *sépia de Rome*, employée dans la peinture à l'aquarelle. Les beaux dessins qui accompagnent une partie des mémoires de l'illustre Cuvier sur l'anatomie des Mollusques ont été exécutés avec l'humeur fournie par plusieurs des individus qu'il disséquait. (Duvernoy.)

On a prétendu pendant longtemps que les Chinois com-
posaient l'*encre de Chine* avec la liqueur d'un Céphalopode voisin de nos Sèches (Bosc). Il paraît presque certain que cette encre est préparée surtout avec du noir de
fumée.

Dans le dos des Sèches existe ce corps plat, léger et
friable, appelé *os de Sèche*[1], dont se servent les orfévres
et qu'on donne à becqueter aux canaris. Dans celui des
Calmars, on trouve, à la place de ce corps, une lame
cartilagineuse, demi-transparente, qui ressemble à une
plume.

Les Céphalopodes ont un regard fixe singulièrement
désagréable. Leur iris est doré. L'ouverture de leur pupille
représente un rectangle allongé. Leurs yeux brillent la
nuit comme ceux des chats. (Cuvier.)

Ces animaux sont ovipares. Ils pondent des œufs agglomérés en grappes rameuses, que les pêcheurs désignent
sous le nom de *raisins de mer*. Ces œufs sont ovoïdes, lisses,
un peu mous et d'un brun obscur. La marée les apporte
souvent sur le rivage. M. Lacaze-Duthiers en a vu que
la sonde avait retirés de plus de 1600 mètres de profondeur.

Plusieurs Sèches jouissent de la merveilleuse faculté de
changer de couleur. Elles passent du blanc purpurin au
gris livide, et du gris livide au brun rougeâtre. Leurs
teintes disparaissent et reparaissent tour à tour, se mé-
langent, se confondent ou se séparent de la manière la
plus fantastique. Quand l'animal est effrayé ou irrité,
ses taches grandissent ou se déplacent avec une rapidité
bien supérieure aux changements du Caméléon (Carus,
Sangiovanni). Quelques naturalistes supposent que ces

---

[1] *Sépiostaire* de Blainville.

curieuses transformations ont pour but d'épouvanter les ennemis.

Quand on entre dans les bas-fonds habités par de grands Céphalopodes, par exemple par des Poulpes, il faut se

OEUFS DE CÉPHALOPODE (RAISINS DE MER).

méfier de leur voisinage. Avec leurs bras gluants, ces vilains Mollusques enlacent les membres des nageurs d'une manière si serrée, qu'on a souvent beaucoup de peine à s'en débarrasser.

Le docteur J. Franklin a vu des Sèches se cramponner

JEUNE CÉPHALOPODE.

ainsi fort indiscrètement aux jambes des baigneurs..... et des baigneuses. Il se souviendra toujours de la frayeur d'une jeune femme qu'une de ces méchantes bêtes avait saisie un peu plus haut que la jambe..... L'animal ne lâcha prise que lorsqu'on lui eut versé quelques gouttes de vinaigre sur le dos. Il trouva le procédé extrêmement désagréable.

II

A diverses époques, on a parlé de Calmars ou de Poulpes gigantesques, hors de proportion avec les espèces les plus grosses de nos côtes.

Des naturalistes ou des marins ont signalé des individus d'une taille tellement grande, qu'ils n'ont pas craint de les comparer à des Baleines.

Pline parle d'un monstre qui avait l'habitude d'aborder à Castria, sur la côte d'Espagne, pour dévaster les étangs. Il en dévorait tous les poissons. Cet animal pesait 350 kilogrammes. Ses bras étaient longs de 10 mètres. Sa tête était grosse comme un tonneau; elle offrait la capacité de quinze amphores, et fut envoyée au proconsul L. Lucullus.

Olaüs Magnus raconte les hauts faits d'un Céphalopode colossal, qui avait au moins *un mille de longueur*, et dont l'apparition au sein des eaux ressemblait plus à une île qu'à un animal [1] (*similiorem insulæ quàm bestiæ.*) Ce terrible Mollusque avait été nommé *Kraken*.

L'évêque de Nidros découvrit un de ces animaux gigantesques, qui dormait tranquillement au soleil, et le prit pour un immense rocher. Il fit dresser un autel sur son dos, et y célébra la messe. Le Kraken demeura immobile tout le temps de la cérémonie. Mais à peine l'évêque eut-il regagné le rivage, que le monstre replongea dans la mer. (Bartholin.)

Les excréments de cette affreuse bête répandaient un parfum si suave, que les poissons d'alentour accouraient en toute hâte pour s'en repaître. Alors l'impitoyable Gar-

---

[1] Des pêcheurs de la Manche affirment encore avoir rencontré, dans la haute mer, des Calmars *grands comme des îles*. (Lacaze-Duthiers.)

gantua ouvrait son effroyable gueule, *semblable à un golfe ou à un détroit (instar sinûs aut freti)*, et engloutissait tous les malheureux qui se trouvaient à sa portée. (Bartholin.)

Pontoppidan, évêque de Berghen, regarde comme très-authentique l'histoire de ce fameux Kraken. Il assure qu'un régiment pourrait manœuvrer à l'aise sur son dos!

Linné, dans la première édition de son *Système de la nature*, admet l'existence de ce monstre imaginaire, et le désigne sous le nom de *Sepia microcosmus*. Plus tard, mieux instruit, il l'effaça de la liste des animaux vivants.

Sonnini n'a pas suivi l'exemple du grand naturaliste suédois. Il a *représenté*, dans ses *Suites à Buffon*, ce géant des Céphalopodes étreignant dans ses bras démesurés un vaisseau de haut bord, et cherchant à l'engloutir. Inutile de dire que son dessin n'est pas *d'après nature!*

Pernetti parle d'un monstre du même genre et de la même taille, qui réussit à faire sombrer un autre vaisseau.

L'existence du Kraken est regardée comme une fable. La science la repousse comme les récits exagérés, analogues, de Pline et d'Élien. Nous ne sommes plus au temps où l'on croyait à des animaux marins tellement volumineux, qu'il leur eût été *impossible de passer par le détroit de Gibraltar!*

Cependant il est bien reconnu aujourd'hui qu'il se trouve, dans la Méditerranée et dans l'Océan, des Céphalopodes réellement énormes, non pas, toutefois, de la grandeur d'un vaisseau, d'une Baleine, d'une île....., ou plus larges qu'un détroit....., mais d'une taille assez extraordinaire pour mériter le nom de gigantesques.

Aristote parle d'un grand Calmar (Τεῦθος) de la Méditerranée, long de cinq coudées (3ᵐ,10).

Le fameux plongeur Piscinola, qui descendit dans le détroit de Messine, à la prière de l'empereur Frédéric II, y vit avec effroi d'énormes Poulpes attachés aux rochers, et dont les membres, de plusieurs aunes de long, étaient plus que suffisants pour étouffer un homme. Ce témoignage n'a pas assez fixé l'attention des naturalistes de notre âge.

Nous en dirons autant de l'*ex-voto* suspendu dans une église de Saint-Malo, lequel représente une embarcation arrêtée, sur la côte d'Angole, par les longs bras d'un Céphalopode colossal. C'est très-probablement ce fait, exagéré par l'imagination de Sonnini, qui a servi de modèle ou de prétexte à la figure dont nous avons parlé.

Les naturalistes modernes ont signalé, dans nos mers, des Céphalopodes d'une assez belle taille. M. Verany parle d'un Calmar qui avait 1^m,655 de longueur, et qui pesait 12 kilogrammes. On a pêché près de Nice un autre individu qui pesait 15 kilogrammes. On possède au musée de Trieste le corps d'un animal analogue, trouvé en Dalmatie, sur les bords de la mer.

Un Calmar de très-grande taille (1^m,820) a été pris non loin de Cette, il y a une vingtaine d'années; il fait partie en ce moment des collections de la Faculté des sciences de Montpellier[1]. (P. Gervais.)

Le voyageur Péron a rencontré près de la terre de Van-Diemen une Sèche *aussi grosse qu'un baril*, roulant pesamment sur les vagues, dont les bras avaient jusqu'à 2^m,33 de longueur et une vingtaine de centimètres de diamètre à leur base. Ces bras se tordaient comme de hideux serpents.

Quoy et Gaimard ont recueilli dans l'océan Atlantique, près de l'équateur, pendant un temps parfaitement calme, les débris d'un énorme Mollusque de la même famille, dont

---

[1] C'est probablement l'*Ommastrephes pteropus* Steenstrup.

ils ont évalué le poids à plus de 50 kilogrammes. Il n'y avait que la moitié du corps, sans les bras.

Rang a découvert dans les mêmes eaux un Céphalopode de couleur rouge, dont le corps offrait le volume d'un tonneau.

Pennant donne les mesures d'une Sèche dont le corps avait 12 pieds anglais de diamètre; ses bras en présentaient 54.

Swediaur rapporte que des baleiniers ont retiré de la gueule d'un Cachalot des fragments d'une autre Sèche qui avaient 25 pieds de longueur.

On conserve au Collége des chirurgiens de Londres une mandibule de Céphalopode, qui paraît venir des mers du Nord. Elle est plus grande que la main.

M. Steenstrup (de Copenhague) a publié des observations très-intéressantes sur un Céphalopode gigantesque [1] rejeté en 1853 sur le rivage du Jutland. Le corps de cet animal, dépecé par les pêcheurs, fournit la charge de plusieurs brouettes. Son arrière-bouche était grande comme la tête d'un enfant.

Le même naturaliste a fait connaître un autre Mollusque colossal [2], qu'on suppose rapporté de Saint-Thomas. Il a montré à M. le professeur Auguste Duméril un tronçon de bras d'une autre espèce, de la grosseur de la cuisse.

Enfin, M. Harting a décrit et figuré diverses parties plus ou moins volumineuses d'un individu du même groupe, qui se trouvent dans le musée d'Utrecht.

Toutes ces observations s'appliquent évidemment à plusieurs espèces de Céphalopodes voisines des Sèches, des Calmars ou des Poulpes, dont la taille dépasse de beaucoup celle de tous les Invertébrés connus. (M. Edwards.)

---

[1] *Architeuthis dux* Steenstrup.
[2] *Dosidicus Eschrichtii* Steenstrup.

III

Quoi qu'il en soit, voici un exemple authentique d'un de ces énormes animaux, observé *entier et vivant*, à quarante lieues N. E. de Ténériffe, par l'aviso à vapeur l'*Alecton*.

L'histoire de cette découverte est extraite du rapport officiel du commandant Bouyer, lieutenant de vaisseau, et d'une relation de M. Sabin Berthelot, consul de France aux îles Canaries.

Le 30 novembre 1861, l'aviso à vapeur l'*Alecton*, se rendant à Cayenne, rencontra, entre Madère et les îles Canaries, un Céphalopode monstrueux qui nageait à la surface de l'eau. Cet animal mesurait 5 à 6 mètres de longueur, sans compter les huit bras formidables couverts de ventouses qui couronnaient sa tête. Ses yeux, à fleur de tête, avaient un développement prodigieux, une teinte glauque et une effrayante fixité. Sa bouche, en bec de perroquet, pouvait offrir 50 centimètres d'ouverture. Son corps, fusiforme, mais très-renflé vers le milieu, présentait une énorme masse, dont le poids a été estimé à plus de 2000 kilogrammes. Ses nageoires, situées à l'extrémité postérieure, étaient arrondies en deux lobes charnus d'un très-grand volume.

Ce fut à deux heures de l'après-midi que l'équipage de l'*Alecton* aperçut ce terrible Céphalopode.

« Commandant ! la vigie signale un débris flottant par bâbord devant.

— C'est rougeâtre, on dirait un bout de mât.

— C'est un paquet d'herbes.

— C'est une barrique.

— C'est un animal, on voit les pattes. »

Cependant l'*Alecton* approchait du grand Mollusque de

toute la vitesse de sa machine. Le commandant fit stoper; et, malgré les dimensions de l'animal, il manœuvra pour s'en emparer. Malheureusement, une forte houle prenait l'*Alecton* en travers, lui imprimait des roulis désordonnés et gênait ses évolutions; tandis que, de son côté, le Mollusque, quoique toujours à fleur d'eau, se déplaçait avec intelligence, et semblait vouloir éviter le navire.

En toute hâte on chargea des fusils; on prépara des harpons et l'on disposa des nœuds coulants. Mais, aux premières balles qu'il reçut, le monstre plongea et passa sous le navire. Il ne tarda pas à reparaître à l'autre bord. Attaqué avec les harpons et blessé par de nouvelles décharges, il disparut deux ou trois fois, et chaque fois il se montrait, quelques instants après, à fleur d'eau. Il agitait ses longs bras dans tous les sens. Mais le navire le suivait toujours, ou bien arrêtait sa marche, selon les mouvements de l'animal. Cette chasse dura plus de trois heures.....

Le commandant de l'*Alecton* voulait en finir, à tout prix, avec cet ennemi d'un nouveau genre. Néanmoins il n'osa pas risquer la vie de ses marins en faisant armer une embarcation. Il pensa, avec raison, que le monstre aurait pu la faire chavirer, en la saisissant avec un de ses formidables bras. Les harpons qu'on lançait s'enfonçaient dans un tissu mollasse, sans consistance, et en sortaient sans succès. Plusieurs balles (au moins une vingtaine) avaient traversé inutilement divers endroits de son corps. Cependant il en reçut une qui parut le blesser grièvement; car il vomit une grande quantité d'écume et de sang mêlés à des matières gluantes qui répandirent une forte odeur de musc. Ce fut dans cet instant qu'on parvint à le saisir avec un harpon et avec un nœud coulant. Mais la corde glissa

le long du corps élastique, et ne s'arrêta que vers l'extrémité, à l'endroit des deux nageoires.

On tenta de le hisser à bord. Déjà la plus grande partie
du Mollusque se trouvait hors de l'eau, quand un violent
mouvement fit déraper le harpon. L'énorme poids de la
masse agit sur le nœud coulant, qui pénétra dans les
chairs, les déchira, et sépara la partie postérieure du reste
de l'animal. Alors le monstre, dégagé de cette étreinte,
retomba lourdement dans la mer, et disparut.

Le morceau détaché pesait une vingtaine de kilogrammes. On l'a porté à Sainte-Croix de Ténériffe.

Il est probable que ce Mollusque colossal était malade ou
épuisé par une lutte récente, soit avec un Céphalopode de
sa taille, soit avec quelque autre monstre de la mer. On
expliquerait ainsi pourquoi il avait quitté les profondeurs
de l'Océan et les rochers qui lui servent de repaire, pourquoi il présentait une sorte de lenteur et, pour ainsi dire,
de gêne dans ses mouvements, et pourquoi enfin il n'a pas
obscurci les flots avec son encre. A en juger par sa taille,
il aurait dû lâcher au moins un baril de liqueur noire, s'il
avait été bien portant et s'il n'avait pas épuisé ce moyen de
défense dans un récent combat.

M. Berthelot a interrogé de vieux pêcheurs canariens,
qui lui ont assuré avoir vu plusieurs fois, vers la haute
mer, de grands Céphalopodes rougeâtres, de 2 mètres et
plus de longueur, dont ils n'avaient pas osé s'emparer.
Aujourd'hui, ce n'est pas sans une certaine émotion qu'ils
ont appris l'existence, dans leurs parages, d'un voisin aussi
redoutable, quoique

......Il *ait* perdu là queue à la bataille.

Très-probablement ce monstre n'est pas le seul de son
espèce, ni peut-être de sa taille, aux environs de Ténériffe.

Ce Mollusque est-il un Calmar ou un Céphalopode voisin des Calmars, ainsi que plusieurs journaux ont paru le décider? Si nous en jugeons par la figure que M. S. Berthelot a bien voulu nous communiquer [1] (cette figure a été dessinée, pendant la lutte, par un des officiers de l'*Alecton*), l'animal possède deux nageoires terminales comme les Calmars; mais il a huit bras égaux entre eux, comme les Poulpes. On sait que les Calmars, comme les Sèches, ont dix bras, dont deux très-longs. Est-ce une espèce intermédiaire entre les Calmars et les Poulpes? Faut-il admettre, avec MM. Crosse et Fischer, que le Mollusque avait probablement perdu ses grands bras dans quelque lutte antérieure?

Les deux savants malacologistes que nous venons de citer, proposent de désigner le nouveau monstre sous le nom de *Calmar de Bouyer* [2].

IV

De même que les autres Mollusques, les Céphalopodes sont tantôt nus, tantôt pourvus d'une coquille. Les premiers sont plus nombreux que les seconds. C'est l'inverse, comme on l'a déjà vu, chez les Acéphales et les Céphalés.

Les Céphalopodes testacés sont l'*Argonaute* et le *Nautile*.

L'*Argonaute papyracé* [3] est un mollusque bien connu des anciens, de Pline, par exemple.

L'animal se fait remarquer par ses huit tentacules, assez grands, couverts de deux rangées de suçoirs, dont six étroits, amincis vers l'extrémité et pointus, et deux terminés par une large dilatation membraneuse.

[1] Voyez la planche XIII.
[2] *Loligo Bouyeri* Crosse et Fischer.
[3] *Argonauta Argo* Linné.

Sa coquille est mince, fragile, roulée en spirale et cannelée onduleusement et symétriquement. Son dernier tour est si grand, proportionnellement, qu'elle a l'air d'une élégante chaloupe dont la spire serait la poupe. (Cuvier.)

Comme le corps de l'Argonaute ne pénètre pas jusqu'au fond de la spire de la coquille, et qu'il n'y adhère point, plusieurs auteurs ont pensé que cette enveloppe n'est pas produite par l'animal, mais qu'il l'habite en parasite après

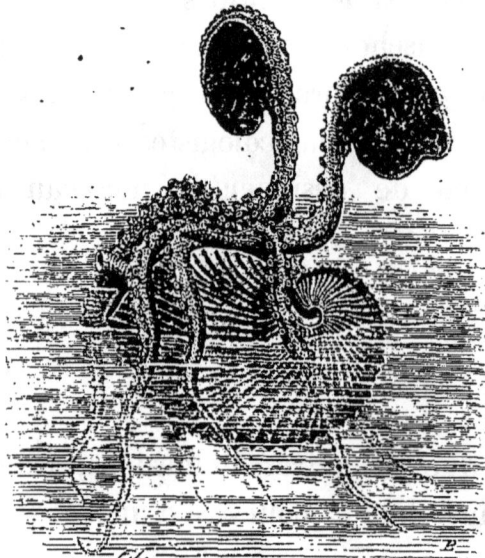

ARGONAUTE PAPYRACÉ
(*Argonauta Argo* Linné).

en avoir tué le propriétaire (Rafinesque). Cependant, comme on a toujours trouvé le Mollusque dans la même coquille et jamais dans une autre, et qu'enfin on a constaté déjà dans l'œuf le rudiment de cette même enveloppe (Poli), il faut rejeter cette opinion.

L'Argonaute se sert de sa coquille comme d'un bateau léger, employant ses tentacules étroits comme des rames qui frappent l'eau de chaque côté, et relevant ses tentacules dilatés comme des voiles. Cette coquille est un navire dont le matelot se trouve à la fois le gouvernail, le mât, les rames et la voile (Ch. Bonnet). On a peut-être un peu poétisé l'industrie nautique de ce joli navigateur. Il est très-vrai cependant que, pendant les temps calmes, on voit des troupes d'Argonautes flotter et se promener à la surface de la mer.

Au moindre danger, ces Mollusques plient leurs voiles, rentrent leurs bras, contractent leur corps, et descendent dans la mer.

Le *Nautile commun*[1] est peut-être plus curieux que l'Argonaute papyracé.

Celui-ci ressemble davantage aux Céphalopodes sans coquille. Il a, comme ces derniers, un sac viscéral, des yeux énormes et un bec de perroquet. Mais sa tête, au lieu de porter de grands tentacules, est entourée de plusieurs cercles de petits bras nombreux, fins, contractiles et privés de suçoirs. (Rumph.)

La coquille du Nautile est grande, épaisse, ornée en dehors de bandes et de flammes d'un fauve rougeâtre. Son intérieur paraît nacré d'une manière assez brillante. Cette coquille est contournée en spirale. Les tours croissent très-rapidement, de telle sorte que les derniers enveloppent les premiers. Mais ce qui la distingue essentiellement, c'est sa distribution en chambres symétriques, séparées par des cloisons transversales et concaves. Vers le milieu de ces dernières, se trouve un trou assez petit, répondant à un entonnoir étroit, lequel produit un siphon qui va d'une chambre dans une autre.

L'animal demeure principalement dans la dernière chambre, qui est la plus spacieuse et la seule largement ouverte. Une sorte de cordon, qui paraît à la fois un tube

[1] *Nautilus Pompilius* Linné.

et un ligament, naît de sa région dorsale, parcourt tous les siphons, et relie ensemble les différentes parties de son corps, logées dans les diverses chambres.

Ce Céphalopode *polythalame* représente jusqu'à un certain point, dans nos mers actuelles, ces coquilles si nombreuses de l'ancien monde, connues sous le nom de *Cornes d'Ammon (Ammonites)*.

On sait que ces fossiles sont divisés aussi en plusieurs chambres; mais leur dernière loge est relativement petite, et non très-vaste. Leurs cloisons sont anguleuses, tantôt ondulées, tantôt déchiquetées. Certaines ressemblent à des feuilles d'acanthe. Il existe des Cornes d'Ammon depuis la taille d'une lentille jusqu'à celle d'une roue de carrosse. (Cuvier.)

Quelques naturalistes ont cru que ces dépouilles étaient des coquilles *intérieures*. On trouve encore, aujourd'hui vivant, un petit Céphalopode testacé, appelé *Cornet de postillon*[1], qui renferme dans la partie postérieure de son corps une coquille blanche, qu'on ne saurait mieux comparer qu'à un cône très-allongé, tordu sur lui-même dans un seul plan, et divisé transversalement en une série de cellules par des lames très-concaves.

[1] *Spirula Peronii* Lamarck.

CHAPITRE XXVI

L'UNITÉ DE COMPOSITION.

> « L'unité dans la variété. »
> (LEIBNITZ.)

I

Les Céphalopodes sont remarquables surtout par la situation de leurs membres au-dessus de la tête. Leur nom signifie littéralement *pieds en tête*. On appelle *Octopodes* ceux qui ont huit membres, et *Décapodes* ceux qui en ont dix. Cette bizarre structure, et le singulier mode de progression qui en est la conséquence, ont frappé tous les naturalistes.

L'étude approfondie des anomalies *apparentes* de la nature conduit souvent à reconnaître, dans ses prétendues déviations, une confirmation nouvelle de la sagesse de ses lois.

Il y a trente ans, deux ingénieux observateurs, MM. Laurencet et Meyranx, examinant la manière dont sont placés relativement les viscères des Céphalopodes, eurent la pensée de ramener cette classe au type général des vertébrés. Ils considérèrent ces Mollusques comme des Vertébrés dont le tronc serait replié sur lui-même en arrière,

21

à peu près dans la région de l'ombilic, de manière que la nuque touchât le bassin et que les mains fussent rapprochées des pieds. Cette disposition est exactement celle que prennent les baladins, sur nos places publiques, lorsqu'ils renversent leurs épaules pour marcher à la fois sur les mains et sur les pieds.

POULPE MARCHANT.

Geoffroy Saint-Hilaire, saisissant avidement cette nouvelle vue, annonça, dans un rapport circonstancié, qu'elle établissait, entre les Céphalopodes et les animaux supérieurs, une ressemblance jusqu'alors méconnue, et fournissait en même temps une nouvelle preuve en faveur de la grande loi qu'il avait appelée *unité de composition organique.*

Cette interprétation détruisait l'opinion émise par Cuvier dans la plupart de ses ouvrages, sur la grande différence qui sépare les Mollusques des Vertébrés. L'illustre anatomiste réclama avec force, peut-être même avec aigreur, contre les assertions et les conclusions de son savant c frère.

De là cette discussion solennelle qui éclata entre les deux grands naturalistes devant l'Académie des sciences, le 15 février 1830, discussion qui fixa un moment l'atten-tion de l'Europe tout entière.

Il s'agissait, en définitive, de savoir si la philosopihe zoologique, telle que l'a conçue Aristote, telle que l'ont continuée les découvertes de vingt-deux siècles, telle enfin que Cuvier l'avait illustrée par d'admirables dissections, si cette philosophie était insuffisante, et devait céder la place aux doctrines récemment introduites dans l'anatomie comparée, en Allemagne et en France, par plusieurs natu-ralistes éminents, et en particulier par Geoffroy Saint-Hilaire.

Quand les discussions scientifiques, disait un éminent critique de l'époque, ne roulent que sur des travaux de détail, elles demeurent enfermées dans l'enceinte des Aca-démies. Mais quand elles portent sur les hautes généralités de toute une science; quand de leur choc doit résulter une de ces révolutions qui comptent dans l'histoire du progrès; quand elles sont engagées et soutenues par des hommes dont le nom est européen; alors la curiosité publique s'éveille et s'y attache. Toutes les sciences sont, par contre-coup, mises en cause, et ont un intérêt majeur à leur résultat.

La controverse élevée entre Geoffroy Saint-Hilaire et Cuvier offrit tous ces caractères.

Les questions en litige étaient telles, qu'indépendam-ment de leur valeur vraiment scientifique, elles devaient saisir l'imagination de tout homme qui pense, et s'emparer fortement de toutes les intelligences pour lesquelles le spectacle de la nature animée est une source féconde d'émotions.

Tous les journaux scientifiques de l'époque, et même

les grandes feuilles quotidiennes, ouvrirent leurs colonnes
à l'important débat qui agitait l'Académie.

Un des écrivains les plus puissants et les plus aimés
de l'Allemagne, l'illustre Gœthe[1], entreprit de résumer et
de commenter la célèbre discussion. Il annonça que les
sciences naturelles allaient recevoir une nouvelle direction,
et que l'esprit humain était sur le point de faire un très-
grand pas.....

La sensation profonde que produisit l'aurore de cette
transformation scientifique durait encore le lendemain de
cette autre révolution (juillet 1830) qui venait de renverser une ancienne dynastie. On raconte qu'un voyageur
récemment arrivé de France s'étant présenté devant Gœthe,
celui-ci lui dit aussitôt : « Eh bien! que pensez-vous de
ce grand événement? le volcan a fait éruption! — C'est
une terrible catastrophe, répondit le visiteur; mais que
pouvait-on attendre d'un pareil ministère, si ce n'est que
tout cela finirait par l'expulsion de la famille royale! — *Il
s'agit bien de ces gens-là! je vous parle du débat entre
Cuvier et Geoffroy Saint-Hilaire!...* » (Sorel.)

II

Geoffroy Saint-Hilaire posait en principe que la nature
a formé tous les êtres vivants d'après un plan unique, le
même dans son essence, mais varié dans ses applications.
Les formes nombreuses que présentent les espèces d'une
même classe d'animaux dérivent les unes des autres. Il a
suffi à la puissance créatrice de changer quelques-unes
des proportions des organes, pour en étendre ou pour en

---

[1] Il avait alors quatre-vingt-trois ans.

restreindre les fonctions, ou pour leur en donner de nouvelles. Les différences viennent d'une autre complication
ou d'une autre modification.

« Toutes les parties essentielles semblent indiquer,

ÉTIENNE GEOFFROY SAINT-HILAIRE.

comme disait Buffon, qu'en créant les animaux, l'Être
suprême n'a voulu employer qu'une idée, et la varier en
même temps de toutes les manières possibles, afin que
l'homme pût admirer à la fois, et la magnificence de l'exé-
cution, et la simplicité du dessin. »

Avec le fil conducteur de la nouvelle méthode, on peut
suivre et reconnaître une partie quelconque de l'organisation, à travers ses mille usages et ses mille transformations, et expliquer facilement pourquoi elle est libre dans tel
animal, soudée dans tel autre, largement développée dans
celui-ci et tout à fait atrophiée dans celui-là[1].

_____

[1] M. Isidore Geoffroy Saint-Hilaire a résumé les doctrines philosophiques de
son illustre père dans un ouvrage remarquable, où l'élégance et la variété du
style s'allient heureusement avec la justesse et la profondeur des appréciations.
La mort prématurée de ce digne fils a été une perte irréparable pour la science
et pour l'amitié.

Cuvier s'efforçait de démontrer que si, par unité de composition, on entend *identité*, on dit une chose contraire au plus simple témoignage des sens. Si, par là, on entend *ressemblance, analogie*, on énonce une proposition vraie dans certaines limites, mais aussi vieille dans son principe que la zoologie elle-même, et à laquelle les découvertes les plus récentes n'ont fait qu'ajouter, dans certains cas, des traits plus ou moins importants, sans rien altérer dans sa nature.

Geoffroy répondait que l'unité de composition n'était, ni une parfaite identité, ni une simple analogie, mais quelque chose entre-deux; qu'elle s'appliquait aux connexions et non aux formes, aux ensembles et non aux détails; qu'elle s'attachait surtout aux éléments organiques, et présidait au plan général de l'organisme, et non à ses arrangements partiels.

CUVIER.

Cuvier n'avait-il pas été forcé d'admettre quatre types distincts dans le règne animal? or, les animaux de chacun de ces types, tous les vertébrés par exemple, offraient-ils entre eux des identités ou des analogies?

A la vérité, le grand zoologiste déclarait que la nature a

laissé entre ces divers plans des *hiatus* manifestes, et que les Céphalopodes, par exemple, diffèrent notablement de tous les autres animaux, *et ne sont le passage de rien*.

Dans ses belles *Recherches sur les ossements fossiles*, Cuvier, antiquaire d'une nouvelle espèce, n'avait-il pas abandonné plusieurs fois sa méthode rigoureuse d'analyse, et n'était-il pas arrivé hardiment, par la synthèse philosophique, à des résultats inattendus, féconds, admirables, qui plaidaient éloquemment en faveur de la doctrine de son illustre antagoniste ?

III

Près d'un demi-siècle s'est écoulé depuis cette mémorable discussion. Les prédictions de Gœthe se sont réalisées.

GŒTHE.

« L'esprit, disait ce profond penseur, gouvernera la matière. On apercevra les grandes maximes de la création ; on pénétrera dans l'atelier mystérieux de Dieu ! Que sont d'ailleurs nos relations avec la nature, si nous nous occupons simplement des individualités matérielles, et si nous ne sentons pas le souffle primordial qui donne à chaque partie sa direction, et qui ordonne et sanctionne chaque déviation au moyen d'une loi inhérente? »

L'unité de composition et les lois secondaires qui en dérivent se sont introduites peu à peu dans les idées, dans les livres et dans l'enseignement; elles ont produit les résultats les plus féconds et préparé l'heureuse transformation de la science. La nouvelle doctrine n'est autre chose, comme le disait Geoffroy Saint-Hilaire lui-même, que la confirmation du principe de Leibnitz, qui définissait l'univers : *L'unité dans la variété.* L'histoire naturelle ainsi comprise est la première des philosophies. (Villemain.)

Les deux grands hommes qui ont exercé une influence si diverse sur les progrès modernes de la zoologie avaient travaillé ensemble dans leur jeunesse et publié plusieurs mémoires en commun; mais bientôt la divergence de leurs vues les conduisit à désunir leurs efforts.

Esprit positif, froid et mesuré, Cuvier appliquait principalement son génie à l'observation rigoureuse des faits et aux conséquences immédiates résultant de cette observation. Il proclamait la suprême autorité de l'analyse, et redoutait les conclusions prématurées de la synthèse. Il était finaliste exagéré, et par cela même partisan de l'invariabilité absolue des espèces ; il ne s'attachait qu'à trouver des caractères distinctifs. Il n'admettait d'autres lois dans les organes que des lois de coexistence et d'harmonie. Enfin, il voyait dans les classifications l'idéal auquel doit tendre l'histoire naturelle, et, dans cet idéal une fois réalisé, la science tout entière.

Penseur enthousiaste et hardi, Geoffroy Saint-Hilaire donnait une très-grande importance aux rapprochements de la synthèse, et croyait que la science devait être désormais dirigée par le flambeau de la philosophie ; il proclamait la variété limitée des espèces, sous l'influence des milieux

ambiants ; il admettait des harmonies acquises et non origi-
nelles, contingentes et non nécessaires ; il embrassait tous
les êtres organisés dans une même loi, et n'accordait aux
classifications qu'une valeur très-secondaire.

En résumé, Cuvier défendait la doctrine des différences,
et représentait l'école analytique ; Geoffroy soutenait la
doctrine des ressemblances, et personnifiait l'école synthé-
tique. L'un était l'historien de la nature, l'autre voulait en
être l'interprète !

CHAPITRE XXVII

LES ANNÉLIDES.

.....Tout ce grand mouvement,
Qu'on jette un peu de sable, il cesse en un moment.
(DELILLE.)

I

Voici un groupe d'animaux vermiformes confondus pendant longtemps avec les Vers, à cause de leur physionomie.

Au premier abord, vous allez croire qu'ils sont fort laids et peu intéressants. — Fi donc! des animaux qui ressemblent à des vers!

Mais, comme le dit Aristote, la nature ne renferme rien de bas, ni de méprisable. Tout y est sublime, tout y est digne de notre admiration. Vous le verrez bientôt. Les Annélides sont peut-être, parmi les bêtes de la mer, celles qui présentent les formes les plus gracieuses, les appendices les plus élégants et les couleurs les plus brillantes [1].

Cuvier, un des premiers, étudia ces animaux d'une manière sérieuse. Il les désigna sous le nom de *Vers à sang rouge*, parce qu'il avait remarqué dans beaucoup d'entre eux le fluide sanguin d'une teinte plus ou moins semblable

---

[1] Voyez la planche XIV.

à celle qu'il présente chez les animaux supérieurs. Mais, depuis l'illustre zoologiste, on a reconnu dans ces groupes des espèces à sang jaune, et d'autres à sang violet, à sang bleuâtre, et même à sang vert. Il y en a aussi dont le sang est sans couleur.

Lamarck a proposé, pour ces animaux, le nom d'*Annélides* (pourquoi pas *Annelides?* disait Constant Duméril), aujourd'hui généralement adopté. Ce nom est tiré de la structure particulière du corps, formé comme d'une suite d'*anneaux*. Ces anneaux sont au nombre de vingt, de trente, de soixante, de quatre-vingts..... Dans l'*Eunice sanguine*[1], il y en a au moins trois cents. Dans la *Phyllodoce lamelleuse*[2], on en compte jusqu'à neuf cents (l'animal offre à peine 8 décimètres de longueur).

Ces anneaux sont des rides minces ou épaisses, aplaties ou saillantes, séparées par des étranglements. Chacun ressemble à celui qui le précède et à celui qui le suit. Ceux de la tête, ou partie céphalique, et ceux de la queue, sont ordinairement un peu modifiés.

Les zoologistes ont donné aux Annélides les désignations les plus euphoniques, empruntées à la mythologie : *Amphitrite, Aphrodite, Polynoé, Euphrosine, Alciope, Néréis.....* Il y a quelque chose de merveilleusement doux dans cette étude de la nature, qui attache un nom à tous les êtres, une pensée à tous les noms, une affection et des souvenirs à toutes les pensées. (Nodier.)

Le corps des Annélides est nu, ou bien protégé par un vêtement solide.

Les espèces nues sont celles qui ressemblent le plus à des vers ou à des larves. Quelques-unes se creusent, dans la

---

[1] *Eunice sanguinea* Savigny.
[2] *Phyllodoce laminosa* Audouin et M. Edwards.

ANNÉLIDÉS.

terre ou dans la vase, des galeries étroites, dans lesquelles elles se logent. D'autres s'établissent par centaines, par milliers, dans des mottes de sable, qui ressemblent alors à des gâteaux de ruche à miel.

Les espèces à vêtement solide possèdent un étui calcaire épais, droit ou flexueux, dans lequel elles peuvent se retirer entièrement, comme dans une coquille.

Cuvier fait remarquer que les Annélides nues ont les organes respiratoires sur la partie moyenne du corps, le long des côtés, et que les Annélides à vêtement solide offrent ces mêmes organes attachés à la tête ou à la partie anté-rieure. Ce grand naturaliste nomme les premières *Dorsi-branches*, et les secondes *Tubicoles*.

Le corps des Annélides est plus ou moins cylindrique, souvent déprimé. Il s'amincit en avant et en arrière. Il est susceptible de contraction et d'extension.

Ces animaux ont des yeux en nombre variable : chez plusieurs, on en compte jusqu'à soixante. M. Ehrenberg a fait connaître une curieuse espèce qui en porte deux à la tête et deux à la queue. Deux yeux à la queue! On en a décrit une autre, véritable petit Argus, qui a plusieurs yeux sur la tête, deux sur chaque anneau du corps et quatre sur la queue. Quelle richesse d'organes visuels!

Fourier n'a donc rien imaginé! L'idée d'un œil au bout d'une queue est, en définitive, une assez pauvre idée. Voyez la nature! Elle en a mis deux dans une bête, et quatre dans une autre!

Plusieurs Annélides possèdent le long du corps deux ou plusieurs rangées de soies courtes ou allongées, molles ou roides. D'autres sont entourées de mille petits filaments gracieusement mobiles, qui deviennent, suivant le besoin, des mains, des pieds ou des nageoires.....

Les *Cirratules* offrent de longs appendices capillaires, qui s'agitent de toutes parts autour d'elles, et qu'elles étendent au loin comme autant de cordages animés. Ce sont à la fois des bras et des branchies, et le sang qui les remplit et les abandonne tour à tour, leur communique une belle teinte d'un rouge cramoisi, ou laisse après lui une couleur d'un jaune d'ambre. Voyez comme elles allongent leur mufle pointu, surmonté d'un double œil en fer à cheval, comme elles se ramassent pour échapper à l'éclat inaccoutumé de la lumière qui les frappe ! Les voilà qui forment un peloton plus inextricable cent fois que le nœud tranché par Alexandre. Mais, ici, le câble est vivant ; les replis glissent les uns dans les autres, se dénouant et se renouant sans cesse, et toujours renvoyant à votre œil de lumineux reflets. (Quatrefages.)

Les Annélides sont des animaux très-timides ; un rien les effraye. Cependant elles sont destinées à vivre de rapine. Les unes se tiennent en embuscade, et attendent au passage les pauvres petites bêtes imprudentes qui s'aventurent dans leurs eaux, les enlacent avec leurs bras ou les saisissent avec leur trompe. Les autres perforent les coquilles les plus dures et dévorent les Mollusques les mieux abrités.

D'un autre côté, ces animaux sont en butte aux attaques d'un grand nombre d'ennemis ; ils avaient donc besoin d'être armés d'une manière convenable. La Providence y a sagement et largement pourvu.

Il n'est peut-être pas d'arme blanche, dit un savant naturaliste, inventée par le génie meurtrier de l'homme, dont on ne peut trouver le modèle dans la tribu des Annélides. Voilà des lames recourbées, dont la pointe présente un double tranchant prolongé, tantôt sur le bord concave, comme dans le yatagan des Arabes, tantôt sur le côté convexe, comme dans le cimeterre oriental. En voici qui rappellent la latte de nos cuirassiers, le sabre-poignard de nos artilleurs, ou le sabre-baïonnette des chasseurs de Vincennes. Et puis ce sont des harpons, des hameçons, des lames tranchantes de toute forme, légèrement soudées à l'extrémité d'une tige aiguë. Ces pièces mobiles sont destinées à rester dans le corps de l'ennemi, tandis que le manche qui les supporte deviendra une longue pique tout aussi acérée qu'auparavant. Voici encore des poignards droits ou ondulés, des crocs tranchants, des flèches barbelées à rebours, pour mieux déchirer la plaie, et qu'une gaîne protectrice entoure soigneusement, de peur que leurs fines dentelures ne viennent à s'émousser par le frottement ou à se briser dans quelque choc imprévu. Enfin, si l'ennemi méprise ces premières blessures et ces armes qui l'atteignent de loin, voilà que de chaque pied va sortir un épieu plus court, mais aussi plus fort, plus solide, et que des muscles particuliers mettent en jeu, dès qu'il s'agit de combattre tout à fait corps à corps..... (Quatrefages.)

II

En tête des Annélides dorsibranches, on peut placer les *Néréides*, avec leurs tentacules en nombre pair, attachés aux côtés de l'extrémité céphalique. Leurs branchies forment de petites lames. Chacun de leurs membres offre deux tubercules, deux faisceaux de soies et deux cirres. Lorsque tous ces organes s'unissent pour frapper la vague de concert, l'animal glisse à travers l'eau avec une aisance et une grâce au-dessus de toute expression.

Les Annélides dorsibranches présentent souvent des couleurs éclatantes. Une des plus riches par sa robe est la

Nephthys perle[1], dont le corps est d'un jaune d'orpiment ou d'un rouge orangé, avec une ligne longitudinale plus sombre, courant le long du dos. Toute sa surface est chatoyante. Ses mâchoires sont noires et ses yeux bleus.

Une espèce voisine, l'*Eunice géante*[2] de la mer des Antilles, peut être regardée comme la plus grande Annélide connue · elle atteint jusqu'à un mètre et demi de longueur. Elle possède plus de quatre cent cinquante articulations. Elle est ornée de teintes irisées resplendissantes, qui rappellent les magnificences du soleil des tropiques. Sa tête est émaillée des plus vives couleurs. Il en sort une trompe énorme rose, armée de trois paires de mâchoires. Autour de la bouche se font remarquer cinq tentacules. Les organes respiratoires, placés sur les deux flancs, paraissent comme des panaches vermillon, surtout lorsqu'ils sont remplis de sang. On peut suivre ce fluide jusque dans le grand vaisseau qui parcourt la région dorsale. L'animal possède dix-sept cents organes locomoteurs en forme de larges palettes, d'où sortent des faisceaux de dards qui lui servent de rames, et qui se meuvent tous à la fois avec une rapidité si grande, que l'œil ne peut pas les distinguer dans leur évolution. Quand l'Annélide ondule, qu'elle se tord en spirale, contractant et relâchant alternativement ses anneaux, elle projette par moments des éclats de lumière où brillent tour à tour les sept couleurs de l'arc-en-ciel.

Dans l'*Eunice sanguine*, dont nous avons déjà parlé, on compte deux cent quatre-vingts estomacs, trois cents cerveaux (ganglions) et trente mille muscles !.....

Regardez cette autre Annélide du même groupe, c'est

---

[1] *Nephthys margaritacea* Sars.

[2] *Eunice gigantea* Cuvier.

peut-être la plus belle des espèces qui vivent sur nos côtes. On l'appelle *Chenille de mer* (*Aphrodite hérissée*[1]). Elle est ovoïde, assez pointue aux extrémités et déprimée. Elle a le dos légèrement convexe et le ventre plat. Il règne en dessus deux rangées longitudinales de larges écailles membraneuses, quelquefois boursouflées, mal à propos désignées sous le nom d'*élytres*. Ces écailles sont recouvertes par une fourrure épaisse, brune, semblable à de l'étoupe, qui prend naissance principalement sur les côtés. Ce manteau de feutre est perméable à l'eau. Des parties latérales naissent des groupes de fortes épines, qui percent en partie la fourrure, et des faisceaux de soies flexueuses, brillantes de tout l'éclat de l'or, et changeantes en toutes les teintes de l'iris (Cuvier). En effet, on y remarque le jaune, l'orangé, le bleu, le pourpre, l'écarlate, et surtout le vert doré. Ces nuances ont des reflets métalliques, et se jouent de mille manières, produisant les effets les plus merveilleux. L'Aphrodite hérissée ne le cède en beauté ni au plumage des Colibris, ni à ce que les pierres précieuses ont de plus vif. (Cuvier.)

L'animal offre sur les côtés quarante tubercules, d'où sortent des cônes charnus et des aiguilles de trois grosseurs différentes. Il a deux petits tentacules. Son œsophage est très-épais, musculeux et susceptible d'être renversé en dehors. Il peut alors servir de trompe. Ses organes respiratoires, au nombre d'une quinzaine, sont placés sur le dos et protégés par les fausses élytres dont nous avons parlé ; ils ont la forme de petites crêtes charnues. Pendant qu'ils fonctionnent, les écailles s'élèvent et s'abaissent alternativement.

Les soies de l'Aphrodite sont aussi remarquables par

[1] *Aphrodite aculeata* Baster.

leur structure que par leur éclat. On peut les regarder
comme des harpons dont la .pointe serait armée d'une
double rangée de fortes barbes ; de sorte que, lorsque
l'Annélide hérisse ses piquants, l'ennemi le plus courageux hésite à attaquer ce petit Porc-Épic si bien défendu.
Ces soies rentrent au besoin dans l'intérieur du corps.
Chacune possède un fourreau particulier, lisse, corné,
composé de deux lames, entre lesquelles l'instrument est
rétracté sans blesser ni même irriter les chairs de l'animal.
(Rymer Jones.)

L'Aphrodite est timide et paresseuse. Elle se remue à
peine, au moins pendant le jour ; elle reste habituellement
dans la même position, blottie sous une pierre ou sous
quelque coquille. L'extrémité postérieure de son corps est
recourbée, et il sort constamment de l'orifice qui s'y
trouve un courant d'eau si rapide, qu'il détermine tout
autour un petit tourbillon.

Cependant ces Annélides peuvent nager avec facilité.
Elles sortent ordinairement la nuit pour aller chercher leur
proie. Elles sont très-voraces et n'épargnent même pas
leur propre espèce.

M. Rymer Jones rapporte que deux individus, de taille
inégale et probablement d'âge différent, avaient été mis
dans un aquarium. Après avoir vécu en paix pendant deux
ou trois jours, le plus grand essaya de manger son compagnon. Il en avait déjà introduit la moitié dans sa grande
et robuste trompe œsophagienne. La victime faisait des
efforts désespérés pour se dégager. L'agresseur, après
l'avoir retenue pendant quelque temps, fut enfin obligé
de rendre gorge. Mais le malheureux patient avait eu,
dans le combat, quelques écailles arrachées et les reins
cassés. Le lendemain, il n'en restait plus que la moitié ;
l'autre avait été dévorée. Le vainqueur dardait çà et là sa

trompe affamée, pour saisir le reste de la pauvre bête qui gisait immobile dans un coin de l'aquarium.....

III

Les Annélides dorsibranches sont *errantes;* les tubicoles sont *sédentaires.*

Celles-ci se font remarquer surtout par l'élégance de leurs organes respiratoires, disposés en aigrettes, en couronnes, en éventails ou en panaches.....

L'entrée de leur habitation est ordinairement petite. C'est cependant la seule issue par laquelle nos recluses peuvent jeter un regard sur le monde de la mer, battre l'eau avec leurs branchies, et pourvoir à leurs besoins.

Parmi ces Annélides, citons d'abord les *Hermelles* [1].

Il en existe une dans les eaux de la Méditerranée, longue de 5 centimètres, et logée dans un étui de sable. Elle montre de temps en temps sa tête bifurquée, portant une double couronne de soies fortes, aiguës et dentelées, d'un beau jaune d'or. Ces couronnes forment les deux battants d'une porte solide. Ce sont de véritables herses qui ferment hermétiquement l'entrée de l'habitation, lorsque l'Annélide effrayée disparaît comme un éclair dans sa maison de terre.

La moindre brise qui agite le liquide, ou qui *fait rider la face de l'eau,* suffit pour déterminer le timide animal à se blottir dans sa fortification.

Des bords de la fente céphalique sortent, au nombre de cinquante à soixante, des filaments déliés, d'un violet tendre, sans cesse agités comme de petits serpents. Ces

[1] Voyez la figure 5 de la planche XIV.

espèces de bras s'allongent ou se raccourcissent alternativement, saisissent la proie au passage et l'amènent dans
la bouche. Ce sont eux encore qui ont ramassé un à un,
et mis en place, les grains de quartz ou de calcaire qui
entrent dans la composition du logement tubulé. Ces grains
solides sont reliés ensemble par une sorte de mucosité qui
joue le rôle de mortier hydraulique.

Sur les côtés du corps, on aperçoit des mamelons d'où
sortent des faisceaux de lances aiguës et tranchantes, ou de
larges éventails dentelés comme des scies en demi-cercle.
Ce sont là les pieds de l'Hermelle. Enfin, sur le dos se
trouvent des cirres recourbés en forme de faux, et dont
la couleur varie du rouge sombre au vert-pré. (Quatrefages.)

Lorsqu'on drague sur les côtes de la mer, dans une eau
profonde, on ramène souvent de vieilles coquilles et des
tessons de poterie auxquels sont attachées des masses de
tubes calcaires, d'un blanc sale, allongés, vermiculés, con-
tournés, entrelacés en tous sens. Ces tubes sont les
demeures des *Serpules* [1], petits habitants de l'eau salée,
dont la brillante parure contraste singulièrement avec
la modeste cellule. Ces Annélides vivent dans leur étui
comme les Teignes dans leur fourreau. La coupe de cet
étui est tantôt ronde, tantôt anguleuse, suivant les espèces.
(Cuvier.)

Pour bien voir les Serpules dans un aquarium, il faut
user de grandes précautions; car le moindre mouvement
suffit pour les faire rentrer dans leur tube.

On aperçoit d'abord à l'ouverture une espèce de bouton
écarlate, en forme de cône renversé, porté par une longue
tige flexible : c'est un tentacule destiné à fermer l'ouver-

---

[1] Voyez les figures 6, 8 et 9 de la planche XIV.

ture du tuyau, quand l'animal s'y retire tout à fait. Que
dites-vous d'une massue servant de porte cochère? L'Annélide possède un autre tentacule à l'état de rudiment. Le
bouton est richement nuancé de vermillon et d'orange
parfois strié de blanc pur. Son extrémité aplatie est divisée
par des sillons qui rayonnent du centre à la circonférence,
où ils sont armés de dents microscopiques.

Dans quelques espèces, cette sorte d'opercule se trouve
tout à fait plat. Sa surface est tantôt lisse, tantôt hérissée de
pointes. Dans la *Serpule géante*[1], on y remarque deux
petites cornes rameuses comme des bois de cerf. Dans la
Serpule étoilée[2], l'opercule est formé de trois plaques
enfilées; ce qui fait que l'animal ferme sa maison avec
trois portes successives.

Quand l'Annélide sort de son fourreau, elle épanouit
peu à peu un splendide panache disposé en entonnoir.
Ce panache est composé de filaments d'un beau rouge ou
d'un bleu clair, ou variés de jaune et de violet. Il paraît
toujours en mouvement, mais le mouvement est doux et
onduleux. Il est tapissé de petits cils vibratiles. Dans plusieurs espèces, l'appareil se roule en spirale au moment où
il s'enferme dans le tube.

A proprement parler, les Serpules n'ont pas de tête
distincte. La partie antérieure de leur corps représente
une sorte de manteau, au-dessous duquel s'ouvre l'estomac.
Leur poitrine est composée de sept segments qui offrent
chacun, sur les côtés, une paire de pieds en forme de
tubercules, traversés au sommet par un faisceau de soies
fines, élastiques et dures qui peuvent sortir de l'organe ou
y rentrer à volonté. On compte, par pinceau, vingt à trente

---

[1] *Serpula gigantea* Pallas.
[2] *Serpula stellata* Grube.

de ces poils, lesquels, au microscope, offrent l'apparence
d'un tuyau jaune, transparent et de consistance cornée,
se dilatant à son extrémité en nœud armé de quatre
pointes. Trois de ces pointes sont ténues ; la quatrième se
prolonge en lame acérée, très-élastique. Lorsque l'animal
veut sortir, il pousse au dehors des pieds les pinceaux du
premier segment, dont les pointes pénètrent dans la fine
membrane qui tapisse l'intérieur du tube et leur fournit
un point d'appui. Les segments postérieurs se contractent,
les pinceaux de la dernière paire de pieds s'épanouissent
à leur tour et s'arc-boutent de la même manière, tandis
que ceux de la première paire rentrent dans le fourreau et
permettent au corps de s'allonger. S'agit-il de revenir sur
ses pas, la nature y a pourvu par un appareil préhenseur
encore plus délicat. Chaque pied est pourvu sur le dos
d'une ligne jaunâtre, perpendiculaire à l'axe du corps,
ligne imperceptible à l'œil nu, mais qui, sous un grossissement de 300 diamètres, présente l'aspect d'un ruban musculaire érectile, garni sur toute sa longueur de plaques
triangulaires parallèles, découpées en sept dents, dont six
se recourbent dans un sens, et dont la septième se dirige
en sens opposé, en faisant face aux autres. Il existe cent
trente-six plaques par ruban ; et, comme il y a autant de
rubans que de pieds, c'est-à-dire quatorze, on peut évaluer à
dix-neuf cents le nombre total de ces petites pièces préhen-
siles, toutes mues par un muscle distinct. Chaque plaque
étant armée de sept dents, l'Annélide dispose donc de
treize mille trois cents crochets susceptibles de s'implanter
à volonté dans la membrane de son tube. Il n'est pas étonnant qu'avec tant de muscles faisant agir ces myriades de
griffes, elle puisse s'enfermer et se cacher avec une telle
rapidité. Quel merveilleux appareil moteur prodigué à un
si misérable ver ! (Gosse.)

En réalité, tous les mouvements des Serpules se réduisent à élever la partie antérieure ou supérieure de leur corps à une petite distance au-dessus de leur résidence calcaire. L'animal, ainsi qu'on vient de le voir, grimpe dans son tuyau, à l'aide de ses crochets, comme un *petit ramoneur dans une cheminée*. (Rymer Jones.)

Une autre Annélide, pourvue de même d'un vêtement calcaire, mais d'une taille extrêmement petite, habite sur les fucus et les autres hydrophytes, sur les coquillages et sur les rochers. Celle-ci a été nommée *Spirorbe nautiloïde*[1]. Elle sécrète un tuyau plus régulier que celui de la Serpule, enroulé sur lui-même comme la coquille de plusieurs mollusques fluviatiles désignés sous le nom de *Planorbes*. Cette jolie petite bête est grosse comme une tête d'épingle ; elle adhère fortement aux corps solides par l'un des côtés plats de sa coquille. Elle fait sortir de temps en temps une couronne de six tentacules plumeux et frémissants, au milieu desquels s'ouvre sa bouche. Elle épanouit sa couronne et la tourne dans tous les sens avec une harmonie et une grâce parfaites.

Ce pauvre animal est sans tête, sans yeux et même sans mâchoire. Il ferme hermétiquement sa maisonnette avec un septième tentacule terminé par une massue, à peu près comme celui de la Serpule.

Les *Térébelles* sont aussi des Annélides tubicoles. Elles se font distinguer par leurs nombreux appendices filiformes, susceptibles d'une grande extension, placés autour de la bouche, et par leurs trois paires d'organes respiratoires en forme d'arbuscules et non pas en éventail.

Les tentacules de ces Annélides ressemblent au premier abord à des fils charnus, cylindriques, d'une extrême flexi-

---

[1] *Spirorbis nautiloides* Lamarck.

bilité. Mais en y regardant plus attentivement, on reconnaît qu'ils sont aplatis et rubanés, et qu'ils offrent une rainure longitudinale pouvant se transformer en pli et saisir alors les corps étrangers qui sont à leur portée.

Dans une espèce, la rainure dont il s'agit est bordée, de chaque côté, par une série de denticules.

Les organes respiratoires des Térébelles sont fort beaux. Ils offrent, dans leurs divisions, une grande profusion d'angles, de courbures et de pointes. Leurs couleurs sont très-variées et très-brillantes.

Le tube protecteur de ces animaux est composé de vase, d'argile, de grains de sable et de fragments de coquilles agglutinés. Il a une forme cylindrique. On remarque, à son orifice, des bords prolongés en petites branches de même nature, qui servent à loger les tentacules.

Si l'on met dans un aquarium une Térébelle privée de son fourreau, on verra l'Annélide étendre ses fils tentacu-laires, balayer le sable, et l'accumuler dans un coin pour en construire une nouvelle habitation. Le petit architecte développe une grande activité dans la mise en œuvre de ces matériaux. Quand le tube est en partie formé, il s'y enferme et y demeure caché tout le long du jour. Vers midi, l'animal manifeste une certaine inquiétude, laquelle augmente au fur et à mesure que le soir approche. Aussitôt que le soleil est couché, les tentacules sortent de la mai-sonnette, et se mettent à l'ouvrage. Chacun saisit un grain de sable et le transporte au sommet du tube commencé. Quand un de ces bras, maladroit ou fatigué, laisse échapper sa petite charge, il la cherche jusqu'à ce qu'il l'ait trouvée, et ne l'abandonne plus jusqu'à ce qu'il l'ait portée à sa destination.

Dans certaines espèces, les tentacules semblent s'être divisé le travail : les uns sont occupés au choix des maté-

riaux, les autres au transport ; certains les alignent et les
agglutinent ; quelques-uns ramassent soigneusement les
débris qui tombent du chantier.

Le travail de construction se continue pendant plusieurs
heures, sans relâche, par un véritable procédé de fourmi ;
il semble marcher avec lenteur. Cependant, le lendemain,
on est étonné des progrès qu'a faits le petit édifice. Durant

TÉRÉBELLE COQUILLIÈRE
(*Terebella conchilega* Gmelin).

la nuit la tour s'est allongée, et, au milieu des parois
nues, on aperçoit maintenant des particules de sable régulièrement et solidement unies ensemble, qui en constituent
le revêtement extérieur. L'architecte, satisfait, se repose
alors de ses travaux et au milieu de ses travaux. Mais ce
repos ne dure que jusqu'au soir. (Rymer Jones.)

L'intérieur du tube est tapissé d'une mince couche de
matière semblable à de la soie, laquelle réunit et fortifie
les éléments de la maçonnerie, et décore en même temps
d'une jolie tenture les murs de la chambrette. Cette

matière provient d'une humeur gluante sécrétée par la peau de l'Annélide, humeur précieuse qui sert à la fois de ciment et d'ornement.

Quand on arrache brusquement une Térébelle de son tube, on la blesse quelquefois; on entame ses anneaux ou l'on mutile ses tentacules. L'animal paraît peu affecté de ces accidents. Un bras de moins n'est pas un grand malheur pour notre infatigable architecte. Il recommence une nouvelle maison, comme s'il ne lui était rien arrivé!

La *Térébelle tisserand*[1] ne se borne pas à construire une maisonnette tubuleuse avec du sable et de la vase; elle fabrique aussi une sorte de toile d'araignée, une manière de filet pour entourer ses œufs. Cette toile est très-mince, un peu irrégulière, et composée de fils si fins et si transparents, qu'ils sont presque invisibles. C'est un travail fort compliqué, où se trouvent au moins cinquante fils de la longueur du petit tisserand.

M. de Quatrefages a désigné sous le nom de *Térébelle Emmaline*[2] une nouvelle espèce ravissante, dont il a bien voulu nous communiquer un dessin.

Le corps de cette espèce est allongé, déprimé et comme rubané; il s'amincit fortement en arrière. En dessus, il offre une belle teinte bleu d'azur, qui passe bientôt au vert gai, puis au lilas clair, et enfin au jaune d'ocre. Le dessous est plus ou moins doré. Les articulations, à peine sensibles à la partie antérieure, deviennent de plus en plus marquées dans la région caudale. On prendrait cette dernière pour un rameau de salicorne. Ses bords sont garnis d'une rangée de petits pieds en forme de mamelons; les quinze

---

[1] *Terebella textrix* Dalyell.

[2] *Terebella Emmalina* Quatrefages (voy. la figure 4 de la planche XIV). — Ce dessin et plusieurs autres sont extraits de l'ouvrage sur les Annélides que publie en ce moment M. de Quatrefages, chez l'éditeur Roret.

premières paires pourpres et terminées par un pinceau de
poils ou de crochets ; les autres, jaunâtres et sans armure.

Les six branchies forment en avant et en dessus, à
gauche et à droite, deux rangées latérales de panaches
d'un beau rouge vermillon, semblables à des arbustes de
Corail en miniature. La paire antérieure est la plus grande ;
la postérieure, la plus petite.

Sur le front naissent de soixante à quatre-vingts tentacules ou cirres trois fois au moins plus longs que l'Annélide, presque aussi minces que des fils d'araignée, demi-
transparents et jaunâtres. Les uns sont droits, les autres
flexueux, quelques-uns tordus en spirale. Tous creusés
d'un canal central, en communication avec la cavité abdominale.

Ils divergent, et forment autour de la Térébelle un
appareil capillaire de la plus grande délicatesse. Ce n'est
pas un réseau, car tous les cirres sont distincts. C'est
presque un nuage, tant ils sont légers et diaphanes ! C'est
une sorte de soleil filamenteux et contractile qui rappelle
l'aigrette soyeuse et tremblante qui couronne les fruits
de certaines composées. Ces tentacules servent en même
temps à la préhension des aliments et à la locomotion de
l'Annélide. Ce sont encore, malgré leur ténuité, des
organes d'attaque et de défense ; car leur surface est garnie
de vésicules urticantes en forme de petites bouteilles à col
court, dont l'orifice laisse passer un dard microscopique
très-pointu, traversé probablement par un canal qui communique avec une glande venimeuse placée au fond de
la bouteille.

Si l'on ajoute, en avant de la partie céphalique d'une
Térébelle, des pailles de couleur dorée, disposées sur plu-
sieurs rangs en peignes ou en couronnes, on aura une
Amphitrite.

Celle qu'on désigne sous le nom d'*éventail*[1] est bien certainement une des plus jolies Annélides de nos mers.

Son tube ressemble à un fourreau de cuir. Il est étroit et s'élargit graduellement de bas en haut.

L'Annélide étant mise dans de l'eau fraîche, on voit, après quelques moments de repos, s'échapper de son tube plusieurs petites bulles d'air. Bientôt sortent graduellement les pointes d'un pinceau bigarré, qui s'élève peu à peu, jusqu'à ce qu'il forme un merveilleux panache, composé d'une multitude de filaments plumeux d'un carmin vif. Ce panache s'étale et prend la forme de deux éventails demi-verticaux, arrondis, concaves, disposés de manière à produire un immense entonnoir. Chaque filament est grêle, pointu et garni sur les côtés de barbes extrêmement fines, arrangées avec une grande symétrie. Ils sont serrés inférieurement et divergent plus ou moins vers la moitié supérieure. Cette dernière moitié est presque toujours d'un rouge pourpre. La base de l'entonnoir plumeux paraît d'un jaune doré, avec cinq ou six petites zones transversales et parallèles de ponctuations purpurines.

On remarque au milieu deux antennes triangulaires, pointues, brunes et vertes, et au-dessous deux espèces de lobes charnus qu'on a comparés à des truelles. Entre ces lobes surgit un organe qui ressemble à une languette.

Le reste du corps est grêle, comme festonné, et peint en jaune, en vert, en rouge et même en brun.

Au plus léger choc, toutes ces brillantes parties s'affaissent, se resserrent et disparaissent. On ne voit plus qu'un vilain fourreau.

---

[1] *Amphitrite ventilabrum* Gmelin.

CHAPITRE XXVIII

LES SANGSUES DE MER.

« Tu rassasies chaque créature vivante
suivant son goût et son désir ! »

(David.)

I

Il existe des Sangsues dans l'Océan comme il en existe dans les marais. Il y a des parasites partout. Mais les suceuses de sang qui vivent dans l'eau salée diffèrent notablement de celles qui serpentent dans l'eau douce.

Et d'abord, au lieu d'une peau mince et délicate, elles ont une enveloppe épaisse et coriace. Elles sont vêtues plus solidement, plus confortablement que les Sangsues ordinaires, sans doute pour mieux résister à la température froide, aux sels pénétrants et aux agitations incessantes du grand milieu qu'elles habitent.

Par suite de l'épaisseur et de la rigidité de leur habillement, les Annélides n'ont pas les mouvements faciles et gracieux qui caractérisent nos sémillantes Sangsues médicinales. Elles ne peuvent pas se contracter en olive (Rondelet), et leur corps, plus ou moins roide, reste toujours plus ou moins étendu. En second lieu, leur ventouse de devant est en forme d'écuelle et non en bec de flûte; elle ressemble, à s'y méprendre, à celle de derrière; elle est seulement plus petite.

Quelle singulière organisation qu'une bête cylindrique, avec une écuelle en guise de tête et une écuelle en guise de queue!

Les Sangsues de mer ont été appelées *Albiones* et *Branchellions*. (Ces noms sont bien jolis pour des Sangsues!)

ALBIONE ÉPINEUSE
(*Albione muricata* Savigny).

BRANCHELLION DE LA TORPILLE
(*Branchellion Torpedinis* Savigny).

Les premières, nommées aussi *Pontobdelles* ou *Ponbdelles*, ont un corps généralement hérissé de verrues plus ou moins épineuses; elles manquent de branchies et respirent par la peau.

Les secondes ont un corps non verruqueux; mais les deux tiers postérieurs de l'animal sont garnis sur les côtés de branchies extérieures, demi-circulaires, onduleuses, semblables à de petites feuilles transversales superposées. Ces branchies composent ainsi deux franges élégantes.

Les Albiones se trouvent principalement sur les Raies, et les Branchellions sur les Torpilles.

Les Sangsues de mer adhèrent fortement à ces poissons

au moyen de leurs ventouses. Elles ont l'instinct de choisir la racine des nageoires, les bords des yeux, l'orifice des branchies ; c'est-à-dire les endroits où la peau est à la fois la plus riche en vaisseaux sanguins, la plus mince et la plus vulnérable.

Ces animaux ne sont pas pourvus, comme les Sangsues médicinales, de trois mâchoires cartilagineuses, robustes, armées d'une soixantaine de dents pointues, en forme de chevrons. On n'y découvre que trois petits tubercules, sans aucune dureté. Comment ces parasites parviennent-ils à diviser les téguments des Raies et des Torpilles? Leur bouche est organisée tout à fait comme une vraie ventouse ; elle s'applique contre la peau d'une manière très-solide, et la déchire par une très-forte aspiration. Cette enveloppe est rompue, déchirée et non sciée ; ce qui fait que la blessure doit être irrégulière et non trifide.

Les verrues épineuses, et peut-être aussi les branchies foliacées, empêchent ces Annélides de glisser sur l'enveloppe rugueuse des poissons, surtout quand ces derniers s'agitent brusquement. Pendant le jour, elles demeurent immobiles. Le soir, elles sortent de leur apathie, sucent les Raies et les Torpilles, ou bien voyagent sur leur corps.

II

Les Albiones et les Branchellions aiment le sang rouge. Chacun son goût ! Voilà pourquoi ces animaux dédaignent les mollusques et attaquent les poissons. Ils préfèrent les poissons cartilagineux et plats à tous les autres : probablement parce que ces derniers n'ont pas la peau revêtue de fortes écailles protectrices; peut-être aussi parce qu'ils se tiennent dans les endroits vaseux, presque toujours au fond ou près du fond, circonstance favorable aux évolutions, aux mœurs et à la ponte de nos sanguinaires Annélides.

Les animaux parasites, qui se nourrissent exclusivement de sang, enlèvent presque toujours ce fluide à d'autres animaux doués d'une structure plus compliquée que la leur, ou, comme disent les savants, d'un *organisme plus parfait*. Or, dans une bête quelconque, le sang peut être regardé comme la quintessence de son alimentation. Par conséquent, une très-petite quantité de ce fluide devrait suffire à un animal *très-dégradé*. Pourquoi donc toutes les Sangsues en prennent-elles aussi abondamment?

Personne n'ignore que le Ver à soie mange, dans un repas, une quantité de feuilles plus pesante que son corps (Tyson). On conçoit cette voracité, les feuilles du mûrier étant peu nourrissantes et l'animal devant grandir avec rapidité! Mais le sang de l'homme ou du poisson est un liquide très-nutritif pour des Sangsues, et les Sangsues grossissent lentement! Cette habitude de gloutonnerie tiendrait-elle à ce que nos bêtes sanguivores supportent de longs jeûnes, de très-longs jeûnes, et à ce que chaque repas doit représenter chez elles un certain nombre de repas?

Les Sangsues médicinales absorbent sept fois et demi leur poids de sang humain. Les Sangsues de mer ne prennent que deux fois leur poids de sang de poisson. A quoi tient cette différence? A une circonstance de structure fondamentale, qui influe sur les appétits des unes et des autres. Les premières possèdent onze paires d'estomacs énormes, d'autant plus vastes, qu'ils sont plus postérieurs, et dont la dernière est à elle seule presque aussi grande que toutes les autres réunies. Les secondes ont un estomac tubuleux, droit, sans poches latérales. Ajoutons à cette différence que les Sangsues médicinales sont revêtues d'une peau mince, facilement dilatable, et que les Sangsues marines sont habillées d'un cuir épais très-résistant.

Mais le sang du poisson nourrit moins que celui de l'homme. Les Albiones et les Branchellions devraient donc faire de plus gros repas que les Sangsues médicinales? Pourquoi est-ce l'inverse qui a lieu ?... Voilà une question physiologique dont nous ignorons la solution. Il s'en présente et s'en présentera souvent de semblables. « Tous ces mystères, dirait Pline, sont impénétrables à la raison humaine, et restent cachés dans la majesté de la nature[1]. »

III

La quantité de sang que font perdre les Sangsues de mer est, en définitive, peu considérable relativement à la corpulence de l'animal sucé. Le plus souvent, ce dernier ne semble pas s'apercevoir de la voracité de son parasite. Il est à peine affaibli; il n'est jamais épuisé. On serait même tenté d'admettre qu'à certaines époques, les très-petites saignées qu'on lui pratique le rendent plus leste, plus dispos et lui donnent plus d'appétit !

> *O bonne, ô sainte, ô divine saignée!*
> (J. Du Bellay.)

On l'a dit avec raison, les parasites s'attaquent moins à l'organisme qu'à ses produits surabondants. (Van Beneden.)

Ce qui constitue surtout le *parasitisme* (qu'on nous passe ce mot), c'est le fait remarquable, que l'individu vivant aux dépens d'un autre individu ne fait pas périr ce dernier; à moins de circonstances particulières, lesquelles, par

---

[1] « *Omnia incerta ratione, et in naturæ majestate abdita.* » (Pline.)

bonheur, se rencontrent rarement. S'il n'en était pas ainsi, l'espèce du parasite, ou celle de l'animal qui le nourrit, devrait nécessairement disparaître, conséquence contraire aux lois essentiellement harmoniques qui régissent l'univers.

IV

Comme les Sangsues ordinaires, les Albiones et les Branchellions sont à la fois mâle et femelle (*androgynes*). Dans leurs amours, chaque Annélide est en même temps poursuivante et poursuivie, fécondante et fécondée, et par conséquent père et mère; double devoir qu'elle accomplit sans se donner plus de peine ou de souci que n'en prennent les autres animaux qui sont réduits à un seul rôle !

> *Toutes choses se meuuent en leur fin.*
> (RABELAIS.)

Les Albiones se reproduisent par des capsules rarement solitaires, le plus souvent réunies par groupes de vingt,

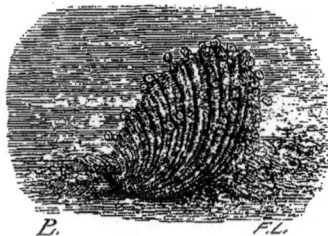

OEUFS D'ALBIONE SUR UNE COQUILLE.

trente, quarante et même de cinquante. Elles les attachent à l'extérieur ou à l'intérieur de quelque vieille coquille. Chaque capsule est un sphéroïde de 5 millimètres de diamètre, porté par un pédicule très-court, dilaté à sa base en un épatement arrondi qui le fixe solidement au corps étranger. Ce sphéroïde est lisse et creusé, au sommet, d'un petit ombilic; il paraît d'abord blanchâtre ou couleur de chair; il brunit peu à peu. Au bout de quatre ou cinq jours, le blanchâtre primitif est devenu brun olivâtre.

Cette capsule globuleuse ne ressemble en rien aux *cocons* ovoïdes des Sangsues médicinales, ni aux bourses coriaces. plus ou moins aplaties, des animaux voisins.

Au lieu de plusieurs œufs, les capsules dont il s'agit n'en contiennent qu'un seul. La petite Albione éclôt par l'ombilic; elle naît du sphéroïde par en haut. Chez les Sangsues médicinales, les enfants sortent du cocon par les deux bouts.

Comment se reproduisent les Branchellions? Les savants n'en savent rien.....

CHAPITRE XXIX

LES ZOONITES.

« *Natura non facit saltus.* »
(Linné.)

I

L'étude des Annélides, si ardemment poursuivie depuis le commencement de ce siècle, a déjà rendu de très-grands services à l'anatomie et à la physiologie comparées.

Ces animaux, avec leurs *articles* placés bout à bout, présentent une organisation des plus curieuses. On trouve généralement, dans ces articles, les *mêmes organes* régulièrement répétés et symétriquement associés.

Tout le monde connaît la *Sangsue médicinale* [1]. Cet animal est regardé comme un des types de la classe des Annélides, bien qu'il en soit un des moins brillants.

Cette Sangsue offre un corps vermiforme, atténué antérieurement, composé d'environ quatre-vingt-quinze articles. En avant et en arrière, se trouvent deux ventouses : l'une, dite *orale*, taillée en bec de flûte ; l'autre, dite *anale*, en forme de soupape.

Si vous examinez la région dorsale d'une Sangsue, vous

---

[1] *Hirudo medicinalis* Linné.

y observerez six bandes longitudinales parallèles, roussâtres, ornées de taches d'un brun foncé, de forme triangulaire ou carrée. *Ces taches se répètent régulièrement de cinq en cinq anneaux.*

Dans la *Sangsue dragon*, les bandes sont interrompues et les taches isolées ; ce qui rend la disposition symétrique de ces dernières encore plus apparente.

SANGSUE DRAGON
(*Hirudo troctina* Johnson).

Essuyez une Sangsue, et saupoudrez-la avec de la farine ou de la craie pulvérisée, elle prendra alors une couleur grisâtre ; si ensuite vous la distendez et la fixez par le dos, sur une planche, vous distinguerez bientôt, à la partie inférieure du corps, sur les côtés, de petites taches produites par certaines portions de farine ou de craie délayées dans de la mucosité sortie de deux séries d'appareils sécrétoires que l'animal possède dans ses flancs. *Une paire de ces petites taches se fait remarquer de cinq en cinq anneaux.*

Disséquons maintenant l'animal, et nous serons surpris de voir le rapport qui existe entre la symétrie des parties extérieures et la symétrie des organes intérieurs. Ainsi, pour le système nerveux, la Sangsue nous présente, *de cinq en cinq anneaux*, à la même distance que les taches dorsales ou que les glandes mucipares, un ganglion nerveux bilobé.

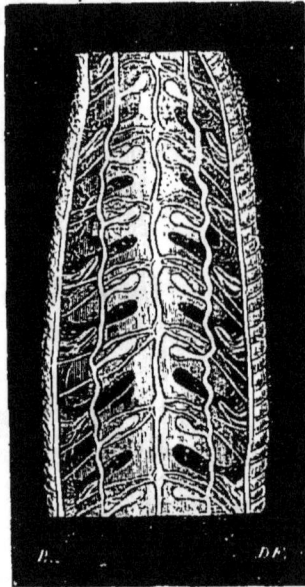

PORTION DE SANGSUE MÉDICINALE
(*anneaux médians*).

L'estomac se compose de onze paires de poches correspondant chacune à un ganglion, et disposées par conséquent *de cinq en cinq anneaux*.

Sur les parties latérales, on remarque de petits canaux allongés, intestiniformes, qui communiquent avec une ampoule membraneuse. Ces appareils sécrètent une partie de la mucosité destinée à lubrifier la Sangsue. Il y en a dix-sept paires, que nous trouvons encore *à chaque distance de cinq anneaux*.

Le système vasculaire nous offre le même genre de répétition. Il se compose d'un vaisseau dorsal, d'un vaisseau abdominal, et de deux vaisseaux latéraux. Ces derniers fournissent tous, *à un même intervalle de cinq anneaux*, une branche transversale avec un renflement qui n'est autre chose qu'un petit cœur. (Gratiolet.)

Dans l'enveloppe coriace (*dermato-squelette*), nous retrouvons, *de cinq en cinq anneaux*, le même groupe de faisceaux musculaires.

Enfin, si nous considérons l'appareil reproducteur, nous découvrons encore une répétition des parties et une symétrie du même genre.

Ainsi, la Sangsue nous offre, par *chaque fragment de cinq anneaux*, un système nerveux, un système stomacal, des systèmes glandulaire, vasculaire, musculaire et reproducteur; en un mot, un *organisme complet*, c'est-à-dire *tout ce qui est nécessaire pour constituer un individu*. On pourrait la comparer à une série d'animaux symétriquement alignés et soudés!

La Sangsue n'est donc pas un être *simple*, mais un être *multiple*. Nous en dirons autant du *Ver de terre*, du *Mille-pieds*, du *Ténia*.....

Tous les zoologistes ont constaté depuis longtemps, que certains êtres jouissant de l'animalité, les Polypiers, par exemple, diffèrent des animaux ordinaires, en ce que, au lieu d'être isolés, ils sont groupés ensemble et vivent en société [1].

Il y a donc, dans la nature, des animaux isolés, ou *unitaires*, et des animaux composés, ou *associés*.

Eh bien! entre ces deux sortes d'animaux viennent se ranger, comme intermédiaires, d'autres animaux qui ne présentent, ni l'*unité parfaite* des premiers, ni la

---

[1] Voyez les chapitres VIII, IX, X, XI, XVII et XVIII.

multiplicité manifeste des seconds. **La nature ne fait pas de sauts !.....**

La Sangsue médicinale est un de ces êtres *juste-milieu* les mieux caractérisés.

Les autres Annélides possèdent une organisation identique ou analogue.

On a désigné (1826) ces organismes individuels sous le nom de *zoonites*.

Les zoonites n'embrassent pas nécessairement un intervalle de cinq anneaux. Il y en a de quatre, de trois, de deux et même d'un seul.

Ces organismes sont sur une seule ligne (*unisériés*) chez les Annélides et chez tous les animaux dits *Articulés* ou *Annelés ;* mais, chez d'autres espèces, pour le dire en passant, les zoonites sont *multisériés*, c'est-à-dire disposés tantôt suivant deux dimensions, comme chez les *Étoiles de mer* [1], tantôt dans tous les sens, comme chez les *Pyrosomes* [2]. Ces derniers font le passage vers les animaux associés.

On ne doit plus s'étonner de l'erreur dans laquelle sont tombés certains auteurs, en comparant la Sangsue aux Vertébrés. C'est une *portion* de Sangsue seulement, un zoonite, qu'il fallait leur comparer.

On s'est souvent demandé pourquoi un quadrupède auquel on coupe la tête mourait presque instantanément, tandis qu'une Sangsue, après une semblable mutilation, vit encore *plus d'une année*. Ce fait est facile à expliquer. Le quadrupède n'a qu'un seul centre sensitif, un cerveau, contenu dans la tête. Si vous le retranchez, l'animal doit périr. Chez la Sangsue, il y a plusieurs centres de vie, et vous ne faites mourir que l'organisme sur lequel vous agissez.

---

[1] Voyez le chapitre XIV.
[2] Voyez le chapitre XVIII.

II

De nombreuses objections ont été élevées contre la *théorie des zoonites*.

« Nous reconnaissons volontiers, dans une Sangsue, a-t-on dit, des ressemblances assez fortes entre les *organismes de la partie moyenne;* mais nous ne pouvons admettre que l'on compare à ces mêmes organismes *ceux des extrémités,* qui présentent en avant une ventouse en bec de flûte, les yeux et la bouche, et, en arrière, une ventouse en forme de soucoupe et l'ouverture anale. La théorie de la multiplicité des organes est donc insoutenable. »

On a répondu à cela :

1° La ventouse orale et la ventouse anale ont des rapports tellement sensibles, qu'on les a désignées l'une et l'autre sous le même nom, le nom de *ventouse.*

D'un autre côté, ces deux ventouses se ressemblent si fort, chez les *Sangsues de mer,* qu'un savant zoologiste, Baster, a pris la première pour la postérieure, et celle-ci pour celle de la bouche !

2° Dans un Papillon, on distingue une tête, un corselet et un abdomen, trois parties bien différentes. Or, avant d'être Papillon, l'animal avait été chrysalide; avant d'être chrysalide, il avait été chenille. Eh bien! sous cette dernière forme, il existait sans doute, *en germe* ou *en puissance,* une tête, un corselet et un abdomen; mais ces parties offraient alors *une même organisation.* Dans l'animal adulte, elles ne se ressemblent plus.

3° Les *Planaires,* petits animaux aquatiques, d'eau douce et d'eau salée, voisins des Sangsues, présentent, à la partie moyenne du ventre, une poche munie d'une petite trompe. Voilà tout leur système digestif. C'est avec cette trompe que

l'animal saisit sa proie et l'introduit dans son estomac.
Quand l'aliment est digéré, il rejette les parties excrémen-
titielles avec le même organe.

Si, à l'aide d'un instrument tranchant, on coupe transversalement une Planaire en deux parties, on formera deux
êtres nouveaux. Mais l'estomac étant unique, suivant l'endroit où l'on aura opéré la division, il se trouvera dans l'une
ou dans l'autre des deux moitiés. Si vous coupez en avant
de la poche digestive, cette poche sera dans la queue; si
vous coupez en arrière, elle sera dans la tête. Au bout de
quelque temps, apparaît sur le milieu de chaque fragment
un point blanchâtre qui s'étend, se creuse et donne naissance à un nouvel appareil. L'estomac ancien, quelle que
soit la place qu'il occupe, se flétrit et disparaît. (Il y a un
moment où les Planaires possèdent deux estomacs, un normal, dans la situation ordinaire, et un autre plus ou moins
atrophié, dans la queue ou dans la tête!) Nous pouvons
donc, suivant le lieu où nous porterons le scalpel, faire
naître l'estomac *à l'endroit où nous voudrons!* Que résulte-
t-il de là? Que chez certains Invertébrés, il est permis de
considérer comme identiques des parties ou des organes qui,
au premier abord, ne se ressemblent pas.

III

On a recueilli, depuis quelques années, un grand nombre
de faits physiologiques qui prouvent que la Sangsue n'a pas
seulement une vie générale, *une vie d'association,* si l'on
peut parler ainsi, mais aussi des vies particulières, des
vies de zoonites.

Pour l'harmonie générale, la nature a pourvu cette
Annélide de cordons nerveux de communication qui relient

entre eux les organismes particuliers. Le premier zoonite,
qui offre le centre sensitif le plus développé et qui porte les
organes des sens, peut être regardé comme le chef des organismes, le régulateur de l'association, le pilote du vaisseau.
Si l'on détruit ce zoonite, les autres continuent de vivre,
mais d'une vie obscure et confuse. L'animal ne peut plus
pourvoir à sa nourriture, ni à ses principaux besoins.

Voici quelques expériences qui montrent manifestement
que les vies des zoonites sont, jusqu'à un certain point,
indépendantes les unes des autres.

1° Si l'on mouille avec de l'eau salée ou avec un acide
affaibli les premiers zoonites d'une Sangsue pleine de sang,
les estomacs qui leur correspondent se dégorgent, les autres
conservent le sang qui les remplit.

2° Si l'on plonge partiellement une Sangsue dans un
acide concentré ou dans l'alcool, on ne détruit que la vitalité de la portion plongée.

3° Si l'on coupe en deux une Sangsue aux trois quarts
gorgée et encore attachée à la peau, la moitié antérieure
continue de sucer, et l'on voit le sang couler par son extrémité ouverte.

4° Si, d'une manière quelconque, on fait périr un zoonite
de la région moyenne, les parties antérieure et postérieure
ne cessent pas de vivre. Seulement, d'un animal *multiple*,
on en a fait deux.

5° Si l'on coupe ou si on lie, en avant et en arrière d'un
ganglion, les cordons qui l'unissent avec ses deux voisins, le
zoonite de ce ganglion conserve sa sensibilité, mais on a
donné naissance à un animal *isolé*, placé entre deux animaux *multiples*. Les piqûres qu'on fait éprouver à cet animal ne sont senties que par lui seul.

6° Enfin, quand on coupe ou qu'on lie le cordon médul-
laire d'une Sangsue, dans la partie moyenne du corps, on

produit et l'on isole deux animaux *multiples*. Il se crée à l'instant *deux volontés* bien distinctes, et les phénomènes sensitifs et locomotifs qui se passent dans la moitié antérieure n'ont rien de commun avec ceux de l'autre moitié.

Le docteur Vernière a conservé pendant plus de deux mois une Sangsue soumise à cette opération. Rien n'était plus singulier, dit-il, que le conflit des deux volontés entre les deux *demi-Sangsues*, lorsque la ventouse de chacune se trouvait fixée aux parois du vase. On voyait s'engager une lutte dans laquelle chaque moitié se montrait tour à tour contractée ou tiraillée, suivant qu'elle était ou plus forte ou plus faible. Ce combat durait jusqu'à ce que l'une des deux, moins solidement attachée ou moins robuste, vînt à céder; alors la moitié victorieuse la traînait à sa suite. Mais, à son état de contraction et d'immobilité, il était aisé de voir que c'était à contre-cœur, s'il est permis de le dire, que la moitié vaincue se sentait forcée d'obéir à sa compagne.

7° Si l'on coupe une Sangsue de manière à isoler plusieurs fragments, chacun vivra, même pendant un temps considérable.

On a conservé des tronçons, sans nourriture, pendant quatre, six et onze mois. Carena et Rossi assurent en avoir gardé deux ans.

Ces tronçons présentaient, du reste, des signes notables d'amaigrissement : ils ne mangeaient pas. Tout porte à croire que, si par un procédé quelconque on avait pu les nourrir, en introduisant, par exemple, de temps à autre, quelques gouttes de sang dans leur cavité digestive, leur vie se serait prolongée plus longtemps encore.

Qui sait même si, dans ce cas, il n'y aurait pas reproduction des organes amputés ?

« La théorie, a dit un penseur profond, est le seul chemin qui conduise à Dieu, à travers la nature. Il ne suffit pas de voir la création, il faut voir derrière elle le Créateur. Linné, avant de commencer son immortel inventaire des trésors de notre globe, se demande quel est le but suprême de l'histoire naturelle, et se répond solennellement que c'est *la glorification du Créateur*. Cette belle pensée est aussi forte par sa droiture que par sa piété. Plus nous nous séparons des effets par la vertu du perfectionnement de la science, pour remonter vers les principes, plus nous nous rapprochons de la cause première, et plus sa gloire éclate et nous encourage. Il n'y a, en histoire naturelle, que les points de vue pris dans les lois générales qui aillent vers l'infini. Les quitte-t-on pour descendre vers les détails, ces détails ne trouvent plus d'appui que dans la réalité la plus vulgaire, et la science humiliée perd son auréole. » (J. Reynaud.)

CHAPITRE XXX

LES CIRRIPÈDES.

« Les méthodes les plus parfaites sont des
espèces de filets scientifiques dont, malgré
toutes nos précautions, il s'échappe toujours
quelque chose. »   (Montbeillard.)

1

La mer est bien plus riche que les continents en productions singulières, disait Charles Bonnet. Que de bizarres
animaux elle fait et défait à chaque instant !

Parmi ses habitants les plus extraordinaires, il faut ranger
les *Analifes*.

Ces animaux ont une physionomie *sui generis*. Ils sont
enfermés dans une sorte de mitre calcaire comprimée,
composée de cinq pièces, deux de chaque côté, et là
cinquième sur le bord dorsal. Cette mitre est portée par
un pédicule très-gros, qui la fixe à quelque corps solide ;
pédicule ridé transversalement, tubuleux, flexible, opaque
et brunâtre vers le haut, demi-transparent et couleur de
chair à sa partie inférieure.

La fixation d'un animal est un indice d'infériorité organique : car la faculté de se mouvoir volontairement constitue
un des grands attributs de la sensibilité. Dès qu'un être

vivant est capable d'éprouver des sympathies et des anti
pathies, il faut nécessairement qu'il puisse se porter vers
les objets qui lui conviennent et s'éloigner de ceux qui lui
déplaisent. Un arbre, qui est insensible, ne se meut pas. Un
oiseau, qui sent, est locomotile. Aussi, pour le dire en passant, l'invention des Hamadryades de la Fable était une combinaison tout à fait déraisonnable, nous allions dire absurde.

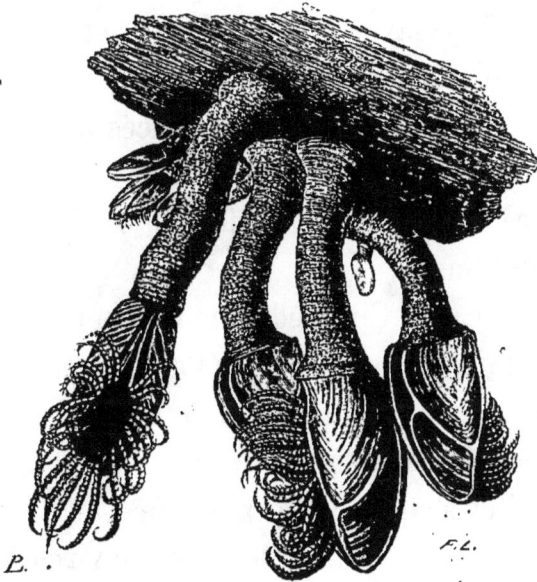

ANATIFES LISSES
(*Anatifa lævis* Lamarck).

La Providence ne pouvait pas créer des êtres animés sensibles comme des femmes, et enracinés comme des arbres :
ç'eût été le comble de la barbarie. (De Candolle.)

D'après ce qui précède, il est permis de conclure que plus
un animal est sensible, plus il est locomotile ; ou bien, en
retournant la proposition, moins il est locomotile, moins il
est sensible, ou, ce qui revient au même, moins compliqué
en organisation.

Les Anatifes ne possèdent pas la faculté de se mouvoir.

On pourrait donc décider à priori que ce sont des animaux à structure dégradée. Cependant, parmi les Invertébrés fixés, on les regarde comme les plus élevés par la structure.

Les Anatifes forment une classe désignée sous les noms de *Cirripèdes* ou *Cirropodes*, comme on voudra.

Les naturalistes ont été longtemps en désaccord sur les affinités naturelles de cette classe. Les uns la mettaient parmi les Mollusques, les autres parmi les Articulés. On la place aujourd'hui avec ces derniers, et l'on regarde les Cirripèdes comme intermédiaires entre les Crustacés et les Annélides, ou comme des Crustacés dégradés et sédentaires. (Thompson, Burmeister.)

La nature s'est toujours jouée et se jouera toujours de nos classifications !

Le pédicule des Cirripèdes peut cependant se mouvoir dans un certain rayon, et porter l'animal en haut, en bas, à droite et à gauche. Ces mouvements sont lents, imparfaits, mais très-certainement volontaires.

Les Anatifes s'attachent aux rochers, aux troncs d'arbres baignés par la mer, aux débris des navires naufragés. On les rencontre assez souvent sur les fragments de bois à moitié pourris, apportés par les marées.

Les pièces calcaires qui protégent les organes s'écartent de temps à autre, et l'Anatife fait sortir des bras ou pieds, appelés *cirres;* d'où les noms de *Cirripèdes* et de *Cirropodes*. Ces bras sont ordinairement au nombre de douze et disposés longitudinalement sur deux rangs, six de chaque côté. Ils sont formés de petites articulations garnies de cils, et semblent plumeux. Dans l'état de repos, ils s'enroulent comme de jeunes feuilles de fougère ou comme la crosse d'un évêque. Quand l'animal veut s'en servir, il les déploie et les allonge.

II

Le nom d'*Anatife* vient de *Anas* (canard), et *fero* (je porte, je produis), parce que l'on a cru pendant long-temps, sur les côtes de l'Écosse, que cette curieuse bête

ᶠʳ BERNACHE
(*Anas erythropus* Gmelin).

était une sorte d'*œuf pédiculé*, qui donnait, au bout d'un certain temps, un oiseau palmipède, de la famille des Canards! Des pêcheurs ont même assuré avoir entendu les cris confus du jeune poussin encore enfermé dans la mitre testacée. D'autres ont raconté avec détail comment l'oiseau prenait naissance. Il montre d'abord les pattes, puis le corps, et puis le bec; il éclôt à reculons et tout nu. Il tombe dans la mer, où il revêt bientôt son plumage, et devient alors, ou une *Bernache*, ou une *Macreuse*.

MACREUSE
(*Anas nigra* Linné).

Quelle est la source de cette croyance populaire? On suppose qu'elle vient de la grossière ressemblance qui existe entre les cirres d'apparence plumeuse de l'Anatife et les ailes d'un oiseau !

III

Les Cirripèdes se nourrissent de bestioles microscopiques. Ils les attirent et les saisissent par un mécanisme très-simple et très-élégant. Les cirres, placés vers l'orifice de la coquille, sont presque toujours en action; ils sortent et rentrent alternativement, et battent l'eau avec rapidité et symétrie. Lorsque ces organes sont tout à fait étendus, leurs tiges flexibles et plumeuses constituent douze jolis appareils collecteurs, qui attirent, balayent, rassemblent et poussent dans la bouche les animalcules et les autres parcelles nutritives qui sont à leur portée.

La bouche de l'Anatife est placée, non pas à l'entrée de la coquille, comme les bras, mais dans le fond. Elle présente deux mâchoires latérales.

IV

Nos pauvres Cirripèdes, fixés par un pédicule, sans tête et sans jambes, semblent, au premier abord, bien déshérités par la Providence. Mais, quand on les examine de près et avec un peu d'attention, on y découvre des instincts qui surprennent, des actes qui confondent et des combinaisons merveilleuses qui redoublent nos sentiments d'admiration pour la puissance créatrice.

Comme les Anatifes ne changent pas de place, il ne devait pas y avoir, chez eux, de mâles et de femelles séparés. Car, s'il y en avait eu, comment ces malheureuses bêtes auraient-elles pu aller les unes vers les autres, se poursuivre, s'atteindre et se choisir? L'amour suppose toujours le mouvement. Voyez comme, aux époques fortunées, tous les animaux de la nature, dans l'eau comme dans l'air, deviennent agités et remuants!

On comprend pourquoi, chez nos immobiles Cirripèdes, les deux sexes se trouvent associés dans le même individu, comme ils le sont dans la plupart des fleurs, dans une rose, par exemple.

Autre merveille ! Les nouveau-nés ne ressemblent en aucune manière à leurs parents. Au sortir de l'œuf, *ils n'ont pas de pédicules et nagent librement*. Ils se meuvent même avec beaucoup d'activité. Et, comme pour se transporter d'un endroit dans un autre, il faut pouvoir se diriger, la nature leur a octroyé, avec des nageoires très-mobiles, un œil très-gros, placé au milieu du front.

JEUNE CIRRIPÈDE.

Ces nageoires et cet œil n'existent plus chez l'adulte. La locomotion et la vision devenaient inutiles dans un animal adhérent.

Voilà donc une bête dont la larve est, à certains égards, *plus compliquée en organisation que l'animal PARFAIT!*

Si les pauvres Anatifes, esclaves de leur pédicule, avaient des yeux, ils verraient leurs jeunes larves nager autour d'eux, bondir et folâtrer..... Que penseraient-ils de cette émancipation si extraordinaire et si complète ? Probablement ce que pense une Poule éplorée, enchaînée au rivage, quand sa couvée de Canards se précipite dans une pièce d'eau ? Heureusement, les Anatifes ne jouissent pas du sens de la vue..... Mais leurs petits, qui ont un œil, que pensent-ils, les vagabonds! de l'immobilité de leur maman?

Un phénomène analogue se rencontre chez d'autres Invertébrés, par exemple chez plusieurs animalcules infusoires. M. Ehrenberg a trouvé, dans les jeunes *Eudorines*, un œil rouge qui manque chez la mère. Les petits sont ici plus clairvoyants que les parents!

Dans la société des hommes, la loi commune protége toujours les mineurs, c'est-à-dire les plus faibles et les moins expérimentés. Dans l'économie de la nature, la sagesse infinie défend les larves encore plus efficacement. Elle leur donne les moyens de résister elles-mêmes à tous les agents de destruction, animés ou inanimés, dont elles sont entourées. Dans son immense bonté, la Providence est pleine de tendresse et de sollicitude pour ses moindres enfants.

Plusieurs savants zoologistes, partant de l'idée que l'homme représente l'organisme le plus parfait de la nature, ont considéré les animaux comme des embryons plus ou moins avancés, arrêtés dans leur développement, et jetés avant terme dans ce monde. Suivant eux, la limite d'évolution pour une espèce n'est que le premier, le second, le troisième degré pour une autre espèce....., et l'animal le plus compliqué a passé, pour arriver à la combinaison de ses organes, par une série de variations fœtales qui correspondent aux états définitifs de plusieurs autres animaux moins heureusement organisés.

Cette théorie est séduisante, au premier abord. Mais l'exemple des larves qui ont des nageoires et des yeux et qui les perdent en devenant adultes, démontre, manifestement que, dans la formation des organismes, il y a autre chose que des développements successifs arrêtés à différents degrés.

On peut ajouter que les diverses parties qui entrent dans la composition d'un animal donné ne présentent pas, généralement, entre elles, une complication correspondante. Tel organisme qui se trouve au-dessus d'un autre par son appareil respiratoire, est quelquefois au-dessous par son appareil locomoteur ; tandis que tel autre, qui ressemble à ce dernier par ces deux ordres d'organes, peut en différer essentiellement par son système nerveux ou par son système digestif[1]..... On rencontre d'ailleurs, dans des espèces plus ou moins simples, des instruments qui n'existent pas même à l'état de rudiment, dans des espèces plus ou moins compliquées !.....

L'harmonie générale des animaux obéit à des lois plus nombreuses et plus difficiles à formuler que celles qui président à l'embryogénie de tel ou tel individu.....

Tout ce qui précède fait voir que la théorie ancienne, reproduite de nos jours, d'une série linéaire continue des êtres organisés, ou d'une *chaîne animale*, est une hypothèse inadmissible. La nature a lié les organismes par un réseau plutôt que par une chaîne. Une carte géographique suffirait à peine pour indiquer les rapports multipliés qui unissent, soit les familles entre elles, soit les genres dans une même famille, soit les espèces dans un même genre.

Mais ne nous perdons pas dans des divagations étrangères au sujet de nos études, et hâtons-nous de revenir aux Anatifes.

Les larves *cyclopes* de nos animaux ont un corps à peu près triangulaire, couvert d'un large bouclier. Elles présentent en avant deux petites cornes divergentes, et en arrière une queue double. Elles possèdent, sur les côtés, six nageoires inégales : les deux antérieures très-grandes et très-simples, les quatre autres très-courtes et bifides. Ces larves grossissent lentement. A une époque déterminée, elles perdent non-seulement leurs nageoires et leur œil, mais encore leurs antennes et leur queue.....

[1] Voyez le chapitre XIX.

Elles se transforment en Anatifes ; elles sont alors fixées, pédiculées et mitrées. C'est une autre organisation.

« Chaque animal a ses beautés naturelles. Plus l'homme les considère, plus elles excitent son admiration, et plus elles le portent à glorifier l'Auteur de la nature. » (Saint Augustin.)

V

Les autres Cirripèdes diffèrent plus ou moins des Anatifes. La plupart n'ont pas de pédicules. La mitre, ou le corps qui la représente, est adhérente sans intermédiaire ; quelquefois elle s'enfonce profondément dans le tissu.

CORONULE DE LA BALEINE
(*Coronula diadema* Lamarck).

Le nombre de pièces qui composent la coquille peut être au-dessus ou au-dessous de cinq.

Les *Glands de mer*, ou *Balanes*, ont un tube calcaire court, à plusieurs pans, dont l'ouverture est fermée plus ou moins par deux ou quatre battants mobiles.

Ces animaux s'attachent à la carapace des Tortues de mer, ou se greffent à la peau des Cétacés. Ils varient suivant les monstres marins sur lesquels ils sont placés. Chaque espèce de Baleine a ses parasites propres, lesquels sont tantôt des *Coronules*, tantôt des *Tubicinelles*.

Les Coronules forment des taches circulaires, hexagonales, qui maculent le dos de ces gigantesques animaux.

Sur un petit lambeau [1] détaché de la lèvre d'une
Baleine, conservé dans le musée de l'École supérieure de
pharmacie de Paris, nous avons compté quarante-cinq

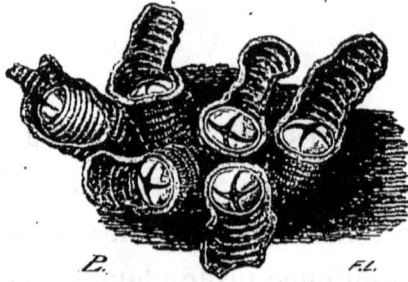

TUBICINELLE DE LA BALEINE
(*Tubicinella Balænarum* Lamarck).

Coronules, la plupart adultes, symétriquement arrangées
comme les pierres d'un pavé.

Les Tubicinelles sont moins déprimées et plus étroites
que les Coronules : elles pénètrent à un décimètre et plus
dans l'épaisseur de la peau ; elles vivent dans le lard.
Vous figurez-vous exactement ce que doit être une habitation, une prison, toute une existence dans le lard d'une
Baleine ?

[1] Long de 40 centimètres et large de 10.

CHAPITRE XXXI

LES ROTIFÈRES.

« **Et quand leurs** *roues* **marchoient, ils
marchoient ; et quand elles s'arrêtoient, ils
s'arrêtoient : car l'esprit de ces animaux étoit
dans leurs** *roues.* »   (ÉZÉCHIEL.)

I

Les *Rotifères*, ou *Porte-roues*, ainsi nommés parce qu'ils
semblent avoir deux roues au devant de la bouche, sont

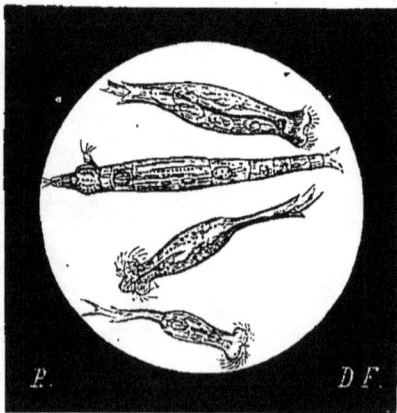

FURCULAIRES.

des animalcules aquatiques, diaphanes, jaunâtres ou rosés,
considérés d'abord comme des Infusoires, et plus tard
comme des Annelés.

On les a comparés aux Crustacés microscopiques.

Ces animaux ont le corps oblong ou ovoïde, contractile, protégé par un petit fourreau solide et transparent.

Dans les espèces dites *univalves*, ce fourreau est d'une seule pièce. C'est une sorte de bouclier, de verre mince, qui couvre seulement le dessus de l'animal, ou bien une manière de capsule, qui enveloppe tout son corps. Cette singulière carapace est ovalaire, fusiforme, cylindrique ou quadrangulaire, quelquefois dentée en avant, d'autres fois bilobée en arrière.

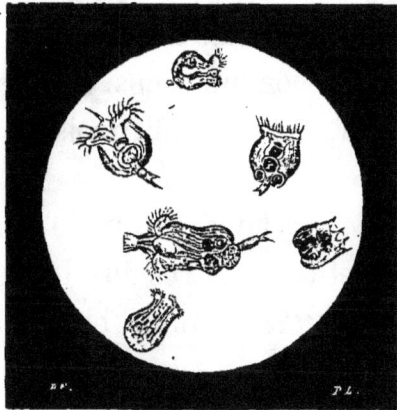

BRACHIONS.

Dans les espèces dites *bivalves*, la tunique est de deux pièces, jointes ensemble dans toute la longueur du dos. C'est un paletot-sac qui se ferme par derrière ou par dessus.

L'organe singulier, plus ou moins dilaté, *rotiforme* (adjectif peut-être trop savant!), qui caractérise surtout nos animalcules, paraît toujours bordé de cils. Il offre souvent une échancrure dans sa partie moyenne, laquelle lui donne la figure d'un 8 couché horizontalement. On croit alors voir deux roues indépendantes, accolées (Dutrochet). Comme les cils des bords sont vibratiles, et qu'ils décrivent avec une rapidité extrême dès cercles dans la même direction, les expansions qui les portent prennent l'apparence de deux roues d'engrenage tournant en sens contraire, de dehors en dedans (Dujardin). Dutrochet supposait mal à propos l'existence d'une bordure membraneuse, plissée régulièrement, comme une collerette, et agitée d'un mouvement ondulatoire continu.

Les cils vibratiles précipitent vers la bouche les corpuscules tenus en suspension dans l'eau; ils mettent le Rotifère en rapport constant avec l'air dissous dans le liquide, et contribuent en même temps à sa progression.

La puissance créatrice sait tirer le plus grand parti possible de ses moindres combinaisons. Elle fait souvent beaucoup avec très-peu. Elle remplit trois ou quatre fonctions avec un cil!

Plusieurs Rotifères sont sans queue (*Anurées*). Certains en ont une toute petite, d'autres une longue; et celle-ci est tantôt simple (*Siliquelles*), tantôt bifurquée (*Furculaires*), quelquefois à trois branches et à trois pointes (*Ézéchié-lines*). Dans les *Ptérodines*, cet organe se termine par une fossette en forme de ventouse. Lorsqu'on voit ces animaux pour la première fois, on croit aborder le domaine du fantastique.

Quand les Rotifères nagent, la queue leur sert de gouvernail. En même temps les lobes ciliés paraissent se mouvoir comme les roues d'un bateau à vapeur.

Plusieurs de ces petites créatures portent sur le front une sorte de prolongement en forme de corne ou de trompe, dont on ignore la fonction. Est-ce une arme offensive ou défensive?

La bouche est très-ample et très-contractile. Elle a la forme d'un entonnoir ou d'une cloche. Elle offre deux mâchoires latérales; ce sont de simples tiges cornées et coudées, terminées par une ou plusieurs dents; ou bien des arcs tendus, dans lesquels les dents sont disposées comme le seraient des flèches prêtes à partir. (Ehrenberg.)

Leur système digestif est assez compliqué. On y trouve un estomac très-long ou très-large, garni souvent d'appendices latéraux, et un gros intestin dilaté en forme de vessie.....

Les Rotifères ont un cœur toujours en action. On le voit, à travers la carapace, se contracter et se dilater alternativement. Son existence est liée avec une circulation évidente, et, à ce point de vue, les Rotifères sont plus favorisés que les Insectes.

Les anciens naturalistes croyaient que les animaux étaient d'autant plus simples en organisation, qu'ils étaient plus petits. Le microscope a singulièrement modifié leur opinion à cet égard.

Nos animalcules porte-roues n'offrent généralement qu'un seul œil arrondi et mobile, rouge ou rougeâtre, situé au milieu du front (*Brachions*). Un petit nombre d'espèces, mieux douées, en possèdent deux, trois et même quatre. D'autres n'en ont pas (*Lapadelles*).

Ce qui est digne de remarque, c'est que cet organe est quelquefois placé sur la nuque et même sur le dos (Ehrenberg, Nitzsch); de manière que l'animal voit plutôt au-dessus de lui ou en arrière de lui qu'au devant de lui. Pourquoi cette organisation?

M. Ehrenberg assure avoir constaté dans certaines espèces la présence d'un système nerveux. Un système nerveux dans des *bestiolettes* qu'un grain de sable peut couvrir!

Les Rotifères sont ovipares. Ils portent leurs œufs suspendus à l'origine de la queue, comme la plupart des Crustacés.

II

Spallanzani a donné beaucoup d'importance aux Porte-roues. Il a découvert que ces animaux peuvent êtrè desséchés, aplatis, collés à une feuille de papier ; rester ainsi, pendant un an ou deux, immobiles et dans un état complet de léthargie ou de mort apparente, et puis revenir à la vie. Il suffit de les mouiller pour les *ressusciter !*

Au contact de l'eau, la petite carcasse se gonfle, remue la queue, tord le ventre, se décolle, agite les cils de sa roue, et se met à nager !..... Heureux Rotifère !

Blainville et Bory de Saint-Vincent ont refusé de croire à l'admirable faculté dont il s'agit. On a protesté, de tous côtés, contre le scepticisme de nos deux savants naturalistes. L'exactitude du sévère Spallanzani pouvait-elle être en défaut ? M. Schultze a publié dés expériences décisives qui ont confirmé les résultats obtenus par l'illustre physiologiste italien. Il est bien démontré aujourd'hui que cette merveilleuse propriété existe. Mais, pour réussir dans les opérations d'engourdissement et de réveil, il faut dessécher les petites bêtes graduellement, bien graduellement ; ne pas trop les comprimer ; ne pas les exposer à une température trop élevée, surtout pendant qu'elles sont encore humides ; ne pas les garder trop longtemps endormies, et les ranimer avec lenteur et précaution. M. Doyère a fait connaître les conditions de ce remarquable *désengourdissement.*

C'est sur le *Rotifère commun* [1] qu'on observe le curieux, l'incompréhensible phénomène dont nous venons de parler. Cet animalcule habite dans l'eau douce, ou, pour mieux

---

[1] *Rotifer redivivus* Cuvier.

dire, au milieu de la mousse humide, sur les murs et sur les toits. Il est long de trois quarts de millimètre ; il a des roues sept ou huit fois plus petites que son corps.

Les Rotifères de la mer périssent sans retour par la dessiccation. Pourquoi la vie est-elle moins tenace dans l'eau salée que dans l'eau douce ?

CHAPITRE XXXII

LES CRUSTACÉS.

C'est li Loups famillieux qui tout tue et dévore;
Quanque tient devant eulx tout mort, riens n'assavore.
(GIRART DE ROSSILLON, 1316.)

Les Crustacés sont les Insectes de la mer; mais ils ont plus de taille, plus de force et plus de voracité que les Insectes ordinaires. Au lieu d'une tunique coriace, ils sont revêtus d'une armure calcaire plus ou moins épaisse et plus ou moins dure, souvent hérissée de poils roides, de tubercules épineux, même de pointes acérées.

Partout où dans l'Insecte nous trouvons la corne, dans le Crustacé nous rencontrons la pierre. C'est à peu près la même construction, seulement le Constructeur a changé ses matériaux.

Les Crustacés ont presque tous d'énormes pinces crochues et dentelées, dont ils se servent comme de puissantes tenailles ou comme d'engins de guerre redoutables. On les a comparés à ces lourds chevaliers du moyen âge, audacieux et cruels, bardés d'acier de pied en cap. Visière et corselet, brassards et cuissards, rien n'y manque.....

Ces chevaliers marins vivent sur la plage, au milieu des rochers, à une faible distance du rivage; ou bien au sein de la mer, à des profondeurs considérables. Quelques-uns se cachent dans le sable; d'autres se tapissent sous les pierres. Certains, comme le *Crabe commun* ou *Crabe enragé* [1], aiment l'air du rivage presque autant que l'eau salée, et se tiennent presque toujours sur le bord humide des falaises.

La solidité de leur carapace calcaire l'empêche de s'étendre; il ne peut grandir qu'à condition de muer. A une époque déterminée, la nature dépouille le guerrier de sa cuirasse. La bête mue; la croûte calcaire tombe, et laisse à découvert une tunique mince, pâle et délicate. Dans cet état, le Crustacé ne mérite plus son nom. Sa peau est devenue presque aussi vulnérable que celle d'un Mollusque. Mais il a l'instinct de sa faiblesse : il se retire prudemment à l'écart; il se cache honteusement dans quelque trou obscur, jusqu'à ce qu'une autre vestiture résistante, appropriée à sa nouvelle taille, lui ait rendu et son armure de combat, et sa dignité de Crustacé. Malheur à lui, si, pendant sa période de faiblesse, il est rencontré par un de ses anciens opprimés. Il est à sa merci, et paye alors chèrement, comme on dit, ses cruautés d'autrefois.

Les Crustacés n'ont pas, comme les animaux supérieurs, une *colonne vertébrale*, c'est-à-dire un axe calcaire intérieur, à la fois dur et mobile, portant des appendices de même nature, avec lesquels il forme une charpente solide ou *squelette*. Mais ils possèdent, ainsi qu'on vient de le voir, une enveloppe pierreuse. L'élément osseux ne s'est point condensé dans le corps; il s'est accumulé à la périphérie. Leur peau tient donc la place du squelette. Geoffroy Saint-

---

[1] *Carcinus mœnas* Leach.

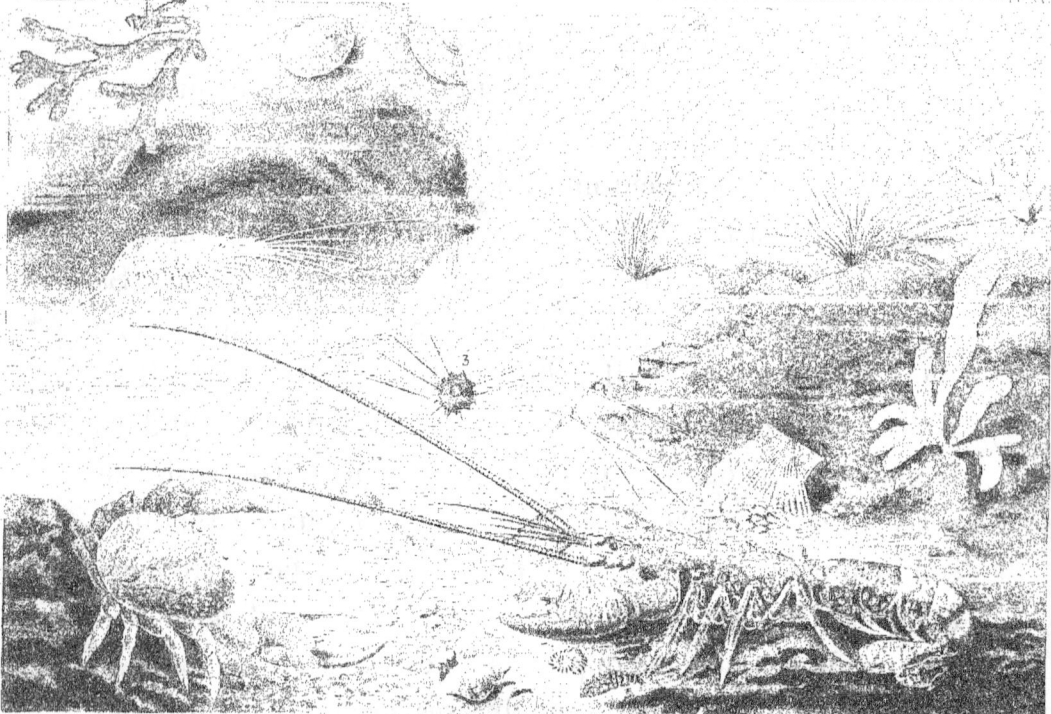

CRUSTACÉS

Hilaire disait que les Crustacés vivent, non pas en dehors de leur colonne osseuse, comme les Mammifères, mais en dedans, comme les Mollusques, et qu'ils sont *logés dans leurs vertèbres*. Il existe donc des animaux à squelette intérieur, à *véritable squelette*, et des animaux à squelette tégumentaire ou *dermato-squelette*.

Les Crustacés ont une armure sombre, bronzée ou gris de fer, comme les métaux forgés pour les combats. Quel-

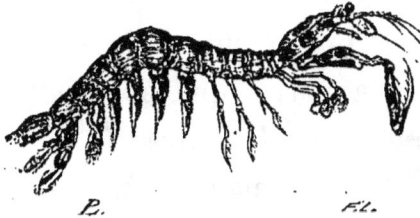

SQUILLE MANTE
(*Squilla mantis* Rondelet).

ques-uns sont rouges ou rougeâtres, comme le sang de leurs victimes ; quelques autres, d'un jaune terreux ou d'un bleu livide, comme la chair qui se corrompt.

Leur croûte calcaire est épaisse et résistante, surtout dans la région dorsale. Leurs membres ont aussi une dureté très-remarquable.

Cependant, chez les petites espèces, on observe souvent un test fort mince et d'une transparence cristalline, qui permet de suivre au travers les actes de leur digestion et les mouvements de leur circulation.

Plusieurs Crustacés tout à fait microscopiques contri-buent parfois à colorer les eaux de la mer en rouge pourpre ou violacé. Telles sont la *Grimotée de d'Urville*[1] et la *Grimotée sociale*[2].....

[1] *Grimotea Durvillei* Milne Edwards.
[2] *Grimotea gregaria* Leach.

Chez les Araignées, où le cou n'existe pas, la tête est fondue dans la poitrine (*céphalothorax*), mais le ventre reste distinct. Le milieu du corps présente un resserrement, une *taille* quelquefois étroite et gracieuse. Chez les Crustacés, il n'y a plus ni cou ni taille. La tête, la poitrine et le ventre ne forment plus qu'une seule masse, souvent courte, trapue, athlétique et difficile à entamer.

Plusieurs de ces animaux possèdent une queue puissante, composée d'un certain nombre de palettes ciliées, avec laquelle ils battent l'eau à reculons, et dont ils se servent habilement pour étourdir leurs ennemis. N'oublions pas de dire que la partie appelée *queue*, par les gens du monde, est la *queue plus le ventre* [1].

En leur qualité d'animaux aquatiques, les Crustacés respirent par des *branchies*. Chez les grosses espèces, ces branchies sont des lamelles ou des filaments dont les supports sont parcourus par deux canaux : l'un, qui amène le sang dans l'économie ; l'autre, qui le dirige vers le cœur. Ces organes sont enfermés dans le corps. Chez les petites espèces, les branchies paraissent souvent extérieures et pendent dans l'eau comme des franges. Quelquefois ces mêmes organes servent en même temps à respirer et à nager. Ce sont des *branchies-pattes* ou des *nageoires-branchies*. D'autres fois l'animal ne possède pas d'appareil spécial pour la respiration.

Presque tous les Crustacés sont robustes, hardis et destructeurs. Ils forment dans la mer une horde de brigands nocturnes, ou de maraudeurs impitoyables, qui ne reculent devant aucun guet-apens. Ils se battent à outrance, nonseulement avec leurs ennemis, mais souvent entre eux,

---

[1] Ce qu'on mange dans une *Écrevisse* n'est pas sa queue, mais son *dos*, ou, si l'on veut, son *râble*.

pour une proie ou pour une femelle, quelquefois uniquement pour le plaisir de se battre. Les misérables! Ils luttent audacieusement avec leurs pinces vigoureuses. D'ordinaire la carapace résiste aux coups les plus terribles; mais les pattes, la queue, et surtout les antennes, subissent les plus affreuses mutilations. Heureusement, fort heureusement pour les vaincus, que les membres emportés *repoussent* après quelques semaines de repos! c'est pour cela qu'on rencontre maintes fois des Crustacés avec des serres de grosseur très-inégale; la plus petite est celle qui renaît pour remplacer une perte éprouvée dans un combat. La nature n'a pas voulu que les Crustacés restassent longtemps invalides. Ils reviennent bientôt sur le champ de bataille, tout à fait remis de leurs blessures. On a vu des *Homards*[1] qui, dans une rencontre malheureuse, avaient perdu une jambe malade et débile, reparaître au bout de quelques mois avec une jambe complète, vigoureuse et d'un excellent service.

O nature! comme tu remplis notre âme d'étonnement et de respect!

Dans les ports d'Espagne, quand on a pris une espèce de Crabe appelée *Boccace* (singulier nom pour un Crustacé!), on se contente de lui couper les grosses pinces, regardées comme un excellent manger. On jette ensuite dans la mer le pauvre animal mutilé, pour le repêcher plus tard, quand il aura *refait* des pinces toutes neuves.

Les Crustacés sont carnivores. Ils mangent avec avidité les autres animaux, soit vivants, soit morts, soit frais, soit corrompus. Peu leur importent la qualité et l'état de la victime!

Il est amusant de voir l'adresse et la gravité avec les-

[1] *Homarus vulgaris* Milne Edwards (voy. planche XV, fig. 4).

quelles le Crabe commun, lorsqu'il s'est emparé d'une malheureuse Moule, tient une valve soulevée avec une pince et détache l'animal avec l'autre, rapidement et proprement, portant chaque morceau à la bouche, comme on le fait avec la main, jusqu'à ce que la coquille soit entièrement vidée! (Rymer Jones.)

Ce Crustacé ne mord pas directement sur sa proie comme l'Écrevisse. Il est aussi goulu, mais mieux appris.

M. Charles Lespés a surpris, sur la plage de Royan, une troupe de Crabes au moment de leur repas. Ce jour-là ils dînaient en commun, *et Dieu sait la joie*, comme dit le bon la Fontaine. Ils étaient en rang, tous tournés du même côté, et presque debout sur leurs huit pattes. Ils saisissaient à terre de petits objets et les portaient à la bouche prestement et régulièrement. Chaque main avait son tour. Quand la droite arrivait à l'orifice buccal, la gauche prenait à terre; quand celle-ci à son tour donnait l'aliment, la première ramassait. Il n'y avait pas de temps perdu. Figurez-vous une troupe de zouaves disciplinés, mangeant avec ordre à la gamelle. Ce Crustacé, vous le voyez, a le bonheur d'être ambidextre.

Les *Corophies à longues cornes*[1], si remarquables par la gracilité de leur corps, savent très-bien couper le byssus des Moules, pour faire tomber ces bivalves dans la vase et les avoir à leur portée.

Est-il vrai que d'autres Crustacés, grands mangeurs d'Huîtres, ont assez de ruse ou d'instinct (comme on voudra) pour attaquer ces Mollusques sans s'exposer au danger de leurs battants? Quand le bivalve entr'ouvre sa coquille, espèce de trappe vivante, pour jouir d'un rayon de soleil ou pour prendre son repas, le malin Crustacé

1. *Corophium longicorne* Latreille.

y glisse au plus vite une petite pierre. Cela fait, il dévore à son aise le pauvre coquillage, qui ne peut plus se barricader[1].

Les Corophies, dont il vient d'être question, sont extrêmement nombreuses sur les bords de l'Océan, surtout à la fin de l'été et dans l'automne. Elles font la guerre, sans relâche, aux vers marins. On les voit par myriades s'agiter en tous sens, battre la vase avec leurs longues antennes et la pétrir pour y trouver quelque proie. Rencontrent-elles une Néréide ou une Arénicole, souvent cent fois plus grosse que leur corps, elles se réunissent en troupe pour l'attaquer et pour la dévorer.

COROPHIE A LONGUES CORNES
(*Corophium longicorne* Latreille).

Les Corophies rendent cependant d'immenses services aux éducateurs de Moules des environs de la Rochelle. Pendant l'hiver, la vase des bouchots où l'on élève ces bivalves est délayée et très-inégalement amoncelée. Lorsque la saison devient chaude, les parties les plus élevées s'égouttent, se durcissent et rendent la récolte des Mollusques tout à fait impraticable. Il faudrait niveler ces plaines de vase en partie desséchée et en partie demi-liquide, ce qui serait très-difficile et très-coûteux. Eh bien! les Corophies, toutes seules, se chargent de ce soin. Elles démolissent et

[1] L'oiseau appelé *Huîtrier* (*Hœmatopus ostralegus* Linné) procède ainsi sur nos plages. Mais il possède un bec comprimé, en forme de couteau, merveilleusement disposé pour s'introduire dans la maison du bivalve.

aplanissent plusieurs lieues carrées couvertes de rugosités et de sillons. Elles délayent la vase, qui est emportée hors des bouchots à chaque marée, et la surface de la vasière se trouve aussi unie et aussi praticable qu'à la fin de l'automne précédent. Il faudrait des milliers d'hommes et peut-être tout le cours de l'été pour obtenir ce résultat, exécuté en quelques semaines par un chétif animal.

Nous avons dit que les Crustacés ne se respectaient guère entre eux. Souvent, dans une même espèce, les gros dévorent les petits. *Rara concordia fratrum!*

Un jour, M. Rymer Jones avait introduit dans un aquarium six *Crabes tourteaux* [1] de différentes tailles. Un d'eux s'aventura vers le milieu du réservoir, et fut bientôt accosté par un autre un peu plus gros, qui, le prenant avec ses pinces *comme il aurait pris un biscuit*, se mit à briser sa carapace et à se frayer un chemin jusqu'à sa chair. Il y enfonça ses doigts crochus avec aisance et volupté, paraissant s'inquiéter fort peu des yeux affamés et jaloux d'un autre compagnon, plus fort et tout aussi cruel, qui s'avançait vers lui, contemplant avec délices ce spectacle abominable. Mais, comme l'a dit Horace (et il n'a pas été le premier à le dire), *personne n'est heureux de tout point dans ce bas monde* [2]. Notre féroce Tourteau continuait paisiblement son repas, lorsque le voisin le saisit exactement comme il avait saisi son frère, le brise et le déchire avec le même sans-façon, pénétrant jusqu'au milieu de ses entrailles avec la même sauvagerie..... Et pendant ce temps, la victime, chose singulière! ne se dérangea pas un seul instant; elle continua de dépecer et de manger le premier Crabe, jusqu'à ce qu'elle fût elle-

---

[1] *Platycarcinus pagurus* Milne Edwards (voy. planche XV, fig. 2).
[2]   Nihil est ab omni parte beatum. (HORACE.)

même entièrement déchirée par son bourreau, présentant un exemple remarquable d'insensibilité, pendant qu'on lui infligeait cruellement la loi du talion !

Manger les autres et être mangé soi-même, est une des grandes lois de la nature !

« Toutes les espèces de la mer, dit Buffon, sont presque également voraces ; elles vivent sur elles-mêmes ou sur les autres, et s'entre-dévorent perpétuellement sans jamais se détruire, parce que la fécondité y est aussi grande que la déprédation, et que presque toute la nourriture, toute la consommation tourne au profit de la reproduction. »

Le lendemain matin de ce tragique spectacle, il ne restait en vie que deux des six Tourteaux du jour précédent, les plus gros et les plus robustes ; chacun, blotti dans un angle de l'aquarium, regardait son rival avec une mine concentrée, malicieuse et défiante. M. Rymer Jones ne voulut pas troubler cette *féroce méditation*[1].

Dans une autre circonstance, quatre petits Crabes communs se trouvaient dans un même réservoir. Un d'eux devint aussitôt la proie d'un de ses frères affamés. Peu d'instants après, un second fut saisi par les pinces du plus gros. On l'en arracha très-difficilement : l'infortuné y laissa plusieurs de ses membres. On le transporta, par pitié, dans un autre aquarium. A peine en sûreté, il se mit à manger quelques morceaux de Moule avec autant de plaisir et de sang-froid que s'il ne lui était rien arrivé ; et cependant il avait subi une effroyable mutilation, puisque, de ses dix pattes, il en avait perdu sept ! Il ne lui restait que les deux pinces et la patte droite de derrière. Eheu !.....

[1] Multa tamen lætus tristia pontus habet. (OVIDE.)

Quatre-vingt-quatorze jours après ce *désagrément*, le Crabe changea de carapace, et alors les dix pattes se *trouvèrent au complet*. Toutefois nous devons avouer que les sept nouvelles étaient plus petites que les précédentes, quoique du reste aussi parfaites. (Dalyell.)

L'animal resta probablement un peu boiteux tout le temps de sa convalescence !.....

Quoique essentiellement carnassiers, les Crustacés mangent quelquefois des végétaux marins, surtout dans les temps de famine. Plusieurs néanmoins semblent préférer les fruits aux matières animales. Tel est le Crabe, si commun dans les îles de la Polynésie, qui se nourrit presque exclusivement de noix de coco. Ce Crabe a des pinces épaisses et fortes; les autres pattes sont relativement étroites et faibles. Au premier abord, il semble impossible qu'il puisse entamer une grosse noix de coco, entourée d'une couche épaisse de filasse et protégée par un noyau très-dur. Mais M. Liesk l'a vu très-souvent faire cette opération. Le Crabe commence par arracher le tissu fibre par fibre, à l'extrémité où se trouvent les fossettes du fruit. (Il ne se trompe jamais d'extrémité.) Quand cela est fini, il frappe avec ses grosses pinces sur l'une de ces dernières, jusqu'à ce qu'il ait fait une ouverture. Puis, à l'aide de ses pinces étroites, et tournant sur lui-même, il extrait la substance blanche de la noix. Cette adroite manœuvre est un exemple bien curieux de l'instinct des Crustacés.

Les Crustacés ont des yeux de deux sortes, des yeux simples et des yeux composés : les premiers, sessiles et immobiles, peu saillants et très-bombés ; les seconds, portés par une courte tige calcaire et formés d'une quantité considérable de petits yeux symétriquement agglomérés. La réunion de toutes les cornées microscopiques d'un œil composé ressemble à une calotte chagrinée ou taillée à facettes. On dit que dans un œil de *Homard* se trouvent 2500 petits yeux [1].

Les yeux simples sont myopes; les yeux composés sont presbytes. Ainsi un Homard peut voir de près ou de loin, *ad libitum*, bien entendu sans avoir recours à nos instruments d'optique!

Les Crustacés paraissent jouir d'un odorat subtil : ils arrivent de très-loin vers une proie. Si l'on met un petit poisson mort sous une pierre, on verra bientôt cette dernière entourée d'une multitude d'affamés. On sait avec

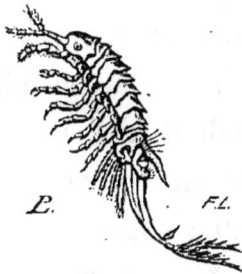

LIMNORIE PERFORANTE
(*Limnoria terebrans* Leach).

quelle rapidité affluent vers un morceau de viande, même fraîche, les Écrevisses qui peuplent nos ruisseaux. Si, comme le pensent beaucoup de naturalistes, l'organe de l'odorat réside dans les antennes, la longueur souvent excessive de ces organes, chez les Crustacés, expliquerait très-bien le développement de ce sens.

Beaucoup de Crustacés ne savent pas nager; ils marchent plus ou moins rapidement au fond de l'eau ou hors

[1] Ce nombre est sans doute considérable, mais il l'est bien davantage dans certains Insectes. On a compté 4000 petits yeux dans la *Mouche domestique*, 7000 dans le *Taon* du bœuf, 8000 dans le *Hanneton*, 11300 dans le *Cossus gâte-bois*, 25000 dans une *Mordelle*, et 34650 dans un *Papillon*. (Blanchard.)

de l'eau. Il y en a qui courent obliquement et qui se servent de leurs pattes aussi habilement dans le recul que dans la progression. On dit que le *Cavalier*[1] des côtes de Syrie doit son nom à la rapidité avec laquelle il parcourt de grandes distances. Est-il vrai qu'il va plus vite qu'un cheval?

Les Crustacés qui nagent s'élancent par bonds et par saccades, ou bien glissent mollement et régulièrement, soutenus et poussés par deux rangées de rames parallèles, qui se meuvent avec régularité, comme les rames des galères.

La *Porcellane large pince*[2] est un mauvais nageur. Elle se contente d'agiter son abdomen, lequel l'aide à descendre obliquement et à reculons, jusqu'au fond de l'eau. Elle se fixe sous la première pierre venue et s'y tient blottie pendant des mois entiers. Ses longues antennes, sans cesse en mouvement, l'avertissent de la nature des objets qui s'approchent. Ses pattes-mâchoires sont alternativement et sans relâche projetées en avant et ramenées ensuite vers la bouche. Ces pattes ressemblent à des faucilles. Elles sont formées de cinq articulations bordées intérieurement de soies courbes parallèles, lesquelles, à chaque déploiement de pattes, s'étalent comme les branches d'un éventail, et se rapprochent quand le membre se replie. Examinée au microscope, chaque soie paraît garnie elle-même d'un rang de poils plus courts, implantés perpendiculairement à sa longueur. Dans le mouvement de rétraction, les poils de chaque soie, s'entre-croisant avec ceux qui garnissent les soies latérales, forment un véritable treillis qui doit enfermer et entraîner

[1] *Ocypoda cursor* Fabricius.
[2] *Porcellana platycheles* Latreille.

les animalcules flottants à leur portée ; tandis que, au déploiement, les soies s'écartent et laissent s'échapper tout ce que rejette le Crustacé, lequel peut ainsi se procurer sa nourriture, sans changer de place. (Gosse.)

Les *Chevrettes* ou *Crevettes*[1] offrent, à l'extrémité de la première paire de pattes, un appendice semblable à un râteau, composé de poils très-courts placés sur le membre à peu près à angle droit. L'animal emploie ce râteau à rassembler les plus petites épluchures, qu'une paire de secondes pattes porte délicatement à sa bouche. Après quoi le râteau devient une brosse dont la Chevrette se sert

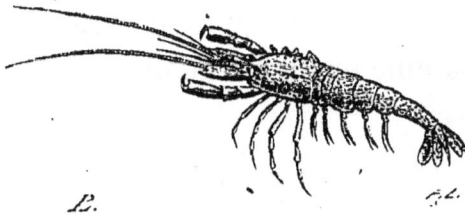

CRANGON COMMUN
(*Crangon vulgaris* Fabricius).

pour le nettoyage des fausses pattes de son ventre et des lobes de sa queue. Quand il travaille à sa toilette, notre petit Crustacé prend une position grotesque. Son corps s'élève sur les quatre dernières paires de membres ; le ventre et la queue se recourbent en avant, de manière que la partie postérieure de la Chevrette se trouve rapprochée des organes du brossage. (Rymer Jones.)

Les Crustacés ont les sexes séparés. Les mâles ressemblent plus ou moins aux femelles. Cependant, chez certaines espèces parasites des Poissons, on rencontre, entre les deux sexes, des différences très-notables, non-

---

[1] On désigne sous ces noms deux Crustacés, le *Palœmon serratus* de Leach (voy. planche XV, fig. 1) et le *Crangon vulgaris* de Fabricius.

seulement dans la forme, mais surtout dans la taille. Le
mâle est cinquante fois, cent fois, *même mille fois* plus
petit que sa femelle! Évidemment, dans ce ménage, c'est
l'époux qui doit être dirigé et maîtrisé par l'épouse! Cette
dernière loge presque toujours son mari... dans une ride
de son dos!

Les fausses pattes des Crustacés sont employées par les
femelles à soutenir les œufs qu'elles transportent avec
elles.

On a compté dans une Chevrette 6807 œufs, et dans
un Crabe 21 699. Dans d'autres espèces, on en a trouvé
25 000, 30 000 et jusqu'à 100 000. Trois ou quatre de ces
derniers Crustacés seraient suffisants pour engendrer en
six mois une famille égale en nombre à la population du
Portugal!

Les œufs des Crustacés sont petits, globuleux ou ovoïdes,
jaunâtres ou rougeâtres. Ceux des Chevrettes paraissent
d'un roux brun; ceux des *Langoustes*[1], d'un jaune d'or.

Les œufs de quelques espèces se conservent desséchés
pendant un grand nombre d'années, et ne se développent
que lorsque les circonstances favorables se présentent.

Quand les œufs sont près d'éclore, ils sont plus gros et
plus transparents. A travers leur mince enveloppe, on
distingue parfaitement les yeux de l'embryon. Celui-ci ne
communique pas avec le jaune par le ventre, comme
l'embryon de la Poule, mais *par le dos* (Hérold), comme
celui du Ver à soie.

Les petits ne ressemblent pas beaucoup aux parents. Ils
ont souvent un aspect assez étrange, à tel point que les
naturalistes les avaient d'abord pris pour des animaux
particuliers, et en avaient fait un genre distinct, sous le

---

[1] *Palinurus vulgaris* Latreille.

nom de *Zoé* (Thompson). Tous sont plus ou moins arrondis, avec une longue pointe dirigée en avant, arquée comme le bec d'un Ibis, et une autre partant de la nuque, proéminente comme une épine de groseillier; un ventre singulièrement grêle, une queue fourchue plus ou moins ramifiée, et de longues pattes articulées, pourvues chacune d'un long appendice dont l'extrémité digitée est garnie de cils vibratiles propres à la natation. Ces larves ne possèdent pas de pinces; elles nagent avec une très-grande rapidité. On sait que l'animal adulte n'est pas organisé pour la natation. « Rien, en un mot, dit M. de Quatrefages, ne rappelle, chez eux, ce Crabe à corps aplati, verdâtre, qui fuit sans trop de hâte devant le promeneur, et semble, dans sa marche, oblique et saccadée, lui adresser le geste bien connu des gamins de Paris! »

A chaque pas, dans l'étude de la nature, *on est terrassé de surprise*, comme dit M. Michelet.

CHAPITRE XXXIII

LES HOMARDS, LES LANGOUSTES, LES CHEVRETTES.

Géants et nains parmi les Écrevisses.

Sur les côtes de l'Océan et de la Méditerranée, certains Crustacés sont l'objet d'une industrie et d'un commerce assez importants. Nous voulons parler des *Homards*, des *Langoustes* et des *Chevrettes*.

Les Homards et les Langoustes peuvent être regardés comme les chefs de file ou les grands seigneurs de la gent crustacée; ce sont d'énormes Écrevisses marines. Les premiers ont des pinces très-grandes et le dos lisse; les seconds, des pinces petites et le dos épineux.

Tibère César fit déchirer le visage d'un pauvre pêcheur avec la cuirasse raboteuse d'une Langouste.

La saison des amours commence en septembre pour les Langoustes, et en octobre pour les Homards. (Vous représentez-vous un Homard amoureux?) Elle se prolonge jusqu'au mois de janvier. C'est M. Coste qui nous le dit. Par conséquent, les Langoustes sont plus longtemps amoureuses que les Homards!... Heureuses Langoustes!

Les femelles des deux espèces pondent des œufs en

nombre très-considérable. Les Langoustes sont beaucoup plus fécondes que les Homards. (Cela devait être!) Les Homards produisent 20 000 œufs; les Langoustes en donnent 100 000 et 120 000. (Gerbe.)

Ces œufs sont réunis en paquets et appliqués contre la face ventrale de la queue. Ils sont englués, collés et retenus par une humeur visqueuse particulière.

Les femelles chargées d'œufs sont dites *grenées*.

Suivant qu'elles fléchissent ou qu'elles redressent la queue, elles peuvent tenir leur *portée* dans l'obscurité ou la présenter à la lumière. Tantôt elles laissent leurs œufs immobiles ou simplement immergés; tantôt elles leur font subir des lavages successifs, en agitant doucement les fausses pattes qui les protégent à droite et à gauche. (Coste.)

L'évolution des germes dure six mois. Au moment de l'éclosion, les femelles *couveuses* étendent la queue. Elles impriment aux œufs de légères oscillations, pour semer les larves prêtes à déchirer leur coque, et se délivrent en un ou deux jours de leur portée entière. (Coste.)

Aussitôt nés, les jeunes Crustacés s'éloignent de leur mère, et montent à la surface de l'eau, pour gagner la haute mer. Ils nagent en tourbillonnant. Mais cette vie pélagienne n'est pas de longue durée; ils la quittent à la quatrième mue, qui survient le trentième ou le quarantième jour, et leur fait perdre les organes transitoires qui servaient à la natation. Alors, ne pouvant plus se soutenir à la surface de la mer, ils tombent au fond pour y séjourner désormais, et, à partir de ce moment, la marche devient leur mode habituel de locomotion. (Coste.)

Voilà donc des animaux qui courent ou nagent (ce qui revient au même) avant de savoir marcher! L'observation donne souvent les démentis les plus formels aux généralisations les plus accréditées.

A mesure qu'ils grandissent, les jeunes Crustacés se rapprochent des rivages qu'ils avaient momentanément abandonnés. Ils reviennent vers les lieux habités par leurs parents.

Les formes des larves diffèrent tellement de celles des adultes, qu'il serait bien difficile, si l'on n'avait assisté à leur éclosion, de les rapporter à l'espèce dont elles proviennent. C'est à tel point, que les naturalistes avaient considéré les embryons des Langoustes comme des animaux parfaits, et en avaient constitué un genre distinct, sous le nom de *Phyllosome*, jusqu'au moment où MM. Coste et Gerbe sont venus les éclairer[1].

Les embryons des Homards et des Langoustes portent aux pieds des panaches caducs, sortes de rames vibratiles à l'aide desquelles ils se tiennent en suspension permanente et se meuvent avec facilité, jusqu'au moment de la quatrième mue.

Les Homards n'atteignent la taille adulte et ne sont aptes à se reproduire qu'à la fin de leur cinquième année.

D'après les observations de M. Coste, chaque jeune animal perd et refait sa carapace huit à dix fois la première année, de cinq à sept la seconde, trois ou quatre fois la troisième année, et deux ou trois la quatrième. D'où il résulte que les plus petits Homards servis sur nos tables ont changé en moyenne *vingt et une fois* de vêtement calcaire, et en sont à leur vingt-deuxième habit !

La taille réglementaire d'un Homard a été fixée à 20 cen-

---

[1] Ceci nous rappelle que Linné a décrit comme une Cochenille (*Coccus aquaticus*) la capsule ovigère... d'une espèce de Sangsue (*Nephredis octoculata* Savigny). Ce grand homme connut plus tard la vérité, et s'empressa de confesser loyalement sa méprise. « *J'ai vu*, dit-il, *et j'ai été stupéfait* » (*Vidi et obstupui*).

timètres. Tout individu plus court, vendu au marché, est un Homard de contrebande.

Les habitants de Blainville vont s'établir tous les ans à Chausey, pour la pêche des Homards.

On prend ces Crustacés avec des espèces de paniers en forme de cônes tronqués, dont le sommet offre une ouver-

P. LACKERBAUER D.　　　　　　　　　　J. GUILLAUME S.

ENGINS DE PÊCHE.

ture disposée de telle sorte que l'animal, une fois entré, ne peut plus sortir. Que de traquenards dans l'industrie !

Le nombre de Homards que chaque famille de pêcheur capture dans une saison peut être évalué à mille ou douze cents. Chausey expédie donc annuellement de huit à neuf mille de ces Crustacés, dont le produit, payé à Coutances, est de 10 000 à 12 000 francs. Chaque maître pêcheur retire à peine 1300 à 1400 francs de cette campagne, qui dure près de neuf mois. (Quatrefages.)

En Norvége, on prend beaucoup de Homards. On les expédie en Angleterre, à bord de navires dont la cale est divisée en grands compartiments qui communiquent avec la mer. Chaque compartiment peut contenir sept à huit mille individus [1].

On peut garder les Homards pendant quelque temps, avec la plus grande facilité. Jadis on les enfermait dans de grandes caisses de bois percées de trous. Aujourd'hui, on les met dans de véritables bassins. M. Richard Scowell possède à Hamble, près de Southampton, un réservoir de briques revêtues d'une couche de ciment, dont l'eau se renouvelle au moyen d'écluses et de conduites, et dans lequel 50 000 Homards peuvent tenir à l'aise et vivre en bonne santé pendant cinq à six semaines. Pour empêcher ces animaux de s'entre-détruire, on paralyse les mouvements de leurs pinces au moyen d'une cheville de bois enfoncée dans une de leurs articulations.

Les Langoustes sont les Homards de la Méditerranée ; elles passent pour un manger plus délicat et moins indigeste.

Elles sont abondantes, surtout dans le détroit de Bonifacio.

Les Chevrettes sont très-recherchées dans certaines villes. On en fait une assez grande consommation à Paris.

Ces jolis petits Crustacés ressemblent assez aux Écrevisses. Si, comme ces dernières, ils avaient de fortes pinces, ce seraient des miniatures d'Écrevisses.

La pêche des Chevrettes est très-simple. Il suffit d'entrer dans l'eau jusqu'au-dessus du genou, muni d'un filet appelé *truble* ou *havenau*, en forme de grande poche, dont le bord est tendu par un demi-cercle de bois et une corde qui fait le diamètre. Un bâton est attaché par l'un de ses bouts au milieu de la corde. Le milieu du demi-cercle

[1] L'Angleterre en reçoit annuellement pour une somme de 500 000 francs On en a vu arriver jusqu'à 30 000 par jour.

y est aussi fixé solidement, et le pêcheur s'en sert pour ratisser les herbiers avec la corde tendue, en tenant l'autre bout du manche appuyé contre sa poitrine.

On ne peut exploiter de cette manière que des côtes très-basses, en suivant le mouvement des eaux et par un temps très-calme. Pour rendre la pêche plus fructueuse et mettre à contribution une plus grande étendue de mer, deux pêcheurs prennent un bateau, et disposent trois ou quatre filets de manière qu'ils parcourent le fond comme des trubles de grande dimension. En les jetant et en les retirant de temps en temps, ils font une ample récolte de nos petits Crustacés.

Mais, en général, ce genre de pêche est confié aux femmes et aux enfants.

A Chausey, la récolte des Chevrettes est abandonnée aux femmes, qui, au nombre de dix environ, se livrent à cette modeste industrie. Armées de leurs *bouquetouls*, elles parcourent les anfractuosités de l'archipel, fouillent sous les roches et dans les mares, et peuvent, avec de l'activité, en recueillir deux kilogrammes par jour. Mais cette pêche n'est possible que lorsque les marées sont assez fortes. Le produit total de la campagne ne peut guère être évalué au delà de 200 à 300 kilogrammes par personne. C'est donc environ 2500 kilogrammes de Chevrettes que l'on retire tous les ans de Chausey, et dont la plus grande partie s'envoie à Paris. Ce petit commerce rapporte environ 800 francs par personne, à peu près 8000 francs en tout. (Quatrefages.)

A la Rochelle, on a des bassins particuliers pour faire reproduire les Chevrettes.

Les Chevrettes rougissent par la cuisson, mais ne prennent jamais une teinte aussi foncée que les Homards et les Langoustes. Elles sont plutôt d'un rose très-vif que d'un rouge très-brillant. Une variété pêchée dans la Garonne, au-dessus du bec d'Ambez, ne rougit pas; elle blanchit au contraire, si elle a toujours vécu dans l'eau douce. Mais, après avoir passé quelques jours dans l'eau salée, l'anomalie commence à disparaître.

Les autres Crustacés sont loin d'être recherchés comme les Homards, les Langoustes et les Chevrettes.

Cependant, à Venise, on vend, dit-on, chaque année, pour près de 500 000 francs de Crabes ordinaires. Ce chiffre nous paraît bien élevé: à un centime la pièce, il présenterait cinquante millions d'individus.

Dans d'autres pays, on mange les *Tourteaux* [1], les *Étrilles* [2], les *Squinado* [3], les *Salicoques* [4], les *Caramotes* [5], les *Nika* [6].....

L'utilité alimentaire des Crustacés et des autres habitants de la mer est reconnue par tout le monde. Aussi nous comprenons parfaitement (et nous approuvons même) la classification peu savante, mais essentiellement pratique, proposée par le comte Marsigli, pour les animaux de la Méditerranée : *Animaux que l'on mange; Animaux que l'on ne mange pas* [7].

---

[1] *Platycarcinus pagurus* Linné.
[2] *Portunus puber* Fabricius.
[3] *Maia squinado* Lamarck.
[4] *Palæmon squilla* Leach.
[5] *Pœneus caramote* Latreille.
[6] *Nika edulis* Risso.

[7] Le nombre des Homards et des Crabes consommés à Londres est évalué à deux millions et demi. On porte au même chiffre ceux qu'on mange dans le reste de l'Angleterre. Somme totale, cinq millions!

CHAPITRE XXXIV

LE BERNARD L'ERMITE.

> Je me loge où je puis et comme il plaît à Dieu.
> (BOILEAU.)

I

Le *Bernard l'ermite* ou *Soldat* est un Crustacé très-bizarre et très-curieux, qui vit sur les bords de la mer. Il mérite bien un chapitre spécial.

Il diffère des Crustacés proprement dits en ce que, au lieu d'avoir le corps protégé par une armure calcaire plus ou moins épaisse et plus ou moins solide, il n'offre de cuirasse qu'en avant, c'est-à-dire à la tête et à la poitrine; tout le reste n'est revêtu que d'une peau molle et peu résistante. La partie vulnérable du Bernard est un morceau friand pour ses voraces compatriotes. Mais notre malin Crustacé connaît parfaitement la misérable faiblesse de son train postérieur. La prudence lui fait chercher quelque coquille vide, d'une taille en rapport avec la sienne. Quand il n'en trouve pas, il attaque un testacé vivant, le tue sans pitié, le mange sans remords, et s'empare de son logement, sans autre forme de procès. Une fois maître de la coquille, il s'y introduit à reculons; il s'y installe et s'y retranche comme dans un petit fort.

Aux heures des repas (et à celles des amours), le Bernard montre la tête et les pattes, surtout les grosses pinces. Il agite au-devant de lui ses deux cornes, qui sont *longuettes et menues*, suivant les expressions d'Ambroise Paré. Quand

BERNARD L'ERMITE
(*Pagurus Bernhardus* Fabr.).

il marche, il accroche avec ses tenailles les corps qui l'avoisinent, et entraîne avec lui son habitation, comme l'Escargot la sienne. Mais les parties de son corps, mal défendues, restent toujours enfermées et protégées.

Voyez, à la marée basse, les Bernards disséminés sur les grèves rocailleuses. On croit apercevoir un grand nombre de coquillages de diverses grandeurs, qui se meuvent dans toutes les directions, avec des allures différentes de celles qui appartiennent à leur race essentiellement lente et mesurée. Si on les touche, ils s'arrêtent brusquement. On découvre bientôt que chaque maisonnette sert de résidence non pas à un Mollusque, mais à un Crustacé.

Le Bernard vit seul dans sa petite citadelle, comme un cénobite dans sa cellule ou une sentinelle dans sa guérite. Il serait bien difficile qu'il en fût autrement. C'est pourquoi on l'a surnommé l'*ermite* ou le *soldat.*

Quand notre Crustacé grossit et que son habitation d'emprunt devient gênante, il se met en quête d'un autre coquillage un peu plus grand et mieux approprié à sa taille, et il change de maison.

Le Bernard profite souvent, avons-nous dit, des coquilles vides abandonnées. Quand la marée se retire, il n'en manque pas. Il faut le voir, alors, chercher, tourner, retourner, et surtout essayer son nouveau domicile. Il fait glisser lestement son abdomen, qui est gros et contourné, tantôt dans une coquille, tantôt dans une autre, regardant avec méfiance autour de lui, et revenant bien vite à son ancien logis, si le nouveau ne lui paraît pas confortable. Il en essaye souvent un grand nombre, comme on essaye des vêtements neufs, avant d'en avoir rencontré un qui lui convienne.

Dans ses déménagements successifs, le petit sybarite, tout en se donnant un ermitage de plus en plus spacieux, ne manque pas de suivre son goût et son caprice, dans la couleur et dans l'architecture de sa nouvelle habitation.

L'ennui naquit un jour de l'uniformité!

Le rusé compère choisit une maisonnette tantôt grise ou jaune, tantôt rouge ou brune, globuleuse ou cylindrique, en forme de tourelle ou de tonneau, souvent armée de dentelures, de créneaux, de lames tranchantes ou de prolongements pointus.

Cependant notre Diogène crustacé préfère les coquilles en spirale un peu allongée : par exemple, les Cérites, les Buccins et les Rochers.....

Le Bernard est timide. Au moindre bruit, il se retire dans son gîte, et s'y tapit sans mouvement. Il rentre la plus petite de ses pinces et ferme la porte avec la plus grosse. Celle-ci offre souvent des poils, des tubercules ou des dents.

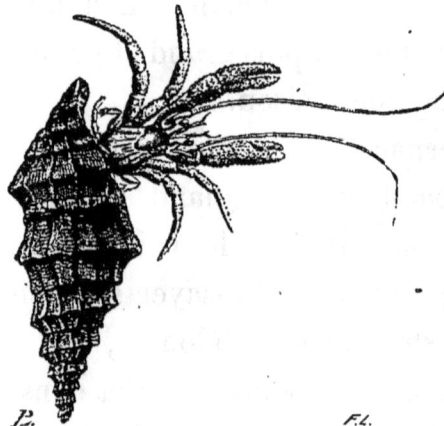

BERNARD DANS UNE CÉRITE

Notre prudent cénobite se cramponne si fortement au fond de sa retraite, qu'on le mettrait en pièces plutôt que de l'en arracher. Sa queue est transformée en une sorte d'appareil d'adhérence (*haftorgan*) à l'aide duquel elle le fixe solidement à sa nouvelle habitation.

Ce Crustacé est robuste et vorace. Il mange avec délices les poissons morts et les débris de mollusques et de vers. Il attaque aussi les animaux vivants.

Quand on introduit un Bernard dans un aquarium, il l'a bientôt bouleversé et dévasté, avec ses courses désordonnées et avec sa rapacité insatiable.

On réussit quelquefois à conserver en bonne harmonie

plusieurs individus dans le même réservoir, mais cela tient plutôt à l'impossibilité où ils se trouvent de s'attaquer entre eux, étant bien barricadés et bien rusés, qu'à la douceur de leur caractère où à l'amour de leur prochain.

En effet, ces animaux sont très-querelleurs. Deux Bernards ne peuvent guère se rencontrer sans manifester des sentiments hostiles. Chacun étend ses longues pinces et semble tâter l'autre, comme font les Araignées quand elles cherchent à saisir une mouche du côté le plus vulnérable. En général, ils se contentent de ces preuves de hardiesse mutuelle, et chaque agresseur, trouvant l'ennemi parfaitement fortifié, s'empresse de battre prudemment en retraite. Souvent il y a une véritable passe d'armes, les bras s'écartent, les pinces s'ouvrent et s'agitent d'une manière menaçante; les deux adversaires se culbutent et roulent l'un sur l'autre, mais plus effrayés que meurtris.

M. Gosse a vu, une fois, la lutte se terminer par un dénoûment tragique. Un Bernard s'approcha d'un confrère agréablement logé dans une coquille plus grande que la sienne, le saisit par la tête avec ses puissantes tenailles, l'arracha de son asile avec la rapidité de l'éclair, et s'y logea non moins promptement, laissant le malheureux dépossédé se débattre sur le sable, dans les convulsions de l'agonie.

Nos combats, dit Charles Bonnet, n'ont presque jamais lieu pour un objet aussi important! Il s'agissait d'une maison!

II

Une jolie espèce d'Anémone de mer, l'*Anémone parasite* [1], aime à vivre avec le Bernard. Il est des sympathies

---

[1] *Sagartia parasitica* Gosse (voy. le chapitre XII).

tout à fait inexplicables! Dans les aquariums, cette Anémone se fixe presque toujours sur la coquille qui sert de
demeure au Crustacé, et l'on peut dire que là où s'établit
le Bernard, s'établit aussi l'Anémone.

Ces deux animaux vivent ensemble en parfaite intelligence. Les observations de M. Gosse nous ont appris qu'il
y a entre eux une entente cordiale et réciprocité d'affection.
Ce savant observateur vit un jour un Bernard qui venait
de changer d'habitation, détacher délicatement de sa
vieille demeure sa chère compagne l'Anémone, la transporter avec précaution et la placer confortablement sur la
nouvelle coquille, et puis, avec ses larges pinces, donner
à sa bien-aimée plusieurs *petites tapes* pour qu'elle se fixât
plus promptement.

M. A. Lloyd a été témoin plusieurs fois du même phénomène, dans son établissement de Portland-road. Il a
même vu un Crustacé renoncer à changer de domicile,
parce qu'il n'avait pu décider son Anémone, qui était
souffrante, à déménager avec lui.

Une autre espèce de Bernard [1] a pour compagne l'*Anémone manteau* [2]. On assure que lorsque le Crabe vient à
mourir, son amie inconsolable ne tarde pas à succomber.

On connaît aussi une Annélide, la *Néréide à deux lignes* [3],
qui forme avec notre Crustacé une association encore
plus intime. Elle s'introduit dans la coquille même qu'il
habite et partage son logis. Les pêcheurs de Weymouth,
qui connaissent cette particularité, ne manquent pas de
briser cette coquille pour en retirer le ver marin, dont
ils font un excellent appât.

[1] *Pagurus Prideauxii* Leach.
[2] *Adamsia palliata* Johnston.
[3] *Nereis bilineata* Johnston.

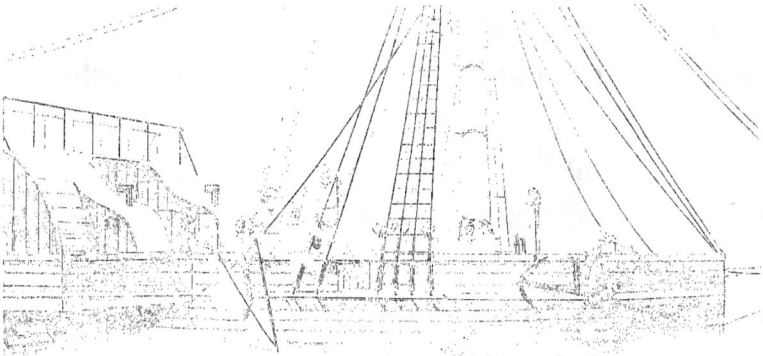

CALMAR DE BOUYER

III

Nous avons rencontré un Bernard, qui probablement n'avait pas trouvé de coquille à sa convenance, blotti dans une vieille Éponge.

Nous en avons découvert un autre installé dans un morceau de pierre ponce.

Au Jardin zoologique d'acclimatation, il existe en ce moment (juillet 1861) un Bernard qui a introduit son abdomen dans une Anémone de mer *vivante*. Il la traîne avec lui, bon gré mal gré, partout où il lui plaît. L'Anémone, quand elle n'est pas trop secouée, étale paisiblement les rayons de sa collerette, et semble presque habituée à l'occupation de sa poche digestive. Cependant elle ne mange pas! Les déjections du Bernard lui serviraient-elles d'aliment? Comment l'estomac de l'Anémone n'exerce-t-il aucune action dissolvante sur la queue et sur le ventre du Bernard? Toujours des faits qui embarrassent la science!

IV

Un petit animal de la famille de notre Crustacé choisit une pierre plate et la couche sur son dos, comme un abri solide. Il la retient avec ses deux pattes de derrière.

La *Dromie globuleuse*[1] se couvre et se protége avec une valve de coquille. Elle la porte sur elle comme un bouclier.

M. Spencer Bate avait mis dans un verre quelques *Puces de mer*[2], avec une petite Ulve verte. Au bout d'une heure

[1] *Dromia globosa* Lamarck.
[2] Crustacés *Amphipodes*, c'est-à-dire à pattes dissemblables.

ou deux, il vit avec surprise que l'une de ces petites créatures avait enroulé autour d'elle la plante marine, et s'en était fait une sorte de tube protecteur, dans lequel elle vivait commodément et paisiblement, n'en sortant que la tête et les antennes. Lorsqu'on la tourmentait, elle se retirait bien vite au centre de sa maisonnette, s'y retournait, et sortait alors la tête par l'autre extrémité.

L'*Amphithoé rougeâtre*[1] cherche sous les pierres, dans les crevasses des rochers ou entre les tiges des fucus, des endroits bien abrités, et là elle se construit un *petit nid*, composé d'une matière soyeuse et de corpuscules étrangers étroitement unis et mastiqués. Examiné au microscope, ce nid présente une grande quantité de fils très-fins entrelacés et comme tissus d'une manière très-serrée. Çà et là on remarque quelques soies plus fortes, doubles, tendues en spirale. (Spencer Bate.)

V

Le *Pinnothère*[2], joli Crustacé d'un rose vif, de la taille d'un pois, se fait le commensal de quelque grosse Huître. Il entre et vit dans la maison du bivalve exactement comme chez lui.

Pline croyait que ce petit Crabe reconnaissait, en hôte généreux, l'hospitalité qu'on lui accorde (à la vérité un peu forcément). L'Huître, disait-il, est aveugle et pourrait être surprise par quelque méchant animal. Le Pinnothère, qui a des yeux très-gros et un esprit très-attentif, pince le manteau de sa patronne, toutes les fois qu'un danger la

[1] *Amphithoe rubricata* Leach.
[2] *Pinnotheres veterum* Bosc.

menace. Il oblige ainsi cette dernière à rapprocher ses deux battants et à fermer sa maison [1].

Plutarque apprécie différemment les services que le Pinnothère rend aux bivalves. Voici son opinion, exprimée par Montaigne : « Dans la coquille de la nacre se trouve » le Pinnothère, luy servant d'huissier et de portier, assis » à l'ouverture de cette coquille qu'il tient continuel- » lement entrebaillée, jusqu'à ce qu'il y voye entrer » quelque petit poisson propre à leur prinse. Car, alors,

PINNOTHÈRE DES ANCIENS
(*Pinnotheres veterum* Bosc).

» il entre dans la nacre, et luy va pinceant la chair vifve, » et la contraint de fermer sa coquille. Lors, eulx deux, » ensemble, mangent la proye enfermée dans leur fort. »

Il est vraiment dommage que ces histoires, tant celle de Pline que celle de Plutarque, soient des histoires faites à plaisir. Il n'y a de vrai que la présence du Pinnothère dans les bivalves, présence déterminée par l'instinct de sa con- servation.

Ce petit Crustacé est timide et paresseux; pour se mettre en sûreté, il se loge dans les Huîtres, dans les Pinnes [2], dans les Moules et dans les Modioles.....

Suivant M. W. Thompson, sur dix-huit Moules des côtes de l'Irlande, on a trouvé quatorze Pinnothères femelles.

---

[1] Ostrea in conchis tuta fuère suis.

(OVIDE.)

[2] Le nom de *Pinnothère* ou *Pinnotère* signifie littéralement « pourvoyeur de la Pinne » (*venator Pinnæ*) ou « gardien de la Pinne » (*custos Pinnæ*).

Il n'est pas rare de rencontrer, dans le même bivalve, deux femelles et même trois, un mâle et plusieurs petits. Le Pinnothère, comme on voit, n'est pas égoïste ; quand il a découvert une belle et bonne Moule, il ne la prend pas pour lui seul, il s'y établit en famille.

Il n'y a rien d'isolé dans la création. L'animal le plus humble a des rapports intimes, non-seulement avec la mer, avec les nuages, avec l'air, avec le soleil..... mais encore avec les plantes et avec les autres animaux. L'harmonie est la grande loi de la nature. (Channing.)

Mais qui peut se vanter, dans l'Océan, de n'avoir pas d'ennemi? Le pauvre Pinnothère, quand il change de coquille, s'il ne prend pas bien ses précautions, est bientôt appréhendé au corps par quelque Crustacé plus gros et plus robuste, qui le dépèce et le dévore en un clin d'œil.....

VI

Le Bernard et les Crustacés, qui ont besoin d'un abri, terminent nos études sur les Animaux sans vertèbres.

Dans les chapitres suivants, nous traiterons des Vertébrés.

Nous marchons du simple au composé.

En zoologie, le mot *composé* peut être pris dans trois sens différents. Il exprime d'abord la réunion en communauté d'un certain nombre d'individus élémentaires, plus ou moins distincts les uns des autres ; secondement, la fusion plus ou moins complète de plusieurs organismes particuliers ou zoonites ; troisièmement, la complication plus ou moins grande des individus isolés.

Les Polypiers sont des réunions d'individus distincts.

Les Crustacés sont des associations de zoonites adhérents.

Les Poissons sont des individus isolés compliqués.

Les Coraux ont une organisation *arborisée*. Leurs animalcules sont associés, comme les fleurs dans une plante.

Les Anémones, les Étoiles, les Oursins....., possèdent une organisation *rayonnée*. Dans un grand nombre, cette structure est à peu près rigoureuse. Leurs parties répétées sont arrangées autour d'un point ou d'un axe commun, dont elles divergent presque géométriquement. Quelquefois l'ensemble présente .en même temps comme une moitié droite et une moitié gauche (Dujardin). C'est un passage entre la symétrie *rayonnée* et la symétrie *bilatérale*.

Les Annélides, les Crustacés et les autres animaux dits *Annelés*, possèdent une organisation *unisériée*. Mais comme chaque zoonite se trouve composé de deux moitiés semblables latéralement accolées, il en résulte que l'ensemble est plutôt *bisérié* qu'*unisérié;* en d'autres termes, que ces animaux ont à la fois, et la structure *sériée*, et la structure *bilatérale*.

Enfin, les Vertébrés, qu'on a nommés aussi *unitaires*, ne présentent plus, dans leur organisme, ni disposition *rayonnée*, ni groupement sérié ; mais ils offrent deux moitiés semblables : une à droite, l'autre à gauche. Leur symétrie est simplement *bilatérale*.

L'arrangement *rayonné* est celui des animaux les plus simples. L'arrangement *bilatéral* est celui des animaux les plus parfaits.

Dans le règne végétal, pour le dire en passant, les fleurs offrent aussi, dans la disposition de leurs parties similaires, tantôt le plan *rayonné*, tantôt le plan *bilatéral*. Il suffit, pour s'en convaincre, de jeter les yeux sur une

Renoncule ou sur un *OEillet*, et sur une *Linaire* ou sur une *Sauge*. Les botanistes, nous en ignorons la raison, appellent *régulier* ce premier mode d'arrangement, et *irrégulier* le second. Dans leurs classifications, ils regardent les plantes à fleurs régulières comme plus parfaites que les plantes à fleurs irrégulières. On vient de voir que les fleurs dites *irrégulières* ne diffèrent des autres que par une symétrie différente. Si les caractères avaient la même importance dans les deux règnes, les fleurs à symétrie *bilatérale* seraient plus élevées en organisation que les fleurs à symétrie *rayonnée*.

Les botanistes et les zoologistes devraient, de temps en temps, sortir de leurs études exclusives, regarder un peu ce qui se fait de bon chez le voisin, et se mettre d'accord avec lui. La science y gagnerait.

Lecteur, veuillez pardonner les considérations générales qui terminent ce chapitre. Nous venons d'aborder, sans nous en douter, un des sujets les plus importants de la zoologie. Ce n'était peut-être pas la place dans un livre qui n'est pas savant et dont l'auteur ne cherche pas à le paraître.....

CHAPITRE XXXV

LES POISSONS.

Des mers pour eux il entr'ouvrit les eaux.
(RACINE.)

I

Les Poissons sont les habitants de l'eau par excellence. Ils naissent dans l'eau, vivent dans l'eau et meurent dans l'eau. Quand on les retire de ce milieu, ils succombent à une sorte d'asphyxie. Les Poissons sont les principaux hôtes de l'Océan, c'est-à-dire, les plus nombreux, les plus variés, les plus vifs et les plus brillants.....

Dans le premier chapitre de cet ouvrage, nous avons rappelé que les sept dixièmes de la surface de la terre sont baignés par les mers. On serait tenté de croire, disait un homme d'esprit, frappé de cette immense étendue d'eau, que *notre globe a été créé surtout pour les Poissons!*

Les Poissons sont en quelque sorte le lien qui unit les Animaux vertébrés aux Animaux sans vertèbres. Ils ont une organisation plus compliquée que toutes les bêtes, petites ou grandes, dont nous avons parlé jusqu'à présent.

Pline n'a signalé que 94 espèces de Poissons; Linné en a caractérisé tant bien que mal 478; les savants d'aujourd'hui en connaissent plus de 13 000, parmi lesquelles le dixième tout au plus appartient à l'eau douce.....

Les Poissons ne sont pas dispersés çà et là au hasard. Au milieu des mers, comme sur la terre, la distribution des animaux est soumise à des lois. Poussée par son instinct, chaque race choisit les eaux les plus favorables à son organisation. Beaucoup de Poissons occupent des localités déterminées, et ne peuvent point impunément changer d'habitation. Les uns sont répandus dans de vastes espaces, les autres cantonnés, pour ainsi dire, dans des localités restreintes. Il y en a qui vivent tout à fait à la surface des eaux, par exemple le *Chauffe-soleil* [1] des Antilles. D'autres, au contraire, ne quittent pas les profondeurs. Au nombre de ces derniers, citons le *Chien de mer*, nommé *Hexanche* [2] à cause des six fentes respiratoires qu'il a sur les côtés; le *Malarmat cuirassé* [3], qui ne sort de ses abîmes qu'à l'époque de la ponte; le *Télescope* [4], si remarquable par la grosseur de ses yeux, et le *Grenadier* [5], si singulier par la carène de ses écailles. Ce dernier, suivant Risso, vit toute l'année à 1200 mètres de profondeur.

Quelques espèces ne quittent que rarement la vase : par exemple, la *Clavelade* [6], la *Pastenague* [7] et la *Baudroie* [8].

Presque tous les Poissons marins réclament l'eau salée ; c'est pourquoi ils se tiennent éloignés de l'embouchure des grands fleuves. Il en est, au contraire, qui cherchent de préférence les endroits où il se fait un mélange habituel d'eau douce et d'eau de mer. Le *Muge* [9], la *Daurade* [10], le *Flet* [11],

[1] *Glysiphodon saxatile* Cuvier et Valenciennes.

[2] *Hexanchus griseus* Rafinesque.

[3] *Peristedion cataphractes* Lacépède.

[4] *Pomatomus telescopus* Risso.

[5] *Macropus rupestris* Bloch.

[6] *Raja clavata* Linné.

[7] *Raja pastinaca* Linné.

[8] *Lophius piscatorius* Linné, vulgairement *Grenouille* ou *Diable de mer* (*Rana piscatrix*).

[9] *Mugil cephalus* Linné, vulgairement *Mulet de mer*.

[10] *Chrysophrys aurata* Cuvier.

[11] *Pleuronectes flesus* Linné, vulgairement *Picaud*.

offrent de remarquables exemples de cette nécessité d'un séjour dans un milieu saumâtre.

Certains Poissons vivent à peu près isolés; d'autres se réunissent en troupes innombrables.

Il y en a qui semblent obéir, chaque année, comme les Pigeons et les Grues, à un instinct d'émigration. Ils se rassemblent par millions, et forment dans la mer des colonnes épaisses et serrées, longues souvent de plusieurs lieues.

II

Les Poissons ont une forme allongée, amincie en avant et en arrière, renflée vers le centre, et plus ou moins

SCORPÈNE DE L'ILE DE FRANCE
(*Scorpæna nesogallica* Cuvier, Valenciennes).

comprimée. Ils sont admirablement taillés pour l'élément auquel ils appartiennent. Beaucoup ressemblent à des navettes glissantes ou à des fuseaux effilés.

Chez les animaux supérieurs, à organisme très-complexe, la nature a fort peu modulé les nuances de leur structure intérieure. Il existe une parenté bien étroite entre tous les membres de la nombreuse classe des Poissons; leur anatomie varie à peine, quoique leur physionomie soit souvent très-différente!

Que ces animaux habitent les profondeurs de la mer, les rochers du rivage ou l'embouchure des cours d'eau; qu'ils soient écailleux ou chagrinés, osseux ou cartilagineux, leur composition organique reste la même ou à peu près la même, dans ses éléments essentiels. Ils ont tous un fond constant, à travers des milliers de broderies. Ils sont semblables et néanmoins divers. Toujours l'unité et toujours le changement!

Cependant, dans la classe des Poissons, comme dans les groupes les plus naturels, on rencontre quelques espèces

LE MARTEAU MAILLET
(*Zygœna tudes* [*Cestracion* Klein] Valenciennes).

de forme bizarre, exceptionnelle, et pour ainsi dire anomale. Celui-ci est ventru comme une outre, ou comprimé comme une lame; celui-là ressemble à un marteau. En

voici un qui paraît plus haut que long, avec la bouche au
milieu du ventre et des nageoires en croissant. En voilà
un autre qui s'allonge en spatule, avec la tête à peine
distincte de la queue, et des ouïes percées comme les trous
d'un flageolet!...

Les Poissons sont couverts d'écailles minces, dures et
serrées, nacrées ou colorées, aplaties, carénées ou cise-

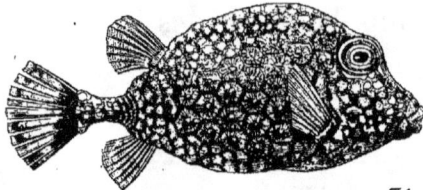

LE COFFRE TRIANGULAIRE
(*Ostracion triqueter* Linné).

lées, toujours disposées avec symétrie et le plus généralement comme les tuiles sur un toit. Ces écailles, quelque-

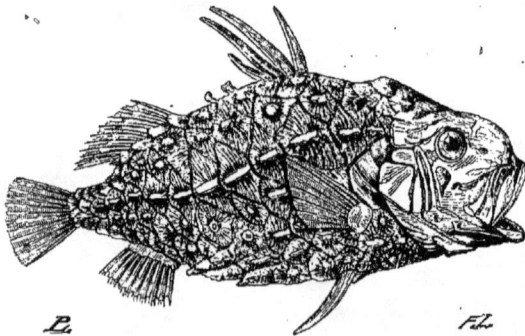

MONOCENTRE DU JAPON
Monocentris japonicus Bloch, Schneider).

fois très-petités, semblent ne pas exister dans l'*Anguille*[1].

La peau des Poissons est toujours lubrifiée par un enduit
visqueux. Leur tissu est pénétré d'une graisse huileuse qui
l'empêche d'être altéré par l'eau salée.

[1] *Muræna anguilla* Linné.

Ces animaux présentent les couleurs les plus brillantes et les costumes les plus élégants. Ils ne le cèdent en rien, pour la beauté de la parure, ni aux papillons, ni aux oiseaux, ni aux coquillages si variés de l'Océan.

Les *Rougets*[1] sont vêtus de pourpre. La *Coquette*[2] est tachetée de vermillon et de violet. La *Jarretière*[3] ressemble à un serpent argenté, qui nage par ondulations, réfléchissant des teintes de rose et d'azur. Les *Zées* sont décorés d'une riche et somptueuse broderie. Les *Scares*, les *Maquereaux*, les *Daurades*, étincellent de l'éclat de l'émeraude, du rubis, de la topaze et du saphir.....

Toutes ces couleurs sont souvent distribuées en banderoles flexueuses ou en taches ocellées.

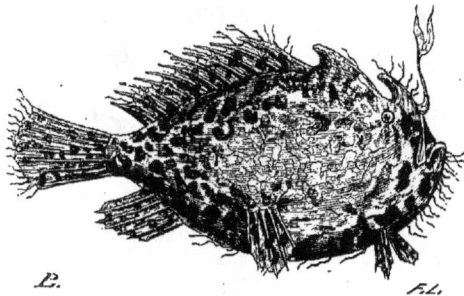

CHIRONECTE RUDE
(*Chironectes scaber* Cuvier).

La plupart des teintes, même les plus vives, paraissent extrêmement fugaces : elles s'affaiblissent quand l'animal devient malade ou vieux; elles se ternissent quand il n'est plus dans son élément; elles se transforment dans l'hiver; elles s'évanouissent au moment de la mort... Les Romains prenaient plaisir à contempler les changements

[1] *Mullus barbatus* Linné.
[2] *Holacanthus tricolor* Lacépède.
[3] *Lepidopus argyreus* Cuvier.

de couleur qu'éprouve le Rouget pendant son agonie (Sénèque).

On assure que certaines espèces phosphorescentes ont été vues distinctement à 7 mètres de profondeur, pendant une mer calme. (Borda.)

Bennet a fait connaître un *Requin* [1] remarquable par la phosphorescence d'un vert brillant qui régnait sur toute la partie inférieure de son corps. Un individu porté dans une chambre la remplit de lumière. Le poisson avait un aspect horrible; sa lumière était permanente, mais elle ne paraissait augmenter ni par le mouvement, ni par le frottement. Quand le Requin mourut (ce qui arriva trois heures après sa sortie de l'eau), la lumière du ventre disparut la première, celle des autres parties s'éteignit graduellement; les mâchoires et les nageoires restèrent les dernières phosphorescentes. La seule partie de la surface inférieure du monstre qui ne brilla pas, fut la bande noire de la gorge.

La petitesse des nageoires dans cette espèce est cause qu'elle ne nage pas facilement.

Comme elle vit de rapine et qu'elle est nocturne, Bennet conjecture qu'avec sa phosphorescence elle fait venir sa proie, comme le pêcheur avec une torche attire le poisson [2].

III

Les Poissons se nourrissent de plantes marines succulentes, de vers, de coquillages et de petits crustacés. Certains mangent d'autres poissons, et même se dévorent

[1] *Squalus fulgens* Bennet.
[2] Voyez le chapitre V.

entre eux. Les gros engloutissent les petits, sans respecter leur propre espèce, ni même leur famille! En général, ces animaux sont très-voraces; ils avalent les morceaux sans les mâcher, le plus souvent même sans les couper.

John Barrow rapporte qu'un *Chien de mer* harponné près de l'île de Java avait dans son estomac un grand nombre d'ossements, fragments d'une grosse tortue; une tête de vache-buffle et un veau.

Brunnich, étudiant à Marseille les Poissons de la Méditerranée, trouva, dans un autre Chien de mer, deux thons et un matelot tout habillé.

Dans un troisième individu des mêmes parages, l'estomac contenait un soldat avec son sabre.

Müller assure que dans un de ces animaux, du poids de 750 kilogrammes, pris aux environs des îles Sainte-Marguerite, le tube digestif renfermait un *cheval tout entier!* Ce fait est-il bien authentique?

Au combat naval du 12 avril 1782, le feu ayant pris au vaisseau français *le César*, plusieurs matelots qui s'étaient jetés à la mer furent déchirés et dévorés par des Requins rangés entre les deux flottes. Ces monstres marins se disputaient leur proie avec acharnement, sans être effrayés par les bordées d'artillerie qui tonnaient des deux côtés. (Ch. Douglas.)

Le père Labat affirme, de *la façon la plus formelle*, que les Requins *préfèrent la chair des noirs à celle des blancs*, et cela parce qu'elle est plus savoureuse et *plus parfumée*. Il ajoute que les *Anglais sont plus prisés* des Requins *que les Français*.

Les Poissons ont des dents non-seulement sur les bords des mâchoires, mais quelquefois encore, sur le palais, dans le gosier et même sur la langue.

Chez les Mammifères, dit Cuvier, il n'y a que trois os qui puissent porter les dents ; chez les Poissons, il y en a huit.

Les dents sont coniques et pointues, ou bien comprimées et tranchantes, ou bien encore déprimées et arrondies.

Celles de la *Raie* représentent de petites plaques d'ivoire serrées les unes contre les autres, et disposées comme le carrelage d'un pavé. Celles de quelques autres Poissons sont arquées ou recourbées, et ressemblent moins à des dents qu'à des crochets.

Les plus terribles, parmi ces organes, sont peut-être ceux des *Loups de mer*. Ces dents sont triangulaires, aiguës, tranchantes et quelquefois *garnies de denticules sur les bords*. Le poisson en possède généralement six rangées. Steller était présent lorsqu'on prit un Loup de mer sur la côte du Kamtchatka. L'animal saisit avec la gueule un levier avec lequel on le frappait, et le brisa comme un morceau de verre. Schœnfeld assure que ce monstre laissa l'empreinte de ses dents sur les ancres des navires.

Existe-t-il réellement, dans la mer du Sud, des Poissons à dents acérées, qui broutent le Corail comme un mouton broute l'herbe ?

On connaît des Poissons dont les dents nombreuses sont si fines et si rapprochées, qu'en promenant les doigts dessus, on croit toucher du velours:

Les organes respiratoires ou branchies des Poissons offrent une organisation peu variée. Ce sont généralement des filaments ou petits tubes attachés en séries parallèles à des espèces d'arcs osseux, comme les brins d'une frange. Chez les *Aiguilles de mer* [1] et les *Chevaux chenilles* [2], au lieu

---

[1] *Syngnathus acus.*
[2] *Hippocampus.*

d'être disposés en peigne, ces organes sont groupés en touffes arrondies.

Les orifices des branchies sont les *ouïes*, fermées par les *opercules*.

Les mouvements habituels de la bouche et des opercules ont donné lieu à l'opinion vulgaire que le Poisson *boit constamment de l'eau.* De là le proverbe : *Altéré comme un poisson;* proverbe absurde, attendu que, lorsque cet animal prend du liquide, il ne boit pas, il respire. (J. Franklin.)

Les branchies offrent l'admirable propriété de s'emparer d'une quantité d'oxygène d'autant plus considérable, qu'elles fonctionnent à une plus grande profondeur. (Biot et Delaroche.)

IV

Les Poissons passent pour muets; cependant plusieurs d'entre eux produisent des sons bien caractérisés. Le *Coin-coin*[1] fait entendre un grognement particulier, que M. Valenciennes compare à la voix peu harmonieuse du Canard. La *Vieille*[2] jette un cri plaintif quand on s'empare d'elle. Les *Thons*[3] vagissent comme des enfants, quand on les tire de l'eau. Le *Tambour*[4] fait, en nageant, un bruit étrange qui ressemble au roulement d'une baguette sur une peau d'âne bien tendue. Ce n'est qu'à l'époque du frai que ce poisson se fait entendre; le reste de l'année, il est muet: la basane est détendue. (Révoil.)

On a découvert tout récemment en Amérique, dans la baie de Pailou, située au nord de la province d'Esme-

---

[1] *Pristipoma anas* Valenciennes.
[2] *Balistes vetula* Linné.
[3] *Scomber thynnus* Linné.
[4] *Pogonias chromis* Linné.

raldas, dans la république de l'Équateur, de petits Poissons de couleur blanche, avec quelques taches bleuâtres vers le dos, qui ont non-seulement de la voix, mais *une sorte de chant.*

M. O. de Thoron longeait un jour une plage, au coucher du soleil, quand tout à coup un son étrange, très-grave et très-prolongé, vint frapper son oreille. Notre voyageur crut d'abord au voisinage de quelque insecte de grandeur extraordinaire. Il regarda autour de lui et ne vit rien ; il questionna un rameur.

« Monsieur, répondit celui-ci, c'est un poisson qui chante.

— Comment, un poisson qui chante !

— Oui, monsieur, un poisson, un véritable poisson. Les uns l'appellent *Sirène*, les autres *Musico* (musicien). »

M. de Thoron fit arrêter sa pirogue, pour mieux apprécier le phénomène. Il entendit une multitude de voix qui formaient ensemble un singulier concert.

Ce chant est sonore ; il ressemble, à s'y méprendre, aux sons moyens des orgues d'église entendus d'une certaine distance.

Les poissons chantent sans sortir de l'eau, comme la *sirène* de M. Cagniard-Latour..... C'est vers le coucher du soleil qu'ils commencent à se faire entendre, et ils continuent pendant la nuit. La présence des auditeurs n'intimide nullement ces musiciens d'une nouvelle espèce[1]. (Thoron.)

Nous ne dirons plus : *Muet comme un poisson !*

Les Poissons possèdent des espèces de rames appelées *nageoires*, qui leur servent à se soutenir dans l'eau et à

---

[1] Les Nègres croient que ces petits poissons, quand on les mange, rendent *amoureux*, au point qu'on aime toujours sans pouvoir jamais guérir.

nager. Le plus grand nombre en ont deux paires, deux devant (*pectorales*), qui sont les bras, et deux plus ou moins en arrière (*abdominales*), qui sont les jambes. Quand on redresse l'animal sur sa queue, la seconde paire se trouve placée, le plus généralement, à une certaine distance au-dessous de la première, comme le seraient les jambes postérieures par rapport aux antérieures, chez un

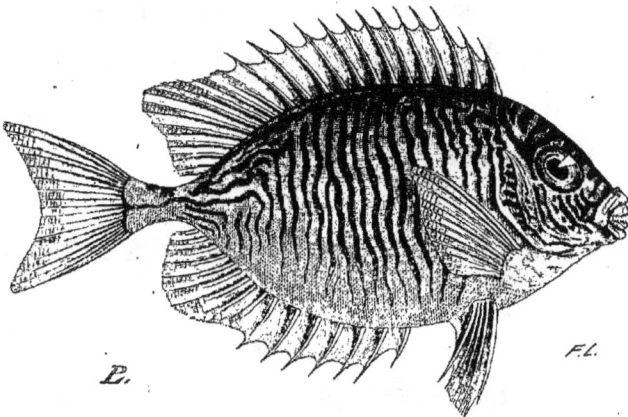

AMPHACANTHE CERCLÉ
(*Amphacanthus doliatus* Cuvier et Valenciennes).

Chien roquet qui danse sur ses pattes de derrière. Mais, dans plusieurs espèces, les nageoires abdominales et pectorales sont très-rapprochées, de manière à paraître les unes au-dessous des autres, quand l'animal est dans sa position habituelle, ou sur le même niveau, quand il est vertical.

Les autres nageoires sont ordinairement impaires : la *caudale* (c'est-à-dire la queue) ; l'*anale* (simple ou double), à la racine de cette dernière, en dessous ; et la *dorsale* (simple, double ou triple), sur le bord supérieur.

Le nombre maximum des nageoires est donc de dix : quatre paires et six impaires.

Ces organes ont des *rayons* plus ou moins nombreux,

tantôt durs, tantôt mous, qui représentent les doigts des mains et des pieds.

Les Poissons sont de parfaits nageurs..... Ils savent avancer et reculer sans effort, tourner en tous sens, bondir, s'élancer et s'arrêter brusquement. Les uns, comme de légères bulles d'air, remontent perpendiculairement du sein des plantes submergées. Les autres, comme des corps graves, semblent descendre jusqu'aux régions les plus profondes. Ceux-ci décrivent une route oblique et tortueuse ; ceux-là se balancent mollement à la surface du liquide, comme des navettes d'or et d'argent ou comme des paillons d'acier poli. Tous s'avancent, reviennent, se pressent, se forment en escadrons, s'éparpillent, se réunissent de nouveau, s'égarent, disparaissent, et la trace de feu qu'ils ont laissée scintille encore à nos yeux émerveillés.

L'agitation et l'inconstance de la mer semblent s'empreindre, sur les êtres qui vivent au milieu de ses ondes, dans la souplesse, la rapidité et la vivacité de leurs allures. Que d'harmonies ravissantes dans le sein de l'Océan !

Quelques Poissons résistent aux vagues les plus fortes ; d'autres, au contraire, sont entraînés par les courants les plus légers. On a vu des *Bonites* [1] et des *Orbes* [2] amenés par le Gulf-stream dans la Manche, sur la côte du Devonshire.

La queue des Poissons est plus ou moins longue, arrondie, carrée, échancrée ou bifide, mais, suivant les espèces, toujours comprimée, c'est-à-dire verticale.

Chez l'*Hippocampe*, cette nageoire est grêle et suscep—

---

[1] *Thynnus vagans* Lesson.
[2] *Diodon.*

tible de s'enrouler autour des tiges de corail ou de fucus,
comme la queue de certains singes autour des branches
des forêts. Cette queue est prête à saisir tous les corps
qu'elle peut embrasser. Lorsque deux Hippocampes se
rencontrent étourdiment, ils s'entrelacent souvent l'un
l'autre.

Certains Poissons ont les nageoires très-étendues, très-
minces et converties en ailes, ce qui leur permet de faire
de temps en temps des excursions aériennes. Car il existe

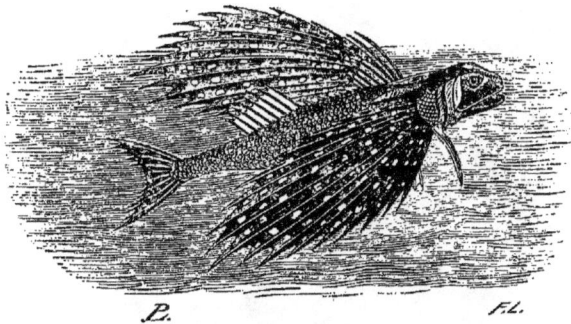

TRIGLE VOLANT
(*Dactylopterus volitans* Lacépède).

des Poissons volants, comme il existe des oiseaux nageurs.
Les principaux sont les *Exocets*[1], le *Trigle*[2] et la *Ras-
casse*[3]..... Ces poissons s'élèvent à un ou deux mètres de
hauteur, et parcourent une étendue d'environ 100, 150 et
même 1000 mètres. Mais bientôt leurs nageoires se dessèchent, perdent leur flexibilité, et l'animal retombe dans
la mer. Pauvres Poissons volants! lorsqu'ils sont poursuivis par une Daurade ou par un Dauphin, ils ont beau
s'élancer hors du milieu qu'ils habitent, un Albatros ou
une Frégate fondent sur eux et manquent rarement leur

[1] *Exocetus volitans* Linné; *E. evolans* Linné; *E. exiliens* Linné.
[2] *Dactylopterus volitans* Lacépède.
[3] *Pterois volitans* Cuvier.

POISSONS VOLANTS DORADES. ALBATROS.

coup. Danger dans l'eau, danger dans l'air, danger partout; les infortunés échappent difficilement à leur cruelle destinée [1].

Les *Trigles milans* [2] offrent l'intérieur de la bouche

POISSON SENNAL SUR UN PALMIER.

lumineux. Lorsque, pendant la nuit, une compagnie de ces poissons vole au-dessus de la mer, on croit voir un groupe d'étoiles filantes [3].

On trouve au Malabar un petit poisson appelé *Sennal*, qui se donne le plaisir de sortir de l'eau, non pas en volant, mais en rampant et grimpant le long d'une tige de

[1] Voyez la planche XVI.
[2] *Trigla lucerna* Linné.
[3] Voyez le chapitre V.

palmier. On en a vu s'élever jusqu'à deux mètres de hauteur. Son appareil respiratoire peut retenir une certaine
quantité d'eau, et l'animal peut vivre quelque temps dans
l'air.

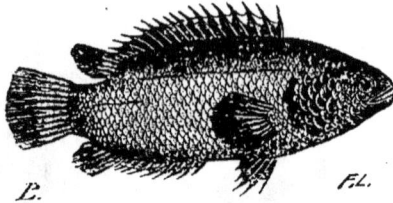

SENNAL
(*Anabas scandens* Cuvier).

Le *Hassar* [1], de l'Amérique méridionale, quand son
marais se dessèche, se met aussitôt en quête pour en avoir
un autre. Il fait de longs voyages à terre ; il marche toute
la nuit. Il se traîne avec ses écailles et ses nageoires.
On dit qu'il résiste plusieurs heures au soleil le plus
chaud. S'il trouve tous les marais desséchés, il s'enfonce
dans la terre humide, comme une Sangsue, et reste
enfoui jusqu'au retour de l'eau.

V

Les Poissons ne manquent pas d'intelligence.

Le *Rémore*, que les marins français nomment *Sucet*,
porte sur la tête un disque ovale, à bords épais et contractiles et à fond plat, garni de plusieurs rangées de lames
transversales, quelquefois denticulées. A l'aide de cette
espèce de ventouse, l'animal se fixe aux corps solides
sous-marins. Il s'attache quelquefois au ventre du Requin,

---

[1] *Dorus costata* Lacépède.

et se met ainsi sous la protection de ce monstre, qui l'emporte avec lui et malgré lui.

Le Rémore voyage de la sorte rapidement, sans danger et sans fatigue.

Les anciens croyaient que ce bizarre poisson pouvait *arrêter dans sa course* le plus grand vaisseau[1]. Les rames, les voiles, les flots soulevés par la tempête, rien n'était capable de vaincre la puissance de notre petit animal. Le navire restait toujours à la place où il l'avait fixé. A la bataille d'Actium, le vaisseau d'Antoine fut retenu par cet invisible obstacle, et c'est ainsi qu'Auguste obtint la vic-

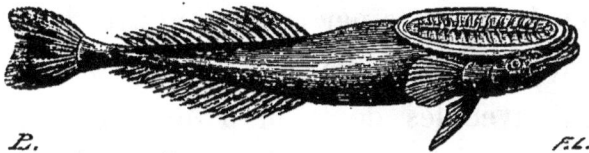

LE RÉMORE OU SUCET
(*Echeneis remora* Linné).

toire et l'empire. Pline rapporte très-sérieusement cette histoire, généralement admise de son temps.

« Que les vents soufflent tant qu'ils voudront, s'écrie le naturaliste romain, que les tempêtes exercent leur rage, le petit poisson commande à leur furie et met des bornes à leur puissance[2]. »

Cette fable ridicule n'était pas la seule, du reste, dont le Rémore était l'objet. L'innocente bête passait encore pour

---

[1] Le Rémore, fichant son débile museau
Contre le moite bord du tempeste vaisseau,
L'arreste tout d'un coup au milieu d'une flotte.
                              (Du Bartas.)

[2] Dy nous en quel endroit, ô Rémore, tu caches
L'ancre qui tout d'un coup bride les mouvemens
D'un vaisseau combattu de tous les élémens?
                              (Idem.)

entraver le cours de la justice, pour *éteindre les feux de l'amour*, et pour *protéger les femmes dans une situation intéressante*.....

Les *Raies* et les *Pastenagues* se tiennent en embuscade pour saisir les faibles animaux qui nagent sans méfiance au-dessus de leur retraite.

Le *Filou*[1] demeure immobile au fond de l'eau; quand il voit un jeune poisson à sa portée, il allonge brusquement le museau, et s'empare aussitôt de l'imprudent.

La *Baudroie* possède des appendices flexibles, terminés par deux lobes charnus qu'elle laisse flotter, et au moyen desquels elle entraîne dans sa bouche béante les poissons inexpérimentés trompés par ce faux appât. Rondelet rapporte qu'une Baudroie, déposée parmi des herbes aquatiques, saisit avec les dents la patte d'un jeune Renard et le retint prisonnier. Que diable ce Renard allait-il faire parmi les herbes aquatiques?

Les *Rascasses* poursuivent avec audace et déchirent avec acharnement les Morues les plus grosses, même des individus vingt fois plus grands qu'elles. Ce ne sont pas toujours les gros qui mangent les petits!

Le *Soufflet*[2] de l'Inde, dont le museau est long et tubuleux, quand il découvre une mouche posée sur une des plantes qui croissent dans ses eaux, s'en approche doucement; puis, avec une dextérité surprenante, il lance une goutte d'eau, qui frappe le diptère et le précipite dans la mer.

L'*Archer*[3] de Java fait la chasse aux insectes de la même manière, avec la même adresse et le même succès.

La nature a donné aux Poissons divers moyens pour résister à leurs ennemis. Beaucoup ont le corps cuirassé de

---

[1] *Epibulus insidiator* Cuvier.

[2] *Chelmon longirostris* Cuvier.

[3] *Toxotes jaculator* Cuvier.

plaques osseuses ou garni de crochets pointus. Certains relèvent les piquants de leurs nageoires, et percent vivement la main qui les saisit; d'autres ont le corps tout couvert d'aiguillons, ils s'arrondissent en boule et prennent l'apparence d'un Hérisson contracté.

Ces derniers sont appelés *Orbes épineux* [1]. Le père Dutertre raconte d'une manière très-naïve comment on les prend aux Antilles : « La pesche de ce poisson, dit-il,
» est un très-agreable passetemps. On luy jette la ligne, au
» bout de laquelle est attaché un petit ameçon d'acier, cou-
» vert d'un morceau de cancre de mer, duquel il s'approche
» tout incontinent. Mais, voyant la ligne qui tient l'ameçon,
» il entre en deffiance et fait mille petites caracolles autour
» de luy; il le gouste quelquefois sans le serrer, puis le
» lasche tout à coup : il se frotte à l'encontre et le frappe
» de sa queuë, comme s'il n'en avoit aucune envie; et s'il
» voit que pendant cette ceremonie, ou plustost pendant
» cette singerie, la ligne ne brânsle point, il se jette brus-
» quement dessus, avalle l'ameçon et l'appas, et se met en
» estat de fuyr. Mais, se sentant arresté par le pescheur qui
» tire la ligne à soy, il entre en une telle rage et furie, qu'il
» dresse et herisse toutes ses armes, s'enfle de vent comme
» un balon, et bouffe comme un poulet d'Inde qui fait la
» roüe. Il se darde en avant, à droite et à gauche, pour
» offenser ses ennemis de ses pointes, mais en vain; car,
» pendant, s'il faut ainsi dire, qu'il enrage de bon cœur et
» creve de despit, les spectateurs s'eventrent de rire. Enfin,
» voyant que toutes ses violences ne luy servent de rien, il
» employe les ruses : il besse tout à fait ses pointes, soufle
» tout son vent dehors, et devient flasque comme un gand
» moüillé : en sorte qu'il semble, qu'au lieu du poisson armé

---

[1] Ou *Diodons*.

» qui menaçoit tout le monde de ses pointes, on ayt pris un
» méchant chiffon moüillé. Cependant on le tire à terre,
» et alors, connoissant que toute son artifice ne luy a de
» rien servy, que tout de bon on a envie d'avoir sa peau, et
» que desjà il touche le roch 'ou le gravier de la rive, il
» entre en de nouvelles boutades, fait le petit enragé, et
» se démene estrangement. Se voyant à terre, il herisse
» tellement ses pointes, qu'il est impossible de le prendre
» par aucune partie de son corps, si bien qu'on est con-
» traint de le porter avec le bout de la ligne un peu loin
» du rivage, où il expire un peu de temps après. »

Dans l'*Espadon*[1], la mâchoire supérieure est prolongée
en forme d'épée ou de broche aplatie, sorte de machine
de guerre horizontale, puissante, terrible, avec laquelle
le poisson peut attaquer les plus grands animaux marins.
Les coups qu'il porte sous l'eau, contre les navires, sont
assez forts pour en *percer* les bordages. On possède, au
Musée royal de Londres, un fragment de carène *traversé*
par l'épée d'un Espadon.

La *Scie*[2] offre en avant du museau, non plus un glaive,
mais, comme son nom l'indique, une véritable scie. C'est
une lame longue (quelquefois de trois mètres), large,
extrêmement dure, armée sur les deux bords d'épines
osseuses un peu écartées, très-fortes et très-pointues. Ces
épines sont implantées dans des alvéoles et ressemblent à
des dents; mais elles n'en ont pas la texture. (Les vraies
dents de l'animal se trouvent sur ses mâchoires. Elles ressemblent à de petits pavés.) Avec ce terrible instrument,
le monstre réussit à déchirer le ventre des Baleines ou les
flancs des Cachalots... Quelles affreuses blessures !

---

[1] *Xiphias gladius* Cuvier.
[2] *Pristis antiquorum* Latham.

Le *Chirurgien*[1] et le *Docteur*[2] présentent aussi une arme dangereuse pour attaquer et se défendre, mais cette arme se trouve à la queue et non à la bouche; elle est petite. C'est une sorte de *lancette*.

Enfin, plusieurs espèces sont armées d'un appareil admirable, avec lequel elles peuvent atteindre au loin, par une puissance invisible, et frapper avec la rapidité de l'éclair. Nous voulons parler des Poissons électriques, dont le plus connu est la *Torpille*[3], poissons qui semblent avoir dérobé au ciel, et transporté sous l'eau, une étincelle du majestueux météore qui éclate dans les airs.

VI

La Providence semble laisser au hasard, chez les Poissons, la reproduction de l'espèce, et pourtant tout est si bien disposé, que le grand but ne manque jamais d'être atteint.

A l'époque de la reproduction, les femelles s'approchent du rivage et des grèves sablonneuses exposées au soleil. Elles y pondent leurs œufs. Les mâles arrivent peu de temps après et les fécondent.

Pour que le vœu de la nature s'accomplisse, il n'est pas nécessaire que ces derniers aient aucun rapport direct avec les femelles. Chez la plupart des espèces, les deux sexes *ne se voient pas*, peut-être même ne se sont-ils jamais vus. Par conséquent, ils ignorent tout à fait les tendres sentiments! A quoi leur servirait l'affection sexuelle? Sous ce rapport, les Escargots nous semblent plus heureux[4].

---

[1] *Acanthurus chirurgus* Bloch.
[2] *Acanthurus cœruleus* Bloch.
[3] *Torpedo Galvanii* Risso.
[4] Voyez le chapitre XXIII, § 6.

Chez les *Épinoches*[1], les choses se passent un peu différemment. Quoique ces poissons appartiennent à l'eau douce, nous devons dire quelques mots de leurs allures. Le mâle, revêtu de sa livrée d'amour, construit un nid avec des racines, des herbes et des fibres végétales artistement entrelacées. Ce nid a deux portes. Lorsqu'il est prêt, l'Épinoche appelle une femelle, l'encourage à le suivre. Si elle oppose quelque résistance, il la saisit par une nageoire et l'entraîne violemment. Il la fait entrer dans le domicile conjugal, la surveille pendant qu'elle pond, et puis la chasse par la seconde porte. Alors il entre lui-même dans le nid pour arranger et féconder les œufs, glisse et *reglisse* par-dessus en *frétillant;* les quitte pour réparer le dégât fait à la couchette; puis court chercher une autre femelle près de pondre, et répète le même manége jusqu'à ce que le berceau soit suffisamment rempli. Alors il ferme la seconde ouverture et ne laisse qu'une porte. Il demeure en sentinelle près des œufs, pour les défendre contre les autres Épinoches. Suspendu verticalement au-dessus du nid, le museau à l'entrée, il agite l'eau sans cesse avec ses nageoires. Il paraît content, mais il est trop inquiet pour avoir un bonheur parfait.

Guillaume Pellicier, évêque de Montpellier, avait reconnu, il y a bien longtemps, que les *Gobies* et les *Hippocampes* ont aussi l'habitude de construire des nids pour recevoir leurs œufs.

Certains Poissons ne peuvent pas frayer au milieu des eaux salées. Ils se rendent dans les fleuves, ainsi que dans leurs affluents. Ils ont la faculté de nager contre le courant; ils courent en arrière. Les plus célèbres sont

---

[1] *Gasterosteus aculeatus* Linné.

les *Esturgeons*[1], qui abandonnent la mer, et particulièrement la mer Caspienne et la mer Noire, où ils vivent en
troupes nombreuses, pour gagner les eaux douces du
Volga et du Danube; les *Aloses*[2], si recherchées pour la
table quand on les prend à l'époque de l'émigration, et si
peu estimées au contraire au moment de leur retour; et
les *Saumons*, qui remontent les fleuves et les rivières, et
vont le plus près possible des sources, franchissant, à
l'aide d'une force musculaire excessive, des obstacles en
apparence insurmontables.

Poussés par un instinct analogue à celui qui ramène les

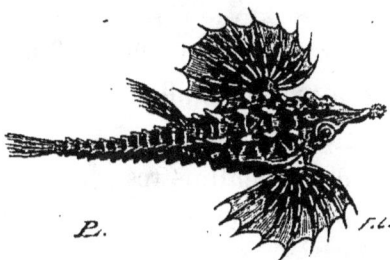

PÉGASE VOLANT
(*Pegasus volans* Linné, Gmelin).

Hirondelles à leurs nids, ces poissons reviennent chaque
année dans les mêmes eaux, après être retournés à la
mer. (A. Duméril.)

Deslandes, commissaire général de la marine, ayant
acheté douze Saumons aux pêcheurs de Châteaulin, près
de Brest, leur mit un anneau de cuivre à la queue et
leur rendit la liberté. Les années suivantes on en reprit
quelques-uns.

Les Poissons sont d'une fécondité excessive. Leur mul-

[1] *Acipenser* Linné.
[2] *Clupea alosa* Linné.

tiplicité dépasserait tout ce qu'on peut imaginer, si mille causes de destruction ne s'y opposaient pas. Un nombre immense de germes périssent avant leur éclosion. Les courants les dispersent, les tempêtes les meurtrissent, le soleil les dessèche. A peine un pour cent, parmi ces œufs, produisent-ils une créature vivante. Des milliers de petits sont dévorés ; des quantités considérables d'adultes servent de nourriture à d'autres poissons, à des oiseaux, à d'autres animaux marins et à l'homme lui-même.....

On a trouvé par le calcul :

Chez un *Rouget*[1]	84 586 œufs.
Chez une *Sole*[2]	100 362
Chez un *Maquereau*[3]	546 681
Chez une *Carpe*[4] de 45 centim., 600 000 à	700 000
Chez un *Esturgeon* pris à Neuilly	1 467 856
Chez une *Plie*[5] de 30 centimètres	6 000 000
Chez un *Turbot*[6] de 50 centimètres	9 000 000
Chez un *Muge à grosses lèvres*[7]	13 000 000

Ordinairement la mère ne prend aucun soin des petits. Il y a peu d'exceptions à cette règle.

On cite comme exemple du contraire le *Hassar*[8], dont nous avons déjà parlé. Cette espèce construit un berceau qu'on a comparé au nid de la Pie. Il est arrondi, un peu aplati vers les pôles, et disposé de manière que sa partie supérieure arrive jusqu'à la surface de l'eau. L'orifice est petit : il a juste ce qu'il faut pour laisser passer une femelle. Celle-ci veille, avec le soin maternel le plus actif, jusqu'à la sortie des petits.

Quand on veut prendre ce poisson, on place un panier

---

[1] *Mullus barbatus* Linné.
[2] *Solea vulgaris* Cuvier.
[3] *Scomber scombrus* Linné.
[4] *Cyprinus carpio* Linné.
[5] *Platessa vulgaris* Cuvier.
[6] *Rhombus maximus* Cuvier.
[7] *Mugil chelo* Cuvier.
[8] *Doras costata* Lacépède.

devant son nid ; on frappe légèrement sur ce dernier. Le Hassar, en colère, hérisse ses piquants et sort à l'instant de la couchette ; il se précipite dans le panier. (R. Schomburgk.)

Le père poisson, qui montre quelquefois tant d'affection pour les œufs à une époque où ils ne sont pas encore vivifiés, et où, par conséquent, il n'est pour rien dans leur organisation, ne regarde plus ces mêmes œufs, fécondés par lui, quand ils éclosent, et les jeunes poissons, ses propres enfants, quand ils sont nés! O bizarrerie de la paternité !

On assure cependant que l'Épinoche mâle, après avoir courageusement protégé son nid et les œufs de ses femelles, prend soin des petits qui viennent d'éclore. Il les défend comme une Poule défend ses poussins, les empêche de sortir du berceau pendant les premiers temps, et leur apporte progressivement une nourriture convenable.

On dit aussi que l'*Aiguille de mer* mâle[1] présente, sous la queue, deux appendices mous, qui peuvent former une poche en se rapprochant. Il enferme dans cette poche les œufs de sa femelle. Ces œufs sont ainsi soumis à une sorte d'incubation. Au mois de juin, les petits éclosent et quittent la bourse ; mais ils suivent leur père. Toutes les fois qu'un danger les menace, ils retournent chercher un refuge dans la poche protectrice, comme font les jeunes Kanguroos de la Nouvelle-Hollande dans la poche maternelle. Mais, chez notre petit poisson, c'est le mâle qui est la mère.

Il ne faut pas croire, avec Plutarque, que le *Requin* ne le cède en *bonté paternelle* à aucune créature vivante. L'illustre historien dit que le père et la mère se disputent

[1] *Syngnathus acus* Linné, vulgairement *Poisson tube.*

le soin d'alimenter leurs tendres nourrissons et de leur apprendre à nager, et qu'ils les reçoivent dans leur *gueule protectrice*, quand il survient quelque ennemi.

Il est heureux que le bon Plutarque ait été plus exact sur les faits et gestes des grands hommes que sur les habitudes des Requins.

CHAPITRE XXXVI

LE HARENG.

> « Millions de millions, milliards de milliards,
> qui osera hasarder de deviner le nombre de
> ces légions? »   (MICHELET.)

I

« Moïse était un pêcheur à la ligne. Jésus-Christ a choisi la plupart de ses apôtres parmi de simples pêcheurs, et n'a jamais blâmé leur occupation ; tandis qu'il a condamné celle des scribes et des changeurs d'argent. Après sa résurrection, quand il revit plusieurs de ses disciples, il les retrouva pêchant, et se garda bien de les gronder. » (J. Walton.)

La pêche est donc une industrie fort ancienne et fort honorable.

Si Moïse revenait sur la terre, il trouverait le nombre des pêcheurs à la ligne prodigieusement augmenté et leur art singulièrement perfectionné. Mais il verrait, en même temps, d'autres genres de pêche plus ingénieux, plus rapides et surtout plus lucratifs.....

On assure que les pêcheurs d'Angleterre retirent annuellement, de l'Océan, une richesse de plus de 60 millions. Nous n'avons pas de peine à le croire. En 1857, la seule ville de Paris a consommé pour 9 169 547 francs de marée !

II

Parmi les bienfaits alimentaires les plus précieux que nous devons à l'eau salée, on doit ranger les *Harengs*.

Tout le monde connaît ces poissons. Il n'est personne qui n'en ait vu, sinon vivants et dans la mer, du moins desséchés et dans des tonnes, à l'état de momies dorées, enfumées, entassées, symétrisées.....

Les Harengs sont des Poissons sociaux et voyageurs, qui se réunissent en bandes nombreuses et serrées, les-

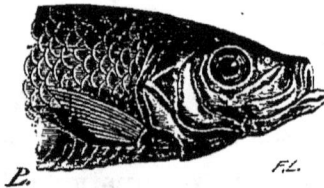

TÊTE DE HARENG
(*Clupea harengus* Linné).

quelles présentent jusqu'à 30 kilomètres de longueur et 5 ou 6 de largeur !..... Qui pourrait calculer le nombre immense des individus qui composent ces effrayantes masses ! Elles émigrent du pôle boréal, vers les côtes de la Norvége, de la Hollande et de l'Angleterre..... Philippe de Maizières écrivait à Charles VI : « Les Harengs font » leur passage de la mer du Nord dans la Baltique, de » septembre en octobre, et tant y en passe, qu'on pourroit » *les tailler avec l'espée.* »

Les Harengs glissent rapidement à travers les flots. La lumière, décomposée dans leurs écailles, semble se transformer en rubans de nacre ou en navettes de métal, qui contrastent avec l'azur de leur habitation ; et leurs lueurs phosphorescentes scintillent, ondulent et dansent sur les flots, comme le dit si bien M. Michelet.

Le poids de ces poissons atteint bien rarement deux cents grammes. Ils ont le dos d'un bleu verdâtre, et le reste du corps d'un blanc argenté. Leur mâchoire inférieure est un peu plus courte que la supérieure. L'une et l'autre sont garnies de jolies petites dents ; on observe même, sur leur langue, des papilles pointues, assez fortes pour retenir une proie. Ils aiment à lever la tête au-dessus de l'eau, comme pour humer l'air. Les mille mouvements d'une colonne de Harengs imitent le bruit d'une pluie qui tombe à grosses gouttes. (J. Franklin.)

Quelques centaines de cétacés et plusieurs milliers d'oiseaux de mer accompagnent ces pauvres bêtes et les détruisent par millions. On assure que, dans le voisinage des Hébrides, les seuls Fous dévorent annuellement plus de cent millions de Harengs. Un autre poisson, appelé *Sey*[1], poursuit nos voyageurs à outrance, se jette au milieu de leurs colonnes et les disperse, au grand préjudice des pêcheurs.

La mer, comme la terre, est un théâtre éternel de naissances et de destructions. Tout s'y reproduit pour s'y détruire, et s'y détruit pour s'y reconstituer ! (Virey.)

« Les Harengs vont comme un élément aveugle et fatal, et nulle destruction ne les décourage. Hommes, poissons, tout fond sur eux ; ils vont, ils voguent toujours. Il ne faut pas s'en étonner : c'est qu'en naviguant ils aiment. Plus on en tue, plus ils produisent et multiplient chemin faisant. Les colonnes épaisses, profondes, dans l'électricité commune, flottent livrées uniquement à la grande œuvre du bonheur. Le tout va à l'impulsion du flot et du flot électrique. Prenez dans la masse, au hasard, vous en

---

[1] *Merlangus virens* Cuvier.

trouverez de féconds, vous en trouverez qui le furent, et d'autres qui voudraient l'être. Dans ce monde qui ne connaît pas l'union fixe, le plaisir est une aventure, l'amour une navigation. Sur toute la route ils épanchent des torrents de fécondité. » (Michelet.)

On a trouvé dans un Hareng 20 000 œufs; dans un autre, 36 000; dans un troisième, 70 000!.....

Aussi, malgré les pertes annuelles, si considérables, si effroyables que leur font éprouver les autres hôtes de la mer... et les filets des pêcheurs, on ne s'est jamais aperçu que leur nombre diminuât. Cette fécondité a bien de quoi calmer les inquiétudes des économistes alarmés sur le sort des générations futures.

III

En Norvége, à la côte méridionale et occidentale de l'île de Karnsa, l'avant-garde des Harengs d'hiver se présente vers les premiers jours de janvier. Ces Harengs sont bientôt suivis de phalanges nombreuses et compactes.

Divers auteurs ont prétendu que les migrations régulières des Harengs sont soumises à une discipline rigoureuse, et que leurs nombreuses évolutions étaient dirigées par un ou plusieurs chefs, qu'on a nommés *Harengs royaux* ou *rois*. Les Hollandais respectent beaucoup ces prétendus chefs. Ils les épargnent avec soin, quand ils les trouvent dans leurs filets, et les rejettent dans la mer, afin de ne pas détruire les guides de la nation Hareng. Les Ichthyologistes n'ont pas confirmé cette discipline; ils ont reconnu seulement que les divers mouvements des bandes voyageuses sont gouvernés par les saisons.

L'arrivée annuelle de ces poissons dans les diverses régions de l'Océan est ordinairement assez régulière.

Cependant elle éprouve, de temps à autre, des vicissitudes qui influent non-seulement sur l'époque de la visite, mais encore sur la quantité de visiteurs.

On a eu l'idée tout récemment de mettre à profit le télégraphe électrique qui longe la Scandinavie, pour annoncer aux pêcheurs l'avant-garde et le corps d'armée de ces malheureux et bienfaisants poissons.

Le document le plus ancien, relatif à la pêche du Hareng, est daté de 709. Il existe dans les chroniques du monastère d'Evesham.

Les Français s'occupaient déjà de cette pêche dès le XIe siècle : on connaît une charte authentique de 1030. Il paraît qu'à cette époque, des vaisseaux sortis de Dieppe allaient prendre ce précieux poisson dans la mer du Nord. Mais ces premiers industriels ne furent pas imités par leurs compatriotes.

Dans le XIIe siècle, la pêche du Hareng commença en Hollande ; elle y prit une grande faveur, à tel point que, dans le siècle suivant, les Hollandais allaient pêcher jusque sur les côtes de la Grande-Bretagne. Ils consacraient au moins deux mille bâtiments à cette exploitation.

Les Anglais suivirent bientôt cet exemple lucratif, et donnèrent à cette industrie un développement considérable. Les Français, de leur côté, ne voulurent pas rester en arrière. Les Danois, les Suédois et les Norvégiens arrivèrent à leur tour.

Parmi ces peuples, les Anglais, les Hollandais et peut-être les Norvégiens, semblent avoir aujourd'hui le monopole de l'exportation. Les pêcheries françaises, danoises et suédoises n'excèdent guère la consommation de leurs pays respectifs.

La quantité de Harengs récoltée chaque année par nos voisins d'outre-Manche est véritablement énorme. Dans le petit port de Yarmouth seulement, on équipe quatre cents navires de 40 à 70 tonnes, dont les plus grands sont montés par douze hommes. Le revenu est d'environ 17 500 000 francs. En 1857, trois de ces navires, appartenant au même propriétaire, apportèrent 3 762 000 poissons.

Depuis le commencement de ce siècle, les pêcheurs de l'Écosse ont commencé à rivaliser de zèle avec ceux de l'Angleterre. En 1826, les pêcheries écossaises employaient déjà 40 633 bateaux, 44 695 pêcheurs et 74 041 saleurs.

En 1603, la valeur des Harengs exportés par la Hollande s'élevait à près de 50 millions. Leur pêche occupait 2000 bateaux et 37 000 marins. Trois ans plus tard, nous trouvons que les Provinces-Unies envoyaient 3000 barques à la mer; que 9000 navires transportaient les Harengs dans les autres pays, et que le commerce de ce précieux poisson employait environ 200 000 personnes.

Bloch rapporte que, de son temps, les Hollandais salaient jusqu'à 624 millions de ces animaux. Suivant un dicton des Pays-Bas, *Amsterdam est fondée sur des têtes de Hareng.*

Quoique aujourd'hui très-active, la pêche hollandaise est loin de la splendeur qu'elle avait il y a deux siècles. En 1858, elle a employé quatre-vingt-quinze navires; en 1859, quatre-vingt-dix-sept, et en 1860, quatre-vingt-douze. En 1858, la Hollande a importé 16 940 tonnes de 1000 pièces; en 1859, 23 198, et en 1860, 27 230. Cette dernière année, la pêche a rapporté 1 191 179 francs, soit 12 749 francs par navire.

Le Hareng, dit Lacépède, est une des productions dont l'emploi décide de la destinée des empires. Aussi, dans le nord de l'Europe, la pêche de ce poisson est-elle appelée la *grande pêche*, tandis que celle de la Baleine est appelée la *petite.*

Quelquefois, chez les peuples où la pêche du Hareng n'est

pas habituellement l'objet d'un grand mouvement industriel, il se fait, par exception, des prises extraordinaires.

Cuvier et Valenciennes assurent qu'un pêcheur de Dieppe rapporta, dans une seule nuit, 280 000 Harengs, et qu'il en avait rejeté un nombre égal à la mer. Total, 560 000 individus.

En 1781, la ville de Gothembourg, en Suède, exporta 136 649 barils de Harengs, contenant chacun 1200 poissons. Ce qui donne un chiffre de 163 978 800 Harengs.

« Les Harengs, dit Duhamel, entrent parfois en si grande quantité dans la Manche, qu'ils ressemblent aux flots d'une mer agitée : c'est ce que les pêcheurs nomment des *lits* ou *bouillons de Harengs*. Quand les filets donnent dans ces bouillons, il arrive qu'ils sont tellement chargés de poisson, qu'ils se rompent et coulent bas. »

Les bâtiments équipés pour la pêche du Hareng sont du port d'une soixantaine de tonneaux. On les charge de petits bateaux, de filets, de sel et de *caques*.

UNE PÊCHE AU HARENG.

Comme on pêche pendant la nuit, pour prévenir toute espèce de collision, et peut-être aussi pour attirer le poisson, chaque embarcation porte un ou deux petits fanaux. Au banc de Yarmouth, où plusieurs milliers de bateaux sillonnent la mer à la fois, toutes ces lumières qui se meuvent et s'entrecroisent, produisent une scène véritablement féerique. (L. Wraxall.)

Les filets présentent jusqu'à 220 mètres de longueur, et la grandeur des mailles est telle, que le Hareng y est retenu par les ouïes et les nageoires pectorales, lorsque sa tête s'y engage.

Le pauvre poisson s'embarrasse dans l'immense mur perpendiculaire qu'on lui oppose, et reste suspendu, sans pouvoir avancer ni reculer, jusqu'à ce que le pêcheur vienne le détacher et le prendre.

Les caques sont de bois de chêne. Les autres qualités de bois, particulièrement les résineux, communiquent au poisson une odeur et une saveur désagréables.

Les Harengs pêchés sont divisés en trois catégories : les *vierges*, c'est-à-dire ceux qui n'ont pas encore frayé ; les *pleins*, ceux qui portent de la laite ou des œufs (*laités* ou *œuvés*) ; les *vides*, ceux qui viennent de se débarrasser de leur laite ou de leurs œufs. Ces derniers sont les moins estimés.

On fait une première salaison à bord des navires, ou bien sur la côte, si elle n'est pas trop éloignée. Plus tard, on les remanie et les sale de nouveau. Enfin, avant de les expédier, les négociants les changent ordinairement de sel, quelquefois même de caque.

Les *Harengs saurs* sont embrochés, suspendus et exposés à la fumée et à l'air chaud.

Les Norvégiens accourent, de toute la partie méridionale de leur pays, vers les parages fréquentés par les Harengs. Ils préparent des filets de 25 à 30 mètres de longueur sur 7 à 8 de largeur. Chaque bateau porte de quarante à soixante filets.

Lorsque le Hareng pénètre dans l'intérieur des baies, on le barre avec de grands filets de 250 à 300 mètres de longueur, sur une largeur de 33 à 40. On se sert ensuite de filets plus petits pour l'amener à terre.

Dès qu'il est pêché, le Hareng se vend, soit aux petits navires des environs, qui le transportent frais à Bergen et dans le voisinage, soit aux saleurs, qui ont des magasins dans tous les parages où se fait la pêche. (Baars.)

La mi-janvier passée, d'autres masses de Harengs se jettent sur les côtes de Bremanger, de Batalden et de Kinn, à environ dix ou douze lieues au nord de Bergen, où les attendent d'autres milliers de pêcheurs. Ici la pêche se fait presque exclusivement à l'aide de filets ordinaires, les localités se prêtant moins au barrage que les parages du sud. A mesure que la saison avance, les masses de Harengs se dirigent un peu vers le sud-est, et, après avoir frayé vers le milieu de mars, elles quittent la côte. (Baars.)

Au mois de février et au commencement de mars, on prend aussi beaucoup de Harengs entre Bremanger et Aalsund.

Le produit de la pêche, au nord de Bergen, se sale sur les lieux mêmes, où se trouvent de grands magasins, ou bien il est transporté dans les environs par de petits navires. On l'évalue à 500 000 ou 600 000 barils. Chaque baril contient de 450 à 500 poissons. Ce qui fait, par conséquent, jusqu'à 300 millions d'individus. On assure qu'en 1860 le chiffre fut encore plus élevé. Ce sont les Harengs d'hiver.

Cette pêche terminée, les avant-coureurs des Harengs d'été commencent à se montrer dans les environs de Bergen. Ceux-ci sont d'abord petits et maigres; mais au fur et à mesure que la saison avance, on les voit grossir et devenir de meilleure qualité : à la mi-juin, on en trouve de très-beaux.

La pêche commence à se faire en grand vers le milieu du mois de juillet ; elle dure jusqu'au mois de septembre.

Elle s'opère avec de grands filets à barres. Vers la fin, cependant, on emploie quelques filets ordinaires.

Cette pêche donne au moins 40 000 barils, ce qui fait jusqu'à 20 millions d'individus. La moitié environ de ces Harengs est consommée dans le pays.

La pêche norvégienne a donné en 1862, dans la saison dite du *printemps*, 659 000 tonnes de Harengs, c'est-à-dire 764 440 hectolitres, dont il faut retrancher 25 pour 100 pour la consommation intérieure. Il reste donc, comme objet de commerce avec l'étranger, 494 250 tonnes ou 573 330 hectolitres, représentant sur place une valeur *minimum* de 8 551 675 francs, et *maximum* de 11 274 600 francs.

Les Harengs fournissent une huile qui peut remplacer l'huile de Baleine. Pour préparer cette huile, on fait bouillir le poisson dans l'eau douce pendant cinq ou six heures, en ayant soin de remuer constamment. Lorsque le Hareng est réduit en bouillie, on laisse refroidir la masse, puis on recueille l'huile qui surnage. On la clarifie par le filtrage ou par de simples décantations successives, et on la met dans des barils. (La Morinière.)

Le résidu qui reste au fond des chaudières est appelé *tangrum*. Les Suédois le regardent comme un excellent engrais.

CHAPITRE XXXVII

LA SARDINE.

« *Est enim divitiarum fructus in copia.* »
(Cicéron.)

I

La *Sardine* [1] est une très-proche parente du Hareng.

On prétend qu'elle doit son nom à l'île de Sardaigne. Est-ce bien vrai? Ne serait-ce pas plutôt cette belle île qui doit son nom à la Sardine?

Quoi qu'il en soit, ce délicieux habitant de l'eau salée, jouissait déjà d'une haute réputation, avant que l'homme ait inventé le moyen de le *confire*. Épicharme en parle dans ses vers comme d'une des friandises servies à Hébé *pour son déjeuner de mariage!* (J. Franklin.)

La Sardine est un joli petit poisson qui a la tête pointue, les yeux gros et les opercules ciselés. Quand on le retire de la mer, son dos paraît bleu, diapré de teintes plus obscures; ses côtes sont argentines et moirées de vert brillant ou de bleu tendre. Mais il faut la voir, cette élégante nageuse, s'ébattre librement, par un beau soleil de juillet, dans la transparence d'une mer calme et limpide.

[1] *Clupea sardina* Cuvier.

On est émerveillé de la grâce et de la perfection de ses formes, de la souplesse et de l'agilité de ses mouvements, de l'éclat et de la variété de ses couleurs. Son riche corsage de nacre semble refléter l'azur et l'émeraude.....

La fécondité de ce poisson paraît miraculeuse. C'est surtout aux Sardines, dit un auteur moderne, que semblent s'adresser les promesses de la Bible : « Je multiplierai ta race, qui deviendra aussi nombreuse que les grains de sable de la mer et que les étoiles du firmament. » Si la bénédiction se mesure à la fécondité, comme le croyaient les Israélites, ces poissons doivent être spécialement bénis entre tous les animaux.....

Les Sardines habitent l'océan Atlantique boréal, la Baltique et la Méditerranée. Elles se trouvent dans la profondeur des baies, à l'abri des rivages. Elles aiment le remous des courants et les endroits où la mer est peu agitée.

Comme les Harengs, les Sardines se rassemblent par colonnes compactes, souvent très-longues et très-larges.

Leurs légions émaillées arrivent en Bretagne vers le mois d'avril. Leur présence est indiquée par les bouillonnements de la surface de la mer et par la teinte de l'eau, tantôt bleuâtre, tantôt blanchâtre, ces animaux présentant alternativement au soleil leur dos d'azur ou leur ventre d'argent.

Ces brillants poissons arrivent au printemps dans la Méditerranée. Ils en sortent avant l'hiver. (S. Berthelot.)

II

On pêche les Sardines avec des seines et avec d'autres filets-traînants. Les seines sont tirées à terre ou relevées à la mer.

Dans la Méditerranée, on a le *sardinal*, filet à petites mailles et d'une seule nappe, qui flotte entre deux eaux, verticalement, en décrivant des courbes à une certaine distance du rivage. On le tend pendant la nuit. L'une de ses extrémités est attachée au bateau, qui dérive avec lui au gré des courants. (S. Berthelot.)

En Bretagne, on emploie aussi des filets flottants.

Pendant la saison des Sardines, il y a, sur les côtes de Bretagne, mille à douze cents embarcations occupées à cette pêche. Chaque barque ou *pesqueresse* porte cinq hommes : le patron, trois matelots et un mousse; elle a cinq ou six filets, des appâts, du sel et des paniers.

Les embarcations partent de grand matin. Elles se rendent à trois ou quatre lieues de la côte. Le patron reconnaît que les filets sont chargés de poisson lorsque les liéges entrent dans l'eau. Alors on les hale à bord les uns après les autres; on en retire les Sardines, que l'on dépose soigneusement par couches dans les paniers.

Lorsque les Sardines sont abondantes, on peut en prendre jusqu'à quarante tonneaux d'un seul coup de filet. Quand la pêche est bonne, chaque embarcation revient avec 25 000 à 30 000 individus. On assure en avoir vu qui en portaient jusqu'à trente milliers.

Cette pêche dure cinq ou six mois. Elle produit 600 millions de Sardines, lesquelles procurent un bénéfice net de 3 millions de francs. Ce qui fait 50 centimes par homme et par journée de travail.

Le 5 octobre 1767, dans la baie de Saint-Yves en Cornouailles, on a pêché 7000 barriques de Sardines. Chacune en renfermait environ 35 000; total, 245 millions. (Borlase.)

Les Basques se servent, pour prendre les Sardines, d'un filet fermé comme un sac avec des anneaux de corne.

Les Anglais emploient une grande seine, manœuvrée à contre-courant par trois ou quatre chaloupes montées chacune par six marins.

III

On prépare les Sardines de plusieurs manières. Elles sont salées : *en vert*, quand on les saupoudre seulement de sel blanc ; *en grenier*, lorsqu'on en forme des tas avec du sel entre chaque couche ; *en malestan*, quand on les lave dans de l'eau de mer ; qu'on les met en barils par couches saupoudrées de sel ; puis, qu'après les avoir lavées de nouveau dans de la saumure et déposées symétriquement dans de nouvelles barriques, on les presse jusqu'à ce que leur huile et la saumure se soient écoulées.

On les dit *anchoisées*, lorsqu'on les met en barils, dans de la saumure mêlée d'ocre rouge pulvérisée.

On les *saurit* après les avoir salées, en les suspendant pendant sept ou huit jours dans un lieu où l'on allume un feu de copeaux de chêne.

On a réussi à confire ces poissons dans l'huile. On les enferme dans de petites boîtes de fer-blanc hermétiquement scellées. Ainsi préparées, on les appelle *Sardines en boîtes*. Il faut que l'huile soit *vierge*, c'est-à-dire de première qualité. Cette huile se fige totalement en hiver et ressemble à des flocons de neige safranée. (Revoil.)

On conserve aussi les Sardines dans du beurre fondu (*Sardines en daube*).

Suivant Marco Polo, les habitants de certaines contrées de l'Arabie en font une espèce de gâteau en les séchant au soleil et en les réduisant en poudre.

Dans d'autres parties de l'Orient, les nègres les font bouillir avec des herbes et du poivre.

Dans beaucoup de pays, les Sardines sont employées comme assaisonnement.

Ce poisson a une chair très-délicate, mais on n'apprécie bien son goût exquis qu'en le mangeant au moment où il vient d'être pêché. Lorsqu'il est bien frais, sa peau s'enlève facilement par la cuisson, et ses flancs se détachent en entier comme deux *filets* aplatis.

Les Sardines salées et fumées excitent l'appétit, mais les estomacs débiles s'en accommodent avec peine.

IV

Nous ne pouvons terminer ce chapitre sans parler de l'*Anchois*, petit poisson du même genre, si délicat et si précieux dans la science culinaire.

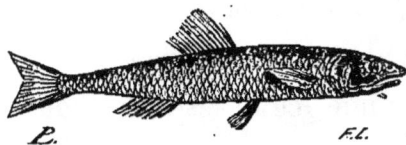

ANCHOIS ORDINAIRE
(*Clupea encrasicholus* Linné).

L'Anchois est le compagnon de la Sardine. On le trouve commun dans la Méditerranée et rare dans l'Océan.

Les Anchois de la Provence jouissent d'une excellente réputation.

On pêche habituellement les Anchois à Antibes, à Fréjus et à Saint-Tropez. Les femmes de ces pays ont une habileté très-remarquable pour enlever avec l'ongle, et d'un seul coup, la tête, le foie et les entrailles. On sale ensuite les Anchois. On les met dans des miniatures de barils, et on les apporte à la foire de Beaucaire, d'où ils se répandent dans le monde entier.

V

M. Sabin Berthelot pense que ces myriades de très-petits poissons, presque imperceptibles, à chair molle, gélatineuse et transparente, qui pullulent au printemps dans les environs d'Antibes et de Nice, sont peut-être le fretin des Sardines et des Anchois (?).

Les pêcheurs et les cuisiniers du pays les appellent *Nonnats*, ou *Non-nats* (pas encore nés).

Risso en parle dans son *Ichthyologie*; il y découvre trois espèces, ni plus ni moins! Trop zélé Risso! Il a décrit plus d'un animal auquel la nature n'avait jamais songé!.... Voici le signalement qu'il donne à l'une de ces trois miniatures de poissons : « *Museau pointu; tête rougeâtre, aplatie; prunelles d'un noir de jais. Un manteau blanc s'étend sur tout son corps, et n'est relevé que par six taches rondes d'un noir d'ébène, qui descendent jusqu'à...* » (Le reste est trop *shocking!*) Il nomme cette espèce *Stolephorus Risso*. Et pour qu'on ne suppose pas qu'il s'est dédié ledit poisson à lui-même, par amour-propre (le public est si malin!), notre prudent naturaliste s'empresse d'ajouter sentimentalement : « *Je l'ai consacré comme un monument de la piété filiale aux mânes de mon père..... La teinte de son corps est l'image de sa candeur, comme celle des taches noires est celle de mes regrets!...* »

Quoi qu'il en soit, les Nonnats se plaisent dans les fonds sablonneux, à l'embouchure des rivières, et pénètrent même dans les étangs salés en communication avec la mer. A Nice, ils habitent de préférence les fonds de galets, et s'introduisent dans les vides que ces pierres roulées laissent entre elles.

La pêche de ces petits poissons est souvent si abondante, qu'ils ne se vendent que 30 centimes le demi-kilogramme. On en fait d'excellentes fritures et de délicieux ragoûts au lait. (S. Berthelot.)

CHAPITRE XXXVIII

LA MORUE.

Mar cuajado de peces.
(VIERA.)

I

Les Harengs et les Sardines peuvent être classés parmi les petits habitants de la mer, mais ils compensent l'exiguïté de leur taille par la richesse de leur nombre et par l'étendue de leurs phalanges

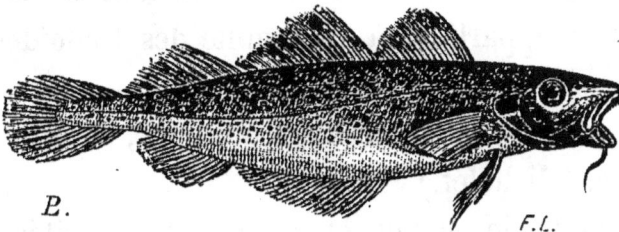

MORUE
(*Morrhua vulgaris* H. Cloquet).

Les *Morues* sont à la fois de gros poissons et des poissons nombreux.

Elles fréquentent principalement les mers du Nord. Chaque année, vers le milieu de janvier, on voit arriver des masses considérables de Morues qui viennent du grand

30

Océan et pénètrent à l'entrée de l'archipel de Lofoden. Ces pauvres bêtes accourent pour frayer, et ne prévoient guère le sort cruel qui les attend.

D'un autre côté, un nombre vraiment incalculable de ces poissons se rassemble périodiquement sur la montagne sous-marine américaine, appelée *banc de Terre-Neuve*. Les Morues occupent, assure-t-on, un espace long de deux cents lieues et large de soixante.

Les Morues sont en forme de fuseau. Leur corps est arqué comme les bâtiments bons marcheurs. Les habitants des villes, qui n'ont jamais vu ces poissons que chez les marchands de comestibles, les croient *aplatis comme des Soles*. Ils ignorent qu'avant de les sécher, on leur coupe la tête, on les ouvre et on les *étale*. Les Morues vivantes ont la peau d'un gris jaunâtre, le dos tacheté de brun et le ventre blanchâtre. Elles offrent une ligne longitudinale claire de chaque côté. Leur longueur moyenne est de 80 centimètres et leur poids de 12 kilogrammes.

De leur mâchoire inférieure descend un petit barbillon.

Ce poisson est vorace. Il se nourrit surtout de Harengs.

La Morue appartient à la famille des Gadoïdes, tribu gloutonne s'il en fut, qui, de ses yeux écartés, ne voit guère, n'en mange que mieux, et qui n'est, pour ainsi dire, qu'estomac. (Michelet.)

La fécondité de ce poisson a toujours été citée comme exemple. Leuwenhoeck a calculé qu'une seule femelle peut porter environ 9 384 000 œufs. Un autre observateur en a compté 11 millions.....

Supposez, dans le banc de Terre-Neuve seulement, cent millions de Morues femelles, et calculez le nombre effrayant de germes qu'elles produiront, même en n'admettant qu'une ponte par individu ! O intarissable et merveilleuse puissance créatrice !... Le chanoine canarien Viera pourrait bien dire, dans son style si expressif et si poétique, en parlant de la fécondité des Morues, que *la mer est caillée de poissons*[1].

On a réussi à élever des Morues dans des étangs en communication avec la mer. Le docteur Jonathan Franklin rapporte qu'il a visité, il y a quelques années, un de ces étangs, sur la côte ouest de l'Écosse. Les Morues s'approchaient familièrement pour happer des Moules qu'on leur présentait débarrassées de leur coquille. Elles se poussaient, se bousculaient les unes les autres, comme font les volailles dans une basse-cour, à la vue de la fermière qui leur apporte à manger. Elles venaient prendre les Moules jusque dans la main. La femme du gardien mit un de ces poissons, des plus grands, sur ses genoux, le caressa, le flatta, disant : *Pauvre ami! pauvre ami!* absolument comme si c'eût été un enfant. Elle lui ouvrit la bouche, et y introduisit une Moule que le poisson avala en donnant des signes qu'il la trouvait bonne. Puis, elle le remit dans l'eau.

II

La pêche de la Morue forme la source principale des richesses de Granville, Saint-Malo, Saint-Brieuc, dans les départements de la Manche, de l'Ille-et-Vilaine et des Côtes-du-Nord.

Les Anglais et les Américains se livrent à cette lucrative industrie avec la même ardeur que les Français.

---

[1] *Mar cuajado de peces* (Viera). — *Cuajar (coagulare)* signifie littéralement « épaissir, figer, cailler ».

C'est principalement sur le banc de Terre-Neuve qu'on va chercher ce précieux poisson.

La Morue y arrive au printemps.

La quantité des poissons qui s'y rassemblent est vraiment phénoménale. Il y a plus de trois siècles que toutes les nations du monde s'y donnent rendez-vous, y viennent prendre des chargements considérables, et l'on n'y a pas encore constaté de diminution sensible.

En 1578, la France avait, sur le banc de Terre-Neuve, 150 navires; l'Espagne, 125; le Portugal, 50, et l'Angleterre, 40.

Pendant la moitié du XVIIIᵉ siècle, la pêche fut exploitée par les Français, les Anglais et les Américains.

Le relevé de neuf années, commençant avec 1823 et finissant avec 1831, nous a appris que la France avait envoyé à Terre-Neuve 341 navires jaugeant 36 680 tonneaux, montés par 7085 matelots. Ces navires ont exporté 25 718 466 kilogrammes de poisson, dont 8 974 238 salé, 16 744 228 de Morue *verte;* et 1 217 008 d'huile. En estimant à 20 francs le quintal métrique de poisson, et à 100 francs celui de l'huile, nous trouvons un chiffre de 6 360 746 francs par année moyenne.

On assure que l'Angleterre emploie annuellement près de 2000 navires et environ 30 000 marins à la pêche de la Morue.

On dit que les Américains mettent en mouvement, pour la même industrie, 3000 navires et 45 000 marins.

On a calculé que les navires anglais et américains rapportent chacun, en moyenne, 40 000 poissons.

La Hollande n'est pas en arrière des autres nations. Elle a exporté, en 1856, 1 172 203 kilogrammes de ce poisson préparé de différentes manières; en 1857, 1 297 666 kilogrammes; en 1858, 1 702 431, et en 1859, 1 507 788..

Sur les côtes de la Norvége, depuis la frontière de la Russie jusqu'au cap Lindesness, la pêche de la Morue forme la source d'une industrie et d'un commerce extrêmement considérables. Elle dure environ trois mois. On évalue à plus de 20 millions le nombre de Morues qu'elle procure à la consommation.

Dans ce pays, cette pêche occupe plus de 20 000 pêcheurs, montés sur au moins 5000 bateaux. Elle se fait à une distance de deux lieues norvégiennes (15 au degré) de la terre, dans une profondeur de 100 à 160 mètres.

D'après le rapport officiel fait au roi de Suède par l'inspecteur en chef de la pêche à Lofoden, on a mis en mer, en 1856, 4623 bateaux, et en 1860, 5675. Cette dernière année, on a employé 3453 appareils de profondeur, 7775 pêcheurs à la ligne, et 13 038 pêcheurs au filet.

Suivant le même rapport, on a salé cette même année, à l'est de Lofoden, 10 080 000 Morues *fendues*, et à l'ouest, 2 640 000. On estime les *poissons ronds*, c'est-à-dire les Morues non fendues, à 9 000 000. Si l'on ajoute à ces chiffres les Morues consommées pendant la pêche, on arrivera au total de 24 millions.

Les œufs obtenus en 1860 ont rempli 16 000 tonneaux, et l'huile, 40 000.

Les côtes de l'Islande sont aussi très-riches en Morues.

La France a fourni pour la pêche de ce poisson en 1860, 210 bâtiments et 3275 hommes; en 1861, 222 bâtiments et 3602 hommes; et en 1862, 232 bâtiments et 3741 hommes. Le port de Dunkerque seul a donné, cette dernière année, 134 navires et 2157 marins.

III

On prend les Morues, soit avec des filets, soit avec des lignes.

Le filet employé à Terre-Neuve est une *seine*, grand filet rectangulaire garni de plomb au bord inférieur et de liége au bord supérieur. On en fixe une extrémité près de la côte, et, avec un bateau, on va porter l'autre extrémité en pleine mer, ayant soin de décrire une courbe, laquelle enferme le poisson dans un enclos circulaire. En tirant sur les deux extrémités, des hommes entraînent tout le poisson. Un seul coup en donne quelquefois la charge de plusieurs bateaux. On conçoit que ce genre de pêche ne peut se pratiquer que le long d'une côte.

En Norvége, chaque bateau porte ordinairement soixante filets de 40 mètres de longueur sur 7 mètres de profondeur. Ces filets sont mis à la mer le soir, et n'en sont retirés que le matin. On en dispose à la fois vingt à trente, noués les uns aux autres. Sur le halin ou haussière, et à 2 mètres l'une de l'autre, sont fixées des pierres qui tiennent les filets en place. En outre, des bouées, formées de sphères de verre, de liége ou de bois, maintiennent la partie supérieure des filets à une distance déterminée de la surface de la mer. A chaque bout, se trouve un petit baril portant le nom du propriétaire. (Baars.)

Tout le monde connaît l'organisation des lignes. On les tend le jour et la nuit, par dix ou douze à la fois.

Chaque bateau norvégien en porte une vingtaine, armées chacune de deux cents hameçons.

On se sert, pour appât, de Harengs salés, et quand ils manquent, de rogues de Morue, ou même de petits morceaux de ce poisson.

A Terre-Neuve, chaque pêcheur est muni de deux lignes, qu'il tient à droite et à gauche du bateau. Il arrive souvent que pendant qu'il en retire une, un poisson mord à l'autre, et ainsi de suite. On a vu des pêcheurs habiles prendre chacun jusqu'à quatre cents Morues dans un jour, ce qui est un terrible travail pour leurs bras. Ces lignes sont appelées *lignes de main*. On nomme *lignes de fond*, celles qui consistent en cordes très-fortes, sur lesquelles on fixe un certain nombre de lignes partielles armées chacune d'un hameçon. A l'une des extrémités de la corde est attachée une petite ancre à plusieurs pattes (*grappin*), qui l'entraîne au fond de l'eau, et l'on fixe une autre ancre à l'autre bout. Chacune de ces ancres tient à un petit câble (*orin*) amarré à une bouée de liége. On peut disposer ainsi deux à trois mille hameçons.

IV

Dès que les pêcheurs sont revenus à terre, ils enlèvent aux Morues la rogue, le foie, la tête et les entrailles.

Les rogues sont salées dans des barils percés de trous, par où s'écoule la saumure.

Les foies sont mis dans des barils de chêne. Ils se liquéfient en se décomposant. On soumet leur résidu à l'action du feu et on le comprime. Les premières huiles sont dites *blanches* ou *blondes*, et les dernières *brunes* ou *noires*. Ce sont les premières surtout dont on se sert en médecine. Les dernières sont employées principalement par les corroyeurs. Depuis quelques années, on prépare l'huile de Morue en plaçant les foies *frais*, coupés par morceaux, dans de grandes cornues hors du contact de l'air, et en les faisant distiller au bain-marie.

La tête et les entrailles sont séchées, pour être vendues plus tard à la grande fabrique de *guano de poisson* établie à Lofoden.

Les corps des Morues sont suspendus et abandonnés à l'action des vents secs, qui les transforment en *stockfisch*.

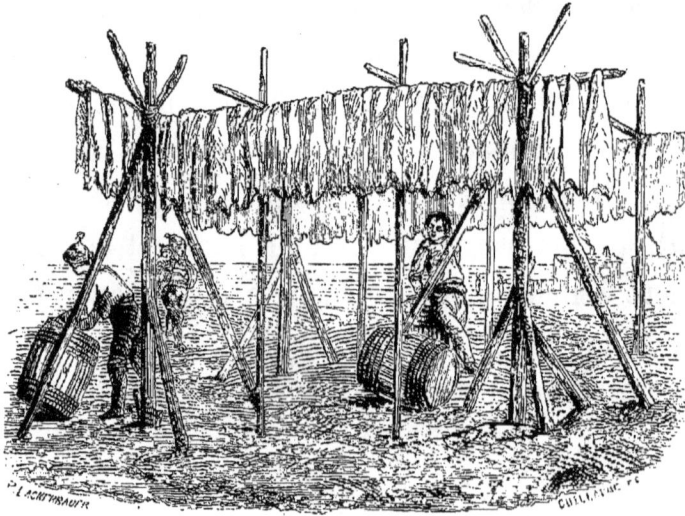

PRÉPARATION DES MORUES A TERRE-NEUVE.

D'autres fois, après avoir fendu l'animal et enlevé presque toute l'arête, on le lave, on le sale, on le met en presse, on retire les parties liquides, puis on le sèche au soleil. C'est là ce qui constitue le *klipfisch*.

La préparation de l'huile de foie et celle du klipfisch ont lieu ordinairement après la pêche, lorsque les bateaux sont rentrés.

CHAPITRE XXXIX

LE THON.

Ne pourrait-on pas pêcher sans massacrer?

I

Le *Thon* est encore plus grand que la Morue. C'est un des princes de la nombreuse classe des Poissons. Il pèse habituellement de 25 à 100 kilogrammes.

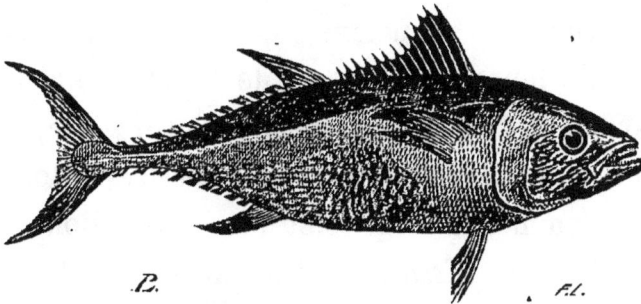

THON
(*Scomber thynnus* Linné).

Le Thon est très-commun dans la Méditerranée. Son dos est d'un bleu noir, et son ventre d'un blanc argenté; ses rayons dorsaux sont dorés, et ses nageoires anales présentent de six à huit zigzags irisés.

Son corps, robuste, lisse et fusiforme, semble moulé pour

la course. Les rayons épineux de ses nageoires, principalement ceux de la dorsale et de l'anale, dénotent, à première vue, leur action puissante dans les fonctions qu'ils ont à remplir. Le grand aileron du centre de la nageoire du dos est armé d'un premier rayon qui, au besoin, peut servir de défense ; une rangée d'autres petits ailerons, très-courts et lobés à leur extrémité, s'étend jusqu'à la naissance de la queue, et ces mêmes organes se montrent aussi vers la nageoire anale, non moins robuste que celle du dos. Tout ce système de natation est en parfaite harmonie : pectorales vigoureuses, caudale des plus fourchues. (S. Berthelot.)

Comme presque toutes les espèces de sa famille, le Thon a l'habitude de s'élancer hors de l'eau d'une manière particulière, en sautant par bonds rapides. Quand ces animaux sont réunis en troupe, ils nagent généralement en formant une sorte de triangle.

Ces poissons ne manquent ni d'instinct, ni d'une certaine sagacité. Ce sont des touristes enragés, comme les Harengs et les Morues. Les anciens, qui avaient remarqué la régularité de leurs marches et de leurs contre-marches, les regardaient comme *très-habiles en stratégie;* ils assuraient même qu'ils étaient *bons géomètres.* Montaigne a répété et commenté cette singulière assertion. Évidemment l'auteur des *Essais* connaissait mieux le cœur de l'homme que l'intelligence des Poissons.

II

On pêche le Thon de plusieurs manières différentes.

Les Basques emploient le *grand couple,* et les Provençaux la *courantille.*

On appelle *grand couple*, un ensemble de lignes gigantesques, qui portent des centaines d'appâts traînés par des barques montées par huit ou dix hommes.

La *courantille* est une espèce de seine, de 500 à 700 mètres de longueur, que l'on promène sur un espace de deux à trois lieues.

Un certain nombre de bateaux dirigés par un chef se disposent en demi-cercle, et réunissent leurs filets de manière

PÊCHE AU THON.

à former une sorte de clôture. Ils entourent les Thons et les serrent pêle-mêle les uns contre les autres. On les entraîne peu à peu vers le rivage. Lorsqu'on s'approche de la terre, les pêcheurs jettent un large filet terminé par une poche longue et conique. Les Thons se précipitent dans cette poche. On tue les plus gros à coups de perche et de crochet, et l'on saisit vivants les plus petits.

III

Mais la plus curieuse des pêches qu'on ait imaginée est bien certainement celle à la *madrague*[1], si connue des Marseillais.

---

[1] Appelée *tonnara* en Italie, et *pig's catcher* en Amérique.

La madrague est un véritable parc, avec des allées de chasse aboutissant à un vaste labyrinthe, composé de chambres qui s'ouvrent les unes dans les autres. Ces chambres conduisent toutes à une chambre principale, appelée *chambre de mort* ou *corpou,* située à l'extrémité de la construction.

Les murs de ce parc ont quelquefois plusieurs lieues de développement. Aussi, pour transporter une madrague, faut-il souvent un navire ou un bateau à vapeur.

A l'aide de pierres attachées à la partie inférieure de ces filets et de bouées fixées à leur bord supérieur, on les fait plonger dans la mer et on les maintient verticaux. On amarre solidement l'édifice avec des ancres, de manière qu'il puisse résister pendant toute la belle saison aux plus violents orages. Ce filet gigantesque est plus perfide et plus meurtrier que la toile d'araignée la plus savante. On le tend ordinairement à l'entrée de quelque baie.

« Le Thon arrive sans défiance, jouant à fleur d'eau ; il va devant lui, sans quitter la paroi, qu'il côtoie, soit parce qu'il espère en voir bientôt la fin, soit parce que cela lui plaît de heurter son museau sur cette surface résistante où il trouve probablement de petits poissons qui lui servent de pâture ; soit encore parce que c'est le propre des poissons en général, voire même de tous les animaux, d'avancer coûte que coûte, tant qu'ils peuvent, sans réfléchir à leur retraite. » (E. Carrey.)

Le Thon suit, suit toujours les allées de l'engin destructeur. Quelquefois les pêcheurs le poursuivent et le poussent de chambre en chambre. Le poisson passe des unes dans les autres, par des portes qui se referment derrière lui. Il arrive ainsi jusqu'à la chambre de mort. Celle-ci forme une prison spacieuse, où les captifs peuvent vivre plusieurs jours, même plusieurs semaines. Là le Thon est pris sans salut possible, à moins de sauter par-dessus les bords ; ce qu'il pourrait facilement exécuter, mais l'idée ne lui en vient jamais.

Ce filet-vivier possède un plancher mobile, formé par un petit filet horizontal, attaché à des cordages disposés de manière que, à un instant donné, on peut exhausser le plancher et le rapprocher de la surface de la mer.

Lorsqu'on a réussi à rassembler dans la chambre de mort un certain nombre de poissons, on élève peu à peu le plancher dont il vient d'être question. Généralement, on y travaille toute la nuit. On rend ainsi de moins en moins profonde l'enceinte où sont accumulés ces pauvres animaux.

Bientôt on voit les Thons s'agiter, nager, bondir dans tous les sens, passer les uns sur les autres, se précipiter contre les murailles des filets, les éviter, y revenir et s'en éloigner encore.

Au milieu de la chambre de mort se trouve une petite yole qui porte le chef principal de la pêche.

A mesure que le plancher s'élève et que les Thons deviennent apparents, la yole court sur eux, les effraye, les poursuit et les oblige à s'élancer vers les bords du parc.

Là se trouvent tout autour un certain nombre d'embarcations montées par des pêcheurs expérimentés, qui harponnent les poissons, ou les tuent toutes les fois qu'ils s'approchent. Ils les manquent rarement.

Le massacre est bientôt général.

Les Thons, harponnés et retirés de l'eau, se tordent avec force, donnent de vigoureux coups de queue et vagissent comme des enfants.

Les blessés fuient l'ennemi et plongent au plus vite, mais ils rencontrent l'inévitable plancher qui les arrête. Ils vont, ils viennent, effarés, épouvantés et désorientés, rougissant la mer de leur sang. Ils ne tardent pas à se heurter contre un autre filet et contre une autre embarcation. On leur jette un nouveau harpon, plus adroit ou plus heureux que le premier, et, cette fois, les malheureuses bêtes, solidement accrochées et promptement hissées, sont jetées au milieu des morts et des mourants, que les pêcheurs acharnés entassent dans leurs barques.

Quand les Thons sont très-nombreux et qu'on peut les approcher, les pêcheurs leur plongent hardiment la main dans la gueule et passent une corde dans une ouïe; ils tendent cette corde à un camarade, qui hale la victime sur le pont du bateau.

Il faut souvent deux ou trois hommes pour enlever un Thon ainsi saisi et enfilé.

Lorsque, par hasard, un d'eux se débat trop vivement aux mains de ses bourreaux, un pêcheur lui arrache brutalement, avec le doigt, quelque chose au fond de la bouche. Aussitôt le sang coule à flots, par jets, et presque en même temps la victime épuisée se laisse hisser sans mouvement.

En 1861, dans la baie de Porto-Ferrajo, on a pris à la madrague cent soixante Thons gros et petits, depuis des Thons bébés d'un kilogramme environ jusqu'à des Thons vieillards de 120 et même de 150 kilogrammes..... En estimant chaque poisson, en moyenne, à 25 kilogrammes, cette pêche a donné environ 4000 kilogrammes de Thon! (E. Carrey.)

Lorsque Louis XIII visita sa bonne ville de Marseille, on organisa en son honneur une grande pêche à la madrague. Ce massacre officiel enchanta tellement le monarque, peu sensible et peu facile à divertir, comme chacun sait, qu'on l'entendit dire plusieurs fois que c'était *la plus agréable journée de son voyage*. Heureux roi !... et pauvres Thons !!

Ne pourrait-on pas pêcher sans massacrer.?

CHAPITRE XL

LES TORTUES DE MER.

« Esse et in piscatu voluptatem maxime
Testitudinum. »   (Pline.)

I

Les Reptiles sont rares dans la mer; mais ceux, en petit nombre, qu'elle nourrit, se font remarquer par leur organisation, par leurs mœurs et par leur utilité. Nous voulons parler des *Tortues*. Aristote désignait ces animaux sous le nom de *Thalassites*.

Comme les Tortues terrestres, les Tortues marines sont revêtues d'une cuirasse osseuse et écailleuse très-dure et très-solide, fortifiée par huit paires de côtes.

Cette cuirasse forme en dessus une *carapace* plus ou moins bombée, et en dessous, un *plastron* plus ou moins aplati.

La carapace et le plastron composent une sorte de boîte protectrice, dans laquelle le reptile tient son corps à l'abri, et retire, au besoin, son cou et sa queue. Chez les Tortues de terre, dont la tête et les pattes sont proportionnellement moins grandes, l'animal peut encore les rentrer et les loger dans son armure[1].

Si l'on n'avait jamais vu de Tortue, soit de terre, soit de mer, et qu'on rencontrât pour la première fois une de ces bizarres organisations, ne serait-on pas bien étonné?

TORTUES.

Un montagnard du centre de la France trouva un jour, à la fête de son village, un marchand algérien qui étalait devant lui une cinquantaine de Tortues communes.

« Et combien vendez-vous ces drôles de petites bêtes?

— Trente sous, monsir, sans marchander.

— Trente sous! c'est bien cher pour une espèce de grenouille!..... Et combien en voulez-vous *sans la boîte?* »

---

[1] Tutam ad omnes ictus video esse.

(PHÈDRE).

II

On connaît trois espèces principales de Tortues de mer : la *Caouane*, la *franche* et le *Caret*.

La *Tortue caouane* est assez commune dans la Méditerranée, la mer Rouge, l'archipel de Madagascar et les Maldives.

TORTUE CAOUANE
(*Chelonia caouanea* Schweigger).

C'est la reine des Tortues de mer. Il y en a une très-belle dans les galeries du Muséum d'histoire naturelle, rapportée de Rio-Janeiro par Delalande. Cette espèce peut arriver à environ 126 centimètres de grand diamètre et dépasser le poids de 200 kilogrammes.

Sa carapace est couverte de plaques cornées, grandes, minces, transparentes, et d'un brun moucheté de blanc et de jaune vif.

La *Tortue franche* ou *Midas*[1] se trouve dans l'océan

---

[1] *Chelonia Midas* Schweigger; vulgairement aussi, *Tortue verte*, *Tortue commune*.

Atlantique. On la rencontre quelquefois à Madère et aux îles Canaries.

Elle a de 150 à 160 centimètres de grand diamètre; elle pèse généralement une centaine de kilogrammes.

Sa carapace offre des places marron glacées de verdâtre, veinées longitudinalement de nuances plus claires. Son plastron est d'un jaune-serin verdâtre.

Pline assure qu'il en existe dans la mer des Indes, qui sont si grandes, que leur carapace sert de nacelle aux habitants des îles de la mer Rouge, et qu'une seule suffit *pour couvrir une maison*. La véracité du naturaliste romain est quelquefois un peu suspecte.....

Quelques voyageurs prétendent qu'on rencontre, aux Antilles, des Tortues de mer sur le dos desquelles quatorze hommes peuvent se tenir debout à la fois (?).

Dampierre cite un individu très-grand dont la dépouille formait un petit bateau. Un enfant de neuf à dix ans, le fils du capitaine Rocky, s'y embarqua pour aller, à un quart de mille de distance, gagner le navire de son père.

En 1752, la mer jeta dans le port de Dieppe une Tortue franche qui avait 2 mètres de long et 130 centimètres de large, et qui pesait 450 kilogrammes.

En 1754, on en prit une autre dans le pertuis d'Antioche, à la hauteur de l'île de Ré, qui offrait à peu près le même poids. Elle mesurait 2 mètres 60 centimètres depuis le museau jusqu'à la queue. La carapace seule avait plus d'un mètre et demi de longueur. Quand on lui coupa la tête, elle répandit huit litres de sang. On en retira 50 kilogrammes de graisse. Son foie se trouva, dit-on, assez volumineux pour donner à dîner à plus de cent personnes (?).

La *Tortue caret* se trouve dans l'océan des Indes et dans l'océan américain.

Cette espèce a 73 centimètres de grand diamètre. Elle est, par conséquent, moins grosse que la précédente.

Sa carapace est marbrée de brun sur un fond fauve et jaune.

TORTUE CARET
(*Chelonia imbricata* Schweigger).

Dans ces trois Tortues, la carapace est écailleuse; mais il en existe une quatrième, qui ne présente autour de cette armure qu'une simple peau coriace, avec trois arêtes saillantes dirigées longitudinalement : c'est le *Luth*[1], espèce assez rare, qui habite la Méditerranée et l'océan Atlantique.

Elle offre environ 2 mètres de longueur.

Rondelet parle d'un Luth long de cinq coudées, qui avait été pêché à Frontignan.

Amoreux en a décrit un autre pris dans le port de Cette.

Delafond en signale un troisième, capturé à l'embouchure de la Loire en 1726.

Borlase en a figuré un quatrième, harponné sur les côtes de Cornouailles en 1756.

[1] *Sphargis coriacea* Gray.

III

Les Tortues de mer ont des mâchoires sans dents. Leurs gencives sont cornées, dures, à bords tranchants comme le bec d'un oiseau de proie. Elles coupent les zostères, les ulves, les varecs, dont ces animaux font leur principale nourriture.

La Caouane est simplement herbivore, tandis que la Tortue franche mange non-seulement des matières végétales, mais encore des Zoophytes et des Sèches.

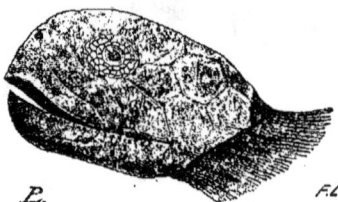

TÊTE DE TORTUE DE MER.

Les Tortues de mer passent pour des animaux lourds, timides et assez doux. Leurs membres sont transformés en rames aplaties, légèrement courbées d'avant en arrière. Les antérieurs dépassent du tiers les postérieurs.

Les Tortues marines nagent et plongent avec la plus grande facilité; elles peuvent rester longtemps sous l'eau. L'orifice externe de leur canal nasal est surmonté d'une masse charnue, dans l'épaisseur de laquelle on distingue le jeu d'une soupape que l'animal soulève lorsqu'il est dans l'air, et qu'il ferme hermétiquement lorsqu'il s'enfonce dans l'eau (Duméril). Leur marche est assez pénible. Le missionnaire Labat s'est fait plus d'une fois porter par cette lourde et un peu cahotante voiture.

Dans les parages tranquilles, on aperçoit de temps en

temps, à la surface de la mer, à sept ou huit cents lieues de terre, des Tortues qui flottent dans une immobilité absolue. Elles dorment.

Ces reptiles n'ont pas d'armes pour se défendre, mais leur carapace les protége jusqu'à un certain point. Ils ont, du reste, la vie très-dure. On en a vu, la tête coupée et le cœur arraché, remuer encore les nageoires, et donner des signes de souffrance.

Les Tortues de mer sont ovipares. A l'époque de la ponte, les femelles se rendent à terre après le coucher du soleil, pour déposer leurs œufs. Elles creusent un trou sur le rivage, écartant très-habilement le sable avec leurs pieds postérieurs, qui fonctionnent alors comme de larges pelles. Ce trou peut avoir une soixantaine de centimètres de profondeur. Le prince Maximilien de Neuwied rapporte avoir vu une Tortue franche, sur la côte du Brésil, qui creusait ainsi la grève. On s'approcha doucement; elle ne se dérangea pas. Il fallut quatre hommes pour la soulever. Bientôt elle se mit à pondre. Un soldat recueillit une centaine d'œufs dans l'espace de dix minutes. Cette espèce peut, du reste, en déposer jusqu'à cent cinquante.

On dit que les Luths en produisent de deux cents à deux cent soixante.

Après avoir pondu, la mère recouvre ses œufs avec le sable amoncelé derrière elle, et nivelle si parfaitement la surface du sol, que peu de personnes reconnaîtraient qu'on a remué quelque chose en cet endroit. Cette opération terminée, l'animal retourne à la mer.

Les œufs sont arrondis, un peu déprimés et revêtus d'une coque coriace. La chaleur du soleil suffit pour les faire éclore.

Les jeunes Tortues naissent au bout de trois semaines. Au sortir de l'œuf, elles sont grosses comme de petites

Grenouilles, presque aussi molles, et blancbâtres. Elles se
dirigent aussitôt vers la mer. Les vagues les reçoivent
quelquefois avec de rudes caresses, et les rejettent de
leur sein.

Pendant son séjour aux Florides, plusieurs pêcheurs as-
surèrent au célèbre naturaliste Audubon, que toute Tortue
prise à la place même où elle dépose ses œufs, et transportée à une distance de plus de cent milles, si on lui rend
ensuite la liberté, regagne le lieu où elle a coutume de
pondre, soit immédiatement, soit dans la saison suivante.

IV

On emploie différents procédés pour prendre les Tortues.
Dans certains parages, on profite de l'époque où les
femelles se rendént à terre pendant la nuit pour déposer
leurs œufs. On va les chercher principalement dans les îles
désertes. On reconnaît leur passage aux traces qu'elles
laissent sur le sable. On les guette, on leur coupe la
retraite, et on les renverse sur le dos, soit avec les mains,
soit avec des leviers. Ces animaux, ainsi retournés, cherchent quelque point d'appui ; ils ne peuvent se redresser,
et on les retrouve le lendemain à la même place et dans
la même situation[1].

Il existe entre Vera-Cruz et Tampico un petit îlôt désert,
grand tout au plus comme la place de la Concorde, appelé
île de Lobos (île des Loups), on ne sait pourquoi, attendu
que, bien certainement, jamais Loup, ni carnassier semblable au Loup, n'y a posé le pied.

Les Tortues ont pris cet îlot en affection ; elles y trouvent

[1] Voyez la planche XVII.

un asile paisible, entouré de grands récifs et bien défendu contre leurs ennemis, et, de plus, des plages de sable en pente douce, excellentes pour leurs œufs.

En 1862, vers dix heures du soir, l'équipage d'un navire français surprit dans l'île de Lobos, à la faveur de la nuit, une énorme Tortue femelle qui rampait sur le rivage. Elle avait une tête grosse comme celle d'un enfant et un *bec* quatre fois plus grand que celui d'un perroquet. Elle paraissait chercher un endroit pour pondre. Six hommes s'attachèrent à sa carapace et firent de vains efforts pour la retenir; ils ralentissaient sa marche, mais ils ne l'arrêtaient pas : elle les entraînait vers la mer. D'autres matelots arrivèrent à temps, et l'on réussit à la renverser sur le dos.

Dans cet état, on lui amarra un petit mât entre les nageoires, et on l'emporta au vaisseau. Le monstre pesait 130 kilogrammes. Il fournit à manger à tout l'équipage. Il avait trois cent quarante-sept œufs dans le corps. (De Jonquières.)

Les Carets, qui ont le dos plus bombé que les Tortues franches et les mouvements plus vifs, pourraient se *déretourner*. A cause de cela on les charge d'une pierre, ou bien on les tue sur place.

Une seconde manière de prendre ces reptiles consiste à tendre, le soir, un grand filet de cordes à mailles lâches, appelé *folle*, qui leur barre le passage lorsqu'elles se rendent à terre pour y pondre. Elles engagent la tête ou les nageoires dans les mailles, et s'entortillent de telle sorte, qu'elles ne peuvent plus venir respirer à la surface de l'eau, et qu'elles finissent par se noyer. Il faut avoir la précaution de tendre ce filet. Quand il est grisâtre ou blanchâtre, les Tortues s'en défient et rebroussent chemin.

Certains pêcheurs font la chasse aux Tortues lorsqu'elles viennent en pleine mer, à la surface de l'eau, pour respirer. Ils leur lancent un harpon, espèce de javelot à pointe triangulaire comme celle d'une flèche acérée et tranchante, portant un anneau auquel une corde est attachée. On se sert aussi d'une *varre*, autre harpon à pointe sans crochet. Il faut de l'adresse pour faire pénétrer cet instrument. Quand il est entré dans l'écaille de la Tortue, c'est comme un clou enfoncé dans une planche, et qui ne peut en être arraché sans de grands efforts. Dès que l'animal se sent blessé, il plonge et entraîne le trait avec lui. On lâche d'abord une certaine étendue de corde, puis on attire la Tortue sur le bord de l'embarcation.

Dans les mers du Sud, des plongeurs habiles et exercés profitent du moment où les Tortues sont endormies à la surface de la mer, s'en approchent doucement, et lorsqu'ils sont à portée, ils percent l'animal. Si la Tortue n'est pas très-grande, ils la saisissent sans la harponner.

Les Tortues sont souvent d'une force extraordinaire à cause de leur taille, et peuvent entraîner le canot à une grande distance et même le faire chavirer.

Plusieurs auteurs ont rapporté un fait curieux qui s'est passé à la Martinique, en 1696. Un Indien esclave, étant seul à pêcher dans un petit canot, aperçut une Tortue qui dormait sur l'eau. Il s'en approche doucement, et lui passe autour d'une patte un nœud coulant, ayant d'avance fixé l'autre bout de la corde à l'avant du canot. La Tortue s'éveille et se met à fuir, comme si elle ne traînait rien après elle. L'Indien ne s'épouvante pas de se voir emporté avec tant de vitesse. Il se tenait à l'arrière, et gouvernait avec sa pagaye pour parer les lames, espérant que la Tortue se lasserait enfin ou qu'elle étoufferait. Mais il eut le malheur de chavirer, et de perdre dans cet accident sa pagaye, son couteau, ses lignes et ses instruments de pêche. Quoiqu'il fût habile nageur et marin expérimenté, il ne parvint qu'avec beaucoup de peine à retrouver son canot. Comme il ne pouvait plus gouverner, le même accident lui arriva neuf ou dix fois, et à chacune, pendant qu'il travaillait, la Tortue se reposait, reprenait des forces et recommençait ensuite une nouvelle course aussi rapide que la première. Elle le traîna ainsi *un jour et deux nuits*, sans qu'il lui fût possible de détacher ou de couper la corde. La bête se lassa enfin, et le bonheur voulut qu'elle échouât sur un haut-fond, où l'Indien acheva de la tuer, étant lui-même demi-mort de faim, de soif et de fatigue.

Sur les côtes de Cuba et de Mozambique, les pêcheurs se servent, pour prendre les Tortues de mer, de certains poissons vivants, dressés, pour ainsi dire, à cette chasse. Ces poissons, voisins du Rémore, sont plus grands et plus longs. On les appelle *Poissons pêcheurs* ou *Sucets*[1]. Les Espagnols les nomment *Revés* (*reversi*), parce que, au premier abord, on est tenté de prendre leur dos pour leur ventre.

Ces poissons portent au sommet de la tête une plaque ovale, à rebords charnus, offrant intérieurement une vingtaine de lamelles parallèles, formant deux séries garnies sur leur bord de petits crochets qui ressemblent aux pointes d'une carde. Les pêcheurs tiennent plusieurs Sucets dans des baquets pleins d'eau, et chaque nacelle a son baquet particulier. Quand on voit de loin quelque Tortue endormie, on s'en approche sans bruit, puis on jette à la mer un de ces poissons. Aussitôt que celui-ci aperçoit le reptile, il se précipite sous lui, et s'y cramponne fortement avec sa dilatation céphalique.

Le Revé, dit Colomb, se laisserait mettre en pièces plutôt que de lâcher le corps auquel il adhère.

---

[1] *Echenéis naucrates* Linné.

Ce poisson étant attaché à une longue corde tressée avec de l'écorce de palmier, au moyen d'un anneau dont sa queue est garnie, les pêcheurs tirent cette corde et amènent dans leur barque et le poisson et la Tortue.

Quand cette dernière est prise, on détache le Sucet en lui imprimant un mouvement d'arrière en avant, lequel fait renverser à l'instant tous les crochets.

En général, la pêche des Tortues de mer est faite sans discernement et sans frein, d'où il résulte comme conséquence inévitable, qu'au bout d'un temps peu éloigné, ces précieux animaux deviendront rares.

Il existe, il est vrai, dans plusieurs pays, des parcs à Tortues donnant lieu à un commerce considérable. Ces parcs sont approvisionnés par la pêche vulgaire, mais on ne s'y occupe guère de la multiplication de l'espèce. On assure cependant que, dans l'île de l'Ascension, on respecte les œufs et l'on protége les jeunes sujets jusqu'à ce que leur carapace ait assez de dureté pour défendre suffisamment l'animal.

M. Salles, capitaine au long cours, a proposé de multiplier les Tortues de mer dans la Méditerranée. La Société zoologique d'acclimatation s'est empressée d'approuver et d'encourager les conclusions de son mémoire. Le succès est d'autant plus certain, qu'il s'agit non pas d'introduire une nouvelle espèce dans les localités qui en étaient privées jusqu'à ce jour, mais seulement de repeupler des régions aujourd'hui très-appauvries et où les Tortues se trouvaient autrefois en nombre considérable.

V

Les Tortues de mer constituent un mets abondant, sain et nutritif. On peut faire cuire la chair dans sa propre carapace. Cette casserole naturelle est un moyen expéditif dont se servent les sauvages.

Les Anglais aiment beaucoup la chair de la Tortue franche ; ils la trouvent supérieure à celle du Bœuf. La graisse de cette Tortue est d'un vert assez foncé, et si abondante, qu'il n'est pas rare d'en extraire jusqu'à vingt-huit litres d'un seul individu.

On sait que la *soupe à la Tortue* (*mock-turtle*) jouit d'une certaine réputation chez nos voisins d'outre-Manche. C'est l'amiral Anson qui apporta en 1752 la première Tortue qui fut mangée à Londres.

La chair du Caret passe pour très-médiocre, mais les œufs sont fort délicats. Les paquebots apportent régulièrement en Angleterre des quantités considérables de Tortues de mer. Malheureusement, le prix de plus en plus élevé de ces animaux ne permet pas de les servir sur toutes les tables. C'est pour cela sans doute que, dans la fameuse soupe à la Tortue, on substitue souvent à la chair du précieux animal de petits cubes de tête de veau !

Les Tortues de mer fournissent à l'industrie les matériaux d'une foule de jolis petits meubles.

Carvilius Pollio, d'après Pline, homme extravagant, mais inventif, paraît être le premier qui tailla et façonna les plaques des Tortues. Il en orna des armoires et des bois de lit.

Les patriciens, sous le règne d'Auguste, en décoraient les portes et les colonnes de leurs palais.

Les Romains faisaient venir les plaques de l'Égypte. Lorsque Jules César s'empara d'Alexandrie, il trouva dans les magasins une si grande quantité d'écailles, qu'il s'en servit pour embellir son entrée triomphale.

L'écaille des Tortues est douce au toucher et *riante à l'œil*, comme disent les marchands, mais en même temps assez fragile.

Le Caret est l'espèce dont les plaques sont les plus estimées.

On distingue dans le commerce quatre variétés de cette écaille. La meilleure est celle qui vient des mers de la Chine et des Philippines. Ces plaques sont noires avec des jaspures d'un jaune clair, bien transparentes et parfaitement détachées. Le Caret des îles Seychelles (qui arrive par Bourbon) a des plaques plus épaisses, d'une couleur vineuse, avec des taches d'un jaune moins clair, moins transparent et moins tranché. Le Caret de l'Inde, appelé souvent *écaille d'Égypte*, parce qu'il est expédié par la voie d'Alexandrie, offre une teinte brune nuancée de rouge, avec des taches d'un rouge brun et d'un jaune-citron.

Les plaques de la Caouane sont les moins recherchées : elles se rapprochent de l'apparence de la corne. Elles sont de couleur brun noirâtre ou brun rougeâtre, avec de grandes taches transparentes d'un blanc sale, et de plus petites opaques ou d'un blanc mat.

La Tortue franche a des plaques minces, flexibles, élastiques, transparentes, d'un jaune pâle, marquetées de jaune rougeâtre et de noir.

CHAPITRE XLI

LES OISEAUX DE MER.

> Voulez-vous aimer, vous aimez.
> Un lieu vous déplaît-il, vous allez dans un autre.
>
> (Deshoulières.)

I

Les Oiseaux sont fils de l'air, comme les Poissons fils de l'eau. Mais, parmi eux, une tribu considérable réclame ces deux éléments.

Ceux-ci, dits *aquatiques*, habitent en familles nombreuses au milieu de la mer et sur ses rives, sur les lacs et sur les fleuves.

Les Oiseaux qui fréquentent, soit exclusivement, soit ordinairement, l'eau salée, sont appelés *marins* ou *péla-giens*. Ils composent, suivant Charles Bonaparte, la quatorzième partie de tous les Oiseaux du globe[1].

Les Oiseaux aquatiques offrent généralement des pattes avec les doigts réunis par des membranes, ce qui les a fait nommer *Palmés* ou *Palmipèdes*. Cette structure existe chez presque toutes les espèces marines.

---

[1] Le nombre de toutes les espèces du globe est de 9400

Les pieds palmés forment comme deux petites rames légères, admirables pour naviguer.

Ordinairement, les membranes unissent seulement les trois doigts antérieurs, celui de derrière restant libre ; d'où il résulte une palette triangulaire à trois nervures (*Canards*, *Pétrels*). Mais, dans quelques espèces (*Cormorans*, *Pélicans*), les doigts de devant et le postérieur sont tous unis.

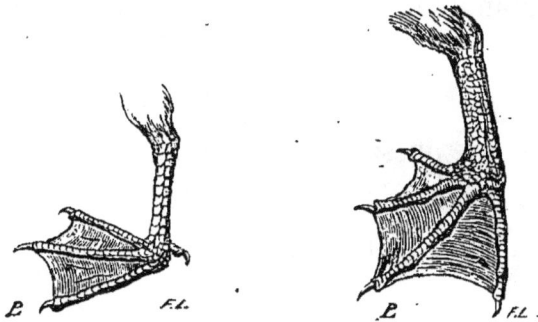

PATTES D'OISEAUX PALMIPÈDES.

Ils composent ainsi une rame beaucoup plus grande que celle des Palmipèdes proprement dits ; laquelle n'est plus triangulaire, mais en forme de trapèze.

Les rames des Oiseaux sont d'autant plus commodes, qu'il n'est pas besoin, comme pour les rames ordinaires, de les sortir de l'eau à chaque coup ; il suffit que les doigts se rapprochent pour que la patte puisse, presque sans effort, être ramenée en avant. Là les doigts s'écartent de nouveau, la membrane s'étend, et la palette se reforme pour frapper le liquide une seconde fois.

II

Les Oiseaux marins pourraient être rangés géographiquement en quatre groupes :

1° Les *Voiliers* (ou *Longipennes*), tels que les *Albatros* et les *Pétrels*, qui fréquentent la haute mer. On les rencontre à des distances inouïes de toute terre ; ils s'approchent rarement du rivage.

2° Les *Maritimes ordinaires*, tels que les *Mouettes* et les *Fous*, qui s'avancent assez loin du rivage, mais qui reviennent, chaque soir, vers les îles ou vers la terre ferme.

3° Les *Riverains*, tels que les *Canards* et les *Harles*, qui s'écartent très-peu des côtes, et semblent même préférer à la mer les étangs, les marais et les embouchures des cours d'eau.

4° Les *Nageurs*, tels que les *Pingouins* et les *Manchots*, qui se tiennent aussi à une faible distance du rivage. Ceux-ci sont privés de la faculté de voler, mais ils nagent et plongent d'une manière merveilleuse.

III

Nous ne connaissons pas d'Oiseaux qui représentent mieux la grande tribu des Palmipèdes que les *Goëlands*.

Parmi ceux-ci, on pourrait regarder comme type principal le *Goëland argenté*[1], si commun dans les mers du Nord.

Ce bel oiseau est de la taille d'une Corneille, mais il a des ailes plus longues et plus effilées. Son corps paraît bien pris, ni trop massif, ni trop élancé. Il porte un manteau uniforme, d'un cendré clair, légèrement bleuâtre. Les extrémités de ses ailes sont de velours noir, avec des pointes d'un blanc de neige. Sa tête présente des yeux d'un jaune pâle (ce qui ne les empêche pas d'être expressifs), et un bec robuste couleur d'ocre, avec une tache de corail à

---

[1] *Larus argentatus* Brünnich (voy. la planche XVIII).

l'angle inférieur. Les pieds sont couleur de chair un peu grisâtre.

Ce Goëland est défiant et farouche, cependant on l'apprivoise avec facilité. Il tient la tête haute, un peu ramenée en arrière, et la gorge légèrement renflée, ce qui lui donne un air d'importance, moins caractérisé, toutefois, que celui des Canards. Tantôt il se couche doucement et paresseusement sur le sable, au soleil, les yeux demi-fermés ou fixés sur la mer, dans la situation d'une Poule sur ses œufs, ou bien les ailes à moitié ouvertes, écartées, pendantes, comme une Perdrix sur ses poussins; tantôt il se redresse sur un pied, cachant l'autre dans son duvet, et demeure des heures entières immobile, muet, méditatif, semblable à un Échassier à pattes courtes qui digère son repas.

Quand le Goëland argenté marche, il a de l'assurance et de la dignité; mais il ne se dandine pas. Il court assez vite. Lorsqu'il nage, il fend l'eau avec lenteur. Il plonge rarement et péniblement : on voit qu'il n'a pas l'habitude d'aller chercher sa proie au fond de l'eau.

Son vol est ferme et soutenu; il le dirige en ligne droite par des battements d'ailes énergiques et fréquents, avec des balancements légers et onduleux qui ajoutent à sa grâce sans rien ôter à sa rapidité.

IV

Les Oiseaux palmipèdes aiment en général les grands balancements de la mer et le fracas des tempêtes. Ils semblent plus rares dans les beaux temps ou plus difficiles à approcher. On dirait que l'agitation des vagues est nécessaire pour leur fournir plus aisément les mollusques et les poissons qui font leur nourriture, et que, dans les grandes

GOÉLANDS ARGENTÉS.

perturbations de l'atmosphère, ils ont un plaisir instinctif particulier à lutter contre les ouragans et à se jouer des flots en courroux. (Lesson.)

Les ailes blanches des Mouettes et des Hirondelles de mer, quand ces oiseaux se jouent au milieu d'une tourmente, produisent un admirable contraste avec les nuages noirs qui obscurcissent l'horizon.

ALBATROS

(*Diomeda exulans* Linné).

Les Oiseaux marins varient beaucoup pour la taille. Le plus grand est l'*Albatros*, surnommé *Mouton du Cap* ou *Vaisseau de guerre*, qui offre une envergure de 4 mètres environ. Le plus petit est l'*Oiseau de tempête*, qui atteint à peine la taille du Moineau. L'Albatros est le géant des Palmipèdes, l'Oiseau de tempête en est le nain.

Les Oiseaux grands voiliers ont un corps élancé, des ailes effilées et une longue queue. Ils sont organisés pour le vol de longue haleine. Mais les nageurs présentent un corps

trapu, des ailes réduites à des moignons et une queue rudimentaire. Tous portent un plumage serré, garni de duvet

OISEAU DE TEMPÈTE
(*Thalassidroma pelagica* Temminck).

et enduit d'une humeur huileuse qui le protége contre
l'eau.

V

Les Palmipèdes se nourrissent de substances végétales,
de mollusques et de poissons.

Nos pêcheurs se réjouissent à la vue du *Stercoraire
parasite*[1] ; il leur décèle les grandes colonnes de Harengs,
qu'il accompagne ou qu'il poursuit.

Les Goëlands et les Pétrels se précipitent sur les Cachalots et sur les Dauphins échoués, et leur arrachent des
lambeaux de chair huileuse.

Les Albatros, ces vautours de l'Océan, sentent une
Baleine morte d'une distance vraiment considérable.

Les Canards ont le bec garni sur les bords de canne-
lures parallèles, admirablement disposées pour permettre

[1] *Lestris parasitica* Boje.

à l'oiseau, lorsqu'il barbote, de cribler les matières dont il veut faire son repas. Ce bec est aplati comme une pelle, avec une mandibule inférieure en forme de cuiller. Il semble frapper l'eau.

Les *Harles*, intrépides pêcheurs, cousins germains des Canards, présentent à la marge de leurs mandibules des dentelures très-pointues, à l'aide desquelles ils retiennent solidement les pauvres poissons. Ces dentelures sont dirigées d'avant en arrière, de manière que la proie ne peut pas s'échapper de la pince vivante qui la retient, mais peut être dirigée facilement vers le gosier.

TÈTE DE HARLE
(*Mergus serrator* Linné).

Les Goëlands ont l'extrémité du bec courbée en crochet. Ils frappent et harponnent avec cette arme toujours aiguisée les animaux marins les plus glissants. Ils s'élancent le plus souvent entre deux vagues avec la rapidité d'une flèche, et reparaissent au bout d'un instant, tenant au bec quelque animal.

Les *Hirondelles de mer fuligineuses*[1] ne plongent jamais la tête en bas et verticalement comme les autres piscivores, mais passent au-dessus des animaux marins en décrivant une courbe et les enlevant avec dextérité. On les voit planer dans le sillage de quelque Marsouin, tandis que ce dernier poursuit sa proie, et à l'instant où, faisant jaillir les ondes, le Cétacé amène à la surface le fretin épouvanté,

[1] *Haliplana fuliginosa* Wagler.

l'oiseau se précipite dans l'eau bouillonnante et emporte en passant un ou deux petits poissons. (Audubon.)

Le *Bec–en–ciseaux* possède des mandibules comprimées et tranchantes, disposées comme les branches d'une paire de ciseaux. L'oiseau rase la surface de la mer et coupe en deux la proie qu'il peut atteindre.

TÊTE DE BEC – EN – CISEAUX
(*Rhynchops nigra* Linné).

Les *Pélicans* offrent au-dessous du bec un sac de peau singulièrement extensible. Ils le remplissent de poissons, qu'ils apportent à leurs petits.

M. Nordmann raconte, dans sa *Faune de la mer Noire*, que les Pélicans, très-nombreux dans l'Orient, font souvent des pêches en commun sur les lacs qui avoisinent cette mer.

« C'est ordinairement, dit–il, dans les heures de la matinée ou le soir que ces oiseaux se réunissent dans ce but, procédant d'après un plan systématique qui est apparemment le résultat d'une espèce de convention. Après avoir choisi un endroit convenable, une baie où l'eau soit basse et le fond lisse, ils se placent tout autour, en formant un grand croissant ou un fer à cheval. La distance d'un oiseau à un autre semble être mesurée ; elle équivaut à son envergure (3 à 4 mètres). En battant fréquemment la surface de l'eau avec leurs ailes déployées et en plongeant de temps en temps avec la moitié du corps, le cou tendu en avant, les Pélicans s'approchent lentement du rivage, jusqu'à ce que les poissons réunis de la sorte se trouvent enfermés dans un espace étroit. Alors commence le repas commun.

» Outre les quarante-neuf Pélicans dont la compagnie se composait ce jour-là, il s'était rassemblé sur les tas d'ulves, de conferves et de coquilles rejetées par les vagues et amoncelées sur le rivage, des centaines de Mouettes, d'Hirondelles de mer, de Choucas, qui se préparaient à happer les poissons chassés hors de l'eau et à partager entre eux les restes du repas. Enfin, plusieurs Grèbes, de la petite et de la moyenne espèce, nageant dans l'espace circonscrit par le demi-cercle, tant que cet espace fut encore assez grand, prirent, eux aussi, leur part du festin, en plongeant fréquemment après les poissons effrayés et étourdis.

PÉLICAN BLANC
(*Pelecanus onocrotalus* Linné).

» Quand tous furent rassasiés, la compagnie entière se rassembla sur le rivage pour attendre le commencement de la-digestion. Les Pélicans lustraient leur plumage, recourbaient le cou pour le laisser reposer sur le dos, et faisaient ainsi, à côté des petites et frêles Mouettes, l'effet de colosses informes. Leur troupe se composait d'oiseaux de différents âges; il y en avait de tout blancs, de bigarrés et de gris. De temps en temps quelqu'un de ces oiseaux vidait sa poche bien garnie, en étêndait le contenu devant lui, et se plaisait à le contempler. Les poissons qui se débattaient encore avaient bientôt la tête écrasée d'un coup de bec. »

Les *Cormorans* ont une gibecière du même genre que celle des Pélicans, mais beaucoup moins développée. Les Chinois élèvent ces animaux et les emploient comme pêcheurs. Ils leur passent au cou un anneau étroit pour les empêcher d'avaler les proies qu'ils ont saisies. Mais quand l'oiseau a travaillé quelque temps pour son maître, celui-ci enlève le collier, et permet au Cormoran de pêcher pour son propre compte.

Certains Oiseaux de mer, qui ne possèdent ni bec tranchant, ni gibecière gutturale, et qui se nourrissent de coquillages operculés et solidement barricadés, ont l'instinct de les porter dans les hauteurs de l'atmosphère, et de les laisser tomber sur un rocher pour briser leur enveloppe.

Les *Pétrels*, qui ne mangent guère que des poissons, sont tellement huileux, que les habitants des îles Feroë tuent ces oiseaux, leur passent une mèche à travers le corps, l'allument, et se servent du Palmipède comme d'une lampe.

Du reste, beaucoup d'Oiseaux piscivores sont chargés d'une graisse peu consistante, qu'ils doivent à leur genre de nourriture. A cause de cette circonstance, certains d'entre eux ont été nommés *Pingouins*, mot dérivé du latin *pingus* (gras, huileux).

Sur les côtes de la Patagonie, où les **Manchots** sont abondants, on prend ces oiseaux, on les écorche, et l'on fait de l'huile avec leur peau. Cette enveloppe, doublée d'une couche de graisse plus ou moins forte, est soumise à l'action d'une presse, qui ne laisse d'autre résidu que le derme et le duvet. On retire un demi-litre d'huile de chaque animal. Il faut 2000 Manchots pour remplir un tonneau.

Quand on saisit un **Fulmar**[1], il vomit une huile couleur d'ambre, qui est regardée par les habitants de Saint-Kilda comme un bon remède dans plusieurs maladies extérieures, surtout dans le rhumatisme. On brûle aussi cette huile. La meilleure est produite par les vieux oiseaux.

On surprend les Fulmars pendant la nuit. On leur presse le bec, et on leur fait rendre environ deux cuillerées d'huile. (L. Wraxall.)

Ce sont les Oiseaux marins qui produisent cette matière précieuse appelée *guano*, ou, pour mieux dire, *huanu*, si recherchée par les agriculteurs.

Le guano[2] est un amas d'excréments déposés au sein de la mer, sur des rochers ou sur des îles. On a calculé qu'un Palmipède de taille moyenne en fournit à peu près 25 grammes par jour. Or, sur certains rochers, on trouve des couches de guano offrant jusqu'à 30 mètres d'épaisseur.

---

[1] *Procellaria glacialis* Linné.

[2] Le guano n'étant que du poisson digéré, il est évident que le poisson naturel doit constituer aussi un engrais d'une grande valeur. Dans les localités maritimes où l'on se livre aux grandes pêches du Hareng, de la Sardine, de la Morue, on utilise les poissons avariés ou les débris inutiles, pour composer un fumier appelé *engrais-poisson*, lequel remplacera peut-être, un jour, le guano, dont les couches sont loin d'être inépuisables.

A cet effet, on fait cuire le poisson; on le presse, on le dessèche, on le réduit en poudre. Cet engrais étant à un point de décomposition moins avancé que le guano, agit moins rapidement que ce dernier. Il en a toutefois les principales propriétés.

Il a donc fallu des centaines d'années et des milliers d'oiseaux pour former ces dépôts. (Boussingault.)

L'île de Cincha, près du Pérou, à 100 milles au sud de Calao, est un des endroits les plus riches en guano. Les couches supérieures de cette matière sont d'un brun grisâtre, et les couches intérieures couleur de rouille. La dureté du guano est d'autant plus grande, qu'il est situé plus profondément.

Les Oiseaux producteurs du guano sont surtout le *Fou varié*[1], le *Goëland modeste*[2], l'*Anhinga*[3], le *Bec-en-ciseaux*, le *Pélican thagus*[4], le *Cormoran de Gaimard*[5], et le *Cormoran de Bougainville*[6].

VI

La voix des Oiseaux marins n'est jamais douce et harmonieuse comme celle de plusieurs oiseaux terrestres. Elle est nasillarde et retentissante, et tient souvent du rauque ou du lugubre. Cependant les Goëlands et les Mouettes jettent des cris aigus qui dominent le bruit de la tempête. Certains Canards rendent une clangueur perçante comme celle du clairon.

Quelques Palmipèdes, dont la trachée est grande et recourbée, imitent plus exactement le son de la trompette.

Il y a des Oiseaux pélagiens qui semblent pleurer comme de petits enfants, ou ricaner comme de vieilles femmes.

---

[1] *Dysporus variegatus* Ch. Bonaparte.
[2] *Blasipus Bridgesii* Ch. Bonaparte.
[3] *Plotus anhinga* Linné.
[4] *Onocrotalus thagus* Wagler.
[5] *Stictocarbo Gaimardi* Ch. Bonaparte.
[6] *Hypoleucus Bougainvillei* Lesson.

Les Grecs avaient désigné le **Pélican**[1] sous le nom d'**Ono-crotale** (cri de l'âne), parce que cet oiseau semble braire.

Les **Pingouins** ont un croassement tout aussi grave et tout aussi désagréable. Lesson dit que, dans l'île de Falkland, le soir, au coucher du soleil, tous les Pingouins poussaient ensemble, à gorge déployée, un immense cri, qui retentissait au loin comme les clameurs d'une armée en révolte.

PINGOUIN COMMUN
(*Alca torda* Linné).

Un observateur très-original, habitant d'un port de mer, a étudié pendant huit ans la langue du **Pierre-garin**[2]. Il en a composé le dictionnaire, prenant pour modèle le travail de Dupont de Nemours sur la langue du Corbeau. Il a distingué cinquante mots exprimant chacun, suivant lui, une idée particulière : *Ici... là... en avant... en arrière... à droite... à gauche... plus vite... plus lentement... halte... garde à vous... nourriture... danger... Je t'aime... moi de même... méchant... marions-nous... quel bonheur... un nid... nos œufs... couvons... nos petits... Maman... papa... j'ai faim... Tais-toi.....*

[1] *Pelecanus onocrotulus* Linné.
[2] *Sterna hirundo* Linné.

Voici le commencement de ce dictionnaire : *Kia, kié, kii, kioi, kioui. Djia, djié, djii, djioi, djioui. Tsia, tsié, tsii, tsioi, tsioui…..*

VII

Les Oiseaux pélagiens ont souvent des pattes courtes, attachées plus ou moins en arrière ; ils marchent avec mauvaise grâce et en se balançant ; plusieurs semblent boiteux.

MANCHOT DE PATAGONIE
(*Aptenodytes patagonica* Gmelin).

Les Nageurs se tiennent redressés sur leurs pattes de derrière et presque verticaux. Les *Manchots*, vus de loin sur la plage, semblent assis sur leur croupion : on dirait des enfants de chœur en camail (Pernetty). D'autres se traînent péniblement sur le sable, rampant presque à plat ventre. Ils se servent quelquefois de leurs ailerons en guise de pattes, ce qui les convertit momentanément en quadrupèdes.

Quelques espèces aiment à s'arrêter sur les vagues. Le *Pétrel damier*, ainsi nommé à cause de son dos bigarré de blanc et de noir, se repose habituellement dans le sillage des navires, où le remous lui apporte de nombreux petits mollusques. Le nom de *Pétrel*, qui signifie *petit Pierre*, fait allusion au miracle de saint Pierre marchant sur les eaux.

PÉTREL DAMIER
(*Procellaria capensis* Latham).

Les Palmipèdes savent nager avec autant d'élégance que de facilité.

Les Canards et les Harles se balancent avec grâce à la surface des eaux, et se jouent avec tranquillité au milieu des flots les plus rapides. Ces oiseaux ont le corps taillé comme la carène d'un navire ; leurs pattes, comme on l'a vu plus haut, servent de rames, et leurs ailes demi-déployées représentent les voiles de ce petit vaisseau vivant.

Les espèces privées de la faculté de voler sont les plus habiles dans l'art de nager et de plonger. Leurs ailes, plus ou moins courtes, fonctionnent comme des nageoires, de manière que l'oiseau possède quatre rames, deux en avant et deux en arrière, exactement comme un poisson.

Suivant leurs besoins, ces oiseaux s'élèvent ou s'enfoncent dans le liquide. Ils voguent généralement la tête en l'air. Les Pingouins s'élancent par bonds, à la manière des Bonites.

Mais le vol constitue la fonction principale des Oiseaux. L'atmosphère est pour eux ce que l'Océan est pour les Poissons. La natation et le vol, dit Lacépède, ne sont, pour ainsi dire, que le même acte exécuté dans des fluides différents. L'Oiseau nage dans l'atmosphère et le Poisson vole dans l'eau (Virey).

Ce sont surtout les Longipennes et les Maritimes ordinaires qui excellent à voler.

HIRONDELLES DE MER PIERRE-GARIN
(*Sterna hirundo* Linné).

Les *Hirondelles de mer*, agiles et vagabondes, légères comme le vent, savent planer, cingler, plonger dans l'air, selon la proie qui les attire, l'ennemi qui les poursuit ou la gaieté qui les emporte (Buffon). Rivales des Hirondelles

domestiques, elles parcourent comme elles les régions de
l'atmosphère, et dans tous les sens, comme pour en jouir dans
tous les détails. Toujours maîtresses de leur vol, elles semblent décrire au milieu des airs un dédale mobile et fugitif,
dont les routes se croisent, s'entrelacent, se heurtent, se
roûlent, montent, descendent, se perdent et reparaissent,
pour se croiser et se rebrouiller de nouveau. (Montbeillard.)

Les *Frégates* [1] sont peut-être, de tous les oiseaux, ceux
dont le vol est le plus puissant et le plus fier. Elles se
tiennent dans les régions les plus élevées de l'atmosphère;
elles se précipitent comme une flèche et se balancent comme
une nacelle, tantôt résistant à la puissance du vent le plus
violent, et tantôt se laissant emporter par la plus légère brise.

Elles pêchent mal, mais elles remplacent la maladresse
par l'audace. Elles suivent et persécutent les Mouettes qui
ont pris quelque animal, leur font rendre gorge, et saisissent prestement la proie dans sa chute, avant qu'elle soit
arrivée à l'eau.

Audubon observa un jour une Frégate qui venait d'enlever un assez gros poisson à une Hirondelle de mer.
L'oiseau emportait sa victime en travers du bec. Il la jeta
en l'air, pour l'avaler la tête la première. Il la reprit comme
elle tombait, mais par la queue. Il la lâcha une seconde fois,
et la rattrapa encore par la queue. Le poids de la tête en
était la cause. La Frégate recommença une troisième fois.
Le poisson fut enfin reçu comme il fallait, la tête en bas, et
avalé sur-le-champ.

Les Albatros ou les Frégates qui ont saisi dans l'air un
malheureux Poisson volant, regagnent aussitôt les hautes
régions de l'atmosphère. Mais, souvent, plusieurs maraudeurs de leur espèce, qui les guettaient, les suivent au

[1] *Tachypetes aquila* Vieillot.

milieu des nuages, s'en approchent, les harcèlent. C'est à qui leur ravira leur proie. L'un d'eux s'en empare ; un autre l'a déjà reprise, mais la bande entière est à ses trousses. L'infortuné poisson, ballotté de bec en bec, meurtri, mourant, finit par tomber et par disparaître sous les flots. Cruel désappointement pour tous ces ventres affamés ! (Audubon.)

STERCORAIRE PARASITE EN CHASSE.

Le *Stercoraire parasite*, vrai forban de l'air, fait aussi la chasse aux espèces plus petites et plus faibles que lui, leur donne des coups de bec, les force à vomir une partie de leur repas, et se précipite sur cette proie dégoûtante.

Le vol des *Phaétons*, ou *Pailles-en-queue*, est calme, paisible et composé de battements d'ailes fréquents, parfois interrompus par des sortes de chutes ou des mouvements brusques. (Lesson.)

Ces oiseaux défient la furie des orages; au milieu des tempêtes les plus horribles, ils conservent leur sang-froid. Tranquilles et contents, ils s'élèvent avec la lame, et redescendent avec elle dans l'abîme.

PAILLE-EN-QUEUE PHAÉTON
(*Phaeton phœnicurus* Latham).

Les Phaétons voyagent à plus de cinq cents lieues en mer, et peuvent regagner, chaque soir, les îles ou les récifs qui leur servent de refuge. Du reste, ils s'arrêtent à peine le temps nécessaire pour dormir. Ils semblent faits pour voler, voler, toujours voler.....

Les Oiseaux de mer sont en général pour les navigateurs les indices de la terre. Les vieux matelots interprètent leur apparition et se trompent rarement. Le Pétrel damier leur

annonce le voisinage du cap de Bonne-Espérance; le Paille-
en-queue leur apprend qu'ils sont sous les tropiques; les
Frégates, les Mouettes et les Hirondelles de mer leur pré-
disent, par la direction et la hauteur de leur vol, le beau
temps, l'agitation des flots ou l'arrivée de la tempête. Le
livre de la nature est une source féconde d'instruction!

CHAPITRE XLII

LES NIDS ET LES OEUFS.

« Le Passereau a bien trouvé sa maison, et
l'Hirondelle son nid, où elle a mis ses petits. »

(DAVID.)

Dans la saison des amours, les Oiseaux marins abandonnent les vagues et les eaux, et gagnent les rives et les grèves.

Beaucoup d'espèces se rassemblent en grandes troupes sur des rochers stériles ou dans des îles désertes. Faber croit que ces oiseaux obéissent à un instinct particulier de sociabilité. Boje pense qu'ils sont attirés par l'abondance de la nourriture. Ces deux raisons peuvent être également conformes à la vérité. Mais, probablement aussi, il en existe d'autres : par exemple, la disposition des récifs, dont les cavités et les saillies présentent d'excellents abris; l'absence des animaux carnassiers, l'éloignement de l'homme; en deux mots, la solitude et la tranquillité.

Graba fait observer que les Palmipèdes choisissent toujours, pour nicher, les rochers tournés à l'ouest et au nord-ouest, et qu'ils dédaignent les autres expositions.

Parmi les îles les plus fréquentées par les Oiseaux nicheurs, il faut placer en première ligne le petit archipel des Feroë, entre l'Islande et les îles Shetland. Cet archipel est formé par vingt-cinq grands rochers à Oiseaux (*Vögelberg*).

Ces écueils ont été souvent décrits. Il y en a un, surtout, qui mérite une attention particulière.

Qu'on imagine un rocher noir, composé d'assises horizontales, s'élevant verticalement à 400 ou 500 mètres au-dessus de la mer, qui mugit et brise à ses pieds. L'eau s'élance souvent, pendant les tempêtes, à plus de 30 mètres de hauteur, et retombe en cascades le long de la paroi verticale. Mais, par un temps calme, elle ondule doucement, en se jouant autour des écueils. Ces escarpements présentent alors l'aspect le plus singulier : des milliers d'Oiseaux sont rangés sur les corniches, à côté les uns des autres; les femelles sur leurs nids, les mâles près d'elles ou volant à une faible distance. Une salle de spectacle, un cirque, un amphithéâtre, remplis de spectateurs, ne donnent qu'une faible idée du nombre prodigieux d'animaux qui sont ainsi placés avec symétrie, la tête tournée vers la mer. L'arrivée de l'homme ne les trouble nullement, et le bruit d'un coup de fusil ne fait envoler que les mâles, les femelles restent sur leurs œufs. Elles ne les quittent même que lorsqu'on s'approche d'elles, et la plupart se laissent prendre sur leur couvée.

Les différentes espèces d'Oiseaux établies sur ces rochers ne sont pas éparpillées au hasard. Chacune semble avoir son campement particulier.

Sur la plage, on trouve le *Goëland à manteau noir* [1] et le *Perroquet de mer* [2].

PERROQUET DE MER (MACAREUX)
(*Mormon fratercula* Temminck).

Au second rang, dans les endroits couverts de plantes, paraît la *Mouette argentée* [3].

Au-dessus, sur les rochers les plus découverts, sommeillent les stupides *Cormorans* [4].

Non loin de là, sur les falaises baignées par la mer, s'entassent les élégantes *Mouettes à trois doigts* [5] et les *Guillemots à miroir blanc* [6].

Tout à côté, parmi les varecs amoncelés, se redressent les *Guillemots à capuchon* [7] et les ineptes *Pingouins* [8].

Tous ces oiseaux vivent en bonne intelligence. Souvent des femelles d'espèces différentes sont assises, côte à côte, sur leurs œufs, et l'on croirait, en voyant les mouvements de leur tête et les claquements de leur bec, qu'elles sont

[1] *Larus marinus* Linné.
[2] Vulgairement, *Macareux moine.*
[3] *Larus argentatus* Brünnich.
[4] *Phalacrocorax carbo* Ch. Bonap.
[5] *Larus tridactylus* Latham.
[6] *Uria grylle* Latham.
[7] *Uria troile* Latham.
[8] *Alca torda* Linné.

engagées dans une conversation animée, pour faire diversion aux ennuis d'une incubation un peu trop longue.

On peut indiquer encore, comme rendez-vous général des Oiseaux marins, les îles Hébrides, et particulièrement celle de Saint-Kilda.

Cette dernière offre cinq milles environ de tour. Elle sort presque perpendiculairement du sein des flots, et forme à son extrémité orientale, qui s'élève à plus de 440 mètres, le promontoire le plus haut des îles Britanniques.

En approchant de l'île de Saint-Kilda, on aperçoit un spectacle presque impossible à décrire. Les rocs sont cachés par des myriades d'Oiseaux aquatiques occupés à couver.

D'énormes essaims de *Fous*[1] blanchissent les sommets sur lesquels ils reposent. Ces plateaux ou ces pics semblent de loin couverts de neige. Les *Mouettes à trois doigts* et les *Mouettes à pieds bleus*[2] ont envahi chaque crête un peu élevée. Plus bas, les *Fulmars*[3], les *Puffins*[4] et les Guillemots ont pris possession de tous les talus, de toutes les pentes, de tous les endroits où il existe un peu d'herbe. Au bord de la mer, à l'entrée des excavations, perchent des Cormorans, droits et immobiles, comme des sentinelles avancées. (L. Wraxall.)

Tout autour, au sein des eaux, des milliers de nageurs de toute espèce plongent, barbotent, se poursuivent, se becquètent ou se battent. D'autres remplissent l'air de leurs cris rauques ou aigus, allant de la mer à leurs nids ou de leurs nids à la mer; appelant leurs femelles, tournoyant au-dessus d'elles, caressant leurs petits, jouant avec leurs frères, et manifestant, d'une manière bruyante et naïve, leurs craintes, leurs besoins, leur joie ou leur bonheur.....

---

[1] *Sula alba* Meyer.
[2] *Larus canus* Linné.
[3] *Procellaria glacialis* Linné.
[4] *Procellaria puffinus* Linné.

Lorsqu'un fragment de rocher se détache et roule du haut de l'île dans les flots, il devient le signal d'un tumulte extraordinaire. La frayeur s'empare de toute la colonie. Le bloc écrase de malheureux Fulmars accroupis sur leur couchette, et entraîne, en bondissant au milieu d'un fracas épouvantable, les herbes et le sable, les œufs et les poussins. Des nuées d'oiseaux épouvantés s'enfuient sur son passage. Mais bientôt ils reviennent à leurs nids, et tout reprend le calme habituel. (L. Wraxall.)

En Hollande, d'innombrables troupes de Mouettes et d'Hirondelles de mer nichent, toutes les années, dans l'île d'*Eierland* (pays des œufs), et dans les autres îles septentrionales du Texel. Il en est de même dans celles du Slesvig et du Jutland.

Dans la saison de la ponte, les Palmipèdes arrivent par milliers. Beaucoup d'Échassiers se mêlent à leurs troupes.

Les œufs sont pondus par des Goëlands, des Mouettes, des Hirondelles de mer, des Guillemots, des Pingouins, des Canards, et aussi par des Huîtriers, des Pluviers, des Barges, des Vanneaux.....

II

Les Oiseaux marins placent leur nid, soit dans un simple enfoncement, derrière deux ou trois galets, soit parmi les herbes, entre les joncs ou sous quelque arbrisseau, soit encore dans les creux des rochers.

La Mouette tridactyle a l'instinct de s'établir dans les lieux les plus inaccessibles; aussi est-elle rarement troublée par les ramasseurs d'œufs.

Les Pingouins et les Manchots se creusent dans le sable un trou horizontal. Les Macareux s'emparent des terriers des lapins; ils aiment à nicher en société et à couver les uns près des autres. L'endroit qu'ils ont choisi est quelquefois tellement miné, qu'en posant le pied dessus, on s'enfonce jusqu'aux genoux. Les *Tadornes*[1] ont aussi l'habitude de nicher dans des souterrains. Les anciens donnaient à ces oiseaux le nom d'*Oies-renards*.

Naumann a vu, dans la petite île de Sylt, un très-grand nombre de Tadornes réunis par groupes dans des excavations artificielles. Il a compté jusqu'à treize nids dans un espace quadrangulaire, avec une entrée commune. Au-dessus de chaque nid était un trou couvert d'une touffe de gazon. Quand on soulevait cette touffe, on voyait un Tadorne accroupi. Chaque habitant du village possédait plusieurs de ces souterrains, d'où il retirait par jour, pendant trois semaines, de vingt à trente œufs. Il en laissait six à chaque nid pour l'incubation.

Dans le voisinage du cap de Bonne-Espérance, les Albatros se réunissent en colonies pour nicher. Ils partagent le terrain en carrés réguliers, un pour chaque nid. Ces carrés communiquent par des chemins. L'ensemble est défendu par une chaussée de pierres.

Les Cormorans nichent tantôt au milieu des joncs et des roseaux, tantôt sur les troncs des vieux saules ou sur des arbres élevés, toujours dans le voisinage de la mer. Ils construisent de grands nids informes, composés de rameaux et de bûchettes grossièrement assemblés. On trouve souvent plusieurs de ces nids sur le même arbre.

Au commencement de ce siècle, les Cormorans étaient assez rares sur les bords de la mer Baltique. Vers 1810, plusieurs couples vinrent nicher dans la proximité de l'île de Fionie, parmi les rochers du rivage et dans les forêts. Leur

---

[1] *Anas tadorna* Linné.

nombre augmenta peu à peu. Au printemps de 1812, quatre paires de ces oiseaux se rendirent dans la terre de Neudorf, près de la ville de Leutjenbourg, et s'établirent dans un bois voisin de la mer, sur de grands hêtres qui, depuis plusieurs années, servaient de retraite à une multitude de Hérons et de Freux. Ils expulsèrent de leurs nids ces derniers oiseaux, firent deux pontes, l'une en mai et l'autre en juillet, et quittèrent la contrée en automne. Leur nombre s'élevait alors à une trentaine. Pendant le printemps de 1813 et les années suivantes, ils revinrent régulièrement. Bientôt on calcula qu'il y avait 7000 couples de nicheurs. Au mois de juin 1815, on voyait des cinquantaines de nids sur certains arbres, et les innombrables vols des Cormorans, mêlés avec les Hérons, remplissaient l'air de leurs cris sauvages. L'âcreté de leurs ordures brûlait la feuille des arbres, et les débris des poissons corrompus dont ils jonchaient le sol empoisonnaient au loin l'atmosphère. D'après les ordres du gouvernement, on leur fit la chasse. Il y eut des jours où l'on en tua jusqu'à cinq cents. Ce ne fut que l'année suivante que l'on parvint à les éloigner de la contrée (Boje).

Dans certaines îles, les nids des Oiseaux marins sont si rapprochés, qu'on ne saurait faire un pas sans écraser des œufs, et qu'il arrive souvent à une mère de pondre dans la couchette d'une autre mère. (Schinz.)

C'est ainsi que Naumann a trouvé un œuf d'*Hirondelle de mer à longue queue*[1] dans le nid d'un *Huîtrier*[2], et ailleurs, un œuf de ce dernier oiseau dans le nid d'un Goëland. Cependant chaque couveuse reconnaît ses propres œufs et ne s'y trompe jamais. Ce que nous croirions impossible, si

---

[1] *Sterna Dougalli* Montagu.
[2] *Hæmatopus ostralegus* Linné.

l'instinct des animaux ne nous avait pas habitués à des miracles.

III

La plupart des œufs, chez les Oiseaux marins, ont un gros et un petit bout, et ressemblent, à cet égard, aux œufs de la Poule. Ceux des Cormorans sont plus allongés et paraissent avoir deux petits bouts. Ceux de quelques Manchots sont tout à fait ronds.

Les œufs des Cormorans sont assez petits relativement à la taille de l'oiseau. Ceux des Guillemots sont au contraire assez grands. Celui du Guillemot à capuchon est plus gros que l'œuf de l'Oie; l'oiseau est un peu plus petit que le Pigeon ramier.

GRAND PINGOUIN
(*Pinguinus impennis* Ch. Bonaparte).

Le *Pingouin brachyptère*, ou *grand Pingouin*, est l'oiseau d'Europe qui donne l'œuf le plus volumineux. Cet œuf, très-recherché par les amateurs, devient chaque jour plus rare. Les amateurs le payent aujourd'hui de 500 à 800 francs.

Les Pétrels ont les œufs blancs; ceux des Harles sont jaunâtres, et ceux des Canards verdâtres. Les Goëlands et les Mouettes en pondent d'olivâtres, avec des marbrures brunes généralement plus nombreuses et plus fortes vers le gros bout.

Le Pingouin brachyptère, dont nous venons de parler, donne un œuf d'un blanc isabelle, avec des raies et des taches peu nombreuses, qui rappellent, dit Temminck, les formes singulières des caractères chinois.

Le *Guillemot bridé* [1] produit un œuf plus remarquable encore par les traits ou les zigzags nombreux qui décorent sa coquille.

PLONGEON IMBRIM
(*Colymbus glacialis* Linné).

Les Plongeons sont les oiseaux connus qui offrent les œufs les plus foncés en couleur. Ces œufs sont couleur

[1] *Uria rhingvia* Brünnich.

chocolat, plus ou moins olivâtre, avec des taches noirâtres plus ou moins irrégulières.

Les œufs des Cormorans et des Fous sont revêtus d'un enduit crétacé, blanc, qu'on enlève facilement avec l'ongle. Cet enduit est tellement friable sur l'œuf du *Flammant*[1], que si l'on promène sa coque sur la manche d'un habit noir, on la blanchit comme si on l'avait frottée avec un morceau de plâtre.

IV

Quand le nid d'un Oiseau est préparé, la jeune mère doit être bien surprise, après les douleurs de l'enfantement, de trouver sur sa couchette, au lieu d'un poussin délicat qui lui ressemble, un sphéroïde inanimé, qui *ne dit rien;* elle a mis au monde une espèce de boule, blanche comme de la craie, quelquefois d'un bleu clair de turquoise, ou d'un rouge vineux d'acajou, pointillée, maculée, veinée comme du marbre ou de l'agate!..... Un œuf n'est pas un Oiseau, pas plus qu'une graine n'est un arbre; c'est quelque chose d'antérieur, quelque chose qui contient les rudiments d'un animal, mais qui n'est pas encore un animal, quelque chose qui ressemble plus à une production minérale qu'à un germe organisé.

L'instinct de la mère vient en aide à son inexpérience. Elle s'attache à ce corps inerte avec une passion que nous ne comprenons pas et que nous ne pouvons pas comprendre. Est-ce de l'amour maternel? Certainement non! C'est un sentiment voisin, très-voisin, préliminaire, si l'on veut; mais à coup sûr bien différent. L'amour maternel n'existe

---

[1] *Phœnicopterus ruber* Linné.

pas encore; il ne viendra que plus tard, il viendra quand les petits seront éclos.....

Cet attachement pour les œufs pousse les Oiseaux à s'accroupir sur ces bizarres produits et à les échauffer..... Ils *pressent ces cailloux contre leur cœur* (Michelet).

Les parents qui couvent pour la première fois savent-ils quels seront les résultats de leur incubation? L'instinct est encore ici leur directeur et leur mobile. Aussi voit-on souvent des femelles et même des mâles (ce qui est plus étonnant), quand ils couvent, oublier le boire et le manger. Tant est grand *l'amour de l'œuf*.

Pendant que la femelle de l'Hirondelle de mer fuligineuse couve, son mâle arrive de temps en temps et vient se reposer près du nid. Là il dégorge quelque petit poisson à portée de sa compagne. Il regarde ensuite cette dernière. Les deux époux se font plusieurs inclinations de tête, souvent singulières, par lesquelles très-probablement ils se témoignent l'un à l'autre leur tendre affection et leur doux contentement. (Audubon.)

V

Les Oiseaux marins défendent avec courage leurs œufs et leurs petits.

Lorsque le capitaine Ross découvrit l'île de la Possession, il y trouva une quantité prodigieuse de Pingouins : on en voyait jusqu'au sommet des collines. Ces oiseaux s'avancèrent vers le rivage en colonnes serrées, et attaquèrent hardiment, à coups de bec, les Anglais qui voulaient occuper leur pays au nom de Victoria. Honneur au courage et au patriotisme des Pingouins !

La femelle du *Canard sauvage* [1], quand elle se rend à son nid, s'abat au moins à cent pas de l'endroit où il se trouve. Une fois à terre, elle se dirige vers sa couchette obliquement et tortueusement, ayant toujours l'œil aux aguets, pour observer s'il n'y a point d'ennemi qui la regarde.

Que de jouissances réservées à ceux qui étudient la nature !

On assure que le petit *Pluvier à collier* [2], lorsqu'un chien ou un enfant s'approche de son nid, n'attend pas leur arrivée, mais s'avance résolûment ; puis, tout à coup, prend son vol avec un grand cri, comme s'il était surpris sur ses œufs. (Il en est souvent éloigné d'une trentaine de pas.) Alors il volète, il laisse tomber une aile, il court, il traîne une patte, il fait le boiteux, jusqu'à ce qu'il ait conduit le chien ou l'enfant à une grande distance de sa couvée, et détourne ainsi le danger.

VI

La récolte des œufs forme, dans beaucoup de pays, une branche d'industrie considérable.

Les pauvres habitants des îles Feroë se nourrissent de ceux de presque tous les Palmipèdes qui fréquentent leurs parages. Ils mangent aussi les poussins, et même les parents, quand ils peuvent les saisir.

Au péril de leur vie, ils se suspendent à une corde, ou bien ils grimpent aux parois verticales des rochers, en marchant le long des étroites corniches sur lesquelles

---

[1] *Anas boschas* Linné.

[2] *Charadrius minor* Meyer. — Ce n'est pas un Palmipède, mais un Échassier.

couvent ces oiseaux. Là le moindre faux pas est une mort inévitable, et, chaque année, plusieurs Feroëens sont les victimes de cette chasse périlleuse.

Une poursuite sans danger est celle qui se fait en canot. Le chasseur s'arme d'un filet conique, qui rappelle celui avec lequel on prend les papillons; mais il est tissu d'un fil de laine, et par conséquent plus fort. Comme ces oiseaux ne sont nullement sauvages, on s'approche d'eux, on abat le filet sur leur tête, qui s'engage dans les mailles, et l'on s'en empare facilement. De cette manière, on se rend maître des oiseaux qui volent à la surface de la mer ou qui pêchent sur les rochers à fleur d'eau.

Mais le plus grand nombre se trouve sur les escarpements des falaises. Pour les atteindre, quatre chasseurs se réunissent. L'un, armé d'une perche terminée par une petite planche horizontale, pousse l'autre jusqu'à ce qu'il soit au niveau d'une corniche; celui-ci, à son tour, hisse son camarade avec une corde. Là ils saisissent les oiseaux sur leurs œufs ou les attrapent au vol avec le filet. Ils les tuent à mesure, et les jettent à leurs camarades qui maintiennent la barque au-dessous du rocher. Ils voyagent ainsi de corniche en corniche, et l'on a vu des chasseurs prendre en quelques heures des centaines d'oiseaux.

Enfin, la méthode la plus profitable, mais la plus dangereuse de toutes, est la suivante. Les chasseurs sont munis d'une corde épaisse de 6 centimètres et longue de 200 à 400 mètres, laquelle porte une espèce de siége. On place une poutre sur le bord du rocher, afin que le câble ne se coupe pas en raguant sur la pierre. Six hommes descendent le preneur d'oiseaux (*fuglemand*). Celui-ci tient à la main une cordelette avec laquelle il peut faire à ses compagnons certains signes convenus. Il faut une habileté toute particulière pour empêcher le câble de se tordre; sans quoi le malheureux tourne sur lui-même, et se brise contre les rochers. Arrivé à une corniche, le *fuglemand* quitte la corde, l'amarre à une saillie du rocher et tue le plus grand nombre d'oiseaux possible, en les prenant à la main ou en les attrapant avec son filet. Aperçoit-il une caverne ou une corniche qu'il ne puisse atteindre, et où perchent beaucoup de Palmipèdes, alors il s'assoit de nouveau sur la planchette, et imprime à la corde des mouvements d'oscillation qui atteignent quelquefois 30 mètres, et le lancent à la partie du rocher qu'il veut explorer. (*Mag. pittor.*)

On assure que sur un seul petit écueil des îles Feroë, on prend annuellement jusqu'à 2400 Perroquets de mer.

Les gardiens des îles du Texel sont exclusivement en possession de tous les œufs. Mais, pour jouir de ce privilége, ils payent une somme considérable au gouvernement.

On prétend que les œufs du seul Goëland argenté, recueillis journellement, s'élèvent à trois ou quatre cents, et souvent même jusqu'à huit cents ! Passé la Saint-Jean, on n'enlève plus les œufs, et on laisse ces oiseaux couver en paix ceux qu'ils pondent après cette époque. (Schinz.)

Naumann rapporte que, chaque année, on retire de la petite île de Sylt 50 000 œufs de grandes Mouettes et tout autant d'espèces moins grosses et d'Hirondelles de mer. Parmi les premiers, il y en a au moins 10 000 qui appartiennent au Goëland argenté. Trois hommes sont occupés à recueillir ces œufs depuis huit heures du matin jusqu'à l'entrée de la nuit. Ils reçoivent en payement les œufs des petites espèces.

Le Fulmar est pour les habitants de Saint-Kilda une des productions les plus précieuses de leur île.

Les dénicheurs risquent leur vie pour atteindre ces oiseaux. Ils sont ordinairement par deux. L'un, solidement attaché sous les bras avec une grosse corde, est des-

cendu par l'autre sur quelque roche escarpée bien peuplée
de Fulmars. Il fait sa provision d'œufs, de petits et de couveuses; puis, il est hissé par son compagnon. L'habileté
de ces hommes est très-grande ; la moindre surface leur

VÖGELBERG.

suffit pour se tenir. On les voit, déjà chargés de butin,
se traîner sur les genoux et sur les mains, et marcher
sur les saillies les plus étroites et les moins avancées. La
force de celui qui tient la corde est telle, que si le déni-

cheur fait un faux pas et tombe dans l'espace, il supporte le choc et sauve le malheureux. (L. Wraxall.)

On dit que dans les Hébrides on tue annuellement plus de 20 000 Fous.

On a calculé que dans le Groenland on consomme, dans le même espace de temps, 200 000 œufs d'Oiseaux aquatiques.

Audubon a vu des chercheurs d'œufs espagnols, venus de la Havane dans l'*île aux Oiseaux* (golfe du Mexique), emporter une cargaison d'environ huit tonnes d'œufs de deux espèces d'Hirondelles de mer. Il leur demanda quel pouvait en être le nombre; ils répondirent qu'ils ne les comptaient jamais, même en les vendant, et qu'ils les donnaient à raison de 75 *cents* par gallon. En un seul marché, ils se faisaient quelquefois 200 dollars, et il ne leur fallait qu'une semaine pour aller et revenir compléter un nouveau chargement. D'autres chercheurs, qui arrivent de la Clef de l'ouest, vendent leurs œufs 12 cents et demi la douzaine.

VII

Disons, en terminant, quelques mots sur le fameux *Canard eider*[1].

Cette remarquable espèce a près de deux fois la taille du Canard ordinaire. Son cou est comparativement court; ses jambes sont un peu hautes.

Ce Canard pond principalement en Islande. Il est protégé par les lois. Tout homme qui se permet de le tuer à l'époque de sa reproduction, est condamné à une amende

---

[1] *Anas mollissima* Linné.

qui s'élève jusqu'à 30 dollars. On sauvegarde ainsi une des industries les plus lucratives que puissent fournir les Oiseaux de mer : nous voulons parler de l'exploitation et de la vente de ce moelleux duvet connu sous le nom d'*édredon*.

Mackensie rapporte, dans son *Voyage en Islande*, que lorsque son bateau approcha de cette île, il traversa de véritables troupeaux de ce précieux Canard. Les Eiders ne prenaient pas la peine de se déranger sur son passage : ils semblaient comprendre qu'ils étaient protégés par le gouvernement ! Entre le rivage et la maison du bailli, le terrain était littéralement couvert d'oiseaux, si serrés, que les visiteurs étaient obligés de marcher avec beaucoup de précaution pour ne pas les blesser. On voyait des Eiders occupés à couver, sur les murs des jardins, sur les toits des maisons, dans leur intérieur, et *même dans l'église*. Quand on les approchait, ils ne changeaient pas de place; ils se laissaient toucher, et frappaient légèrement avec le bec la main des étrangers.

Les nids des Eiders sont arrondis et peu profonds; ils sont construits avec des bûchettes sèches entrelacées avec soin, de la mousse et des plantes marines. L'oiseau y dépose cinq ou six œufs, rarement sept ou huit. Audubon en a compté une fois jusqu'à dix. Ces œufs sont plus gros que ceux du Canard ordinaire, lisses et d'un gris olivâtre clair. Ils passent pour un mets très-délicat.

Chaque nid est tapissé de *duvet*, que l'oiseau arrache de sa poitrine. Les œufs y sont profondément enfoncés. Autour de la couchette on voit une quantité de plumes suffisante pour couvrir les œufs, quand la mère, à marée basse, va chercher sa nourriture.

« On ne peut contempler, sans être attendri, cette bonté divine qui donne l'industrie au faible et la prévoyance à l'insouciant ! »

On enlève le duvet à deux époques différentes. Mais la pauvre femelle est quelquefois obligée de fournir à une troisième récolte. Elle se plume et se replume, pour tenir son nid convenablement chaud.

Lorsqu'elle a épuisé sa provision de duvet brunâtre, le mâle arrive et lui vient en aide. Il sacrifie, à son tour, son édredon blanc de neige et rosé.

Chaque nid peut fournir environ 125 grammes de beau duvet.

VIII

Quand on réfléchit aux rassemblements considérables d'Oiseaux marins qui habitent et qui nichent sur les côtes de toutes les îles de l'Europe septentrionale, on est vraiment pénétré d'admiration. Les grèves les plus arides, les rochers les plus escarpés, les crevasses les plus inaccessibles, tout est envahi et souvent encombré par des nids et par des couveurs.

Souvent chaque femelle ne pond qu'un œuf, et cet œuf est placé dans un endroit tel, qu'on a peine à comprendre comment l'incubation peut avoir lieu.

Les Aigles de mer, les Faucons, les Mouettes, sucent les œufs ou emportent les petits.

Le *Stercoraire parasite*[1] nourrit sa couvée avec de jeunes Fous, des Pingouins et des Fulmars qu'il arrache à leurs parents.

Les grands Poissons happent aussi plus d'un pauvre oiseau, gros ou petit.....

---

[1] *Lestris parasitica* Boje.

Des centaines d'individus meurent de froid pendant l'hiver.

Des nichées entières sont surprises par les marées, ou balayées par les ouragans.

Et combien en périt-il sacrifiés pour nos besoins et pour nos plaisirs? (L. Wraxall.)

Malgré ces causes de pertes, le nombre des Oiseaux marins se maintient constamment le même, et les déserts de l'Océan sont toujours animés par leur présence et embellis par leurs amours!.....

CHAPITRE XLIII

LES CÉTACÉS.

« Ce sont des quadrupèdes *estropiés*. »
(Un vieil auteur.)

I

Chez les animaux très-simples en structure, le tissu est homogène, et remplit toutes les fonctions par toutes ses parties. A la vérité, ces fonctions se trouvent singulièrement bornées et réduites généralement au nécessaire ou à l'indispensable.

A mesure que les animaux se compliquent, des organes plus ou moins distincts apparaissent, et les fonctions se *localisent*. Chaque partie est alors chargée d'un rôle spécial.

La *division du travail* est, sans contredit, une des lois les plus importantes et les plus curieuses de la Nature. (Milne Edwards.)

Cette division est d'autant plus grande, que l'animal est plus *parfait*. Quand elle augmente, les organes et les fonctions deviennent plus nombreux.

Chez les animaux les plus voisins de l'Homme, l'instrument de chaque fonction est tantôt simple, tantôt double; mais, dans le premier cas, formé de moitiés semblables, cohérentes. Voilà le maximum de la perfection organique.

Les organes essentiels d'un Vertébré (cerveau, cœur) sont ceux qui, par soudure, acquièrent l'unité.

Les autres organes (oreilles, mains) conservent la dualité.

Chez les Annelés, presque tous les organes sont multiples. Certaines espèces ont 10 mâchoires, d'autres 60 tentacules, d'autres 200 dents; celles-ci 300 pattes, celles-là 3000, 15000, 30000 petits yeux !.....

Le plus souvent, ce sont les organismes tout entiers (zoonites) qui se répètent. On en compte une vingtaine dans une Sangsue; il y en a au moins 2000 dans un Ténia[1]. Cependant l'animal s'éloigne beaucoup d'un Vertébré, et par sa constitution, et par son intelligence.

Il est autrement compliqué; car sa complication résulte, non de la perfection de ses organes, mais du nombre de ses organismes. Chaque zoonite, pris séparément, diffère notablement de l'admirable ensemble d'un Mammifère ou d'un Oiseau, et la réunion de ces zoonites, quoique formant un tout supérieur à celui d'un zoonite isolé, se trouve encore bien au-dessous de l'organisme d'un Vertébré quelconque.

Chez les animaux les plus inférieurs, ce ne sont plus les organes ou les organismes qui se répètent, mais les individus eux-mêmes tout entiers. Ils s'associent et forment un être collectif, un animal composé.

Dans la *division du travail*, il y a donc quatre modes à considérer :

---

[1] Voyez le chapitre XXIX.

1° Plusieurs individus pour une association.

2° Plusieurs ensembles d'organes (zoonites) pour un individu.

3° Plusieurs instruments pour une même fonction.

4° Des instruments spéciaux (doubles) pour des fonctions spéciales.

Une notion même légère des grandes choses a son prix (Leibnitz); c'est pourquoi on nous pardonnera le caractère un peu sérieux (nous allions dire un peu savant) de cette introduction. Arrivons maintenant aux Mammifères.

II

Les Mammifères, ou, comme on les appelait anciennement, les *Quadrupèdes vivipares*, sont les Vertébrés les plus rapprochés de l'Homme. Ceux qui vivent dans la mer constituent trois sections d'animaux assez différentes, et par leur structure, et par leurs mœurs :

1° Les Mammifères dont les membres antérieurs, plus ou moins incomplets, sont transformés en rames ou nageoires, et qui manquent de membres postérieurs : on les appelle *Cétacés*.

2° Ceux qui ont quatre membres tous convertis en rames ou nageoires : ce sont les *Phoques* et les *Morses*.

3° Ceux qui ont quatre membres plus ou moins semblables à ceux des Quadrupèdes ordinaires : ce sont les *Loutres de mer* et les *Ours blancs*.

Les premiers et les seconds peuvent être regardés comme les *Mammifères marins* proprement dits.

Les Cétacés sont les moins *parfaits* en organisation.

III

Les Cétacés sont des Mammifères marins essentiellement aquatiques. La plupart ne viènnent jamais à terre. En général, ils se tiennent toujours dans l'eau ; mais comme ils respirent par des poumons, ils sont forcés de monter à sa surface pour prendre de l'air.

Lorsque, par suite de quelque gros temps, les grandes espèces se sont échouées, il leur est ordinairement impossible de se remettre à flot.

La tête des Cétacés se joint à leur tronc par un cou si court et si gros, qu'on n'aperçoit en cet endroit aucun rétrécissement. Leur tronc se termine par une queue épaisse et charnue. Cette queue est déprimée ou horizontale, et non verticale ou comprimée, comme celle des Poissons. A cause de cette structure, on leur avait donné anciennement le nom de *Plagiures* (*Pisces plagiuri*). Ils frappent l'eau de haut en bas et non de droite à gauche.

Un vieux marin, qui avait toujours une histoire prête, disait un jour à un jeune novice, à propos d'un Marsouin[1] qu'on venait de harponner : « Vois-tu, mon petit, le Marsouin, c'est comme le Dauphin[2], deux cousins germains qui naviguent depuis le commencement du monde. Dans le principe ils avaient la queue *en travers;* aussi filaient-ils si vite, si vite, qu'ils dépassaient les chevaux du père Tropique. Ça le vexa, le bonhomme. C'est pourquoi il leur tordit la queue pour leur ralentir le pas! » (S. Berthelot.)

[1] Voyez le chapitre XLV.
[2] Ibidem.

Les Cétacés ont au-dessus de la tête un ou deux orifices appelés *évents*, qui communiquent avec le fond de la bouche, au moyen desquels l'animal expulse, sous forme de jet d'eau, le liquide qu'il a pris pendant sa respiration. Cet appareil leur a valu le nom de *Souffleurs*.

Certains individus, de taille énorme, font sortir par leurs évents un assez grand volume d'eau pour remplir un canot dans un instant. Ils lancent ce fluide avec rapidité, à une hauteur de plus de 13 mètres. Le bruit de la gerbe, qui s'élève et qui retombe en colonnes majestueuses, ou se disperse en gouttes innombrables, peut être entendu de fort loin.

Les meilleurs plongeurs que l'on connaisse ne peuvent rester sous l'eau qu'un petit nombre de minutes. Les Cétacés demeurent submergés des demi-heures entières, sans paraître souffrir le moins du monde. Un de nos plus savants anatomistes, le professeur Breschet, a découvert, en disséquant un de ces animaux qu'il possédait, le long de la colonne vertébrale, un réseau considérable de grosses veines, lequel n'existe pas chez les autres Mammifères. Ce réseau lui a paru destiné à servir de refuge au sang durant le temps que l'amphibie reste plongé sous l'eau. Il forme comme un réservoir où se rend le trop-plein de la tête et des organes importants. Aussitôt que le Cétacé retourne à l'air, et que le jeu de la respiration se rétablit, le sang s'échappe de ce réseau et se précipite dans les poumons.

Les Cétacés vivent par troupes souvent nombreuses. Il en existe une centaine d'espèces.

Les uns sont carnassiers, les autres herbivores. Ces derniers sortent parfois sur le rivage, y rampent à l'aide de leurs nageoires, et y *paissent* comme des Ruminants. Ils font ainsi exception à la règle générale.

Plusieurs espèces, quand elles allaitent leur petit, dressent

leur corps verticalement et tiennent toute sa partie supérieure hors de l'eau. Elles embrassent leur nourrisson avec
les nageoires, comme une femme tient son enfant avec ses
bras. En apercevant de loin ces femelles dans cette posture
et dans cette occupation, on a pu leur trouver une certaine
ressemblance avec l'espèce humaine, et de là les noms de
Femmes marines, de *Nymphes marines*, de *Sirènes*.....

CHAPITRE XLIV

LES CACHALOTS.

Grosse tête et petit cerveau.

I

Les *Cachalots* sont des Cétacés de grande taille, caractérisés par la grosseur de leurs dents inférieures.

Plusieurs zoologistes pensent qu'il en existe au moins dix espèces; d'autres n'en reconnaissent que trois; quelques-uns n'en admettent qu'une seule. Les grandes bêtes ne sont guère mieux connues que les petites.

Le *Cachalot grosse tête*, appelé aussi et plus pompeusement, *Macrocéphale* [1], se rencontre dans presque toutes les mers.

Anderson en a mesuré un qui avait à peu près 70 pieds anglais de longueur.

---

[1] *Physeter macrocephalus* Linné (*Sperma ceti whale* des Anglais, *Pottfisch* des Allemands).

Cet animal est d'un noir bleuâtre, plus foncé sur le dos. Sa mâchoire d'en haut est sans dents, ou n'en offre que de rudimentaires cachées sous les gencives. La mâchoire d'en bas est plus courte d'un mètre et plus étroite ; elle semble hors de proportion avec cette dernière. Nous parlerons tout à l'heure des grosses dents qu'elle présente.

L'évent est unique. Les yeux sont placés sur des éminences.

La nageoire dorsale est réduite à une saillie calleuse. La queue est bilobée.

L'ensemble de l'animal est épais, lourd et disgracieux. Dans sa physionomie sans élégance, il y a moins du Poisson que du Têtard.

Le Cachalot grosse tête nage ordinairement à fleur d'eau, montrant le dos et l'éminence charnue qui entoure l'évent. Il vient donner l'essor aux humides bouffées de son organe, comme un bourgeois hollandais vient fumer sa pipe au soleil (Melville). Sa progression n'est pas rapide. Dans les bas-fonds, on le voit quelquefois dresser verticalement hors de la mer toute la partie supérieure de son corps.

Quand les Cachalots voyagent, le plus grand et le plus fort marche toujours à la tête de la phalange. C'est lui qui donne ordinairement le signal du combat.

En 1741, un individu énorme échoua vers l'embouchure de l'Adour, près de Bayonne.

En 1769, un autre fut jeté sur la côte, à peu de distance de Saint-Valery, dans la baie de la Somme.

En 1784, trente-deux Cachalots échouèrent dans la baie d'Audierne, sur le rivage de la commune de Primelin, en basse Bretagne.

Le squelette conservé dans une des cours du Muséum de Paris a été acheté à Londres en 1821.

Tout récemment (novembre 1862) un Cachalot a été trouvé par les douaniers dans les récifs du Darmon (Var). Sa longueur est de 12m,70, et sa circonférence de 8 mètres.

CACHALOT GROSSE TÊTE

Physeter macrocephalus Linné).

Sa gueule, ouverte, peut recevoir un homme debout et l'avaler sans lui faire subir la moindre pression. On estime son poids à 40 000 kilogrammes. Il a été acheté par M. Bienvenu, ex-maître de port, pour la somme de cinquante francs. Le squelette a été vendu pour le musée de Draguignan.

II

La pêche des Cachalots forme l'objet d'une industrie énorme, particulièrement autour de l'archipel açorien.

Nous emprunterons à M. Henri Drouet quelques détails sur cette pêche intéressante et lucrative.

Tous les ans, pendant la belle saison, une centaine au moins de bâtiments (*balieiros*) portugais et américains croisent entre les Açores et l'Amérique, et font la chasse aux Cachalots.

Chaque capitaine possède à son bord deux hommes en observation au sommet des mâts, et quatre ou cinq canots aigus aux deux extrémités. Aussitôt qu'un malheureux Cachalot a été signalé, les canots sont détachés, chacun monté par six rameurs intrépides, par un timonier habile qui tient le gouvernail, et par un harponneur expérimenté, ordinairement vieux loup de mer, doué de sang-froid, d'un coup d'œil juste et d'un poignet vigoureux.

Dès que l'animal se sent harponné, il s'élance rapidement vers le fond de la mer. Après quelques minutes, il reparaît à la surface pour respirer. La colonne d'eau jetée par son évent est souvent ensanglantée. Il replonge, mais auparavant un second et même un troisième harpon ont été lancés d'une autre chaloupe.

Quelquefois les pêcheurs emploient un harpon particulier, renfermé dans un appareil semblable à un grand tromblon de cuivre. Au moyen d'un puissant ressort, cet instrument part comme une flèche, et va s'implanter dans la peau du Cétacé. Récemment encore on a imaginé un troisième et plus terrible moyen de destruction : c'est une sorte de pétard qui éclate quand il a pénétré dans les chairs.

Cependant l'animal, épuisé, remonte à la surface, où ses apparitions deviennent plus fréquentes. C'est à peine s'il peut plonger encore à quelques brasses et retarder sa mort de quelques instants.

A ce moment, les chaloupes, réunies en cercle, le cernent et l'achèvent à coups de lance ; mais, souvent, il arrive que le Cachalot se défend et vend chèrement sa vie. Malheur alors à l'imprudent canot qui s'est un peu trop avancé ! D'un coup de sa queue puissante, le monstre balaye tout ce qui se trouve à sa portée.

Le Cachalot mort ou mourant, les embarcations le traînent à la remorque jusqu'au brick. On hisse l'animal sur un des flancs du navire, de manière que le corps entier soit au-dessus de l'eau.

L'équipage dîne joyeusement. Il procède ensuite au dépècement, opération toujours accompagnée de rasades de genièvre et de chansons.

D'abord on enlève tout autour du corps de larges bandes de graisse, destinées à la cuisson dans de grandes cuves de cuivre. Le cuisinier met de côté les pièces de chair les plus belles, et, tant que cette chair sera fraîche, il en régalera les matelots. On épuise l'huile et la graisse dans le corps, surtout dans la tête. On la recueille quelquefois avec des seaux.

L'huile de la région céphalique est la plus épaisse, et elle forme à elle seule le tiers au moins de la masse totale.

Lorsque le corps est entièrement épuisé, on le sépare de son chef, et l'on abandonne la carcasse aux Oiseaux et aux Requins.

La tête seule est hissée sur le pont, où l'on achève de la dépouiller.

Ces opérations du dépècement, de la cuisson et de la préparation, demandent quatre jours, et occupent de vingt à trente hommes.

Une fois épurée, l'huile est mise dans des tonnes. (H. Drouet.)

III

Un Cachalot peut fournir, suivant sa taille, de 80 à 150 tonnes d'huile. Un individu long de 18 mètres, et pesant 60000 kilogrammes, en rend de 95 à 100 barils. Rarement on en trouve qui en donnent davantage.

Le prix de la tonne varie de 40 à 50 piastres, c'est-à-dire 200 à 250 francs. Ainsi il n'est pas rare qu'un Cachalot rapporte de 20000 à 25000 francs. (H. Drouet.)

M. Drouet a vu, à Fayal, un trois-mâts américain qui avait pris dans la même saison trois Cachalots énormes, représentant un produit net de 80000 francs. En 1857, pendant qu'il visitait l'archipel açorien, ce savant naturaliste rencontra un petit brick qui, dans l'espace de trois mois, avait capturé cinq Cachalots.

On évalue à cent cinquante environ le nombre de ces grands Cétacés capturés annuellement dans la mer des Açores, lesquels produisent, au maximum, une valeur de 3 millions. (H. Drouet.)

IV

Les Cachalots fournissent à l'industrie et aux arts, non-seulement de l'huile, mais encore de l'ivoire, du blanc de baleine et de l'ambre gris.

L'ivoire se retire de leurs dents. Il est d'assez mauvaise qualité.

La mâchoire inférieure porte de chaque côté de vingt à vingt-cinq grosses dents [1]. Ces dents sont cylindriques et

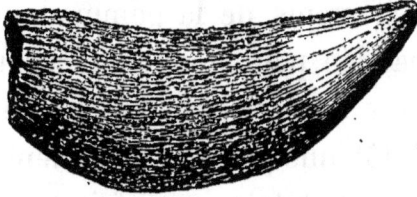

DENT DE CACHALOT.

coniques au sommet, à peine recourbées d'avant en arrière, légèrement comprimées inférieurement et un peu pointues. Nous en avons une sous les yeux qui présente 20 centimètres de hauteur; nous en avons vu une autre qui pesait plus d'un kilogramme.

Le blanc de baleine se trouve au milieu des grandes cavités de la partie supérieure du crâne, au-dessus du cerveau. Ce dernier est petit, relativement au volume de la tête. Camper a trouvé que, sur une tête de 6 mètres de longueur, la cavité crânienne n'avait que 32 centimètres.

Pendant la vie de l'animal, le blanc de baleine est dissous dans un liquide huileux. Il se fige après la mort. On l'obtient pur en l'exprimant dans un sac de laine. On le fait bouillir ensuite dans une lessive alcaline pour le débarrasser de la partie huileuse restante. On le lave et on le fond.

Dans un Cachalot des Moluques, long de 19 mètres et demi, M. Quoy a calculé qu'il y avait vingt-quatre barils

[1] « *Dentes 46 inferioris maxillæ.* » (LINNÉ.)

de blanc de baleine, contenant chacun 125 kilogrammes. Par conséquent, cet animal en a fourni 3000 kilogrammes.

Cette matière est solide, blanche, brillante, comme nacrée, un peu transparente et très-douce au toucher. Elle se casse facilement et par écailles.

C'est un des éléments de la pommade anglaise, le *cold-cream*, recommandée pour adoucir la peau.

L'ambre gris n'est autre chose qu'une sorte de calcul intestinal, ou plutôt une partie des aliments des Cachalots, très-incomplétement et très-imparfaitement digérés.

Cette matière, si recherchée dans la parfumerie et si estimée par beaucoup de belles dames, cette matière présente, comme on voit, une nature très-peu noble et une source très-peu respectable. L'inconvenance de son origine n'en rend que plus étonnante la suavité de son odeur!

L'ambre, qui se forme dans le corps du Cachalot, est rendu..... avec les excréments.

Plusieurs zoologistes pensent que tous les Cachalots rejettent normalement cette substance. D'autres supposent qu'elle est le résultat de certaines maladies, et par conséquent un produit accidentel.

On trouve l'ambre gris, tantôt flottant sur la mer ou déposé sur la plage, parmi les déjections des Cétacés, tantôt dans les intestins mêmes de ces animaux.

C'est sur les côtes du Japon, des îles Moluques, de l'Inde, de Madagascar et du Brésil, qu'on récolte habituellement cette substance.

La nourriture prise par les Cachalots semble influer sur la production de l'ambre. Il paraît que ce sont les Poulpes musqués, nommés *Élédones*, les Sèches et plusieurs autres Mollusques, même des Poissons odorants, mal digérés et accumulés, qui donnent naissance à cette matière. On sait que, parmi les animaux marins, il en est un certain nombre qui exhalent une odeur de musc plus ou moins forte.

Lorsque les pêcheurs américains découvrent des morceaux d'ambre gris dans un parage, ils en concluent aussitôt qu'il doit être fréquenté par quelque Cachalot.

L'ambre gris est une matière solide, assez dure, grasse, cireuse, plus légère que l'eau. Sa couleur est d'un gris noirâtre, un peu cendré, quelquefois jaunâtre ou brunâtre, souvent masquée par une efflorescence blanche qui se forme à sa surface et qui pénètre même un peu dans son intérieur. Cette matière offre une odeur douce, suave, susceptible d'une grande expansion.

L'ambre gris est en masses irrégulières, composées tantôt de couches concentriques, comme superposées, tantôt de petits grains inégaux plus ou moins arrondis. On trouve quelquefois, dans son intérieur, des débris de mollusques et de poissons, tels que des mandibules, des écailles, des arêtes.

Ces masses pèsent habituellement de 50 à 500 grammes. On en trouve, cependant, de 5 à 10 kilogrammes. Le Cachalot échoué en 1741, près de Bayonne, avait dans ses intestins un morceau d'ambre du poids de 5^{kil},30. Un baleinier en retira 20 kilogrammes des entrailles d'un individu, et 52 de celles d'un autre. La Compagnie des Indes en avait une masse, en 1695, du poids de 73 kilogrammes. Valmont de Bomare en vit un bloc, en 1721, de 100 kilogrammes. On a parlé d'un autre de 293 kilogrammes, ce qui paraît bien extraordinaire.

On prétend que les Renards sont très-friands de l'ambre gris, qu'ils viennent chercher sur les côtes de la mer. Ils le mangent et le rendent tel qu'ils l'ont avalé, quant à son parfum, mais altéré dans sa couleur. C'est au résultat de ce goût qu'on attribue l'existence de quelques morceaux d'ambre blanchâtre, qu'on trouve à une certaine distance de l'Océan, dans les Landes aquitaniques, et que les habitants du pays appellent ambre *renardé* (Bory)?. Cette seconde qualité de matière parfumée aurait donc traversé le tube digestif de deux Mammifères différents, et aurait toujours conservé son excellente odeur.

CHAPITRE XLV

LES DAUPHINS.

« *Velocissimum omnium animalium non solùm marinorum est* DELPHINUS, *ocyor volucre, ocyor telo.* » (PLINE.)

Les *Dauphins* sont des Cétacés souvent petits, élancés et gracieux. Il y en a cependant d'une taille colossale.

On les rencontre dans toutes les mers.

Le plus commun est le *Delphis* [1], que les pêcheurs nomment *Oie de mer* et *Bec-d'Oie*, à cause de son museau effilé et pointu, structure qui le distingue du *Marsouin* [2], autre espèce à museau court et tronqué.

Le *Delphis* offre dans son palais un double sillon recouvert par la peau. Il a quarante-cinq paires de dents à chaque mâchoire.

Sur une tête qui fait partie du musée de l'École de pharmacie de Paris, nous avons compté 104 dents à la mâchoire

[1] *Delphinus delphis* Linné.
[2] *Delphinus phocæna* Linné.

supérieure (52 de chaque côté), et 98 à la mâchoire inférieure (49 de chaque côté); en tout, 202. Ces dents sont
très-petites, très-égales, très-blanches, pointues et légèrement courbées.

Les Dauphins ne manquent pas d'intelligence. Mais les
écrivains grecs et romains ont singulièrement exagéré leurs
différentes aptitudes. Ils ont prétendu qu'ils étaient sensibles à la musique et qu'ils pouvaient rendre à l'Homme des
services signalés.....

Pline rapporte très-sérieusement que, de son temps,
sur la côte de Narbonne, des Dauphins aidaient les
pêcheurs à prendre des poissons, et qu'on les récompensait
de leurs peines, non-seulement par une portion de la pêche,
mais encore par du pain trempé dans du vin.

On a prétendu que des Dauphins avaient porté des hommes sur leur dos. On a parlé d'un individu très-apprivoisé,
qui, n'ayant plus revu l'enfant qu'il affectionnait, mourut
bientôt de chagrin !

Les Dauphins fendent les vagues plus rapidement qu'un
oiseau qui traverse les airs (*ocyor volucre*). Avant-coureurs
d'un vent frais, ils accourent du bout de l'horizon, et bon-
dissent sur la lame comme pour saluer le navire. Aussi les
marins regardent-ils leur arrivée comme un heureux pré-
sage (S. Berthelot). Des troupes vagabondes suivent les
vaisseaux pendant des journées entières, les dépassent en
sautant, les croisent en se poursuivant, plongent sous leur
quille, disparaissent et reviennent pour recommencer leur
premier jeu. Ces troupes sont composées de cinq ou six
individus, rarement d'un plus grand nombre. Cependant
on en a vu formées d'une vingtaine. Les Dauphins chassent
en meute dans l'eau, comme les Loups sur la terre.
(Audubon.)

Les Dauphins sont *l'amour et l'orgueil des ondes*, suivant

les belles expressions d'Oppien. Ces animaux se témoignent les uns aux autres une sympathie vraiment remarquable, et bien plus réelle que leur affection prétendue pour l'espèce humaine. Du moment que l'un d'eux est pris, tous ceux de la troupe s'approchent et l'entourent, jusqu'à ce qu'on l'ait enlevé sur le pont. Alors ils s'éloignent ensemble, et aucun ne veut plus mordre, quelque chose qu'on lui jette. Cependant cela n'a lieu que lorsqu'il s'agit de gros individus rusés et méfiants, qui se tiennent à part des jeunes, comme on l'observe dans plusieurs espèces d'oiseaux. Au contraire, si vous avez affaire à une troupe de jeunes, ils resteront tous sous l'avant du vaisseau, et continueront de mordre, l'un après l'autre, comme empressés de voir par eux-mêmes ce qu'est devenu le camarade, et de cette manière ils sont tous capturés. (Audubon.)

La plus grande espèce connue est l'*Orque* ou *Épaulard*[1].

On en prit un dans la Tamise, en 1787, long de 8 mètres, et un autre dans la Loire, en 1793, long de 6. On assure qu'il peut atteindre jusqu'à 10 mètres.

Deux individus, un jeune et une femelle, ont échoué, en 1844, près d'Ostende.

Ce beau Dauphin a le dessus du corps noir, et le dessous blanc. Il offre une tache blanchâtre, en forme de croissant, à la partie supérieure des yeux. Ses dents sont coniques et un peu crochues.

Il passe pour le plus redoutable des Cétacés qui visitent nos parages. Il attaque les Mammifères de la mer, même les plus grands; il ose poursuivre la Baleine.

Une troupe d'Épaulards harcèlent le roi des Cétacés, jusqu'à ce qu'il ouvre la gueule, et alors ils lui dévorent la langue (Cuvier). Rien n'est intéressant comme d'entendre

---

[1] *Delphinus orca* Linné.

les récits des pêcheurs du Groenland et du Spitzberg, sur la férocité et la gloutonnerie de ces dangereux animaux.

Le 1er août 1862, un beau mâle est venu se perdre sur la côte du Jutland. La nouvelle en a été donnée immédiatement au professeur Eschricht, à Copenhague, lequel s'est rendu sur les lieux. Ce savant zoologiste a voulu savoir, avant tout, de quoi le monstre s'était nourri pendant les dernières heures. Il a retiré de son estomac *treize Marsouins* et *quinze Phoques!*

II

La pêche du Dauphin est une des occupations les plus importantes et les plus fructueuses des habitants des îles Feroë.

L'espèce principale qu'on rencontre autour de ces îles est l'*Épaulard à tête ronde*[1], remarquable par la saillie excessive de son front, qui représente un casque antique. Ce Dauphin vit en troupes nombreuses, conduites par un grand individu.

Lemaout, pharmacien à Saint–Brieuc, en a observé soixante et dix jetés sur la côte, près de Paimpol. En 1806, il en échoua quatre-vingt-douze dans la baie de Scapay, à Pomona, l'une des Orcades. L'année précédente on en avait poussé jusqu'à trois cent dix sur le rivage de Shetland. Scoresby en a vu jusqu'à mille réunis en une seule troupe. (Des Moulins.)

« Dès qu'un pêcheur des îles Feroë a reconnu en pleine mer la présence d'une bande de Dauphins, il la signale

---

[1] *Delphinus globiceps*, Cuvier.

aussitôt aux habitants de la côte, en arborant un pavillon particulier. Ceux-ci s'en vont sur la montagne, allument un feu de gazon, et bientôt ce signal télégraphique annonce à toutes les îles la joyeuse nouvelle. Les tourbillons de fumée flottent dans les airs, les feux éclatent de sommet en sommet; leur nombre et leur position indiquent aux habitants des côtes éloignées l'endroit où se trouvent les Dauphins.

» A l'instant, le pêcheur détache sa barque du rivage. Ses parents, ses voisins, accourent à la hâte se joindre à lui. Des femmes leur préparent des provisions, et ils s'élancent gaiement sur les flots. A Thorshavn, la capitale des îles Feroë, il y a, ce jour-là, un mouvement dont on ne saurait se faire une idée. Des femmes, des enfants, vont tout effarés à travers la ville, en criant : *Gryndabud ! Gryndabud !* (Nouvelle du Dauphin!) A ce cri de bénédiction, toutes les portes s'ouvrent, toutes les familles sont en rumeur. C'est à qui ira le plus vite à son bateau, à qui sera le plus tôt prêt pour fendre la lame avec l'aviron ou à déployer la voile. Le gouverneur et le *landfogde* accourent aussi, et se mettent à la tête de la caravane, avec leur chaloupe conduite par dix chasseurs en uniforme, et portant au haut du mât la banderole danoise.

» Quand tous les pêcheurs sont réunis à l'endroit désigné, ils se rangent en ordre de bataille, s'avancent, selon la position des lieux, en colonne serrée, ou forment un grand demi-cercle. Ils enlacent dans cette barrière les Dauphins étonnés, les poursuivent, les chassent jusqu'à ce qu'ils les amènent au fond d'une baie. Là le cercle se resserre, les Dauphins sont pris entre les bateaux et la terre, arrêtés d'un côté par des mains armées de lances ou de pieux, et de l'autre par la grève, où le moindre mouvement impru-dent les fait échouer.....

» Bientôt il se fait un carnage horrible. Les pêcheurs

frappent, égorgent, massacrent. Le sang ruisselle, la mer devient toute rouge ; et ceux des Dauphins qui pourraient encore s'échapper, perdent dans la vague ensanglantée leur agilité distinctive, et tombent comme les autres sous le fer acéré. Souvent on compte les victimes par centaines.

» Quand le carnage est fini, on traîne les Dauphins sur le sable. Le *sysselmand* apprécie la valeur de chaque Cétacé, leur grave une marque sur le dos, et le gouverneur en fait le partage. D'abord on prend, à titre de dîme, une part pour le roi, pour l'Église, pour les prêtres, une autre pour les fonctionnaires, une troisième pour les pauvres, une quatrième pour ceux qui sont associés à la pêche, tant par barque et tant par homme. Celui qui a découvert le troupeau a droit de choisir le plus gros de tous les Dauphins. Ceux qui ont été blessés ou qui ont souffert quelque avarie dans l'expédition ont une part supplémentaire. Enfin, on en réserve encore une part pour les propriétaires du sol où la pêche s'est faite, et celle-ci est presque toute dévolue au roi, qui est le plus grand propriétaire du pays.

» Quand le partage est terminé, les animaux sont dépecés. On en retire la peau, qui sert à fabriquer les courroies ; la chair et le lard, qui forment une des meilleures provisions de la famille feroëenne. Avec la graisse on fait de l'huile, et la vessie desséchée sert de vase pour la contenir. Les entrailles sont portées par chaque bateau en pleine mer, afin de ne pas infecter la côte.

» Un Dauphin de moyenne grandeur donne ordinairement une tonne d'huile, qui se vend, à Thorshavn, de 30 à 40 francs. La chair et le lard ont à peu près la même valeur.» (*Mag. pittor.*)

Audubon rapporte que, pendant un long calme, des troupes de superbes Dauphins glissaient près des flancs de son vaisseau, étincelant comme de l'or bruni à travers la lumière et semblables en éclat aux météores de la nuit. Le capitaine et les matelots les surprenaient habilement avec l'hameçon, ou les perçaient avec un instrument à cinq pointes, appelé *pique*.

Quand il a senti l'hameçon, le Dauphin se débat violemment et s'élance avec impétuosité jusqu'au bout de la ligne. Alors, se trouvant soudain arrêté, il saute souvent tout droit hors de l'eau, et parvient quelquefois à se détacher. Quand il est bien pris, le pêcheur expérimenté le laisse d'abord faire ses évolutions; bientôt l'animal s'apaise, et on le hisse sur le pont. Quelques personnes préfèrent le tirer tout de suite, mais rarement elles réussissent; car ses brusques secousses, lorsqu'il se sent hors de son élément, suffisent en général pour le dégager. (Audubon.)

III

Les Dauphins nous rappellent naturellement le *Narwal*, ou *Licorne de mer*[1], grosse espèce des mers arctiques, agile et audacieuse, armée d'un instrument de combat très-puissant et très-redoutable.

Le Narwal est long de 6 à 9 mètres. Il porte au devant de la gueule une sorte de grande hallebarde, de longue épée d'ivoire, horizontale, étroite, pointue, cannelée, comme tordue en spirale. Cette énorme dent sort d'un alvéole commun à la partie extérieure de l'os maxillaire et à l'os incisif de l'un des côtés. Elle dépasse quelquefois de 2 mètres l'extrémité du museau.

[1] *Monodon monoceros* Linné.

C'est cette défense qu'on appelait autrefois *corne de Licorne*.

On en conserve deux dans le musée de la Faculté de médecine de Paris, dont la plus grande offre 2^m,25 de longueur et une circonférence, à la base, de 48 centimètres. Ces deux dents faisaient anciennement partie du trésor de l'abbaye de Saint-Denis. Dans quel but des cornes de Licorne étaient-elles conservées par des abbés?

NARWAL

(*Monodon monoceros* Linné).

La dent correspondante, c'est-à-dire celle de l'autre côté, est habituellement très-peu développée, et reste cachée dans l'os de la mâchoire.

Le Narwal est un Cétacé d'un blanc grisâtre, avec des taches blanches qui semblent pénétrer dans la peau.

Dans l'estomac d'un individu, on a trouvé un bras de Sèche et des morceaux de Carrelet.

Pendant son voyage au Groenland, Scoresby rencontra un jour un grand nombre de Narwals qui nageaient près du vaisseau, en bandes de quinze à vingt. La plus grande partie étaient des mâles. Ils paraissaient fort gais, élevaient leurs défenses au-dessus de l'eau, et les croisaient comme pour faire des armes. Ils produisaient un bruit tout à fait extraordinaire et qui ressemblait au *glouglou* que fait l'eau dans la gorge..... La plupart suivaient le navire et semblaient attirés par la curiosité. Comme l'eau était transparente, on put très-nettement les voir descendre jusqu'à la quille, et s'amuser avec le gouvernail.....

Il n'est guère possible de reconnaître le Narwal dans le passage où Pline a décrit la Licorne. Il donne à cet animal la tête du Cerf, les pieds de l'Éléphant et la queue du Sanglier. Ce qui ne l'empêche pas, dit-il, de ressembler à un Cheval. Sa corne est noire et naît au milieu du front!!

I V

On mange les différentes espèces de Dauphins. Que ne mange-t-on pas? Les plus petites passent pour les plus délicates. Les Saxons et les Anglais, au moyen âge, estimaient beaucoup la chair des Marsouins.

En 1426, on acheta plusieurs de ces animaux pour la table de Henri III. L'évêque de Swinfield, qui vivait à cette époque, s'en régalait toutes les fois qu'il en trouvait l'occasion.

On servit des Marsouins dans un somptueux banquet offert à Richard II, à Durham-House. On dit qu'à l'installation solennelle de l'archevêque Nevill, quatre Cétacés de cette espèce figurèrent honorablement.

En 1491, les baillis d'Yarmouth firent présent à lord Oxford d'un beau Marsouin, qu'ils accompagnèrent d'une adresse dans laquelle ils disaient qu'ils lui envoyaient ce présent parce qu'ils pensaient que rien ne pouvait être plus agréable à sa seigneurie. (Révoil.)

On servit, au repas de noce de Henri V, plusieurs plats de haut goût, préparés avec la chair de ce Dauphin. Au festin du couronnement de Henri VII, parurent encore des Marsouins; il y en avait de rôtis, de bouillis, en pâtés et en puddings.

La reine Élisabeth elle-même, qui avait le goût très-raffiné, aimait la chair de Marsouin. (Révoil.)

On vendit de ces animaux sur les marchés d'Angleterre jusqu'en 1575, époque où ils cessèrent d'être recherchés.

CHAPITRE XLVI

LA BALEINE.

> « *Maximum omnium animalium.* »
>
> (LINNÉ.)

I

Les *Baleines* sont les plus grands animaux de la mer, et en même temps les plus grands animaux connus.

La *Baleine franche*[1], ou *Nordcaper*, a fixé de très-bonne heure l'attention des marins et des naturalistes.

On a fait observer que cette bête gigantesque devait être nécessairement aquatique. Si elle avait été terrestre, quelles jambes auraient pu la soutenir? Si elle avait été aérienne, quelles ailes auraient pu la soulever? La Providence a donc bien fait de placer les Baleines dans l'eau. Elle leur a donné en même temps la forme d'un poisson, pour s'y mouvoir avec plus de facilité.

Les dimensions de la Baleine sont telles qu'on peut saisir sans peine leur rapport avec les plus grandes mesures ter-

---

[1] *Balæna mysticetus* Linné.

restres. Des auteurs ont prétendu que des individus très-âgés ont offert une longueur égale à la cent millième partie du quart du méridien (?).

Lacépède affirme qu'une Baleine dressée contre une des tours de Notre-Dame la dépasserait d'un tiers (?).

BALEINE DU GROENLAND
(*Balæna mysticetus* Linné).

En réduisant les exagérations des marins..... ou des naturalistes, on peut dire que les plus grosses Baleines présentent de 25 à 30 et peut-être 35 mètres de longueur. Tout récemment (avril 1863), la plage de Dunkerque a été visitée par un de ces énormes Cétacés, jeté à la côte par un violent coup de vent de sud-est. Il avait 30 mètres de longueur et 20 mètres de circonférence. L'agonie du pauvre Léviathan a duré près de deux heures après son échouement; dans ses derniers débats, il faisait voler le sable à 100 mètres de la plage. Puis, un effroyable sifflement annonça que la nature était enfin vaincue. (*Mémorial d'Amiens.*)

Les auteurs prétendent que le poids de cet animal peut atteindre 250 000 kilogrammes (?). Une Baleine de 20 mètres, mesurée par Scoresby, n'en pesait que 70 000.

Le corps de la Baleine franche est un cylindre colossal et irrégulier, dont le petit diamètre égale à peu près la troisième partie du plus grand.

Ce corps « *n'ha ny poil, ny escailles, mais est couvert d'un cuir uny, noir, dur et espez, soubz lequel y a du lard environ l'espesseur d'un grand pied.* » (Belon.)

La peau de ce géant de la mer offre cependant quelques poils, surtout chez les jeunes sujets.

Sa tête égale en grosseur presque le tiers du volume total; elle a une forme arquée. On voit de loin cette tête colossale s'élever au-dessus de la mer, comme un monticule d'un brun noir.

II

Sa gueule est d'une grandeur prodigieuse, d'une capacité si grande, que dans celle d'un individu de 24 mètres de longueur, pris en 1726, au cap Hourdel, dans la baie de la Somme, deux hommes pouvaient entrer sans se baisser. (Duhamel.)

Sa mâchoire supérieure porte environ sept cents lames verticales, de nature cornée, à bords frangés, qui pendent des deux côtés. Ces lames, connues dans la science sous le nom de *fanons*, et dans le commerce sous celui de *baleines*, sont longues de 4 à 5 mètres.

Sa langue est monstrueuse. On assure qu'elle atteint jusqu'à 8 mètres de longueur et jusqu'à 4 de largeur. Elle fournit à elle seule cinq ou six tonneaux d'huile. A proprement parler, ce n'est plus une vraie langue, mais un gros matelas épais, mou, tout rembourré de graisse, étalé sur le plancher buccal. Ce matelas est collé dans toute son étendue, et par conséquent *immobile*. On a de la peine à concevoir une langue qui ne peut pas sortir de la bouche !

La Baleine se nourrit de méduses, de mollusques et d'autres petits animaux marins. Ces pauvres bêtes sont entraînées par la masse d'eau qui les contient. Le monstre nage à la surface de la mer, la gueule ouverte. Il n'a qu'à fermer les mâchoires pour retenir des populations entières. L'eau, tamisée à travers les filets des fanons (véritable forêt de fibres rapprochées), y laisse les malheureux petits animaux. Chaque repas en détruit plusieurs milliers.

Les gros mangent les petits. C'est la nature qui le veut. Et, quelquefois, comme dans le cas actuel, les très-gros mangent les très-petits. Car les bestioles englouties par le colosse des colosses n'ont guère, en moyenne, que 2 ou 3 centimètres de longueur..... Mais le nombre des individus avalés compense, et bien au delà, l'exiguïté de leur taille. On a vu ailleurs que ces petits habitants de l'eau salée se multiplient par millions. Si leur destruction ne portait pas remède à leur fécondité, il arriverait qu'en fort peu de générations, ils encombreraient l'Océan et finiraient par le corrompre ou par le solidifier !

Quelle étrange chose que de voir le Gargantua de l'animalité poursuivre de chétives bestioles gluantes, et transparentes, presque sans forme et sans consistance, et souvent à peine perceptibles.

On assure cependant que la Baleine mange de temps à autre quelques poissons, même des poissons assez gros. Dans l'estomac d'une Baleine on a trouvé un Thon tout entier (Breschet).

Les Baleines vivent comme les Poissons et respirent comme les Quadrupèdes. On dit que le souffle de ces animaux exhale une odeur insupportable, putride et presque cadavéreuse. Est-il vrai qu'on les entend *ronfler* de loin [1] ? Ce doit être un bien épouvantable ronflement !

Il existe, dans le musée de la Faculté de médecine de Paris, une tranche verticale du plus grand vaisseau d'une Baleine (l'*aorte*). *Un enfant pourrait passer au travers de cet anneau,* lequel offre un diamètre de 36 centimètres et une épaisseur de 4 centimètres.

Quelle énorme colonne de sang indiquée par cet anneau !

III

Le poids du cerveau d'une Baleine représente à peine la vingt-cinq millième partie du poids total du Cétacé.

Quoique doué d'une force prodigieuse, cet animal est très-timide. Quand on le poursuit, il cherche habituellement à fuir et non à se défendre.

Il a des ennemis qui le tourmentent et dont il ne sait pas toujours se défendre ou s'éloigner. Les Espadons le percent,

---

[1] « *Balœnæ stertere audiuntur.* » (PLINE.)

les Scies lui font d'affreuses déchirures; les Requins lui arrachent de gros morceaux de chair.

Le diamètre de l'œil d'une Baleine égale la cent quatre-vingt-douzième partie de sa longueur totale. Le professeur Carus compare le volume entier du globe oculaire à une orange, et le docteur Gros, à la tête d'un enfant nouveau-né.

La pupille est transversalement ovale, comme celle des Ruminants.

Quoique ces immenses Mammifères-Poissons manquent de pieds, ils nagent cependant avec une extrême vitesse. Ils se jouent avec les montagnes d'eau soulevées par les tempêtes. Ils se servent admirablement de leurs deux bras, qui forment deux nageoires gigantesques, et surtout de leur queue colossale, composée de deux lobes d'une étendue et d'une force prodigieuses. Aussi, lorsque les baleiniers veulent ralentir la course d'un individu harponné, c'est à cette dernière partie qu'ils adressent leurs coups. Avec une pelle triangulaire bien tranchante, ils pratiquent deux ou trois vigoureuses entailles à la naissance de la queue, et diminuent de moitié la puissance de l'animal fuyant.

Quand une Baleine frappe l'eau avec sa queue, elle produit un fracas pareil à celui d'un coup de canon. (Milne Edwards.)

On dit qu'une Baleine parcourt, en moyenne, quatre milles par heure. Mais lorsqu'elle est blessée ou poursuivie, elle s'élance bien plus rapidement. Quelquefois elle s'élève au-dessus de l'eau et se laisse retomber. Elle produit alors une tempête en miniature, qui se fait sentir assez loin.

IV

Les Baleines sont sensibles à l'amour. Le mâle accompagne presque toujours sa femelle.

En 1723, on rencontra deux époux Baleines, qui traversaient l'Océan. C'était peut-être un voyage de noces! On les attaqua, on les blessa. Un des deux ayant cessé de vivre, l'autre se jeta sur son corps bien-aimé avec d'effroyables mugissements (Duhamel).

La même année, à l'embouchure de l'Elbe, huit femelles échouèrent. Près de leurs cadavres on vit bientôt arriver leurs huit mâles.

Les Baleines, comme tous les Mammifères, nourrissent leur petit avec leur lait. Combien donnent-elles de litres de la précieuse nourriture à chaque tetée?

La mère montre pour son nourrisson un attachement très-ardent et très-courageux.

« Quand un Baleineau a été harponné, on peut être certain que la mère ne tardera pas à venir à son secours. Elle le joint à la surface de l'eau, toutes les fois qu'il y paraît pour respirer; elle semble l'exciter à la fuite; elle y aide souvent, en le prenant sous ses nageoires. Il est très-rare qu'elle l'abandonne, tant qu'il est vivant.

» Dans ces moments, on peut la blesser facilement; car elle oublie entièrement le soin de sa propre sûreté, pour ne s'occuper que de la conservation de son petit. Elle se lance au milieu des ennemis, méprise les périls; même après avoir été frappée plusieurs fois, elle reste auprès de son nourrisson, si elle ne peut pas l'entraîner avec elle. Dans son angoisse maternelle, elle court çà et là, bat la mer avec violence, et

l'irrégularité de ses mouvements est un indice certain de
la vivacité de sa douleur. » (Scoresby.)

V

On appelle *fausses Baleines*, ou *Rorquals*, les espèces qui
portent une nageoire sur le dos et de larges rides sous
le corps.

Les Rorquals sont encore plus grands que les Baleines.
Scoresby parle d'un individu qui avait 120 pieds anglais
de longueur !

Ces animaux sont les vrais géants de la création !

En 1828, la mer jeta sur la plage de Saint-Cyprien, dans
les Pyrénées-Orientales, un très-beau Rorqual, qui a été
décrit par M. Companyo.

VI

Parmi les grandes pêches qui ont lieu dans les différentes
mers, celle de la Baleine ou du Rorqual est, sans
contredit, la plus renommée, la plus difficile et la plus
périlleuse.

On prenait autrefois de grands Cétacés dans les régions
tempérées de l'Europe, soit dans l'Océan, soit dans la Méditerranée.

Divers actes nous apprennent que, jusqu'au xiie siècle,
ces animaux, assez nombreux dans le golfe de Gascogne,
y étaient l'objet d'une pêche régulière. Aujourd'hui, ces
énormes Mammifères sont devenus de plus en plus rares,

et leur apparition dans ces mêmes eaux est considérée comme un véritable phénomène.

Cuvier croyait que la Baleine du golfe de Gascogne était la même que la Baleine du cercle polaire. Le professeur Eschricht, de Copenhague, nous a appris que ce sont deux espèces différentes.

Les premiers baleiniers paraissent donc avoir été des Basques. Vinrent ensuite les Asturiens, puis les Anglais, et puis les Hollandais.

Le théâtre des pêches, transporté du midi dans le nord, a bien souvent changé de parage.

Anciennement, la côte orientale du Groenland passait pour une des meilleures stations. Dans ce moment, cette partie de la mer est complétement déserte. Depuis quelque temps, les Esquimaux ne comptent presque plus sur ce colosse de la mer, qui n'apparaît qu'aux environs de Holsteinborg, et encore très-rarement.

Les pêcheurs anglais en ont entièrement dépeuplé la baie de Baffin.

Il y a trente ans, cent navires, appartenant à diverses nations, se livraient à la pêche de la Baleine dans le détroit de Davis. Aujourd'hui, il en vient tout au plus cinq ou six, et encore n'arrivent-ils qu'avec l'espoir d'un butin fort problématique (Ch. Edmond).

Les bâtiments employés à la pêche de la Baleine sont en général du port de 350 à 450 tonneaux, et portent de trente à quarante-cinq hommes d'équipage. Chaque canot est pourvu d'un harponneur placé à l'avant, d'un chef qui tient le gouvernail et de quatre rameurs. Il a douze harpons et sept ou huit *lances*.

Le harpon est long d'environ un mètre. Sa tige est de fer. Son extrémité antérieure porte une dilatation deltoïde, pointue, à deux branches divergentes aiguës, offrant inté-

rieurement comme un petit crochet. Du côté opposé est une
douille également de fer, dans laquelle entre le manche qui
sert à lancer l'instrument. Ce manche est une sorte de
bâton d'environ un mètre et demi. Au-dessus de la douille
se trouve fixée une boucle de chanvre natté, qui reçoit
l'extrémité de la *ligne*. On appelle ainsi une corde longue
de 130 à 150 brasses et épaisse de 4 à 5 centimètres.

La lance est une tige de fer longue de 3 à 4 mètres,
y compris la hampe, qui en offre à peu près 2 et demi.
Elle présente à son extrémité une dilatation ovalaire ou
elliptique.

Lorsque le bâtiment est arrivé dans les parages fréquentés
par les Baleines, un matelot se met en vigie au haut du
mât. Aussitôt qu'il aperçoit un de ces animaux, il donne le
signal. On met les canots à la mer; on s'approche doucement de la Baleine, sans l'effrayer. Le canot qui, le premier, se trouve à distance convenable, commence l'attaque.
L'homme placé à l'avant lance son harpon. Il le fait avec
adresse et avec toute la force dont il est capable. Le géant

BALEINE HARPONNÉE.

des ondes, se sentant blessé, donne d'ordinaire un violent
coup de queue, et plonge en même temps. Il déroule et
entraîne la ligne qui porte le harpon.

Les canots ont soin de ne pas se tenir dans la direction
de la partie postérieure du Cétacé. Ce voisinage, on le com-

prend, serait fatal à l'embarcation. Quand la Baleine plonge, sa queue s'élève, se balance quelques instants dans l'aïr et retombe à plat. Son poids seul peut écraser un canot. Qu'on suppose maintenant le monstre blessé et irrité, et l'on verra combien ses chocs peuvent être redoutables.

La ligne est emportée avec une rapidité si grande et une force si terrible, qu'elle enflammerait les bords du canot, si l'on n'avait pas le soin de les mouiller de temps en temps.

Si, par malheur, cette corde est arrêtée par un nœud ou par tout autre obstacle, l'embarcation est presque toujours submergée.

Au bout d'un certain temps, quelquefois après une heure, la Baleine reparaît à la surface de la mer, mais à une grande distance de l'endroit où elle avait plongé.

Au moment de son apparition, il peut arriver aux canots un accident terrible, quoique rare. C'est le cas où ils sont pris par-dessous et lancés en l'air.

« Dans l'année 1802, dit Scoresby, le capitaine Lyons, faisant la pêche sur les côtes du Labrador, aperçut assez près de son bâtiment une grande Baleine. Il envoya aussitôt quatre canots à sa poursuite. Deux de ces canots abordèrent l'animal en même temps, et plantèrent leur harpon. La Baleine frappée plongea, mais revint bientôt à la surface, et ressortant dans la direction du troisième canot, qui avait cherché à prendre l'avance, elle le lança en l'air comme une bombe. Le canot fut porté à plus de 5 mètres, et, s'étant retourné par l'effet du choc, il retomba la quille en haut; les hommes s'accrochèrent à un autre canot qui était à portée. Un seul fut noyé. »

Quand la Baleine est revenue sur l'eau, on la frappe avec un second et même un troisième harpon. Puis on l'attaque à coups de lance.

Dès que le monstre a cessé de vivre, on le traîne vers le bâtiment, et on l'amarre le long du bord pour prendre les fanons et dépecer son lard.

Puis, on abandonne sa chair aux Oiseaux aquatiques, aux Phoques et aux Ours.

La pêche de la Baleine peut offrir des dangers encore plus grands que ceux qui viennent d'être signalés.

On rapporte qu'un navire américain, l'*Essex*, se trouvant, le 13 novembre 1820, dans la mer du Sud, aperçut un certain nombre de Baleines, vers lesquelles il se dirigea. Arrivé au milieu de ces animaux, il mit, suivant la coutume, les canots à la mer. La petite flottille s'avançait rapidement, et le navire la suivait de près. Tout à coup la plus grosse Baleine se détacha du groupe (qui semblait former une famille), et, dédaignant les embarcations, s'élança droit sur le vaisseau, qu'elle prit sans doute, et non sans raison, pour le chef de ses ennemis. Du premier choc, elle fracassa une partie de la fausse quille, et elle s'efforça ensuite de saisir le navire en divers endroits avec ses gigantesques mâchoires. Elle ne put y réussir; elle s'éloigna d'environ 200 mètres, et revint frapper de toute sa force contre la proue du bâtiment. Le navire recula avec une vitesse de quatre nœuds par seconde. Il en résulta une vague très-haute. La mer entra dans l'*Essex* par les fenêtres de l'arrière, en remplit la coque, et le fit coucher de côté. Vainement les canots arrivèrent pour sauver le navire, il n'était plus temps. Tout ce qu'on put faire, fut, en enfonçant le pont, d'extraire une petite quantité de pain et d'eau, que l'on déposa dans les embarcations.

VII

Dans les mers du Nord, la prise d'une Baleine est une bonne fortune.

Quand les Esquimaux aperçoivent un de ces monstres, ils revêtent à l'instant leurs plus beaux habits. C'est peut-être la seule occasion, où hommes et femmes se nettoient et fassent toilette ! On assure qu'ils prennent garde surtout à ne pas mettre un vêtement qui ait été en contact avec un cadavre humain. S'ils négligeaient cette précaution, la Baleine prendrait la fuite aussitôt, quand même elle aurait dans le corps plusieurs harpons. Cette assertion est-elle bien exacte?

Quoi qu'il en soit, les dispositions convenables une fois prises, toute une flottille s'élance à la mer. On harponne l'animal, on le crible à coups de javelots, on l'épuise, on le tue...

La Baleine est ensuite traînée jusqu'à la côte, et dépecée, le corps étant moitié dans l'eau.

Les gens qui ont assisté en simples spectateurs à la lutte participent au partage tout aussi bien que ceux qui y ont pris part. Hommes, femmes, enfants, tous se précipitent sur le Cétacé. C'est à qui pratiquera la plus profonde entaille, à qui emportera le plus gros morceau. Pendant quelques jours, la Baleine devient ainsi un garde-manger général, où chacun vient prendre sa pitance quotidienne. (Ch. Edmond.)

VIII

Linné dit que l'huile fournie par une seule Baleine est souvent si abondante, qu'elle peut suffire à la *charge d'un vaisseau.* Cette quantité est évaluée à 120 tonneaux (Milne Edwards).

La pêche de ce précieux Cétacé dans les mers polaires a donné : en 1859, 2078 barils d'huile ; en 1860, 1909, et en 1861, 1710. Sur ces derniers 1710 barils, 1013 appartenaient aux navires de Dundee, et 697 seulement aux autres ports. (*Revue marit.*)

En 1861, une transformation s'est opérée dans le matériel des armements pour la pêche de la Baleine. Les bâtiments à hélice ont été substitués aux bâtiments à voiles, et les résultats de la deuxième saison ont été assez encourageants pour engager les armateurs à persévérer dans leurs tentatives. Par suite même de ces succès, un grand nombre de navires à voiles, surtout à Peterhead, ont été vendus, et l'on semble reconnaître aujourd'hui que la question est résolue, et que l'avenir appartient désormais aux navires pourvus d'un moteur à hélice. (*Revue marit.*)

On voit que les mers polaires ne sont pas inaccessibles aux progrès.

PHOQUES

CHAPITRE XLVII

LES PHOQUES.

Era gros coma un azer, et era pélos coma un azer.

(Petit Thalamus de Montpellier, 1383.)

I

Les *Phoques* sont moins marins que les Baleines.

Ils viennent de temps en temps à terre.

Ils possèdent quatre nageoires, et ont le corps velu, *pélos*..... Ils s'éloignent moins des Quadrupèdes.....

Par leurs formes et par leurs habitudes, les Phoques ont donné naissance aux fables des Tritons et des hommes marins. Celle qui fait garder par Protée les troupeaux de Neptune repose plus particulièrement sur l'observation imparfaite de ces Mammifères pisciformes, dont les bandes nombreuses se jouent gaiement à la surface des vagues, viennent ramper sur les plages désertes, ou s'arrêter sur les roches à fleur d'eau pour y recevoir l'action bienfaisante des rayons du soleil (P. Gervais).

Le *Phoque commun*[1] est assez abondant sur nos côtes. On en trouve beaucoup dans la mer Adriatique, dans les eaux de l'Archipel et dans certains parages de l'Afrique. On en rencontre aussi dans l'Océan. Il en vient exclusivement des troupes assez nombreuses, dans la baie de la Somme. Les pêcheurs ont donné à cet animal les noms de *Loup marin* et de *Veau marin*.

Le Phoque a le corps allongé, vêtu d'une fourrure serrée et soyeuse. Sa tête ressemble à celle d'un chien auquel on aurait coupé les oreilles. Il a de fortes moustaches, comme un chat, et deux beaux yeux vert de mer, veloutés et limpides comme les yeux d'un enfant.

Sa vue est perçante et son ouïe fine. Ses narines sont munies d'une sorte de petite porte (*valvule*), que l'animal ouvre et ferme à volonté, et qui empêche l'eau de pénétrer dans son nez.

Deux paires de nageoires fort longues lui tiennent lieu de mains et de pieds. Celles de derrière, unies à la queue, forment, à droite et à gauche de cette dernière, comme deux grandes oreillettes.

Le régime du Phoque est principalement animal; il consiste en mollusques nus, en crabes et en poissons. Ce gracieux Mammifère mange aussi des végétaux, surtout des fruits. Il s'accoutume parfaitement au pain mouillé.

II

Le Phoque est timide et sauvage. Il a une physionomie très-douce et un regard très-expressif.

Il ne manque pas d'intelligence, et il est susceptible

---

[1] *Phoca vitulina* Linné.

d'apprivoisement, même d'une certaine éducation. Son obéissance est parfois bien remarquable. On montre de temps en temps, dans les ménageries, de malheureux Phoques emprisonnés dans une cuve, mal nourris, chétifs, malades, dont on vante les hautes qualités ; qualités qui se réduisent, le plus souvent, à reconnaître la voix du cornac, et à venir prendre familièrement un poisson ou un morceau de pain qu'on leur présente.

Le cri de ce Mammifère est doux et flûté, et rappelle certains mots usités dans toutes les langues, en particulier les syllabes *pa-pa*, *ma-ma*: D'où les charlatans s'empressent de conclure que ces animaux peuvent apprendre à parler... Ne croyez pas que les Phoques soient capables, comme on l'a dit, de prononcer les mots *gâteau*, *café*, *manger*, *merci*, et encore moins: les phrases *Vive le roi*, *Bonjour monsieur*, *Je suis Français*.....

En les tenant dans une quantité d'eau suffisante pour leur permettre de nager, et en les nourrissant avec du poisson frais, on peut les conserver pendant plusieurs années.

Quelques naturalistes modernes ont pensé qu'il ne serait pas impossible à l'Homme d'assujettir complétement à sa puissance ces fugitifs habitants de la mer. On peut s'étonner, dit Frédéric Cuvier, que les peuples pêcheurs n'aient pas dressé les Phoques à la pêche, comme les peuples chasseurs ont dressé le Chien à la chasse. M. Babinet a insisté, tout récemment, sur les services nombreux que ces Mammifères pourraient nous rendre, si nous les élevions auprès de nous. Il voudrait en voir jusque dans nos *eaux douces !*

Il existe, depuis plusieurs années, deux Phoques au Jardin zoologique d'Amsterdam. Ils vivent dans un grand parc d'eau salée. On assure qu'ils s'y sont reproduits par deux fois. Non-seulement ils distinguent la voix des gar-

diens qui les soignent, mais encore ils saisissent au loin
le bruit des pas du directeur. Ils jettent de petits cris dès
qu'ils l'entendent, et se précipitent au-devant de lui.

Un vieillard, accompagné d'une petite fille et d'un griffon
de la Havane gros comme le poing, venait souvent visiter
nos deux Phoques et leur apporter des friandises. Ceux-ci
sortaient de l'eau, rampaient devant le chien et la petite
fille, leurs amis, et venaient s'ébattre sur le sable avec eux.
On se roulait, on se faisait des niches, on partageait fra-
ternellement les fruits ou les gâteaux que contenait le
panier de la petite fille..... Or, un jour, au milieu de ces
jeux, le chien manque son élan, passe par-dessus la
tête d'un Phoque, et tombe dans le bassin. Le pauvre
roquet se démène un instant, et disparaît..... Aussitôt les
deux Phoques jettent un cri, rampent au plus vite jusqu'à
l'eau et s'y précipitent. En un clin d'œil le mâle reparaît,
tenant délicatement dans sa gueule le griffon sans mouvement. Il le dépose aux pieds de la petite fille. (H. Ber-
thoud.)

Le Phoque nage très-bien et plonge encore mieux. Il
peut retenir sa respiration pendant un temps assez long.
Il montre dans ses évolutions une prestesse et une élégance
remarquables.

Il vient de temps en temps se coucher et se reposer sur
le sable du rivage, ayant soin de ne pas s'éloigner de plus
de 5 à 6 mètres. A la moindre alerte, il se précipite dans
l'eau et regagne la haute mer [1].

Son allure, sur terre, est lente et disgracieuse; il se
traîne plutôt qu'il ne marche. Il avance au moyen de sauts
petits et fréquents, produits par les contractions de tout son
corps, ses nageoires antérieures appliquées contre les flancs.

[1] Voyez la planche XIX.

III

Chaque Phoque se retire avec sa famille sur un quartier de rocher, qui devient comme son domicile et sa propriété exclusive. L'intrusion d'un étranger amène aussitôt un combat terrible. Ordinairement chaque famille vit à une certaine distance des familles voisines.

Le mâle rassemble d'ordinaire un sérail de femelles, pour lesquelles il a beaucoup d'affection et dont il défend l'approche aux autres mâles. Il en a jusqu'à cinquante.

A l'époque des amours, les mâles se battent entre eux avec fureur.

Lorsqu'ils sont vieux, leurs femelles les abandonnent sans pitié.

Quand les femelles vont faire leurs petits, le mâle les conduit sur le rivage, à une place tapissée de plantes marines. Les mères y déposent leurs nourrissons, pour lesquels elles ont un attachement très-vif.

Les petits aiment à jouer et à folâtrer les uns avec les autres. Quand ils ont atteint l'âge de cinq ou six mois, le père, les jugeant assez forts pour vivre par eux-mêmes, les chasse et les force à s'établir ailleurs.

IV

Les Phoques de la Somme sont l'objet d'une chasse remplie d'attraits pour les amateurs, laquelle donne lieu à une branche d'industrie maritime qui n'est pas sans importance. M. Ch. de Rylé a publié des détails fort intéressants sur cette chasse.

La saison la plus favorable est le mois de juin, époque où les femelles viennent de mettre bas, et sont accompagnées de leurs petits. Ces derniers, moins rusés que leurs parents, se laissent plus aisément surprendre. Les Phoques adultes, de leur côté, se résignent difficilement à abandonner leurs nourrissons. On a donc plus de chance de les tirer à belle portée.

Il y a deux manières de chasser les Phoques, sur terre, et dans l'eau.

Pour les tirer sur terre, il faut profiter du moment où ces animaux se trouvent à une certaine distance du rivage : ce qui n'est pas facile. Les chasseurs se placent dans un canot et suivent les courants. Ils tirent sur les individus qu'ils surprennent sur les rives. Ils emploient des armes à longue portée et de grande précision. Car l'animal, épouvanté à la vue de l'embarcation qui s'avance, cherche à fuir rapidement, et il faut quelquefois le tirer à 200 ou 300 mètres de distance.

D'autres fois, le chasseur débarque sans bruit, laissant au matelot qui l'accompagne la garde du canot. Il se traîne sur le sable, en rampant comme le sauvage qui veut surprendre un ennemi. Il parcourt souvent, de cette manière, un kilomètre et plus, poussant sa carabine devant lui. Il s'arrête par intervalles, pour donner à la proie qu'il ambitionne le temps de se rassurer, si elle paraît inquiète, et dissimule en un mot sa présence, autant que possible, jusqu'au moment où, jugeant le Phoque à portée, il fait feu. M. de Rylé a bien décrit les ruses et la patience qu'il faut avoir dans cette circonstance.

La chasse dans l'eau est plus simple, mais moins certaine. On tire le Phoque au moment où il se montre à la surface de la mer. Il faut savoir que l'animal sort seulement la tête, la laisse voir tout au plus une minute, et plonge immédiatement. Quand on est assez adroit pour le toucher, on court risque de le perdre. En effet, si le Phoque n'est que blessé, il regagne la pleine mer ; s'il est tué roide, il coule au fond de l'eau, et ce n'est pas sans peine qu'on réussit à le pêcher.

V

Dans le Groenland, il existe plusieurs espèces de Phoques différentes du Phoque commun. Ce sont le *Phoque de Gmelin* ou *capuchonné*[1], celui de *Müller*[2], et celui de *Schreber*[3].

La chasse de ces animaux se fait en pleine mer et avec le harpon.

Ce harpon est long de 2 mètres, et terminé par une pointe de fer mobile, encastrée dans un os, retenue par une courroie et pouvant se détacher au moment où elle pénètre dans la chair de l'animal. Une vessie qui flotte au bout de la ligne indique l'endroit où le Phoque blessé a plongé sous l'eau. Le harpon glisse sur une navette de bois excessivement polie ; ce qui lui donne plus de force et lui fait suivre plus sûrement la direction voulue.

Les autres projectiles sont confectionnés de la même manière, et on les lance par le même procédé.

Aussitôt que le Phoque, forcé de venir à la surface de l'eau pour respirer, a révélé sa présence, l'Esquimau cherche à le surprendre, en se tenant sous le vent et en tournant le dos au soleil, afin de n'être ni vu ni entendu. Il se penche sur son kayack, de façon que la vague dérobe le plus possible sa figure. Arrivé à une trentaine de mètres, il

---

[1] *Phoca cristata* Gmelin.
[2] *Phoca groenlandica* Müller.
[3] *Phoca hispida* Schreber.

prend la pagaie de la main gauche, ajuste son harpon sur la navette et le lance avec vigueur. Si le coup a porté juste, le fer se détache de la lance et dévide la ligne roulée en spirale sur l'avant du kayack. La vessie qui termine la ligne est jetée instantanément dans l'eau.

Le Phoque, atteint, plonge avec une extrême rapidité. Nous avons déjà signalé, chez les Cachalots et les Baleines, ce besoin impérieux de s'enfoncer dans l'eau, que manifestent tous les Mammifères marins qui ont été frappés.

Le pêcheur donne ensuite un tour de pagaie, et ramasse son harpon qui flotte.

Il arrive, parfois, que le Phoque entraîne avec lui la vessie; mais, forcé de respirer, il reparaît bientôt à la surface de la mer, et il n'y a pas à craindre qu'on ne le retrouve plus.

L'Esquimau *pousse au monstre*, et lui fait avec sa lance de blessures profondes. Il l'achève enfin à coups de javelots. Quand l'animal est mort, il bouche ses plaies avec de petits tampons de bois, empêchant ainsi la déperdition du sang. Il le gonfle ensuite, en soufflant entre la chair et la peau, et l'amarre à la gauche de son kayack.

Cette chasse n'est pas sans danger. Quelquefois la ligne, en se dévidant, s'enroule autour du bras ou du cou du pêcheur. D'autres fois, dans les ébats de l'agonie, le Phoque se jette du côté opposé du kayack, l'entraîne, le renverse, et l'homme est bientôt noyé. Ou bien encore, quand la chasse est finie, le Phoque, qui n'est pas mort, se jette furieux sur l'Esquimau, et le mord aux bras et au visage.

Cet animal est surtout terrible quand il défend son petit. Il se précipite alors sur le kayack et en arrache des lambeaux. La vague remplit l'embarcation, et le pêcheur, sans aucune chance de salut, est submergé avec elle. (Ch. Edmond.)

La pêche au Phoque se fait, en hiver, dans le même pays, d'une façon bien différente. On a remarqué que cet animal se pratique alors dans la glace des ouvertures par lesquelles il vient respirer l'air. L'Esquimau le guette, et quand la

PHOQUE

(*Phoca vitulina* Linné).

victime a fait son apparition, il se glisse sur le ventre en imitant son cri. Le Phoque le prend pour un frère, le laisse approcher, et ne reconnaît son erreur que lorsqu'il a reçu le coup mortel. (Ch. Edmond.)

VI

La peau des Phoques est assez estimée. Les Esquimaux l'emploient dans la construction de leurs bateaux, de leurs kayacks et de leurs tentes. Ils en font aussi des courroies, des vêtements et des chaussures.

On retire de ces animaux une huile recherchée pour les chariots et pour l'éclairage....., et même pour *fabriquer l'huile de foie de morue.*

Les Esquimaux mangent la chair des Phoques. Ils préparent avec leur sang un potage épais et substantiel. Ils composent avec ses intestins une sorte de fil. Ils confectionnent avec sa vessie les rideaux de leurs tentes, leurs chemises et les petits ballons attachés à leurs instruments de pêcherie. Ils façonnent avec leurs os la pointe de presque tous leurs instruments.....

CHAPITRE XLVIII

LE MORSE.

« *Deus ità artifex in magnis, ut minor non sit in parvis.* »

(Saint Augustin.)

I

Existe-t-il dans la mer un *Cheval marin*, une *Vache marine*, un *Éléphant marin* ?

En aucune manière. Mais on y trouve un Mammifère de forte taille, le *Morse*[1], auquel on a donné mal à propos chacun de ces trois noms.

Le Morse vit dans les régions arctiques, au milieu des glaces. On le rencontre surtout dans le détroit de Beering.

Le Morse est plus gros et plus laid que le Phoque.

On en trouve qui ont jusqu'à 7 mètres de longueur. On peut donc le regarder comme une des grandes bêtes de la mer.

Sa peau est épaisse, rugueuse, garnie de poils ras, peu

---

[1] *Trichechus rosmarus* Linné (voy. la planche XX).

nombreux et de couleur fauve roussâtre. Elle recouvre une forte couche de graisse.

Les yeux du Morse sont petits. Sa lèvre est hérissée de quelques poils jaunes, demi-transparents, épais comme des pailles.

De son museau, court et large, sortent deux grosses dents d'ivoire, allongées, un peu verdâtres, qui forment des défenses très-dures et très-fortes. Ces dents sont recourbées en arrière, comme les deux fers d'une pioche.

A cause de ces défenses, les marins appellent quelquefois le Morse, la *bête à grandes dents.*

L'animal emploie ces énormes crochets, soit à se cramponner aux corps solides, soit à détacher les herbes de la mer, soit encore à racler le sol submergé pour mettre à nu les petits animaux dont il fait sa nourriture.

Le Morse possède aussi des dents molaires; et, chose digne de remarque, celles d'en haut s'emboîtent dans celles d'en bas, *comme un pilon dans son mortier.* (F. Cuvier.)

Notre Mammifère, comme on le voit, n'offre rien qui permette de l'assimiler sérieusement au Cheval, à la Vache ou bien à l'Éléphant.

Quand le temps est beau, on voit quelquefois des centaines de Morses qui se jouent, en faisant retentir l'air de leurs mugissements, lesquels ressemblent aux beuglements du taureau; d'autres sont paresseusement couchés au soleil. Quand ils dorment, il y a toujours une sentinelle vigilante, l'œil ouvert, le cou tendu, qui avertit la troupe s'il survient quelque danger.

On a élevé plusieurs fois des Morses dans le nord de l'Europe. On leur donnait de la bouillie d'avoine ou de millet.

Il y a plusieurs années, on a réussi à en conduire un jusqu'à Londres; mais il n'y a vécu que quelques jours. On le nourrissait avec des crabes; ce qui lui convenait mieux que l'avoine ou le millet.

On a montré, pendant quelque temps, en Angleterre, un autre individu âgé de trois mois. Il se mettait en colère toutes les fois qu'on voulait le toucher; il entrait même en fureur. La seule chose que l'éducation avait pu obtenir de lui, était de suivre son maître en grondant, quand celui-ci lui offrait à manger. (E. Worst.)

On s'accorde à dire que le Morse a moins d'intelligence et de douceur que le Phoque. Cependant il n'est pas féroce, il n'attaque pas l'homme, mais il se défend avec un indomptable courage. Quand on le poursuit au large, il faut prendre beaucoup de précautions; car il arrive souvent que toute une troupe de Morses se jette audacieusement sur les embarcations, les entoure et cherche à les submerger.

II

Le capitaine Buchanan soutint un jour un combat, un véritable combat, contre des Morses. C'était en 1818, dans les parages du Spitzberg.

L'équipage avait aperçu, le soir, un grand nombre de ces animaux qui se dirigeaient vers un plateau de glace. Des embarcations furent aussitôt équipées pour les poursuivre. Le premier troupeau prit la fuite, mais le second se groupa sur le plateau avec une telle impétuosité, qu'il dérangea le plan de bataille des marins, et les empêcha d'intercepter leur marche. Les Morses étaient nombreux, et le combat s'annonçait avec des apparences très-sérieuses. Aux premiers coups de feu, ils s'élancèrent contre les marins, grognant, beuglant avec colère, saisissant les bords des embarca-

tions avec leurs longues dents ou les frappant avec leur tête.
Dans cette lutte violente, et périlleuse pour l'équipage, les
Morses étaient conduits et comme commandés par un individu, un mâle, plus grand et plus terrible que ses frères.
Ce fut sur celui-ci, principalement, que les matelots diri-
gèrent leurs coups. Mais il recevait les atteintes de leurs
massues sans fléchir, et les lances, malheureusement peu
aiguisées, ne pouvaient pénétrer dans sa rude cuirasse. Le
troupeau était si nombreux, et ses attaques étaient si vives
et si réitérées, que les matelots n'avaient pas le temps de
charger leurs grosses carabines. Par bonheur, le commis
aux vivres avait son fusil prêt; il visa adroitement le chef
Morse et lui envoya ses balles dans les entrailles. L'animal
tomba sur le dos, au milieu de ses compagnons. Ceux-ci
abandonnèrent à l'instant même le champ de bataille, se
rassemblèrent autour de leur général, et le soutinrent à la
surface de l'eau avec leurs formidables dents. Probablement
ils agissaient ainsi par une sagacité naturelle, pour l'empêcher de suffoquer. (Buchanan.)

On raconte que des pêcheurs, ayant découvert, également au Spitzberg, un petit Morse dans une caverne au
bord de la mer, s'en emparèrent et le mirent dans un
bateau. Le père et la mère, furieux de ne plus trouver leur
nourrisson, poursuivirent l'embarcation, et l'un d'eux
l'ayant accrochée avec ses défenses, la fit tellement pen-
cher, qu'un des pêcheurs glissa dans la mer. L'autre Morse
se jeta sur lui avec acharnement, et il fut impossible aux
autres pêcheurs de sauver le malheureux.

Dans une autre circonstance, toujours au Spitzberg, une
chaloupe attaqua un mâle et une femelle. Cette dernière
fut blessée pendant qu'elle allaitait son petit, attaché à sa
poitrine. Le mâle, pour se venger, donna une forte secousse
au bateau. La femelle serra étroitement son nourrisson

CHASSE AUX MORSES

sous sa nageoire gauche, et se dirigea, malgré ses blessures, vers un plateau de glace. (Elle avait trois lances enfoncées dans la poitrine.) Arrivée là, elle y déposa son petit. Mais, celui-ci, à l'instant même, s'en revint vers l'embarcation avec une telle rage, qu'il l'eût fait certainement chavirer,

MORSE ET SES PETITS
(*Trichechus rosmarus* Linné).

s'il en avait eu la force. Il reçut une blessure à la tête, et retourna vers sa mère, qui se traînait péniblement de glaçon en glaçon. Le mâle, redoutant une nouvelle attaque, prit sa malheureuse compagne avec les dents, et l'entraîna dans l'eau, jusqu'à ce qu'elle fût hors d'atteinte. (Buchanan.)

III

La chasse au Morse est facile et productive.

Généralement, ces pauvres bêtes se laissent tuer sans montrer beaucoup de ruse à fuir les assaillants. Un bateau pêcheur en prend d'ordinaire 200 ou 300 par saison. En 1608, l'équipage de Welden en tua plus de 1000 sur les côtes de l'île Cherry. Au rapport de Gmelin, les Anglais en prirent, en 1705 et 1706, 700 à 800 dans six heures ; en 1708, 900 dans sept heures, et en 1710, 800 dans une semaine. On assure que chaque année, dans les mers du Nord, on en détruit près de 3000 à 4000.

Quand un Morse, surpris à terre, se sent blessé, il entre dans une colère effrayante. Il brise les armes du chasseur imprudent, ou bien les lui arrache. S'il ne peut pas atteindre l'ennemi, il frappe le sol de côté et d'autre avec ses défenses. Poussé à bout et comme enragé, il met sa tête entre ses nageoires, et, profitant de la pente du rivage, il se laisse rouler dans la mer. Si on l'attaque dans l'eau, il se défend avec fureur.

IV

Comme les Phoques, les Morses fournissent une certaine quantité d'huile.

On tire parti de leur peau pour faire des soupentes. Cette peau était anciennement précieuse pour la navigation : on la coupait en lanières que l'on tordait, et l'on obtenait ainsi des câbles d'une très-grande résistance.

Les dents de Morse sont préférables à l'ivoire, parce qu'elles sont plus dures et moins sujettes à jaunir. Malheureusement elles n'ont pas le volume des défenses de l'Éléphant ; cependant on en trouve qui offrent plus de 80 centimètres de longueur, et près de 33 de circonférence à leur sortie de l'alvéole. L'ivoire des Morses est compacte, susceptible d'un beau poli, mais sans stries. De petits grains ronds, placés pêle-mêle comme les cailloux dans un poudingue, forment la partie moyenne de la défense (Cuvier).

Ces dents sont utilisées de différentes manières. Les prisonniers russes, en Sibérie, les travaillent très-adroitement, à peu près comme les forçats de Toulon cisèlent les noix de coco. Ils en fabriquent des coffrets, des boîtes, des étuis, des chaînes et d'autres petits bijoux élégants, vrais chefs-d'œuvre d'art et de patience.

CHAPITRE XLIX

LA LOUTRE DE MER.

« Vestus d'habits moult somptueusement,
très-bien fourrés..... »
(Saint-Gelais)

I

Les Mammifères marins, nous l'avons dit dans les chapitres précédents, ne sont pas organisés comme les Mammifères terrestres. Leur corps est plus ou moins pisciforme, et leurs membres ressemblent plus ou moins à des nageoires.

Voici maintenant un petit quadrupède qui diffère à peine, par sa structure, de ceux qui vivent sur la terre, et qui est néanmoins un animal exclusivement marin. C'est peut-être le seul qui existe (?).....

Tout le monde connaît la *Loutre ordinaire*[1], petit Mammifère carnassier à pieds palmés et onguiculés, et à queue longue presque arrondie.

[1] *Lutra vulgaris* Erxleben.

La *Loutre de mer*, ou *Enhydre*[1], présente une taille un peu plus grande. Elle peut atteindre jusqu'à un mètre et demi de longueur.

Sa tête est médiocre, arrondie, et ressemble un peu à celle du Chat. Elle porte des oreilles courtes, des yeux presque circulaires et noirs, et des moustaches blanches, longues et pendantes. Sa queue est proportionnellement moins développée que dans la Loutre ordinaire. Ses pattes sont plus petites et plus adaptées à la vie aquatique. Les postérieures ressemblent moins à des pieds qu'à des nageoires.

LOUTRE DE MER
(*Enhydris marina* Fleming).

Cependant ces organes diffèrent notablement des nageoires des Morses et des Phoques; et, quoique leurs doigts, réunis par des membranes, composent de véritables palettes destinées à frapper l'eau, l'animal, en définitive, est plutôt organisé comme un Mammifère terrestre que comme un Mammifère marin.

_____

[1] *Enhydris marina* Fleming.

Ce petit quadrupède habite dans une grande partie de l'océan Pacifique boréal, entre le 50e et le 56e degré de latitude nord. On le rencontre jusque dans les parages du Japon.

On le voit souvent couché sur des îles flottantes de Néréocystés, se réchauffant aux rayons du soleil, ou guettant quelque proie. C'est pourquoi, dans certains pays, les végétaux dont il s'agit sont désignés sous le nom de *Choux aux Loutres.*

Ce Mammifère se nourrit de poissons, de crustacés, de coquillages, et, au besoin, de plantes marines.

Il plonge comme les Morses et les Phoques, mais il ne reste pas aussi longtemps sous l'eau.

Il est d'un brun marron en dessus, et d'un brunâtre argenté en dessous.

La Loutre de mer vit par couples. La femelle ne met bas qu'un seul petit. Elle s'en sépare rarement et s'occupe de

LOUTRE FEMELLE ET SON PETIT.

son éducation avec beaucoup de tendresse. Souvent on voit à côté de la mère, non-seulement le nourrisson de l'année, mais encore celui de l'année précédente. Elle joue avec eux sur la glace ou dans les flots. Elle les jette dans la mer, et leur apprend à nager et à plonger. Quand elle dort à la surface de l'eau, le ventre en l'air, et qu'elle s'abandonne au gré des vagues, elle tient son petit au-dessus d'elle, entre ses pattes de devant. Steller a représenté une mère dans cette position. Les chasseurs surprennent souvent ces pauvres bêtes ainsi endormies, et réussissent presque toujours à les tuer.

Quand on enlève ses petits à une Loutre de mer, elle pousse des cris plaintifs; elle suit même le ravisseur de loin, appelant ses nourrissons d'une manière suppliante : ceux-ci lui répondent par des vagissements.

Steller découvrit une fois une Loutre couchée sur la glace ; son petit dormait entre ses pattes. Notre savant naturaliste s'approcha doucement. La mère, vigilante, ouvrit les yeux, reconnut le danger, éveilla son nourrisson et l'excita à fuir. Mais l'innocent préférait le sommeil. La Loutre le saisit vigoureusement, et l'entraîna malgré lui vers la mer.

II

Le pelage de cet animal est très-serré, très-moelleux et très-lustré. On le recherche comme fourrure précieuse, et l'on a bien raison, car c'est une des plus belles qui existent.

On appelle *bobry* les mâles adultes, *malka* les femelles, *koschloki* les petits d'un an, et *medwieki* les petits de quelques mois.

Les navires russes ou les navires américains qui chassent les Loutres de mer, ou qui en font le commerce, les vendent principalement en Chine, où leurs peaux sont employées comme ornement et comme signe distinctif par les hauts fonctionnaires. On en apporte rarement en Europe. Cependant beaucoup de seigneurs russes estiment cette remarquable fourrure presque autant que les mandarins chinois.

Suivant leur degré de conservation et la finesse ou le lustre de leur poil, ces peaux valent, en Chine, de 800 à 1500 francs pièce. Mais on constate d'année en année que le nombre des Loutres diminue dans les parages où on les prenait autrefois assez facilement; aussi leur prix tend-il considérablement à augmenter (P. Gervais).

On assure que, dans ces derniers temps, plusieurs fourrures ont été vendues, à Saint-Pétersbourg, jusqu'à 2000 francs (Nordmann).

Du temps de Steller, l'équipage d'un seul navire pouvait tuer jusqu'à 800 individus dans une seule campagne. Aujourd'hui, les pêcheurs d'Enhydres ne sont pas aussi favorisés. Ils ont beaucoup de peine à s'en procurer quelques couples. Dans beaucoup de parages, et particulièrement sur les côtes du Japon, les Loutres de mer ne paraissent plus en quelque sorte qu'accidentellement.

Il faudrait réglementer la chasse de ce précieux Mammifère et le ménager un peu, pour empêcher que, dans un avenir peu éloigné, son espèce n'ait complétement disparu.

La Loutre de mer présente un intérêt historique: c'est, en grande partie, en la poursuivant, que les Russes sont arrivés d'abord jusqu'au Kamtchatka, et plus tard jusqu'en Amérique.

L'Enhydre est rare dans les musées, on en comprend la raison. Le cabinet de Munich possède un squelette de cet animal, qui lui a été donné par le duc de Leuchtenberg. Le Muséum d'histoire naturelle de Paris s'est enrichi, en 1853,

de deux squelettes, un mâle et une femelle, qui lui ont été
envoyés par le professeur Nordmann.

III

Les Loutres mâles ont des mamelles..... à la vérité très-
imparfaites. Il en est de même, du reste, chez tous les
Mammifères. Nous nous sommes bien souvent demandé
le *cui bono* de ces mamelles.

Les organes des animaux ont généralement des *fonctions
déterminées*. L'aile sert au vol, l'œil à la vue, l'oreille à
l'audition.....

Dans certaines circonstances, des arrêts ou des excès de
développement modifient la constitution des parties, et
l'ensemble peut remplir un usage différent. C'est ainsi que
l'aile du Manchot devient nageoire, tandis que la nageoire
de l'Exocet devient aile.....

Habituellement, l'organe modifié conserve l'ancien usage,
en même temps qu'il s'applique au nouveau. Le nez du
Tapir et celui de l'Éléphant sont toujours affectés à l'olfac-
tion, quoiqu'ils soient devenus *boutoir* et *trompe*, c'est-à-
dire appendice pour creuser et membre pour saisir.....

Mais quand l'arrêt de développement est arrivé de trop
bonne heure, l'organe n'apparaît plus que comme un *rudiment*. Dans cet état, *à quoi sert-il? Peut-il servir à quelque
chose?*

Quelles sont les fonctions des yeux *atrophiés* ou couverts
par la peau chez la Taupe? Quelles sont celles des *tubercules
oculaires* chez les Sangsues, ou des *points oculiformes* chez
les Planariés?

Pourquoi existe-t-il des mamelles *rabougries* chez le

mâle de la Loutre de mer et chez ceux des autres quadrupèdes?

Étienne Geoffroy Saint-Hilaire regardait ces développements incomplets comme des éléments du plan primitif
de l'organisme, et par conséquent comme des indices de
la symétrie générale conservés dans les symétries particulières.

Plusieurs éminents zoologistes ont voulu voir, dans ces
rudiments, des *tendances de la nature* vers un but déterminé, c'est-à-dire des ébauches abandonnées ou des efforts
non réussis.

Cette explication est-elle préférable à celle de Geoffroy
Saint-Hilaire?

La nature active, en d'autres termes la puissance créatrice ne ressemble en rien à la puissance humaine, qui essaye, qui prend de la peine et qui n'aboutit pas toujours.
Dieu n'a jamais eu besoin de tentatives ni d'efforts, même
pour ses combinaisons les plus transcendantes ou pour ses
organismes les plus ingénieux! Il a toujours fait ce qu'il a
voulu et dans le temps qu'il a voulu, appareils très-compli-
qués ou très-simples, ensembles d'organes, portions d'organes, et, si l'on veut, *semblants* d'organes!...

Le mot *tendance* renferme cependant une idée philosophique; il serait parfait si les animaux étaient la création
des hommes. Comment faut-il le remplacer, les animaux
étant la création de Dieu?

A quoi servent donc les mamelles chez les mâles? —
Nous l'ignorons complétement, et nous avouons franche-
ment notre ignorance.

Dieu seul pourrait nous l'apprendre, car *Dieu sait beaucoup de choses,* comme disait Abd-el-Kader!

CHAPITRE L

L'OURS BLANC.

Il couche sur la neige, et soupe quand il tue.

(A. DE MUSSET.)

I

On l'a déjà vu, les mers du Nord ne sont pas déshéritées de la vie ; elles ont aussi leurs habitants, même leurs populations insouciantes et joyeuses, sur les amas de neige ou sur les bancs de glace, au milieu des eaux les plus froides ou des brouillards les plus épais.

L'*Ours blanc* ou *polaire*[1] est comme le souverain de ces populations. Il règne en despote cruel sur les animaux du pôle arctique. Il habite toutes les mers ; il fréquente toutes les côtes. Il aime le froid comme les autres aiment le chaud.

Il y en avait anciennement un très-grand nombre dans l'île Cherry, appelée d'abord *Beeren eiland*, c'est-à-dire *île des Ours*.

[1] *Thalarctos maritimus* Gray.

L'Ours blanc est un véritable quadrupède terrestre. Mais il diffère de son homonyme l'Ours des Alpes, par sa taille plus grande et plus élancée, par ses membres plus élevés, pourvus de pieds plus robustes, par son cou plus long, et par sa tête plus étroite et plus fixe.

Il peut acquérir de grandes dimensions. Certains individus n'ont pas moins de 2 mètres de longueur (P. Gervais).

En 1596, le voyageur Guillaume Barentz en tua deux dont il conserva les peaux. L'une était longue de 3 mètres et demi, et l'autre d'environ 4 mètres.

On assure que les plus gros individus pèsent quelquefois jusqu'à 500 kilogrammes.

L'Ours polaire est vêtu d'une fourrure blanche très-légèrement jaunâtre, à tissu soyeux et serré. Les pêcheurs norvégiens l'appellent pittoresquement le *gros homme en pelisse*. On conçoit comment, avec cet excellent habit, il peut résister aux grands abaissements de température, si communs dans son pays.

Ses yeux offrent une teinte foncée. Il a le bout du museau, l'intérieur de la gueule et les ongles noirs.

L'Ours blanc se nourrit de Phoques, de poissons et de plusieurs autres animaux marins. On dit qu'il attaque les jeunes baleines. Il mange aussi des substances végétales, surtout pendant l'été. Il peut supporter de très-longues abstinences.

Il suit les Phoques à la piste. Pour les saisir, il s'accroupit sur les pattes de devant, avance peu à peu et sans secousse avec celles de derrière, confondu par sa couleur avec la neige et les glaçons, et c'est seulement à quelques mètres qu'il s'élance sur l'animal qu'il veut saisir.

Quand le dégel commence, il se forme, dans les régions septentrionales, des ruisseaux qui glissent silencieusement sur la neige, comme des rubans argentés posés sur du

OURS BLANCS

velours blanc. Nos féroces quadrupèdes viennent se désaltérer dans ces petits ruisseaux.

L'Ours blanc a les doigts unis à leur origine par de
fortes membranes. C'est encore un caractère qui le distingue de l'Ours brun. Du reste, comme ce dernier, il marche
sur la plante des pieds, et peut au besoin se tenir debout
sur ses membres postérieurs.

Il nage rapidement et plonge avec facilité. Mais il ne
passe pas toute l'année au sein de la mer; pendant la belle
saison, il vient à terre, et se rend dans les bois. Il court sur
le terrain comme les quadrupèdes ordinaires. Il peut faire
jusqu'à trois milles par heure. Pendant l'hiver, quand les
neiges recouvrent le sol, il retourne à l'Océan, accompagné
de ses petits. Lorsque le froid augmente, on voit les Ours
blancs rôder sur la glace, grimper sur les blocs, et plonger
dans l'eau qui n'est pas encore gelée. Ils se réunissent, à
cette époque, en nombre plus ou moins considérable. Ce
sont, du reste, les seuls Mammifères du même groupe chez
lesquels on observe des dispositions pour la sociabilité
(P. Gervais). Ce qui est d'autant plus remarquable, qu'ils
sont extrêmement cruels, et que les animaux d'un naturel
semblable vivent généralement plus ou moins isolés.

Quelques Ours blancs, placés sur des glaçons flottants
comme sur des radeaux, se laissent entraîner et emporter
d'un pays dans un autre. C'est ainsi qu'on a vu des individus
en quelque sorte échoués sur les côtes de l'Islande et de la
Norvége. On assure même que d'autres ont traversé, accidentellement, le détroit de Beering, et qu'on en a rencontré
jusque dans l'archipel du Japon (Siebold).

Parfois, emportés vers la haute mer par les glaces, ils ne
peuvent plus regagner la terre, ni quitter leur îlot; alors
ils meurent de faim, ou se dévorent les uns les autres.

Cet animal est plus terrible que l'Ours des Alpes. La force

de sa mâchoire est telle, qu'on l'a vu couper en deux une lame de fer de 10 millimètres d'épaisseur. (Scoresby.)

TÊTE D'OURS BLANC
(*Thalarctos maritimus* Gray).

Lorsqu'un Ours blanc débarque dans une île peu habitée, il en attaque les troupeaux et leurs propriétaires avec fureur. Il égorge et dévore tous les malheureux qui tombent sous ses griffes. Il dévaste même les cimetières : les cadavres conservés par le froid lui fournissent une nourriture abondante.

> Rien n'est sûr en son passage,
> Ce qu'il trouve, il le ravage.
>
> (MALHERBE.)

A l'apparition d'un Ours en Islande, les insulaires alarmés se rassemblent pour combattre le redoutable carnassier et pour sauver le bétail. Ce sont les côtes du Groenland qui sont le plus exposées aux invasions de ces déprédateurs. Le capitaine Scoresby en vit dans ces parages un si grand nombre, qu'il compare leurs réunions à des troupeaux de moutons.

II

Il y a quelques années, trois jeunes chasseurs passant ensemble l'hiver au Labrador laissèrent leur cabane pour aller visiter des piéges tendus dans la forêt. A leur retour, ils furent étonnés de trouver leur porte arrachée et jetée sur la neige. Ils crurent d'abord que quelque voisin, mauvais plaisant, avait voulu leur jouer un tour pendant leur absence. Tout avait été bouleversé : le poêle et son tuyau étaient par terre, l'armoire vidée, la provision de lard pillée; le sac de farine avait disparu; il manquait encore une tasse de fer-blanc, un paletot et une paire de bottes..... Il y avait eu vol avec effraction. Nos trois jeunes gens se mettent en quête du voleur ou des voleurs..... On cherche, et l'on découvre que tout le dégât avait été causé par deux Ours blancs. A peu de distance de la cabane était le sac vidé et déchiré; un peu plus loin gisait la tasse, portant l'empreinte de fortes dents.... Quant au paletot, à la paire de bottes, les gaillards les avaient emportés ! (Ferland.)

III

En général, les Ours blancs n'attaquent pas l'homme, à moins qu'ils ne soient affamés; ils évitent même ordinairement sa rencontre. Mais, lorsqu'on les provoque et qu'on les met dans la nécessité de se défendre, le combat n'est pas sans danger pour les assaillants. A cause de cela, les Ours sont très-redoutés par les petites embarcations qui cherchent à leur donner la chasse. On assure, toutefois, que ces animaux sont moins courageux qu'on ne serait tenté de le croire, et qu'ils désertent vite le champ de bataille lorsqu'ils se sentent blessés.

Un baleinier se trouvait bloqué par les glaces dans le détroit de Davis, sur les côtes du Labrador. Un Ours blanc s'approcha du navire à la distance de quelques mètres. Un matelot fut tenté de s'en emparer tout seul, pendant que ses compagnons étaient encore à table. Il descendit sur la glace, armé d'une pique; il courut sur l'animal. Celui-ci ne recula point, désarma son faible adversaire, le saisit par le milieu du dos avec les dents, et l'entraîna si rapidement, qu'il fut impossible de lui porter secours.

Un autre baleinier arrêté sur les côtes du Groenland était amarré à un bloc de glace. Il découvrit au loin un Ours énorme occupé à guetter des Phoques. Un matelot, dont le courage était exalté par une forte dose de rhum, forma le projet d'aller attaquer le redoutable animal. Aucune remontrance ne put calmer son ardeur belliqueuse. Il part sans autre arme qu'un harpon, traverse les neiges, et, après une course d'une demi-lieue, harassé et commençant à reprendre son sang-froid, il se trouve devant l'ennemi, lequel, à sa grande surprise, n'est nullement intimidé, et l'attend de pied ferme. L'effet du rhum s'affaiblissait, et l'Ours était si grand, et son regard annonçait tant d'assurance !..... Le matelot fut sur le point de renoncer à l'offensive. Il s'arrête, préparant son arme. L'Ours ne bougeait point. Le marin essaye de se donner du courage, excité surtout par la crainte des railleries dont ses camarades ne manqueraient pas de l'accabler. Mais, tandis qu'il songeait aux moyens de commencer le combat, l'Ours, moins préoccupé que son adversaire, se met en mouvement, et semble vouloir attaquer le premier. Cette fois, la valeur du matelot s'évanouit, et la honte d'une retraite ne peut le retenir. Il prend la fuite. L'Ours le poursuit. Accoutumé aux courses sur la neige et sur la glace, l'animal gagnait continuellement du terrain sur l'imprudent matelot, et la terreur de celui-ci était au comble. L'arme qu'il portait encore n'était qu'un poids inutile, un embarras de plus; il la jette afin de courir plus lestement. L'Ours aperçoit cet objet, le flaire, le soumet à l'épreuve de ses pattes et de ses dents, et, en perdant ainsi quelques minutes, il donne au fuyard un répit dont il profite de son mieux. Enfin, l'Ours abandonne le harpon et reprend sa course. Le matelot, se sentant près d'être atteint, cherche encore quelque autre moyen de distraire et d'arrêter son terrible ennemi, il lui jette une de ses mitaines. Ce fut assez pour occuper pendant quelques minutes l'insouciant et curieux animal, et ce retard vint très à propos, car les forces du pauvre matelot étaient presque épuisées. L'Ours ayant laissé l'objet de sa distraction pour continuer sa poursuite, le fugitif fit le sacrifice de son autre mitaine; il en vint ensuite à son chapeau.

L'équipage, qui assistait de loin à cette comédie, vit enfin qu'elle devenait trop sérieuse, que l'irritation du carnassier se montrait de plus en plus menaçante, et que le malheureux matelot allait succomber. Une troupe vint arrêter l'impétuosité de la poursuite et protéger le pauvre fuyard aussi tremblant qu'épuisé de fatigue. A l'aspect de ses nouveaux et nombreux adversaires, l'Ours fit d'abord mine de se battre; mais, ayant été blessé, il reconnut habilement qu'une honorable retraite était le seul parti convenable. Il mit bientôt entre les poursuivants et lui un espace de neiges et de glaces raboteuses que les matelots n'osèrent pas franchir. (*Mag. pittor.*)

IV

Au mois de septembre 1596, un vaisseau hollandais commandé par Guillaume Barentz, arrivé au delà de la Nouvelle-Zemble, fut surpris pendant la nuit dans un port de glaces, et tellement enfermé de toutes parts, qu'aucun effort humain n'aurait pu le dégager. Barentz fut donc réduit à la triste perspective d'hiverner dans cette région d'horreur.

Le vaisseau, assiégé et tourmenté par les mouvements des glaçons, craquait en plusieurs endroits. On prit la résolution de traîner le canot à terre, et l'on y transporta le biscuit, le vin, les armes, de la poudre et du plomb. On dressa une tente près du canot; plus tard, on construisit une hutte..... Le 15 septembre, pendant qu'on travaillait, un matelot vit venir trois Ours d'inégale grosseur. Le plus petit demeura derrière un gros glaçon; les autres continuèrent d'avancer. L'un d'eux plongea la tête dans un cuvier où l'on avait mis de la viande à tremper. L'équipage tira, et l'animal tomba mort. L'autre Ours s'arrêta, comme ébahi, regarda fièrement son compagnon, le flaira, et, comme s'il eût reconnu le péril, il retourna sur ses traces. D'après l'ordre de Barentz, on ouvrit l'Ours mort, on lui ôta les entrailles, et on le plaça sur ses quatre jambes pour le laisser geler dans cette posture, et le porter en Hollande, si l'on parvenait à dégager le vaisseau.

Le 23, on eut le malheur de perdre le charpentier; il fut enterré dans une fente de la montagne : on n'avait pu ouvrir la terre pour y creuser une fosse.....

L'équipage ne consistait plus qu'en seize hommes.

Le 27, il gela si fort, que si quelqu'un mettait un clou

dans sa bouche, comme il arrive souvent pendant le travail
il ne pouvait le tirer sans emporter la peau.....

Le 25 octobre, comme on était occupé à transporter
les agrès sur des traîneaux, Barentz vit derrière le vaisseau trois Ours qui s'avançaient. Il fit de grands cris,
auxquels se joignirent ceux des matelots qui étaient avec
lui. Mais les trois animaux n'en furent pas effrayés. Alors
on résolut de se défendre. On trouva heureusement deux
hallebardes ; Barentz en prit une, et Girard de Veer
l'autre. Les matelots coururent au vaisseau ; mais, en
passant sur la glace, un d'entre eux tomba dans une cre-
vasse. Cet accident fit trembler pour lui ; on ne douta
point qu'il ne fût le premier dévoré. Cependant les Ours
suivaient ceux qui couraient vers le vaisseau. D'un autre
côté, Barentz et de Veer en firent le tour pour entrer par
derrière. Le matelot tombé se releva de sa chute, et eut
le bonheur de rejoindre l'équipage. Tout le monde était
dans le navire.

Les Ours, furieux, cherchaient à monter sur le pont. On
les arrêta d'abord avec des pièces de bois et divers ustensiles qu'on se hâta de leur lancer à la tête, et sur lesquels
ils se précipitaient chaque fois, comme les chiens après les
pierres qu'on leur jette. Il n'y avait point à bord d'autres
armes que les deux hallebardes dont il vient d'être question.
On voulut allumer du feu, brûler quelques poignées de
poudre. Mais, dans la confusion, rien de ce qu'on entre-
prenait ne pouvait s'exécuter.

Cependant, les Ours revenant à l'assaut avec la même
furie, on commençait à manquer d'ustensiles et de bois
pour les amuser. Les Hollandais ne durent leur salut qu'au
plus heureux des hasards. Barentz, réduit à l'extrémité,
agissant par désespoir plutôt que par prudence, lança sa
hallebarde contre le plus grand de ces animaux. L'Ours fut

atteint sur le museau, et si fortement blessé, qu'il jeta un grand cri et fit retraite tout de suite.

Les deux autres le suivirent, quoique d'un pas assez lent.....

Les Ours ne reparurent qu'avec le retour du soleil.

Le 6 avril, il en descendit un jusqu'à la porte de la hutte. Elle était ouverte. On se hâta de la fermer et de la soutenir. L'Ours s'en alla.

Cependant il revint deux heures après, et monta sur la hutte, où il fit un bruit effroyable. Il essaya de renverser la cheminée. On le crut plus d'une fois maître de ce passage. Il déchira la voile dont elle était entourée. Enfin, il ne s'éloigna qu'après avoir fait un ravage extraordinaire.

Le mois suivant, pendant qu'on mettait la chaloupe en état de partir, parut un Ours énorme. Les pauvres marins rentrèrent aussitôt dans la hutte, et les plus habiles tireurs se distribuèrent les trois portes, attendant l'animal de pied ferme; un autre monta sur la cheminée avec son fusil. L'Ours marcha fièrement sur la hutte. Un coup de mousquet le renversa; on acheva aisément de le tuer. On trouva dans son ventre des morceaux entiers de Chien marin, avec la peau et le poil.

Le 30, les matelots, travaillant au radoub du vaisseau, furent surpris par un Ours, qui vint hardiment à eux. Tous prirent la fuite vers la hutte. L'animal les suivit, mais une salve de trois coups de fusil, qui portèrent tous, l'étendit mort sur la neige. Cette victoire coûta cher aux pauvres marins; car, ayant dépecé la terrible bête, et en ayant fait cuire le foie, qu'ils mangèrent avec plaisir, ils en furent tous malades. Trois, entre autres, parurent comme morts pendant quelques heures. (G. de Veer.)

Dans le voyage au Spitzberg de Manby, le capitaine

Lewis, accompagné de cinq hommes, voulut attaquer un Ours blanc. A quarante pas environ de l'animal, quatre matelots firent feu en même temps et blessèrent le quadrupède. L'Ours, furieux, courut sur les assaillants, la gueule ouverte. Comme il s'en approchait avec des hurlements épouvantables, le matelot et le capitaine, qui n'avaient pas tiré, firent feu et lui brisèrent l'épaule.

Avant qu'on eût eu le temps de recharger, l'Ours était tout près des chasseurs. Ceux-ci se sauvèrent vers le rivage. L'animal courait toujours, quoique boiteux. Il était sur le point de les atteindre, quand deux d'entre eux se jetèrent dans le bateau; les autres se cachèrent derrière des blocs de glace, et firent feu aussitôt qu'ils purent. Les nouvelles blessures de l'animal ne firent qu'augmenter sa rage. Enfin, il s'approcha de si près, que les marins sautèrent dans la mer, d'un roc perpendiculaire assez élevé. L'Ours sauta après eux, et il avait presque saisi un de ces pauvres matelots, lorsque, fort heureusement, les forces lui manquèrent, et il rendit le dernier soupir.

Quand on eut porté son corps sur le rivage, on constata qu'il avait reçu huit balles.

V

Le cri de l'Ours blanc ressemble plutôt, assure-t-on, à l'aboiement d'un chien enroué qu'au murmure grave des autres espèces. (Boitard.)

Ce quadrupède a de l'intelligence et de la sagacité.

Un Phoque reposait sur la glace, près d'un trou qui devait assurer sa fuite, en cas de péril. Un Ours, qui l'épiait, s'approche en silence et à couvert, aussi près qu'il peut. Il plonge alors dans la mer, gagne sous les flots le trou de la retraite, s'élance par ce trou, et saisit le malheureux Phoque.

Le capitaine d'un vaisseau baleinier voulait avoir une peau d'Ours blanc bien entière, et, par conséquent, il fallait prendre l'animal sans le tuer avec une arme à feu. Il imagina d'étendre sur la neige une corde avec un nœud coulant dans lequel il mit un appât. Un Ours qui rôdait sur les glaces des environs fut attiré ; il saisit l'insidieuse pâture, serra la corde, et l'une de ses pattes s'y trouva prise. Il parvint à se dégager à l'aide de l'autre patte, et emporta la provision pour la manger en lieu sûr.

On rétablit le piége. L'Ours revint, et, conservant le souvenir de ce qui lui était arrivé, il écarta prudemment la corde et saisit la proie.

Dans une troisième épreuve, la corde fut recouverte de neige et parfaitement cachée. On ne fut pas plus heureux.

Pour dernière tentative, on plaça l'appât au fond d'un trou assez profond, pour que l'Ours ne pût le prendre qu'en y plongeant la tête. On arrangea le nœud coulant autour de l'ouverture, toujours masquée par de la neige. Le succès semblait certain. Vain espoir ! L'animal méfiant commença par enlever délicatement la neige, découvrit la corde, l'écarta prudemment, enleva l'appât, et disparut. (*Mag. pittor.*)

Scoresby prétend que, lorsqu'un Ours frappé réussit à fuir, il se retire derrière quelque éminence, et là, en sûreté, comme s'il avait connaissance de l'effet styptique du froid, il applique de la neige sur sa blessure avec la patte.

VI

La femelle met bas au mois de mars. Elle fait habituellement un ou deux petits, rarement trois.

Les jeunes Ours blancs sont proportionnellement d'une petitesse remarquable.

L'attachement des femelles pour leurs petits leur inspire quelquefois un courage bien digne d'admiration.

Voici ce qui a été observé par la frégate sur laquelle le fameux Nelson commença sa carrière navale. Cette frégate se trouvait en 1773 dans les régions polaires. A l'aube du jour, on signala, du haut des hunes, trois Ours blancs qui marchaient sur la glace avec une grande vitesse, et qui se dirigeaient vers le vaisseau. On reconnut que c'était une femelle accompagnée de deux Oursons déjà presque aussi forts que leur mère. Tous les trois coururent vers un foyer où l'on avait jeté les restes d'un Morse. Ils en tirèrent les chairs que le feu n'avait pas encore consumées. La mère fit la distribution, donnant à ses petits la plus grosse part.

Les chasseurs embusqués saisirent ce moment pour faire feu sur les deux Oursons, qui restèrent sur la place. Ils tirèrent ensuite sur la mère, qu'ils atteignirent aussi, mais qui ne fut point abattue. Son désespoir eût ému les cœurs les moins accessibles à la compassion. Sans faire attention aux blessures dont elle était couverte, ni au sang qu'elle répandait, elle ne s'occupait que de ses deux petits, les appelait par des cris lamentables, plaçait devant eux la part de nourriture qu'elle s'était réservée et la leur dépeçait. Comme ils restaient immobiles, ses gémissements devinrent encore plus touchants. Elle essaya de relever les pauvres créatures, et, reconnaissant l'impuissance de ses efforts, elle s'écarta de quelques pas et renouvela ses appels. Retournant auprès des deux morts, elle lécha leurs blessures, et ne les quitta que lorsqu'elle fut bien convaincue qu'ils avaient perdu la vie.

Alors des hurlements épouvantables dirigés vers le vaisseau accusèrent les meurtriers, qui leur répondirent par une nouvelle décharge. La malheureuse mère vint expirer auprès de ses petits, léchant leurs blessures jusqu'au dernier moment.

VII

Les Ours blancs s'habituent facilement à nos ménageries.

Comme ils souffrent presque toujours de la chaleur, on leur jette de temps en temps un seau d'eau fraîche sur le corps. On a soin d'entretenir près d'eux un bassin d'eau froide, dans lequel ils vont se mouiller le museau, se désaltérer ou se plonger.

Ceux du Jardin des plantes de Paris attirent constamment, devant leur fosse, un nombre considérable de curieux.

Ces animaux ont souvent une apparence haletante, comme les chiens dans l'été, lorsqu'ils viennent de courir. Ils exécutent avec leur tête, leur cou et leur train de devant, une sorte de balancement continuel qui captive d'abord l'attention par sa singularité, mais qui la fatigue bientôt par sa monotonie.

Dans la servitude, ces Ours ne se montrent susceptibles d'aucune éducation et d'aucun attachement. Ils conservent toujours leur sauvagerie brutale et stupide (Boitard.)

Il paraît que cette espèce était connue des anciens. Cuvier pense que c'est un Ours blanc que Ptolémée Philadelphe fit venir à Alexandrie, et dont parlent Callixène le Rhodien et Athénée.

TABLE DES CHAPITRES

TABLE DES PLANCHES

TABLE DES FIGURES

INTERCALÉES DANS LE TEXTE.

TABLE ALPHABÉTIQUE

www.ingramcontent.com/pod-product-compliance
Lightning Source LLC
Chambersburg PA
CBHW061939220326

41599CB00016BA/2209